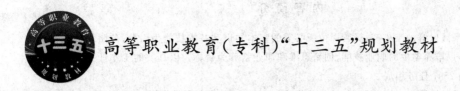 高等职业教育（专科）"十三五"规划教材

果蔬保鲜与加工

第 2 版

王丽琼 徐 凌 主编

中国农业大学出版社

·北京·

内 容 简 介

本教材以从事果蔬保鲜加工生产、经营岗位所必需的基本知识和基本技能为引导,参照相关职业标准和职业取证的要求,以培养学生的职业技能、创新思维和职业素养为目标。以真实的工作任务为载体设计教材。由 14 个模块 28 个任务组成。

教材内容主要涵盖果蔬加工岗前培训、果蔬采收及商品化处理、果蔬产品保鲜与配送的主要方法、主要果蔬保鲜技术、主要果蔬加工方法等。

本教材适用于高等职业技术学院绿色食品生产与检验专业、食品加工技术专业、农产品贮藏加工专业、园艺产品保鲜加工专业、食品营养与检测专业等。也可用于果蔬贮藏与加工教学或从事果蔬贮藏与加工生产的企业培训员工。

图书在版编目(CIP)数据

果蔬保鲜与加工 / 王丽琼,徐凌主编. —2 版. —
北京:中国农业大学出版社,2018.1
ISBN 978-7-5655-1976-5

Ⅰ.①果… Ⅱ.①王… ②徐… Ⅲ.①果蔬保藏-研究 ②果蔬加工-研究 Ⅳ.①TS255.3

中国版本图书馆 CIP 数据核字(2018)第 011621 号

书　　名	果蔬保鲜与加工　第 2 版
作　　者	王丽琼　徐　凌　主编

策划编辑	姚慧敏	责任编辑	韩元凤
封面设计	郑　川		
出版发行	中国农业大学出版社		
社　　址	北京市海淀区圆明园西路 2 号	邮政编码	100193
电　　话	发行部 010-62818525,8625	读者服务部	010-62732336
	编辑部 010-62732617,2618	出　版　部	010-62733440
网　　址	http://www.caupress.cn	E-mail	cbsszs @ cau.edu.cn
经　　销	新华书店		
印　　刷	北京时代华都印刷有限公司		
版　　次	2018 年 1 月第 2 版　　2018 年 1 月第 1 次印刷		
规　　格	787×1 092　16 开本　　21.25 印张　　500 千字		
定　　价	49.00 元		

图书如有质量问题本社发行部负责调换

C 编写人员
ONTRIBUTORS

主　编　王丽琼(北京农业职业学院)
　　　　徐　凌(辽宁农业职业技术学院)

副主编　师进霖(云南省玉溪农业职业技术学院)
　　　　蒋萌蒙(河南农业职业学院)
　　　　李鹏林(北京农业职业学院)
　　　　车玉红(新疆农业职业技术学院)

参　编　李　娟(河北旅游职业学院)
　　　　邱广艳(河北旅游职业学院)

P 前 言
PREFACE

　　本教材根据《教育部关于加强高职高专教育人才培养工作意见》和《关于加强高职高专教育教材建设的若干意见》等精神编写。除可作为食品类、园艺类高职高专的必修课教材外，亦可作为果蔬加工相关人员岗前、就业、转岗的培训教材。

　　本教材采用模块、任务的形式编写，以任务为基本单元，以完成任务的过程为主线，将知识点和技能点穿插其中。内容力求实用、新颖，贴近生产需求。真正做到让学生在"做中学""学中做"的认知规律，学生通过完成一个个任务，较好地掌握本门课程的知识和技能。

　　本教材编写中尤其重视体现教材的适用性、科学性、先进性，任务实施编写中是以果蔬生产企业中果蔬保鲜加工实际生产工艺过程为主线，按果蔬保鲜与加工相关岗位技能需求实施，所学技能能满足果蔬企业发展的实际需要，同时，本教材纳入果蔬在配送中的保鲜技术等新内容。目前，同类高职高专教材中涉及的果蔬保鲜知识有的已过时。随着市场变化及电商及物流的大量兴起，果蔬运输中的保鲜与配送已经成为目前果蔬市场发展的新趋势，因而本教材体现了与时俱进，有一定的先进性和前瞻性。

　　本教材每个任务都明确了学习目标，通过知识链接方便学生学习，任务完成后还有自测训练，以方便学生能及时了解自己学习的效果。本教材小贴士的编写内容能增加学生对日常生活中与果蔬保鲜加工相关知识的了解，以激发学生的学习兴趣和对果蔬保鲜加工的关注。本教材保鲜部分里的果蔬病害图片做成了二维码，以增加学生的学习兴趣，加工部分里还安排了一些案例，做成了二维码，以方便各高等职业院校根据本校实践条件及区域特点选用。

　　全书共分为14个模块28个任务，王丽琼和徐凌任主编，王丽琼负责全书的统编定稿。

　　由于作者水平有限，加之时间仓促，收集和组织材料有限，错误和不足之处在所难免。敬请同行专家和广大读者批评指正。

编 者

2017 年 8 月

C目录
ONTENTS

模块一　岗前培训 ……………………………………………………………… 1

　　学习单元一　果蔬保鲜加工在国民经济和食品工业中的意义 ……………… 3

　　学习单元二　国内外果蔬保鲜加工的发展状况和存在的问题 ……………… 5

　　学习单元三　果蔬保鲜加工企业对员工的要求 …………………………… 11

模块二　果蔬保鲜基础知识 …………………………………………………… 15

　任务 1　果蔬内在品质的构成与测定 ……………………………………… 17

　　【学习目标】 ……………………………………………………………… 17

　　【任务描述】 ……………………………………………………………… 18

　　【知识链接】 ……………………………………………………………… 18

　　　学习单元一　果蔬内在品质的构成与测定 ……………………………… 18

　　　学习单元二　采前因素对果蔬贮藏的影响 ……………………………… 24

　　【自测训练】 ……………………………………………………………… 28

　　【小贴士】 ………………………………………………………………… 28

　任务 2　果蔬采后生理变化对果蔬品质的影响及控制方法 ……………… 29

　　【学习目标】 ……………………………………………………………… 29

　　【任务描述】 ……………………………………………………………… 30

　　【知识链接】 ……………………………………………………………… 30

　　　学习单元　果蔬采后生理变化对果蔬品质的影响及控制方法 ………… 30

　　【自测训练】 ……………………………………………………………… 44

　　【小贴士】 ………………………………………………………………… 44

模块三　果蔬采收及商品化处理 ……………………………………………… 45

　任务 1　果蔬采收 ………………………………………………………… 47

　　【学习目标】 ……………………………………………………………… 47

　　【任务描述】 ……………………………………………………………… 48

　　【知识链接】 ……………………………………………………………… 48

　　　学习单元　果蔬采收 …………………………………………………… 48

　　任务 2　果蔬采后商品化处理 52

　　　【学习目标】 52

　　　【任务描述】 53

　　　【知识链接】 53

　　　　学习单元　果蔬采后商品化处理 53

　　　【自测训练】 58

　　　【小贴士】 58

模块四　果蔬保鲜与配送技术 61

　　任务　果蔬保鲜与配送技术 63

　　　【学习目标】 63

　　　【任务描述】 64

　　　【知识链接】 64

　　　　学习单元一　果蔬保鲜技术 64

　　　　学习单元二　果蔬保鲜配送要求 75

　　　　学习单元三　果蔬保鲜配送技术要点 77

　　　【自测训练】 81

　　　【小贴士】 81

模块五　主要水果保鲜技术 83

　　任务 1　仁果类保鲜技术控制 85

　　　【学习目标】 85

　　　【任务描述】 86

　　　【知识链接】 86

　　　　学习单元　仁果类保鲜技术控制 86

　　　【自测训练】 93

　　　【小贴士】 93

　　任务 2　核果类保鲜技术控制 94

　　　【学习目标】 94

　　　【任务描述】 95

　　　【知识链接】 95

　　　　学习单元　核果类保鲜技术控制 95

　　　【自测训练】 103

　　　【小贴士】 104

　　任务 3　浆果类保鲜技术控制 105

　　　【学习目标】 105

　　　【任务描述】 106

　　　【知识链接】 106

　　　　学习单元　浆果类保鲜技术控制 106

【自测训练】 ……………………………………………………………… 112

【小贴士】 ……………………………………………………………… 113

任务4　干果类保鲜技术控制 ……………………………………… 114

【学习目标】 …………………………………………………………… 114

【任务描述】 …………………………………………………………… 115

【知识链接】 …………………………………………………………… 115

　学习单元　干果类保鲜技术控制 …………………………………… 115

【自测训练】 …………………………………………………………… 122

【小贴士】 ……………………………………………………………… 122

模块六　主要蔬菜保鲜技术 ………………………………………… 123

任务1　叶菜类保鲜技术控制 ……………………………………… 125

【学习目标】 …………………………………………………………… 125

【任务描述】 …………………………………………………………… 126

【知识链接】 …………………………………………………………… 126

　学习单元　叶菜类保鲜技术控制 …………………………………… 126

【自测训练】 …………………………………………………………… 136

【小贴士】 ……………………………………………………………… 136

任务2　根茎菜类保鲜技术控制 …………………………………… 138

【学习目标】 …………………………………………………………… 138

【任务描述】 …………………………………………………………… 139

【知识链接】 …………………………………………………………… 139

　学习单元　根茎菜类保鲜技术控制 ………………………………… 139

【自测训练】 …………………………………………………………… 151

【小贴士】 ……………………………………………………………… 151

任务3　果菜类保鲜技术控制 ……………………………………… 152

【学习目标】 …………………………………………………………… 152

【任务描述】 …………………………………………………………… 153

【知识链接】 …………………………………………………………… 153

　学习单元　果菜类保鲜技术控制 …………………………………… 153

【自测训练】 …………………………………………………………… 162

【小贴士】 ……………………………………………………………… 162

任务4　食用菌保鲜技术控制 ……………………………………… 163

【学习目标】 …………………………………………………………… 163

【任务描述】 …………………………………………………………… 164

【知识链接】 …………………………………………………………… 164

　学习单元　食用菌保鲜技术控制 …………………………………… 164

【自测训练】 …………………………………………………………… 170

【小贴士】 ……………………………………………………………… 170

任务 5　蒜薹、花菜保鲜技术控制 ···································· 171

　【学习目标】 ·· 171

　【任务描述】 ·· 172

　【知识链接】 ·· 172

　　学习单元　蒜薹、花菜保鲜技术控制 ···························· 172

　【自测训练】 ·· 176

　【小贴士】 ·· 177

模块七　果蔬加工基础知识 ·· 179

任务 1　果蔬加工品种类及加工原理认知 ···························· 181

　【学习目标】 ·· 181

　【任务描述】 ·· 182

　【知识链接】 ·· 182

　　学习单元一　果蔬加工品种类 ································ 182

　　学习单元二　果蔬加工品腐败的原因 ·························· 183

　　学习单元三　果蔬加工运用的原理和手段 ······················ 185

　【自测训练】 ·· 187

　【小贴士】 ·· 188

任务 2　果蔬加工对原辅料的要求 ·································· 189

　【学习目标】 ·· 189

　【任务描述】 ·· 190

　【知识链接】 ·· 190

　　学习单元一　果蔬加工对原料的要求 ·························· 190

　　学习单元二　果蔬加工对水质的要求和处理 ···················· 192

　　学习单元三　果蔬加工对其他辅料的要求 ······················ 196

　【自测训练】 ·· 197

　【小贴士】 ·· 198

任务 3　果蔬原料预处理 ·· 199

　【学习目标】 ·· 199

　【任务描述】 ·· 200

　【知识链接】 ·· 200

　　学习单元　果蔬原料预处理 ································ 200

　【自测训练】 ·· 213

　【小贴士】 ·· 213

模块八　果蔬罐头加工技术 ·· 215

任务　果蔬罐头加工 ·· 217

　【学习目标】 ·· 217

　【任务描述】 ·· 218

果蔬保鲜与加工

【知识链接】 …………………………………………………………………………… 218
　　学习单元一　果蔬罐头加工方法 …………………………………………… 218
　　学习单元二　果蔬罐头加工时容易出现的问题及预防措施 …………… 226
【自测训练】 …………………………………………………………………………… 227
【小贴士】 ……………………………………………………………………………… 227
【加工案例】 …………………………………………………………………………… 228

模块九　果蔬汁加工技术 ……………………………………………………… 229

　任务　果蔬汁的加工 ………………………………………………………… 231
　【学习目标】 ……………………………………………………………………… 231
　【任务描述】 ……………………………………………………………………… 232
　【知识链接】 ……………………………………………………………………… 232
　　学习单元一　果蔬汁加工方法 …………………………………………… 232
　　学习单元二　果蔬汁加工时容易出现的问题及预防措施 …………… 237
　【自测训练】 ……………………………………………………………………… 240
　【小贴士】 ………………………………………………………………………… 240
　【加工案例】 ……………………………………………………………………… 240

模块十　果蔬糖制品加工技术 ………………………………………………… 241

　任务1　果脯加工 …………………………………………………………… 243
　【学习目标】 ……………………………………………………………………… 243
　【任务描述】 ……………………………………………………………………… 244
　【知识链接】 ……………………………………………………………………… 244
　　学习单元一　果蔬糖制品的类别及特点 ……………………………… 244
　　学习单元二　果脯加工方法 ……………………………………………… 246
　　学习单元三　果脯加工时容易出现的问题及预防措施 ……………… 248
　【自测训练】 ……………………………………………………………………… 250
　【小贴士】 ………………………………………………………………………… 250
　【加工案例】 ……………………………………………………………………… 251

　任务2　果酱加工 …………………………………………………………… 252
　【学习目标】 ……………………………………………………………………… 252
　【任务描述】 ……………………………………………………………………… 253
　【知识链接】 ……………………………………………………………………… 253
　　学习单元一　果酱加工方法 ……………………………………………… 253
　　学习单元二　果酱加工时容易出现的问题及预防措施 ……………… 256
　【自测训练】 ……………………………………………………………………… 258
　【小贴士】 ………………………………………………………………………… 258
　【加工案例】 ……………………………………………………………………… 258

模块十一　果蔬腌制品加工技术 ································· 259

    任务1　泡酸菜加工 ································· 261

    【学习目标】 ································· 261

    【任务描述】 ································· 262

    【知识链接】 ································· 262

      学习单元一　泡酸菜加工方法 ································· 262

      学习单元二　泡酸菜加工时容易出现的问题及预防措施 ································· 263

    【自测训练】 ································· 267

    【小贴士】 ································· 267

    【加工案例】 ································· 267

    任务2　咸菜加工 ································· 268

    【学习目标】 ································· 268

    【任务描述】 ································· 269

    【知识链接】 ································· 269

      学习单元一　咸菜加工方法 ································· 269

      学习单元二　咸菜加工时容易出现的问题及预防措施 ································· 270

    【自测训练】 ································· 271

    【小贴士】 ································· 272

    【加工案例】 ································· 272

    任务3　酱菜加工 ································· 273

    【学习目标】 ································· 273

    【任务描述】 ································· 274

    【知识链接】 ································· 274

      学习单元一　酱菜加工方法 ································· 274

      学习单元二　酱菜加工时容易出现的问题及预防措施 ································· 275

    【自测训练】 ································· 277

    【小贴士】 ································· 277

    【加工案例】 ································· 277

    任务4　糖醋菜加工 ································· 278

    【学习目标】 ································· 278

    【任务描述】 ································· 279

    【知识链接】 ································· 279

      学习单元一　糖醋菜加工方法 ································· 279

      学习单元二　糖醋菜加工时容易出现的问题及预防措施 ································· 280

    【自测训练】 ································· 281

    【小贴士】 ································· 281

    【加工案例】 ································· 282

模块十二　果蔬速冻品加工技术 ······················· 283

　　任务　果蔬速冻 ······················· 285

　　【学习目标】 ······················· 285

　　【任务描述】 ······················· 286

　　【知识链接】 ······················· 286

　　　　学习单元一　果蔬速冻原理 ······················· 286

　　　　学习单元二　果蔬速冻工艺 ······················· 289

　　　　学习单元三　果蔬速冻生产中常见的质量问题及预防措施 ······················· 293

　　【自测训练】 ······················· 294

　　【小贴士】 ······················· 294

　　【加工案例】 ······················· 294

模块十三　果蔬干制品加工技术 ······················· 295

　　任务　果蔬干制 ······················· 297

　　【学习目标】 ······················· 297

　　【任务描述】 ······················· 298

　　【知识链接】 ······················· 298

　　　　学习单元一　果蔬干制方法 ······················· 298

　　　　学习单元二　果蔬干制时容易出现的问题及预防措施 ······················· 308

　　【自测训练】 ······················· 310

　　【小贴士】 ······················· 310

　　【加工案例】 ······················· 310

模块十四　鲜切果蔬的加工技术 ······················· 311

　　任务　鲜切果蔬的加工 ······················· 313

　　【学习目标】 ······················· 313

　　【任务描述】 ······················· 314

　　【知识链接】 ······················· 314

　　　　学习单元一　鲜切果蔬加工方法 ······················· 314

　　　　学习单元二　鲜切果蔬加工时容易出现的问题及预防措施 ······················· 320

　　【自测训练】 ······················· 322

　　【小贴士】 ······················· 322

　　【加工案例】 ······················· 322

参考文献 ······················· 323

目录

模块一
岗前培训

学习单元一　果蔬保鲜加工在国民经济和食品工业中的意义

果蔬含有人类生活所需要的多种营养物质,在人们的消费中占有相当大的比重。果蔬的保鲜和加工对果蔬业的发展越来越重要,已逐步成为我国农产品新的经济增长点之一。

▶ 一、果蔬保鲜与加工研究的内容

《果蔬保鲜与加工》是一门应用性强的学科,以果品、蔬菜产品的采后处理、保鲜加工为研究对象,涉及学科广泛,以生物学和食品工程学科为基础。解决的是果蔬产品保鲜与加工产业化进程中的关键问题。它借助果蔬保鲜的基本理论知识、掌握果蔬商品化处理、贮运方式和主要果蔬保鲜技术;在保证果蔬产品原料质量的基础上,掌握果蔬罐藏、制汁、糖制、速冻、蔬菜腌制等加工工艺流程及操作要点,积极开发果蔬产品的深加工,增加农产品的附加值,使果蔬产品保鲜加工业的发展成为农村经济发展、农民致富的新增长点。

近年来,随着科学技术的发展,各学科相互渗透,新技术、新方法的不断出现和应用,加工设备的不断改进、加工工艺的不断创新,推动了果蔬保鲜与加工学上了一个新台阶。

▶ 二、果蔬保鲜与加工的意义

(一)果蔬产品有较高的营养价值

果蔬是食品的重要组成部分,在每日膳食中所占的比例很大。根据 2016 年中国居民平衡膳食宝塔要求,每天我们须摄取蔬菜 300～500 g、新鲜水果 200～350 g。蔬菜和水果主要提供维生素 C、胡萝卜素、矿物质及膳食纤维,还提供有机酸、芳香物质及色素;蔬菜和水果基本上不含脂肪,糖类及蛋白质含量也较少,提供具有食疗和保健作用的生理活性物质。除少数含淀粉及糖分较多的果蔬外,一般果蔬都供能较少,属呈碱性食物。

(1)果蔬是维生素 C、胡萝卜素和核黄素的重要来源。人体所需的维生素 C 主要由蔬菜和水果来提供,常见的蔬菜中含维生素 C 较多的有青椒(柿子椒)、菜花、苦瓜、雪里蕻和芥菜等;常见水果中维生素 C 含量最多的是新鲜猕猴桃、红枣、山楂、柑橘类、草莓等。果蔬中含有丰富的钙、磷、铁、钾、钠、镁、铜和锰等矿物质,是人体矿物质的重要来源。

坚果中含有类黄酮,能抑制血小板的凝聚、抑菌、抗肿瘤。柑橘中含有胡萝卜素等,能抑制血栓形成,抑菌、抑制肿瘤细胞生长。

(2)果蔬中所含纤维素、半纤维素和果胶是人们膳食纤维的主要来源,能促进消化、减肥瘦身。果蔬中所含纤维素、半纤维素和果胶是人们膳食纤维的主要来源,它们在体内虽不参与代谢作用,但可促进肠道蠕动,帮助消化,加强肠胃功能,可预防便秘,有利于通便,对肠道疾病有一定作用。还可阻止或减少胆固醇等有害因子的吸收。

经常食用果蔬,摄入的热量减少,但新陈代谢的速度不会下降。因为蔬菜富含食物纤维,纤维是不能为小肠所消化的,这有助于促进新陈代谢以及帮助抑制食欲;另外,蔬菜中的蛋白质和糖类都不转化成脂肪,尤其是不含糖分的绿色蔬菜,对减肥更为有利。

（3）果蔬中含有多种生理活性成分，能抗肿瘤。随着科学研究的发展，人们越来越认识到果蔬有助于延迟人体功能退化、防止癌细胞生长及其他慢性疾病。如苹果，日本弘大学的研究证实，苹果中的多酚能够抑制癌细胞的增殖；而芬兰的一项研究更令人振奋，苹果中含有的黄酮类物质是一种高效抗氧化剂，它不但是最好的血管清理剂，而且是癌症的克星。假如人们多吃苹果，患肺癌的概率能减少 46％，患其他癌症的概率也能减少 20％；法国国家健康医学研究所的最新研究还告诉我们，苹果中的原花青素能预防结肠癌。葡萄中含有一种抗癌微量元素（白藜芦醇），可以防止健康细胞癌变，阻止癌细胞扩散。果蔬中的叶绿素也有抗癌作用。英国科学家发现西兰花中的葡萄糖异硫氰酸盐分解出来的萝卜子素具有抗癌作用。萝卜子素的作用在于激活人体解毒酶，促进大量解毒酶在人体内运动，在致癌物质还没损害正常细胞前，使其随尿排出，有助于降低癌症发病率。营养学家发现豆类蔬菜含有染料木黄酮，近年来，越来越多的证据表明这种天然成分对乳腺癌、前列腺癌、绝经后症候群、骨质疏松症以及心血管疾病具有预防和治疗作用。

南瓜中含有环丙基结构的降糖因子，对治疗糖尿病具有明显的作用；大蒜中含有硫化合物，具有降血脂、抗癌、抗氧化等作用；西红柿中含有番茄红素，具有抗氧化作用，能防止前列腺癌、消化道癌以及肺癌的产生；胡萝卜中含有胡萝卜素，具有抗氧化作用，消除人体内自由基；生姜中含有姜醇和姜酚等，具有抗凝、降血脂、抗肿瘤等作用；菠菜中含有叶黄素，具有减缓中老年人的眼睛自然退化的作用。蓝莓被称为果蔬中"第一号抗氧化剂"，它具有防止功能失调的作用和改善短期记忆、提高老年人的平衡性和协调性等作用。从果蔬中分离、提取、浓缩这些功能成分，制成胶囊或将这些功能成分添加到各种食品中，已成为当前果蔬加工的一个新趋势。

（4）预防心脑血管疾病。膳食中缺乏叶酸及维生素 B_6、维生素 B_{12}，会使血中半胱氨酸水平升高，易损伤血管内皮细胞，促进粥样硬化斑块形成，而补充叶酸对降低冠心病和脑卒中的发病率有重要作用。苹果、柑橘、红菜、菠菜、龙须菜、芦笋及豆类等果蔬中富含叶酸，可预防心血管疾病。此外，果蔬中保护心脏、预防心脏病发生的成分还有番茄红素。番茄红素是一种强有力的抗氧化物质，能在血液循环中拮抗和阻止自由基对细胞、DNA 和基因的损伤，起保护血管的功能。番茄红素广泛存在于各种果蔬中，以番茄、胡萝卜含量较多。蔬菜中还含有钾，可以降低血压。研究表明，多吃富含钾的果蔬，如香蕉、柑橘、橙、柚子、葡萄、枣、桃、马铃薯、番茄、南瓜、豆类、海藻等，可保持血压正常。

（5）保养皮肤。人体的面部天天暴露在外，受空气中有害物质损伤和紫外线的照射，以致毛细血管收缩，皮脂腺分泌减少，皮肤干燥脱水。果蔬中含丰富的抗氧化物质维生素 E 和微量元素可以滋养皮肤。果蔬中所含的类黄酮也是一种强力抗氧化剂，可清除自由基，抗衰老。

（二）果蔬保鲜与加工的意义

（1）果蔬保鲜与加工能较好解决果蔬生产的季节性、区域性及易腐性问题。果蔬生产存在着较强的季节性、区域性，这同广大消费者对果蔬的多样性及淡季调节的迫切性相矛盾，因此依靠先进的科学和技术，除了在果蔬生产中采取新品选育，早、中、晚熟品种配套，利于保护地生产等生产措施之外，就需要通过运输、贮藏、加工的方法来调节余缺。尽可能长地保持天然品质和特性的果蔬保鲜成为食品领域中一项重要的课题，它和人们的生活质量息息相关。

果蔬大多数都含有大量的水分,组织脆嫩、营养丰富、体积庞大,在采收之后如果无适当的包装、运输、贮藏条件,果蔬很容易腐烂。同时,大部分水果的采收时间主要在8—10月份,鲜食和贮藏不能消化大量果蔬。因此,果蔬加工也是贮藏的另外一种形式。

研究果蔬保鲜技术,做好水果、蔬菜的贮藏保鲜工作,保证旺季不烂,淡季不断,使市场周年均衡供应,对提高经济效益,增加果蔬生产经营者的收入具有重要意义。

(2)提高产品附加值。搞好果蔬加工,可以充分利用和开发当地资源,提高果蔬生产效益,广开就业门路,促进农村商品经济的迅速发展。将生产旺季收获的果蔬通过加工提高其商品价值和经济效益,充分利用农村剩余劳力,改变过去农村乡镇只进行原材料生产的状况,使原料和商品生产相结合,为国家、人民创造更多的财富。新鲜果蔬经商品化处理和深加工可增值2~3倍。如新鲜食用菌3~4元/kg,菌干50~60元/kg;鲜榨果汁比新鲜水果价格高。此外,有些产品新鲜状态食用价值低下,加工后利用价值大为提高,如橘皮、芥菜类蔬菜等。因此,采用适当的加工处理,可以显著提高产品附加值,从而实现果蔬产业良好的经济效益。目前,世界罐头的75%为蔬果罐头;日本、韩国及西欧国家中速冻、腌制和脱水蔬菜占蔬菜产量的20%。

因此,开展果蔬保鲜与加工采后处理、贮藏加工等保藏理论和技术研究意义重大,是实现和提高产品附加值的根本保障。

(3)丰富花色品种,满足人们对食品的多样化需求。人们不仅要求食用新鲜的果蔬,还要求有一些风味特别、花样繁多、食用方便的加工制品。通过加工可以增加果蔬的花色品种,方便食用,并对于活跃市场、满足人民生活日益增长的需要起一定作用。

(4)增加就业机会,促进地方经济和区域性高效农业产业的健康发展。及时针对目前我国的优势和特色农业产业,积极发展果蔬保鲜与加工业,不仅能够大幅度地提高产后附加值,增强出口创汇能力,还能够带动相关产业的快速发展,大量吸纳农村剩余劳动力,增加就业机会,促进地方经济和区域性高效农业产业的健康发展。实现农民增收,农业增效,促进农村经济与社会的可持续发展,从根本上缓解"三农"问题,具有十分重要的战略意义。

学习单元二　国内外果蔬保鲜加工的发展状况和存在的问题

果蔬保鲜与加工业是我国农产品加工业中具有明显比较优势和国际竞争力的行业,也是我国食品工业重点发展的行业。果蔬保鲜与加工业的发展不仅是保证果蔬产业迅速发展的重要环节,也是实现采后减损增值;建立现代果蔬产业化经营体系,保证农民增产增收的基础。

然而,目前我们在这方面的研究和发展与国际相比还存在较大差距。

▶ 一、国外果蔬保鲜与加工的特点

(1)已实现了果蔬产、加、销一体化经营。具有加工品种专用化、原料基地化、质量体系标准化、生产管理科学化、加工技术先进及大公司规模化、网络化、信息化经营等特点。同时,发展中国家果蔬加工业近年来也得到长足发展。

每一种类或品种果蔬安排在最适宜地区集中栽种,为生产优质的果蔬商品奠定了良好的基础。如美国佛罗里达州是以种植加工果汁用的柑橘、芒果、荔枝、草莓等鲜食水果为主,主要的蔬菜种植基地有加州、佛罗里达州等地。

(2)发达国家现代果蔬采后保鲜处理和商品化处理技术、"冷链"技术等已广泛应用于该产业,并建立了完善的产业技术管理体系。在国外,果蔬类水分损失在5%以上时,就被认为其失去了鲜销的价值。果蔬经产后商品化处理和深加工可增值2~3倍。美国等发达国家果蔬采后商品化处理率达80%以上,预切菜和净菜量占70%以上,水果总贮量占总产量的50%左右,苹果、甜橙、香蕉等水果已实现周年贮运销世界各地。并建立了完善的产业技术管理体系,果蔬经产后商品化处理和深加工可增值2~3倍。

发达国家把产后贮藏和加工保鲜放在农业的首要位置,如美国农业总投入的30%用于采前,70%用于采后加工、保鲜升值。意大利、荷兰农产品保鲜产业化率为60%。一些经济发达的国家,果蔬保鲜业已相当普及。

发达国家保鲜与加工产业与农产品生产(农场)有着紧密有机的联系,实现产、贮、加、销一条龙。真空预冷、压差式预冷、冷水预冷和冷藏车运输、气调贮藏、冷藏、分级包装等现代设备确保了果蔬质量。

(3)发达国家在果蔬保鲜方面采取了一些新技术、新方法。

①可食性涂被剂得到许多国家的重视。英国剑桥大学研制出一种可食用的水果保鲜剂。它是用蔗糖、淀粉、脂肪酸和聚酯物调配成的半透明乳液,可采用喷雾、涂刷或浸渍方法覆盖于苹果、柑橘、西瓜、香蕉、西红柿等表面,保鲜期达200 d以上。英国还研制出一种复杂的烃类混合物天然可食保鲜剂,它能大大降低氧的吸收量,使蔬果所产生的二氧化碳几乎全部排出,能使番茄、辣椒、梨、葡萄等贮藏寿命延长1倍。

美国一家公司研究出一种能使切开的水果和蔬菜保持新鲜的新方法。研究人员利用干酪和从植物油中提取的乙酰苯酸甘油酯制成一种特殊的覆盖物,将这种透明、可食用、没有薄膜气味的薄片粘贴在切开的瓜果蔬菜表面,就可以达到防止脱水和水果变黑的目的。

日本研制出一次性果蔬保鲜膜能缓慢地吸收从蔬菜、果实、肉表面渗出的水分,达到保鲜作用。

②冰温贮藏和加工技术于近年来在发达国家和地区得到推广和普及。日本目前已形成一系列较为成熟的冰温贮藏和加工技术,并于近年来在发达国家和地区推广和普及。

③减压贮存的果蔬保鲜技术已广泛应用。日本研究出一种减压贮存的果蔬保鲜技术。由于抽气减少了室内氧气含量,因此,可以使果蔬的呼吸维持在最低水平,并排除室内一部分二氧化碳和乙烯等气体,有利于果蔬长期贮存。英、美、德、法等国家均已研制出了具有标准规格的低压集装箱,并广泛应用于长途运输蔬果中。

④气调包装袋已出现在欧洲市场。欧洲市场近年出现一种用于果蔬食品包装的气调包装袋。在这种高氧自发性气调包装袋中,袋内氧气、二氧化碳和氮气的组合比例可根据不同果蔬食品的生理特性进行调节,如对易腐果蔬食品可用80%~90%的氧气和10%~20%的二氧化碳。这种包装具有抑制酶活性、防止果蔬食品褐变和无氧呼吸所引起的发酵、保持果蔬食品品质、有效抑制好氧和厌氧微生物生长的特点。采用高氧气调包装袋包装鲜蘑菇,并在8℃条件下贮存,其货架期可达8 d。

新加坡通过在包装内注入特别调配的混合气体(常用的气体是氮气、二氧化碳和氨气),

以使蔬菜呼吸率降低,防止细菌滋生和延阻酶腐坏,进而保持蔬菜的新鲜度。可使芥菜、菜心和其他叶状蔬菜保持新鲜达 3 周。

⑤高压静电贮藏技术成功利用。法国制成了一种电子保鲜机,把这种机器放在果蔬贮藏室,可使室内存放的水果和蔬菜在 75 d 内保持鲜嫩如初。这种保鲜机是利用高压负静电场产生的负氧离子和臭氧来达到保鲜的目的。负氧离子可使果蔬代谢过程中的酶纯化,从而延缓果蔬呼吸过程,减少果实催熟剂乙烯的生成。而臭氧既是一种强氧化剂,又是良好的消毒剂和杀菌剂,能杀灭和消除果蔬上的微生物及其分泌的毒物,抑制并延缓有机物分解,从而延长果蔬贮存期。

高压静电贮藏技术以其独到的经济优势和理想的应用效果,具有广阔的发展前景和推广价值。

⑥其他新技术的应用。日本生产出一种水果保鲜包装箱。它是在瓦楞纸箱的瓦楞纸衬纸上加一层聚乙烯膜,然后再涂上一层含有微量水果消毒剂的防水蜡涂层,以抑制水果呼吸和防止水分蒸发,从而达到保鲜的目的。

美国还推出了一种新型果蔬保鲜塑料袋,这种保鲜袋用天然活性陶土和聚乙烯混合制成,犹如一个极细微的过滤筛。果蔬在熟化过程中产生的气体和水分可以透过包装袋,使袋内不易滋生真菌,从而减少果蔬因熟化程度过快而造成的损失,延长水果、蔬菜的保鲜期。

英国还发明了一种鳞茎类蔬菜高温贮藏技术。能利用高温对鳞茎类蔬菜发芽的抑制作用,将贮藏室温度控制在 23℃,相对湿度维持在 75%,这样的环境条件可达到长期贮藏保鲜的目的。洋葱在此条件下可贮藏 8 个月。

随着人们生活水平的提高,人们对食品的追求越来越朝着营养型、保健型方向发展。人们将更注重于除了新鲜度之外的果蔬风味品质等质量参数,从而建立评估果蔬贮藏新鲜度、成熟度、是否有损伤、风味、口感、色泽、安全性等综合质量的保证体系。

为提高保鲜效果、延长保鲜时间、降低成本、提高综合效益,果蔬保鲜技术正在由单一技术向复合技术方向发展。同时随着国际市场对农产品监测指标的逐步完善,果蔬产品要拿到国际市场的通行证,必须突破“绿色壁垒”。因此,应用新型的、无污染的、可降解的生物保鲜技术将是人们研究的一个重要方向。

(4)深加工产品越来越多样化。发达国家各种果蔬深加工产品日益繁荣,产品质量稳定,产量不断增加,产品市场覆盖面不断地扩大。在质量、档次、品种、功能以及包装等各方面已能满足各种消费群体和不同消费层次的需求。多样化的果蔬深加工产品不但丰富了人们的日常生活,也拓展了果蔬深加工空间。

(5)技术与设备越来越高新化。近年来,生物技术、膜分离技术、高温瞬时杀菌技术、真空浓缩技术、微胶囊技术、微波技术、真空冷冻干燥技术、无菌贮存与包装技术、超高压技术、超微粉碎技术、超临界流体萃取技术、膨化与挤压技术、基因工程技术及相关设备等已在果蔬加工领域得到普遍应用。先进的无菌冷罐装技术与设备、冷打浆技术与设备等在美国、法国、德国、瑞典、英国等发达国家果蔬深加工领域被迅速应用,并得到不断提升。这些技术与设备的合理采用,使发达国家加工增值能力明显地得到提高。

(6)产品标准体系和质量控制体系越来越完善。重视生产过程中食品安全体系的建立,普遍通过了 ISO 9000 质量管理体系认证,实施科学的质量管理,采用 GMP(良好生产操作规程)进行厂房、车间设计,同时在加工过程中实施了 HACCP 规范(危害分析和关键控制点),使产品的安全、卫生与质量得到了严格的控制与保证。国际上对食品的卫生与安全问题越来越重视,世界卫生组织(WHO)、联合国粮农组织(FAO)、国际标准化组织(ISO)、FAO/WHO 国际联合食品法典委员会(CAC)、欧洲经济委员会(ECE)、国际果汁生产商联合会(IFJU)、国际葡萄与葡萄酒局(OIV)、经济合作与发展组织(CRCD)等有关国际组织和许多发达国家都积极开展了果蔬及其加工品标准的制定工作。

(7)资源利用越来越合理。在果蔬加工过程中,往往产生大量废弃物,如风落果、不合格果以及大量的果皮、果核、种子、叶、茎、花、根等下脚料。无废弃开发,已成为国际果蔬加工业新热点。发达国家农产品加工企业都是从环保和经济效益两个角度对加工原料进行综合利用,将农产品转化成高附加值的产品。如日本、美国、欧洲等发达国家利用米糠生产米糠营养素、米糠蛋白等高附加值产品,其增值 60 倍以上。利用麦麸开发戊聚糖、谷胱甘肽等高附加值产品,增值程度达 3~5 倍,美国利用废弃的柑橘果籽榨取 32% 的食用油和 44% 的蛋白质,从橘子皮中提取和生产柠檬酸已形成规模化生产。美国 ADM 公司在农产品加工利用方面具有较强的综合利用能力,已实现完全清洁生产(无废生产),使上述原料得到综合有效的利用。

(8)食品物流专业化。国外一些发达国家已不再是企业自己进行运输、销售,而是通过物流公司,通过这样一个平台对自己的产品进行不断的循环。

▶ 二、我国果蔬保鲜与加工业现状及存在的问题

(一)我国果蔬保鲜与加工业现状

我国水果、蔬菜资源丰富,其中 2015 年水果年产量 2.71 亿 t(苹果、柑橘、香蕉),蔬菜产量 7.7 亿 t,均居世界第一位。丰富的果蔬资源为果蔬保鲜与加工业的发展提供了充足的原料。我国果品总贮量占总产量的 25% 以上,商品化处理量约为 10%,果品加工转化能力约为 6%,蔬菜加工转化能力约为 10%。果蔬采后损耗率降至 25%~30%,基本实现大宗果蔬商品南北调运与长期供应。

我国是世界脱水蔬菜生产和出口的主要国家之一,主要的品种有洋葱、大蒜、胡萝卜、食用菌、姜、花椰菜等 20 多个,年出口量约 3 万 t,创汇额 2 亿美元以上,主要销往西欧、日本、美国、澳大利亚、韩国、新加坡和中国香港等国家和地区。我国蘑菇罐头出口占世界蘑菇罐头出口量的 1/4,达 25 万 t/年。浓缩苹果汁(浆)出口量占世界贸易量的 50% 以上,脱水蔬菜占世界贸易量的近 2/3,橘子罐头达到国际贸易量的 80%,笋罐头占世界贸易量的 70%。

目前,我国果蔬先进技术不断渗透融合,如计算机、生物技术、新包装材料、纳米技术等在贮藏加工业中得到了有效利用;建立了一批加工用果蔬生产基地;培育了专门适合加工的果蔬品种,如专用番茄、桃、柑橘等。我国果蔬汁、果蔬罐头、果蔬粉等深加工业得到了长足的发展,步入了新的历史阶段。

(二)我国果蔬保鲜与加工业存在的问题

(1)资源利用与加工能力低下,采后损失率高。发达国家的果蔬采后损失率低于 5%,果蔬加工转化能力达总产量的 40% 左右,我国果蔬采后损失率为 25%~30%。如发达国家采用气调库贮藏保鲜占总产量的 25%~35%,而我国只占到 0.2%。我国加工转化能力仅为

8%左右。我国目前人均果汁消费量仅及世界平均水平的 1/10,发达国家的 1/40。

(2)果蔬商品化处理低、流通链条低温化程度低。我国果蔬产后贮运、保鲜等商品化处理与发达国家相比差距较大,尤其"冷链"。我国果蔬产品的整个流通基本还处在常温状态下进行,全过程的冷链更少,预冷几乎是空白,采后病害控制水平低,因此,果蔬产品商品率、采后产值/采前产值低。据资料,山东苹果即采即售率高达 80%,仅在生产环节"变、烂、弃"率就达 30%,保质销售率不到 20%;蔬菜即采即售率更高达 90%。采后损失率达 20%~25%,高者达 50%,采后产值/采前产值只有 0.4,而美国、日本分别为 3.7 和 2.2。

目前,此问题已经引起重视。但长期以来人们将重点放在采前栽培、病虫害的防治等方面,对于采后的保鲜与加工重视不够,再加上产地基础设施和条件缺乏,不能很好地解决产地果蔬分选、分级、清洗、预冷、冷藏、运输等问题,致使果品蔬菜在采后流通过程中的损失相当严重;另一方面,我国果蔬产品缺少规格化、标准化管理,销售价格只有国际平均价格的一半;除此之外,品种结构不合理,品种单一,早熟、中熟、晚熟品种比例不当,缺乏适于加工的优质原料品种,这些都严重制约着我国果蔬业的发展。果蔬的保鲜和加工是农业生产的继续,发达国家均把产后贮藏加工放在首要位置,而我国大多以原始状态投放市场,因此果蔬的损失较大。但从另一个角度来看我国果蔬采后保鲜和加工领域具有很大的经济潜力。因此,应尽快建立适合我国国情的流通体系,实行某些关键环节的低温质量控制,提高、推广和普及采后贮藏保鲜水平,降低采后损失率。

(3)果蔬加工机械化、现代化速度较慢,加工转化能力低。我国果蔬深加工设施与技术水平较低,难以满足行业发展需要,大型、高速的成套设备长期大量依赖进口。果品与蔬菜的加工转化能力分别仅为 6%和 10%左右。

近几年来,国内引进了许多国际一流的果蔬加工生产线,但这些生产线中的关键易耗零部件仍需依赖进口,虽然针对这些加工生产线上的关键易损零部件进行研发,取得了一定的进展,但技术性能指标与国外同类产品相比仍有较大差距。

此外,我国农产品加工科技进步率只有 35%,我国很多腌制、糖制生产企业还多为手工作坊方式,生产力水平低下,卫生状况差;缺少或没有质量控制系统,无标生产的现象仍然存在,制成品的安全卫生质量不容乐观。蔬菜加工业中一些具有悠久历史的传统产品如腌制菜、干制(脱水)蔬菜的工厂化设备起步不久,一些显著提高产品质量的高新技术如生物技术、膜分离技术、超临界流体技术、微胶囊技术、超高压技术等仍未得到广泛推广和应用。

我国果蔬加工业中普遍存在着粗加工产品多而高附加值产品少、中低档产品多而高档产品少、劣质产品多而优质产品少、老产品多而新产品少等弊端,尤其是特色资源的加工程度很低,远不能满足市场需求。

(4)加工企业管理、技术创新能力低影响其经济效益。如苹果加工行业,浓缩苹果汁企业国际先进水平为 5 万 t/年以上,而我国浓缩苹果汁生产厂平均不到 1 万 t/年。自 1996 年以来,我国先后出现近 10 家每小时加工苹果超过 60 t 的企业,这些企业没有在国家协调发展、统一规划下壮大自身的产业,在生产经营过程中缺乏自律,行业规范力度不够,在出口时相互压价,无序竞争现象严重,难以形成我国行业的整体优势,无法与国外相关企业抗衡。

(5)果蔬加工综合利用低。我国果蔬加工业每年要产生数亿吨的下脚料,基本上没有开发利用,不仅浪费资源,而且污染环境。然而,皮渣等下脚料中仍然含有丰富的蛋白质、氨基酸、酚类物质、果胶、膳食纤维等营养成分。因此,如何使果蔬加工副产品变废为宝,综合利用增加附加值,是我国果蔬加工业降低成本和提高经济收益需要解决的主要问题。

(6)果蔬加工缺乏有效的行业管理与技术监督。尽管我国果蔬加工业已采用国家或行业标准,但普遍存在标准陈旧,与国际标准相比,在有害微生物及代谢产物、农药残留量等食品安全与卫生标准方面差距很大,不能与国际市场接轨。

三、我国果蔬保鲜与加工业的发展要求及相应对策

(一)宏观政策

通过建言建策,提高政府对果蔬加工产业重要性的认识,从而加强对果蔬加工产业的支持。在政策上给予鼓励和倾斜,使种植农户及加工企业获得政策性贷款,鼓励农户发展加工品种,建立强制性农业保险,完善政策性农业保险的覆盖,给予企业政策性贷款扶持。在果蔬及其产品的运输方面实行绿色通道,降低企业负担,对果蔬加工企业实行税收优惠政策。特别是对为地区农业发展做出重大贡献的龙头企业给予税收减半或减免。促进果蔬加工产业的良性发展,同时加强政府各职能部门之间的沟通与协作,强化行业协会、学会的中介职能。

(二)果蔬生产与加工政策

(1)优化产业布局,调整产品结构。我国果蔬加工业要在保证果蔬供应量的基础上,努力提高果蔬的品质并调整品种结构,加大果蔬采后贮运加工力度,使我国果蔬业由数量效益型向质量效益型转变,既要重视鲜食品种的改良与发展,又要重视加工专用品种的引进与推广,保证鲜食和加工品种合理布局的形成;应扩大制汁品种的引进和推广,适度发展早熟、特早熟品种。建立规模化、标准化的优质果蔬生产基地和加工原料生产基地。同时,应进一步加强果蔬优势区域的规划。

(2)推广优质丰产技术,实施标准化生产。以提高质量为重点,从栽培措施入手,实施标准化生产。从种苗培育、栽培、贮藏、包装等各个环节规范果蔬生产,确保果蔬质量。

(3)建立完善的流通保鲜系统。由于果蔬生产淡旺季差异明显,因此贮藏保鲜设施对大量果蔬的大范围流通十分必要。流通保鲜系统包括分选、分级、清洗、预冷、冷藏、包装、冷藏运输、集散交易市场等。建立完善的流通保鲜系统需要相应的分选、分级、清洗、预冷、冷藏、包装、冷藏运输等技术和设备,在我国只靠引进技术还有相当困难,主要是我国农村经济基础和居民的消费水平与国外相比还有较大差距。因此,必须开发适合我国国情的技术和设备。

(4)培育果蔬加工骨干企业,加速果蔬产、加、销一体化进程,形成果蔬生产专业化、加工规模化、服务社会化和科工贸一体化。充分利用国家、省部级的各类农产品、果蔬加工技术研发体系,创新战略联盟、质检中心等平台。以加工为中心,切实加强果蔬加工技术研究,促进科技创新,以高新技术和先进适用技术改造现有加工制品。加快高新技术的成果转化。

(5)利用现代高新技术改造传统果蔬加工业。近年来,利用高新技术改造传统产业并实现产业升级是世界果蔬加工发展的必由之路,我国也不例外。应用信息、生物等高新技术改造提升果蔬加工业的工艺水平,促进果蔬加工产业快速发展,使产品品质得以不断提高。应重点发展果蔬贮运保鲜、果蔬汁、果酒、果蔬粉、切割蔬菜、脱水蔬菜、速冻蔬菜、果蔬脆片等产品加工。如综合运用无菌生产、高效榨汁、巴氏灭菌、精密调配、无菌灌装、冷链贮运销等新技术生产高品质的鲜冷橙汁(NFC);利用膜分离、酶解、微波杀菌和生物覆膜剂技术进

行果蔬罐头和最少化加工果蔬产品的开发;用高压杀菌技术逐渐代替超高温瞬时杀菌技术,对维生素等热敏性营养物质几乎不产生损耗;利用抗菌精油和天然植物杀菌素制成的可食性覆膜保鲜去皮全果等。

力争果蔬加工处理率由目前的 20％～30％增加到 45％～55％,采后损失率从 25％～30％降低到 15％～20％。

(6)无废弃物加工、多级开发利用。无废弃物加工、充分利用原料中的一切可利用成分将成为未来果蔬产品加工业新的热点。果蔬产品在加工过程中,经去皮、核、心、种子、根、茎、叶后,利用率显著降低,当作废弃物抛弃的物质中蕴藏着许多有用的成分。如果蔬加工废渣中碳水化合物和多糖的利用;核果类种仁中含有苦杏仁,可生产杏仁香精;胡萝卜残渣加工后可形成橙红色的蔬菜纸,用于食品包装;猕猴桃皮可提取蛋白分解酶,用于啤酒澄清和肉质嫩化剂,在医药上可作为消化剂和酶解剂;坚果中含有类黄酮,能抑制血小板的凝聚、抑菌、抗肿瘤。

因此,充分利用加工中产生的副产品和废弃物,进行深层次和多级开发利用,不仅显著减少加工垃圾,同时变废为宝,进一步提高产品附加值。

(7)建立果蔬及其加工产品规格、标准和质量管理体系农产品规格化、标准化是农业产业化经营和农产品进入现代化经营的关键和基础,是食品工业产业化生产的需要,更是我国农产品进入国际市场的通行证。目前国内部分企业在生产工艺上缺乏规范和统一标准,随意性较大,产品的质量指标多为人工控制,凭感觉判断,产品质量很不稳定。这就要求我们必须建立一个规范的产品标准和质量管理体系,充分利用高科技检测手段,及时准确地测定各种参数,将人为因素降到最低,使设备性能得到最佳发挥。

(8)加强人才培养与技术培训推广。有计划、有针对性地加强人才培养,特别是加强营销队伍的建设,加强技术培训,对新开发及引进技术迅速推广。

(9)建立全国果蔬保鲜与加工信息网络和管理机制。建立一个包含采前、采后、生产、贮藏、加工、流通和销售在内的全国果蔬产品生产贮运、加工销售的信息集成系统,使相关人员及时了解产业最新信息和动态,为他们提供更快捷便利的服务;提出整个农产品贮运加工产业与科技管理的体制改革框架,实现果蔬采前管理、采后处理和贮藏加工统一协调管理机制。

果蔬产品是最有希望打入国际市场的大宗农产品之一,提高果蔬品质、发展果蔬保鲜和加工业既是我国果蔬业健康可持续发展的前提,同时也是我国农产品的新的经济增长点。

学习单元三　果蔬保鲜加工企业对员工的要求

▶ 一、知识要求

1.充分掌握本专业的基础知识。了解相关岗位所需要的知识点,从而在学习期间能够有目的地学习和积累知识。

2.会进行果蔬主要品质的测评;会对果蔬进行合理采收及商品化处理。

3.能掌握主要果蔬产品保鲜与配送的主要方法、技术要点及配送中的有效管理。

4.会制定果蔬罐头制品、汁制品、糖制品、腌制品、速冻品、干制品的工艺流程并能预防和解决加工过程中出现的问题。

5.能利用所学知识解决果蔬保鲜加工中的主要问题;能结合当地资源条件,将所学知识用于生产指导。

二、能力要求

(一)专业能力

1.能了解本行业所处的大环境以及近年来行业内发生的大事件,从而更全面地认识该行业,在知识的学习和经验的积累上有针对性。

2.会解决和控制主要果蔬保鲜与加工中出现的各种问题,能检出产品不合格原因,能提出工艺改进意见,能做车间的基层管理。

3.能了解到相关企业的现状和需求,以及发展中的问题,从而能仔细地思考未来的工作内容和方法。

4.能通过网络、文献检索等方式查阅相关资料,选择合适的分析方法制定检测方案,完成食品原料、半成品或成品的检测并做出品质判断。

(二)社会能力

1.具有较强的食品安全意识和环保意识。

2.具有较强的吃苦耐劳、爱岗敬业的精神。

3.具有实事求是的学风及独立思考的习惯。

4.具有良好的心理品质、良好的沟通与交流能力,能建立良好和谐的人际关系。

5.培养科学观察、独立思考、自主探究的习惯,实现自主学习、参与学习、合作学习的目的。

6.培养良好的团队合作精神与竞争意识,关注全面质量管理,对产品的质量异常迅速作出反应。

7.具有较强的判断能力、自我评价与自我展示能力。

(三)方法能力

1.在学习和工作中保持良好的学习能力是较快成长的必要条件。

2.有较强的独立思考能力;有一定的创新与设计的能力。

3.能综合运用各种知识解决和控制工作中出现的各种问题。

4.掌握安全文明操作规程。

5.专业知识的积累过程很枯燥需要刻苦努力,需要摆正心态、有坚持不懈的毅力。

三、素质要求

1.思想道德素质:具有正确的世界观、人生观和价值观,爱国守法、明礼诚信、团结友善、勤俭自强、敬业奉献。

2.文化素质:具有一定的文化品位、审美情趣、人文素养和科学素质。

果蔬保鲜与加工

3.身心素质:严格执行操作规范,具有吃苦耐劳的优良品质、严谨细致的工作作风、熟练的工作技能和科学的创新精神。

4.职业素质:具有严谨、自律、刻苦、向上等良好职业素质;具有拓展、创新等可持续发展能力;具有良好的心理素质,能够经受困难和挫折,适应各种复杂多变的工作环境和社会环境。

四、健康要求

1.所有的新雇员在录用之前都要进行体检,体检记录由医务室存档。

2.生产人员每年体检一次,并应同意在需要的时候进行体检。任何有传染病或传染病病毒携带者(如痢疾、伤寒、病毒性肝炎、活动性肺结核),或有开放性创口,包括疖疮、感染的伤口和其他病菌来源,均不允许在接触食品的区域工作,包括有可能接触食品或接触食品的表面、包装材料等。也不允许在可能传染其他雇员的地区工作。任何被怀疑有上述疾病的雇员都要求进行体检,或暂时调离原工作岗位。

3.雇员如在工作期间生病必须报告其主管或医务室。疾病病愈后回到工作岗位的雇员都必须提交医生开具的证明,证明其复原并可回到食品工厂重新工作。

4.应定期对全厂职工进行食品卫生法、食品企业卫生规范及其他有关卫生规定的宣传教育,做到教育有计划,考核有标准,卫生培训制度化和规范化。

5.食品从业人员应保持良好的个人卫生,工作前和每次离开工作场所或当手被弄脏或被污染时,要求用热水和合适的消毒剂、洗涤剂彻底洗手。

6.不允许佩戴发饰,必须使用厂方提供的发网,并将头发尽可能地完全包在发网内,包括头发的后面、侧面和额发。可以使用弹性发带或橡皮筋或发夹,但它们应能被可靠地固定并藏在发网下。所有到生产区的参观者也必须佩戴发网。

7.如果不戴"须卫"装置,不允许留长鬓角和胡须;雇员可佩戴保护听力的装置,所有这类装置必须用细绳固定以防落入产品中。

8.所有生产工人禁止佩戴首饰。长指甲、涂指甲油和任何类型的假指甲都是不允许的;工厂内不允许戴假睫毛,参观者或在生产区短时间停留的人员可戴手套;手工包装线上的工人佩戴的手套必须保持完整、干净和卫生。

9.衣物和其他与生产无关的私人物品必须放在更衣箱内或指定地点,私人物品绝对不允许放在设备或控制板上。

10.食品和饮料只能在工厂内指定的区域贮存和食用;工人不能在生产线上吃产品,禁止在工厂内嚼口香糖、烟草和其他物品;不得在嘴里衔牙签、火柴、铅笔、钢笔、香烟和其他类似物品。

11.吸烟限制在指定区域;禁止吐痰;咳嗽或打喷嚏时一定要背向产品或生产线并捂住嘴,并要重新洗手或更换手套。

模块二

果蔬保鲜基础知识

任务 1　果蔬内在品质的构成与测定

任务 2　果蔬采后生理变化对果蔬品质的影响及控制方法

任务 1

果蔬内在品质的构成与测定

学习目标

• 了解果蔬产品品质的特性及在成熟过程中的变化；

• 了解产品本身因素、栽培环境及田间管理等采前因素对果蔬品质的影响。

【任务描述】

通过学习本节,能明确果蔬品质的化学构成,了解这些化学成分在果蔬成熟过程中的变化,了解产品本身因素、栽培环境及田间管理等采前因素对果蔬品质的影响,能结合实际情况制定出合理的用于实践生产的提高果蔬品质的技术方案。

【知识链接】

学习单元一　果蔬内在品质的构成与测定

果蔬的品质主要决定于遗传因素,但又受不同发育时期、栽培环境、管理水平和贮藏加工条件的影响而变化很大。对果蔬品质的评价,包括色泽、大小、形状等外观特性,味道和香气等风味特性以及维生素、矿物质、碳水化合物、脂肪、蛋白质等营养物质的含量。

果蔬品质的构成主要有:

外观:大小、形状、色泽等。

风味:糖、酸、糖苷类、单宁、氨基酸、醛、烯、酯等。

质地:组织的老嫩程度、硬度的大小、汁液的多少、纤维的多少等。

营养:维生素、矿物质、蛋白质、碳水化合物等。

安全:有害物质的残留等。

果蔬的化学组成非常复杂,一般分为水和固形物。固形物又分为无机物(各种矿物质)和有机物(碳水化合物、有机酸、脂肪、蛋白质、各种维生素、色素和芳香物质等)。

◆ 一、呈色物质

色泽是人们感官评价果蔬品质的重要因素之一。不同种类和品种的果蔬颜色各不相同,其原因是所含色素在质和量上的差别。果蔬中的呈色物质主要有叶绿素(呈绿色)、类胡萝卜素(呈黄到红色)、花青素(呈红、紫、蓝)、黄酮类色素(呈无到黄色)。果蔬的颜色在一定程度上反映了果蔬的新鲜度、成熟度和品质变化等情况。大多数果蔬随着果实的成熟,叶绿素含量逐渐减少,其他色素含量逐渐增多,而使果实绿色减退,呈现其他颜色。

◆ 二、呈香物质

果蔬香气来源于各种微量的挥发性物质,这些挥发物质的种类和数量不同,便形成了各种果蔬特定的香气。据报道,苹果含有100多种挥发性物质,香蕉含有200种以上挥发性物质,草莓中含有150多种,葡萄中含有78种等。构成果品香气的主要成分是醇、酯、醛、酮以及挥发性酸等。构成蔬菜香气的主要成分是一些含硫化合物(葱、蒜、韭菜等辛辣气味的来源)和一些高级醇、醛、萜等。就多数果蔬而言,进入成熟时才有足够数量的香气释放出来,所以芳香程度也是判断果蔬成熟的一种标志。香气物质具有催熟作用,果蔬贮藏中应及时通风排除。

三、呈味物质

各种果蔬具有不同特色的味道,其差异决定于呈味物质的种类和数量。这些物质不仅关系到果蔬的味道,也是评价其品质的重要指标。味的分类在世界各国并不一致,我国习惯上分为甜、酸、苦、咸、辣、涩、鲜七种,除咸味外,其余六种均与果蔬有关。

1. 果蔬的甜味

甜味是令人愉快的味感,果蔬中的甜味物质主要是糖及其衍生物糖醇,主要是葡萄糖、果糖、蔗糖、木糖醇、山梨醇等,不同的糖甜度不同。

果蔬的甜味除取决于糖的种类和含量外,还与糖酸比有关。糖酸比越高,甜味越浓;比值适合,则甜酸适度。一般在充分成熟时达到其高峰值,所以生产上常据含糖量的变化来确定果实的成熟度和采收期。

2. 果蔬的酸味

酸味是因舌黏膜受氢离子刺激而引起的,凡是在溶液中能解离出氢离子的化合物都有酸味,包括所有无机酸和有机酸。果蔬中的酸主要来自一些有机酸,如柠檬酸、苹果酸、酒石酸、草酸、琥珀酸、α-戊酮二酸和延胡索酸等,这些有机酸大多具有爽口的酸味,对果实的风味影响很大。多数果实随着成熟,酸含量减少(柠檬除外)。相比之下,蔬菜的含酸量很少,往往感觉不到酸味的存在。

3. 果蔬的涩味

涩味是由于使舌黏膜蛋白质凝固,引起收敛作用而产生的一种味感。果蔬的涩味主要来源于单宁物质(多酚类化合物),未成熟的果实中含量较多,蔬菜较少,随着果蔬的成熟含量逐渐减少。

当果蔬中含有 1‰~2‰ 的可溶性单宁时就会产生强烈的涩味。当水溶性单宁变为不溶性的则无涩味,柿子可以通过提高成熟度、增加 CO_2、温水浸泡、乙醇处理等即可除涩。

4. 果蔬的苦味

苦味是四种基本味感(酸、甜、苦、咸)中味感阈值最小的一种,是最敏感的一种味觉。单纯的苦味会给人带来不愉快的味感,但当它与甜、酸或其他味感恰当地组合,就形成了食品特殊风味,如茶、咖啡、苦瓜、莲子等。但果蔬中苦味过浓,会给果蔬的风味带来不良的影响。

果蔬中的苦味物质主要是糖苷类,如苦杏仁苷(主要存在于核果类和仁果类的果核、种仁中,尤以苦扁桃含量最多)、黑芥子苷(十字花科蔬菜的苦味来源,含于根、茎、叶和种子中)、茄碱苷(又叫龙葵苷,存在于马铃薯块茎、番茄、茄子中,含量超过 0.01‰ 就会感觉到明显的苦味,0.02‰ 中毒)、柚皮苷、新橙皮苷和柠碱(主要存在于柑橘类果实中,影响加工品的品质)。

5. 果蔬的鲜味

鲜味是一种令人愉快的美味感,食品中的鲜味物质包括氨基酸、核苷酸、肽和有机酸等。果蔬鲜味主要来自一些具有鲜味的氨基酸、酰胺和肽,如 L-谷氨酸、L-天门冬氨酸、L-谷氨酰胺、L-天门冬酰胺等。

6. 蔬菜的辣味

辣味可刺激舌和口腔的触觉及鼻腔的嗅觉,而产生综合性的刺激快感。适度的辣味可以增进食欲,促进胃肠消化,蔬菜中的辣味物质有三种类型。

(1)芳香型辣味物质　由 C、H、O 组成芳香族化合物,其辣味有快感,如生姜中的姜酮、姜酚、姜醇等。

(2)无臭性辣味物质　分子中除含有 C、H、O 外,还含有 N。如辣椒中的辣椒素,胡椒中的异胡椒碱以及花椒中的花椒素。

(3)刺激性辣味物质　分子中含有硫,所以有强烈的刺鼻辣味,其辛辣成分为二硫化物和异硫氰酸酯类。如葱蒜的辛辣味,葱蒜中的二硫化物可被还原成有甜味的硫醇化合物,故葱蒜在煮熟后失去辛辣味而有甜味。

▶ 四、营养物质

营养物质含量的多少是果蔬品质评价的重要指标之一。果蔬中含有丰富的营养物质,是人类摄取维生素和矿物质的重要来源。果蔬中还含有大量的水分和一定的糖类、脂肪和蛋白质。

1. 糖类

也叫碳水化合物,分为单糖、低聚糖、多糖。

果蔬中常见的单糖有葡萄糖、果糖、甘露糖、半乳糖、木糖等,低聚糖主要是蔗糖,多糖包括淀粉、纤维素、半纤维素、果胶物质等。

果蔬中一些重要的单糖、低聚糖,既是营养物质,又是重要的呈味成分,已在"呈味物质"部分作过介绍,果胶物质将在"质地"部分作介绍,这里只对淀粉、纤维素和半纤维素作必要的介绍。

淀粉为多糖,主要存在于未成熟的果实中。一般富含淀粉的水果,如香蕉、苹果、梨等随着果实的成熟淀粉水解成可溶性糖,可用淀粉含量多少判断果实成熟度。大多数水果的淀粉含量都较低,有的在成熟后甚至完全消失。蔬菜中以块根、块茎和豆类含淀粉较多,如藕、菱、芋头、山药等,其含量与老熟程度成正比。对于青豌豆、甜玉米等以幼嫩籽粒供食的蔬菜,其淀粉含量的增加会导致其品质的劣变。

纤维素和半纤维素是植物的骨架物质,细胞壁的主要成分,对组织起着支撑作用。纤维素在果蔬皮层中含量较高,在幼嫩时期是一种含水纤维素,随着果蔬的成熟逐渐木质化和角质化,变得坚硬、粗糙,不堪食用。半纤维素在植物体内有支持和贮存的双重功能。纤维素和半纤维素含量越少果蔬品质越好,但纤维素、半纤维素和果胶物质形成复合纤维素对果蔬有保护作用,增强耐贮性。

2. 脂类

脂类包括脂肪和类脂。大多数果蔬中脂肪含量很低,但鳄梨、核桃中含量很高,核桃的脂肪含量达 53% 以上。果蔬中还含有类脂物质,如卵磷脂、脑磷质、菠菜固醇,营养学上最重要的是卵磷脂和脑磷脂。

3. 蛋白质和氨基酸

果蔬中蛋白质、氨基酸含量远不如谷类、豆类作物高,一般为 0.2%～1.0%,但也有含量多的,如核桃、扁桃、巴西栗、鳄梨、榛子、冬菇、紫菜等,含量为 11%～23%。果蔬中一些氨基酸(如谷氨酸、天门冬氨酸),是果蔬鲜味的重要来源。

4.矿物质

果蔬是人体所需要的矿物质的主要来源,果蔬的矿物质中 K、Na、Ca 等金属离子占 80%,P、S 等非金属占 20%。果蔬中虽含有机酸,味觉上具有酸味,但它进入人体后,或参与生物氧化反应,或形成弱碱性的有机酸盐,而矿物质中的 K、Na 则与 HCO_3^- 结合,使血浆的碱性增强,因而果蔬被称为“碱性食品”。为了保持人体健康,在食物构成上,要有足量的碱性食品——水果蔬菜,否则体液偏酸性,造成酸碱失调,甚至引起酸性中毒。

5.水分

果蔬是人体摄取水分的主要来源之一,大多数果蔬的水分含量达 80%以上。水分对果蔬本身的耐贮性影响很大,同时对果蔬的鲜嫩度、风味及脆性也有至关重要的影响。

6.维生素

维生素是一类维持人体健康不可缺少的低分子化合物,果蔬中含量丰富,胡萝卜素(维生素 A 原)、维生素 E、维生素 K 为脂溶性,存在于黄色、绿色等深色果蔬中。B 族维生素、维生素 C 为水溶性,维生素 C 与其他维生素相比,代谢快,需要量大,果蔬中富含维生素 C,是人体摄取维生素 C 最重要的来源。

◢ 五、质地

一些蔬菜和肉质型果实如苹果、梨、桃等品质评价,还包括质地,常用脆、绵、硬、软、细嫩、粗糙、致密、疏松等术语来形容质地。对质地的评价,一方面与人们的嗜好有关;另一方面,质地的变化也反映了果蔬成熟度和品质的变化。影响果蔬质地的物质主要是果胶物质,不同时期果胶物质存在方式不同,影响果蔬的质地。

果胶物质沉积在细胞初生壁和中胶层中,起着黏结细胞的作用。根据性质与化学结构的差异可将果胶物质分为三种。

1.原果胶

原果胶是一种非水溶性的物质,存在于植物和未成熟的果实中,常与纤维素结合,所以称为果胶纤维素,它使果实坚实脆硬。随着果实成熟,在原果胶酶作用下分解为果胶。

2.果胶

果胶易溶于水,存在于细胞液中。成熟的果实变软,是因为原果胶与纤维素分离变成了果胶,使细胞间失去黏结作用,因而形成松弛组织。果胶的降解受成熟度和贮藏条件双重影响。

3.果胶酸

果胶酸是一种多聚半乳糖醛酸,少量的也聚合了一些糖分。果胶酸可与钙、镁等结合成盐,不溶于水。当果实进一步成熟衰老时,果胶继续被果胶酸酶作用,分解为果胶酸和甲醇。果胶酸没有黏结能力,果实变成水烂状态,有的变“绵”。果胶酸进一步分解成为半乳糖醛酸,整个果实解体。

三种果胶物质的变化,可简单表示如下:

$$\text{原果胶} \xrightarrow[\text{原果胶酶}]{\text{成熟阶段}} \left\{ \begin{array}{l} \text{纤维素} \\ \text{果胶} \end{array} \right. \xrightarrow[\text{果胶酶}]{\text{过熟阶段}} \left\{ \begin{array}{l} \text{甲醇} \\ \text{果胶酸} \end{array} \right. \xrightarrow{\text{果胶酸酶}} \left\{ \begin{array}{l} \text{还原糖} \\ \text{半乳糖醛酸} \end{array} \right.$$

大多数蔬菜和一些果品中的果胶即使含量很高,但因甲氧基含量低而缺乏凝胶能力。果实硬度的变化,与果胶物质的变化密切相关。用果实硬度计来测定苹果、梨等的果肉硬度,借以判断成熟度,也可作为果实贮藏效果的指标。

六、果蔬中可溶性固形物含量测定

(一)实验材料与仪器

实验材料:苹果、梨、桃、西红柿等。

仪器:手持折光仪(图 2-1)。

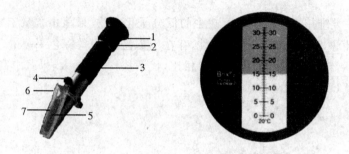

图 2-1   手持折光仪(引自果蔬贮运与加工质量监控,王丽琼,2010)
1.眼罩 2.旋钮 3.望远镜管 4.校正螺钉 5.折光棱镜 6.照明棱镜盖板 7.进光窗

(二)实验原理

根据不同浓度的含糖溶液具有不同的折射率这一原理设计而成。

(三)操作步骤

1.仪器校正

掀开照明棱镜盖板,用柔软的绒布(或镜头纸)仔细将折光仪棱镜擦净,注意不能划伤镜面,取蒸馏水或清水 1～2 滴,滴于折光棱镜上,合上盖板,使进光窗对准光源,调节校正螺丝将视场分界线校正为零。

2.测定

用同样方法擦净折光棱镜,取果汁或菜汁液数滴,滴于折光棱镜面上,合上盖板,让进光窗对准光源,调节目镜视度圈,使视场内分画线清晰可见,于视场中所见明暗分界限相应的读数,即果汁或菜汁液中可溶性固形物含量百分数用以代表果蔬中含糖量。

注意:测定时温度为 20℃,偏离此温度需查表 2-1 校正。

表 2-1   20℃时可溶性固形物对温度的校正表

温度/℃	固形物含量/%														
	0	5	10	15	20	25	30	35	40	45	50	55	60	65	70
	应减去之校正值														
10	0.50	0.54	0.58	0.61	0.64	0.66	0.68	0.70	0.72	0.73	0.74	0.75	0.76	0.78	0.79
11	0.46	0.49	0.53	0.55	0.58	0.60	0.62	0.64	0.65	0.66	0.67	0.68	0.69	0.70	0.71

続表 2-1

温度/℃	固形物含量/%														
	0	5	10	15	20	25	30	35	40	45	50	55	60	65	70
	应减去之校正值														
12	0.42	0.45	0.48	0.50	0.52	0.54	0.56	0.57	0.58	0.59	0.60	0.61	0.61	0.63	0.63
13	0.37	0.40	0.42	0.44	0.46	0.48	0.49	0.50	0.51	0.52	0.53	0.54	0.54	0.55	0.55
14	0.33	0.35	0.37	0.39	0.40	0.41	0.42	0.43	0.44	0.45	0.45	0.46	0.46	0.47	0.48
15	0.27	0.29	0.31	0.33	0.34	0.34	0.35	0.36	0.37	0.37	0.38	0.39	0.39	0.40	0.40
16	0.22	0.24	0.25	0.26	0.27	0.28	0.28	0.29	0.30	0.30	0.30	0.31	0.31	0.32	0.32
17	0.17	0.18	0.19	0.20	0.21	0.21	0.21	0.22	0.22	0.23	0.23	0.23	0.23	0.24	0.24
18	0.12	0.13	0.13	0.14	0.14	0.14	0.14	0.15	0.15	0.15	0.15	0.16	0.16	0.16	0.16
19	0.06	0.06	0.06	0.07	0.07	0.07	0.07	0.08	0.08	0.08	0.08	0.08	0.08	0.08	0.08
	应加入之校正值														
21	0.06	0.07	0.07	0.07	0.07	0.08	0.08	0.08	0.08	0.08	0.08	0.08	0.08	0.08	0.08
22	0.13	0.13	0.14	0.14	0.15	0.15	0.15	0.15	0.15	0.16	0.16	0.16	0.16	0.16	0.16
23	0.19	0.20	0.21	0.22	0.22	0.23	0.23	0.23	0.23	0.24	0.24	0.24	0.24	0.24	0.24
24	0.26	0.27	0.28	0.29	0.30	0.30	0.31	0.31	0.31	0.31	0.31	0.32	0.32	0.32	0.32
25	0.33	0.35	0.36	0.37	0.38	0.38	0.39	0.40	0.40	0.40	0.40	0.40	0.40	0.40	0.40
26	0.40	0.42	0.43	0.44	0.45	0.46	0.47	0.48	0.48	0.48	0.48	0.48	0.48	0.48	0.48
27	0.48	0.50	0.52	0.53	0.54	0.55	0.55	0.56	0.56	0.56	0.56	0.56	0.56	0.56	0.56
28	0.56	0.57	0.60	0.61	0.62	0.63	0.63	0.64	0.64	0.64	0.64	0.64	0.64	0.64	0.64
29	0.64	0.66	0.68	0.69	0.71	0.72	0.72	0.73	0.73	0.73	0.73	0.73	0.73	0.73	0.73
30	0.72	0.74	0.77	0.78	0.79	0.80	0.80	0.81	0.81	0.81	0.81	0.81	0.81	0.81	0.81

七、果蔬硬度的测定

(一)实验材料与仪器

实验材料:苹果、梨、桃等。

仪器:硬度计。

(二)实验原理

果蔬硬度是判定质地的主要指标,许多果蔬通过测定硬度来判断其贮藏性能和贮藏效果。其值大小是指果肉抗压力的强弱,抗压力越强,其值就越大。目前果蔬硬度测定的方法,多采用手持硬度压力测定计(简称硬度计,图2-2)法。

(三)操作步骤

1. 去皮

将果实待测部分的果皮削掉。

2. 对准部位

硬度计压头与削去果皮的果肉相接触,并与果实切面接触,且与果实切面垂直。

3.加压

左手紧握果实，右手持硬度计，缓缓增加压力，直到果肉切面达压头的刻度线上为止。

4.读数

这时游标尺(或指针)随压力增加而被移动，它所指的数值即表示每平方厘米(或 $0.5\ cm^2$)上的千克或磅数。

注意事项：

(1)测定果实硬度，最好是测定果肉的硬度，因为果皮的影响往往掩盖了果肉的真实硬度；

(2)加压时，用力要均匀，不可转动加压，亦不能用猛力压入；

(3)探头必须与果面垂直，不要倾斜压入；

(4)果实的各个部位硬度不同，所以，测定各处理果实硬度时，必须采用同一部位，以减少处理间的误差。

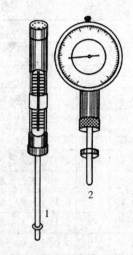

图 2-2　果实硬度计
(引自果蔬贮藏与加工,王丽琼,2008)
1.HP-30 型　2.GY-1 型

学习单元二　采前因素对果蔬贮藏的影响

合理的贮藏工艺，对于充分发挥果蔬本身的耐贮性，最大限度地保持其品质具有重要意义。但是果蔬本身的品质和耐贮性是贮藏的物质基础，并受许多采前因素的影响和制约，如果蔬的生物因素、生态因素和农业技术等。

▶ 一、生物因素

1.种类和品种

遗传因素决定不同种类和品种的果蔬品质和贮藏特性。一般来说，产于热带地区或高温季节成熟并且生长期短的果蔬，采收后呼吸旺盛，失水快，营养物质消耗多，易被病菌侵染而腐烂变质，表现为不耐贮藏；生长于温带地区、生长期比较长，并且在低温冷凉季节收获的果蔬，营养物质积累多，新陈代谢水平低，一般具有较好的贮藏性。水果中，仁果类较核果类、浆果类耐贮藏。但是，也不尽然，如柑橘类果实虽原产于亚热带，却可长期贮藏，而一些温带水果如桃、杏则不宜久藏。

蔬菜中，叶菜类富含多种维生素，但表面积大，代谢旺盛，一般不耐贮藏；花菜类、果菜类较耐贮藏；块茎、球茎、鳞茎和根茎类蔬菜，多有休眠现象，最耐贮藏。

同一种类不同品种的果蔬，由于组织结构、理化特性、成熟收获时期不同，品种间的贮藏性也有很大差异。一般规律是，晚熟品种耐贮藏，中熟品种次之，早熟品种不耐贮藏。例如苹果中的黄魁、红魁、旭光、祝光等早熟品种，不耐贮藏；元帅系、金冠、乔纳金、津轻、嘎拉等中熟品种比早熟品种耐贮藏，在常温库可贮藏 1～2 个月，在冷藏条件下的贮藏期为 3～4 个

果蔬保鲜与加工

月；富士系、王林、秦冠、胜利、小国光、青香蕉等晚熟品种，不但品质优良，而且普遍具有耐贮藏的特性，在冷藏条件下可贮藏 6 个月以上。柑橘类果实中，以富含酸分的柠檬类最为耐贮，而组织宽松的宽皮橘类贮藏寿命十分有限。蔬菜中如大白菜，直筒形比圆球形耐贮藏，青帮系统的比白帮系统的耐贮藏。

总之，果蔬的品质和耐贮性在不同种类和品种间差异很大，而且很难作出规律性的概括。一般认为：不耐贮的果蔬，表现为组织疏松，呼吸旺盛，失水快，所含的物质成分变化消耗快，因而品质下降亦快。

2. 植株长势

植株长势不同，关系到其营养生长、花芽分化、开花、结果量等，直接影响果实的大小、产量、物理性状、化学成分以及耐贮藏性。

一般盛果期树结的果实的耐贮藏比幼龄树和老龄树强，树势中庸的果树结的果实品质好，耐贮藏。以营养器官为食用部分的蔬菜，植株长势旺盛是获得高产优质的前提。而以果实和根茎为食用部分的果蔬，植株长势过旺会影响其他部分的生长和产品质量，所以需要从栽培技术上加以调节，以获得高产优质的产品。

3. 砧木

果树的砧木对嫁接后果树生长发育，对环境的适应性，以及对果实产量、品质、化学成分和耐贮性都有一定的影响。研究表明，红星苹果嫁接在保德海棠上，果实色泽鲜红，最耐贮藏。武乡海棠、沁源山定子和林檎嫁接的红星苹果，耐贮性也较好。

4. 结果部位与果实大小

由于自身和外界因素的影响，同一植株上着生在不同部位的果实其形状、大小、颜色和化学成分以致耐贮藏性都有差异，而且个体差异往往很大。一般向阳面的果实色泽鲜艳，积累养分多，贮藏中不易失水萎蔫，耐贮性好。树冠外围和顶部的果实，比内膛果实受光量大，干物质、总糖、总酸都高，品质和耐贮性较好。

在同一种类和品种的果实中以中等大小的果实最耐贮藏；特大果组织疏松，呼吸旺盛，营养消耗快，不耐贮藏；而特小果生长发育不良，品质低劣，固形物含量低，亦不耐贮藏。

▶ 二、生态因素

1. 温度

温度比其他环境因素对果蔬产量和品质的影响更大更直接。原产热带、亚热带的果蔬，要求温暖、潮湿的环境，原产温带的果蔬则适于冷凉干燥的气候条件。昼夜温差大，作物生长发育良好，可溶性固形物含量高。同一种类或品种的蔬菜，秋季收获的比夏季收获的耐贮藏，如秋末收获的番茄、甜椒比夏季收获的容易贮藏。北方栽培的大葱可以露地冻藏，而南方生长的大葱却不能在北方露地冻藏。

2. 降雨量和空气湿度

降雨量的多少影响着土壤水分、土壤的 pH 及土壤可溶性盐类的含量。降雨会增加土壤湿度、空气的相对湿度和减少光照时间，从而影响果蔬的营养物质的含量、组织结构和耐藏性。生长在潮湿地区的苹果容易裂果，柑橘生长期多雨高湿，果实糖、酸含量降低，高湿有利于真菌的生长，容易引起果实腐烂。阳光充足、降雨量适当的年份，果蔬耐藏性好。

降雨量对土壤 pH 影响很大,雨水会冲洗土壤中的可溶性盐类如钙盐等,降低土壤 pH,所以一般南方多雨地区土壤多呈酸性,北方多呈碱性。在潮湿多雨的地区,果树缺钙是常见的现象。

3. 光照

光照的时间、强度与质量,直接影响植株的光合作用及形态结构,影响果蔬的品质和耐藏性。光照充足,果蔬的干物质明显增加;光照不足,果实含糖量低。但光照过强也有危害,如果实易发生日灼现象。适宜的光照时间,作物生长发育良好,耐藏性强。光照与花青色素的形成密切相关,光照好,红色品种的苹果果实颜色鲜艳,耐贮藏。苹果生长季节如果连续阴天会影响果实中糖和酸的生成,果实容易发生生理病害。

4. 地理条件

纬度和海拔高度与温度、降雨量、空气的相对湿度和光照强度是相互关联的,同一种类果蔬,生长在不同的纬度和海拔高度,其品质和耐藏性不同。对于一些果蔬,海拔高,日照强,昼夜温差大,有利于花青色素的形成和糖的积累,耐藏性好。一般河南、山东生长的苹果果实耐藏性远不如辽宁、山西、甘肃、陕西等高纬度地区。高纬度生长的蔬菜,保护组织比较发达,适宜低温贮藏。

而有些果蔬的生长则适应温暖多湿的环境,如原产亚热带的柑橘,适宜在温暖多湿的条件下栽培。不同地区栽培的同一柑橘品种,随着纬度增高果实中含糖量逐渐减少而含酸量逐渐增高。一些广东的柑橘品种在四川栽培,则变得糖分低,酸度高。

5. 土壤

不同种类品种的果蔬,对土壤有不同的要求,土壤质量会影响果蔬的成分和结构。轻沙土可增加西瓜果皮的坚固性,提高其耐藏性。苹果适合在质地疏松、通气良好、富含有机质的中性到酸性土壤上生长。壤土上生长的柑橘比沙土上生长的颜色好,可溶性固形物含量高,总酸量低。

以叶片和根茎为食用部分的叶菜类和根茎菜类,在深厚肥沃的土壤中栽培其营养生长旺盛,产量高;质地细嫩的薯类则适宜在沙质土壤中栽培,其淀粉和含糖量高,味甜。

土壤 pH 是非常重要的,直接影响土壤中矿物质的有效利用。因此,在栽培管理中,针对不同的果蔬种类,控制一定的土壤 pH,也是保证果蔬品质的重要措施。

▶ 三、农业技术因素

(一)整形修剪和疏花疏果

修剪可以调节果树各部分的生长平衡,影响果实的营养物质的含量,间接影响果实的耐藏性。适宜的果树修剪,可以通风透光,使叶片同化作用加强,果实着色好,糖分高,耐贮藏。疏花疏果可以保证叶、果的适当比例,增加含糖量,使耐藏性增强。疏果也会提高果实的品质和耐藏性。

(二)肥水管理

1. 施肥

施肥的方法和时期,是影响果蔬化学成分和耐藏性的重要因素。钙是影响果蔬采后寿命的重要因子,果蔬采后的生理失调、后熟、衰老等都与钙的吸收、分配及功能有关,钙主要的作用是保持膜的完整性。氮肥可增加果树的产量,对果蔬的生长发育很重要,不可缺少。但过量施用氮肥或氮肥迟施,就会引起钙缺乏,导致生理失调,果实的着色差,呼吸强度增高,营养物质消耗加快,产品的耐藏性和抗病性明显降低。果树缺钾,果实颜色差,品质下降。但过多施用钾肥,会对钙、镁的吸收产生拮抗作用,使果实含钙量降低。土壤中缺磷,果肉带绿色,含糖量降低,贮藏中容易发生果肉褐变和烂心。

此外,土壤中某些微量元素(如锌、铜、锰、硼、钼等)缺乏或含量过多,都会影响果蔬的生长发育,影响其品质和贮藏性能。

2. 灌溉

土壤的水分供应条件,是影响果蔬生长发育、产量、品质及耐贮性的另一个重要方面。桃在整个生长季节中只要在采收前几个星期缺水,果实就难以增大,产量降低,品质也差;而供水过多,又会延长果实的生长期,着色差、不耐贮藏。

总之,施肥和灌溉是相互影响、相互作用的,为了维护果蔬良好的生长发育状态,必须提高栽培中肥水管理水平,才能最终获得高产优质的果蔬产品。

(三)采前化学药物处理

采前喷洒一些植物生长调节剂、杀菌剂或其他矿物营养元素,是栽培上改善果蔬品质、增强耐贮性、防止某些生理病害和真菌病害的辅助措施之一,生产上常采用以下化学药剂处理。

1. 植物生长调节剂

(1)生长素类 如萘乙酸和 2,4-D,在高浓度时对植物生长起抑制作用,低浓度时则有促进作用。栽培上常于采前用低浓度的萘乙酸($10\sim20$ mg/L)或 2,4-D($5\sim20$ mg/L)进行处理,对防止苹果、葡萄和柑橘采前落果效果明显,还可延迟花椰菜和其他绿叶菜的黄化。

(2)赤霉素(GA_3) 赤霉素能促进植物细胞分裂和伸长,在无核葡萄坐果期喷 40 mg/L GA_3,能显著增大果粒。柑橘类果实用赤霉素处理,有推迟果实成熟,延长贮藏寿命的效果。赤霉素还可使香蕉果实的呼吸高峰推迟,延缓后熟过程,延长贮藏寿命。

(3)生长抑制剂 如矮壮素(CCC),增加坐果率的效果最显著,有增产作用。巴梨在采前 3 周用 $0.5\%\sim1\%$ 的矮壮素喷布,可增加果实硬度,防止采收时果实变软,有利于贮藏。

(4)乙烯和乙烯利 有促进果实成熟的作用。苹果在采前 $1\sim4$ 周喷布 $200\sim250$ mg/L的乙烯利,可使果实的呼吸高峰提前出现,促进成熟和着色。梨在采前喷布 $50\sim250$ mg/L的乙烯利,同样可以使果实提早成熟,降低酸分,增加可溶性固形物含量,尤其是可改进早熟品种的品质,提早上市。此外,乙烯利用于柑橘褪绿、香蕉催熟和柿子脱涩等上,都获得显著的效果。但须注意,经乙烯利处理的果实不能进行长期贮藏。

2. 化学杀菌剂

(1)无机杀菌剂 如波尔多液,是生产上广泛应用的保护性杀菌剂,其有效成分为碱式硫酸铜,能杀死病菌,在发病前使用能阻止病菌侵入,发病后可阻止病菌蔓延。用 200 倍液可防治苹果、梨的锈斑病、黑星病、轮纹病和腐烂病等。

(2)有机硫杀菌剂 如代森锌、代森铵等,具有广谱杀菌作用。用 65% 代森锌可湿性粉剂 $300\sim500$ 倍液采前喷雾,可防治苹果褐斑病,葡萄炭疽病,杏、李菌核病,桃穿孔病,柿黑星病。用 50% 代森铵可湿性粉剂 1 000 倍液也可防治多种病害。

（3）有机砷杀菌剂　如退菌特，具有抑菌、杀菌作用，渗透作用强，对植物、人畜毒性低。用50％退菌灵可湿性粉剂800～1 000倍液喷雾，可防治葡萄炭疽病、白粉病，苹果轮纹病、褐斑病和柑橘疮痂病等。

（4）内吸杀菌剂　如托布津、多菌灵等，为高效低毒、广谱性内吸杀菌剂，残效期长，可以防治多种真菌病害。常用50％可湿性粉剂500～1 000倍液喷雾或拌种（使用量为0.1％～1％），防病效果显著。

综上所述，各种采前因素从不同的方面影响果蔬的品质和耐贮性，是贮藏工作者必须全面注意的问题。

【自测训练】

1.果蔬的品质由哪几方面因素构成？随着果蔬的成熟，它们是如何变化的？
2.试述采前因素对果蔬的品质和贮藏性能的影响。

【小贴士】

如何看待植物生长调节剂

植物生长调节剂是用于调节植物生长发育的一类农药，包括人工合成的化合物和从生物中提取的天然植物激素。植物生长调节剂可适用于种植业中几乎所有的高等和低等植物，但是植物生长调节剂在植物体内是自动调节平衡，满足植物生长发育需求的。人为使用调节剂如果使用剂量与使用时间不对，一方面会对植物的正常生长造成影响，容易出现旺长、畸形、口感变化等，比如矮壮素控制植物的营养生长、赤霉素影响植物花芽的分化、乙烯促进植物落叶等。另一方面，会对人体的健康有影响，若是残留过多会有剧毒，严重则会使人致癌。

任务 2

果蔬采后生理变化对果蔬品质的影响及控制方法

学习目标
- 理解果蔬呼吸作用、呼吸跃变、萎蔫、结露、休眠等对果蔬贮藏的影响；
- 掌握果蔬保鲜贮藏的基本原理及控制果蔬成熟、衰老的措施。

【任务描述】

通过学习本节,能了解果蔬品质采后生理变化,掌握果蔬采后的呼吸趋势及失水、成熟、休眠等规律,控制其采后成熟、衰老进程,能结合实际情况制定出合理的用于实践生产的果蔬贮藏保鲜技术方案。

【知识链接】

学习单元　果蔬采后生理变化对果蔬品质的影响及控制方法

新鲜果蔬采后败坏的原因是由于产品本身所含的酶以及其周围环境中的理化因素(温度、湿度、光、气体等)引起的物理、化学和生化变化和微生物活动引起的腐烂与病害。各种食品保藏原理和方式不同,但都由于能够控制或消除这两个基本原因,从而防止食品败坏变质,延长保藏期。

新鲜果蔬在贮藏中仍然是有生命的有机体,而且正是依靠新鲜果蔬所特有的对不良环境和致病微生物的抵抗,才使其得以保持品质,减少损耗,延长贮藏期,我们称果蔬的这些特性为耐贮性和抗病性。通过控制果蔬贮藏的环境条件来减缓果蔬耐贮性、抗病性的衰变速度,达到满意的贮藏效果。

果蔬产品采后生理主要包括呼吸生理、蒸散生理、休眠生理和成熟衰老生理等,它们的变化直接影响果蔬耐贮性和抗病性的变化。

▶ 一、呼吸生理

果蔬采收后,光合作用基本停止,呼吸作用成为新陈代谢的主导过程,也是果蔬贮藏中最重要的生理活动,它制约和影响其他生理过程。

(一)呼吸作用与呼吸强度

1.呼吸作用

呼吸作用是在许多复杂的酶的作用下,经由许多中间反应环节进行的生物氧化还原过程,把复杂的有机物分解成较为简单的物质,同时释放能量的过程。

(1)呼吸作用的类型　植物呼吸作用包括有氧呼吸和无氧呼吸,有氧呼吸是主要的呼吸方式。

有氧呼吸:指生活细胞在 O_2 的参与下,把某些有机物彻底氧化分解成 CO_2 和水,同时释放出大量的能量。

$$C_6H_{12}O_6 + 6O_2 \rightarrow 6CO_2 \uparrow + 6H_2O + 674 \text{ kcal}$$

无氧呼吸:不从空气中吸收 O_2,呼吸底物不能被彻底氧化,结果形成乙醛、乙醇、乳酸等,并释放少量能量。

$$C_6H_{12}O_6 \rightarrow 2C_2H_5OH + 2CO_2 \uparrow + 24 \text{ kcal}$$

（2）无氧呼吸的危害　①释放的能量比有氧呼吸少，为了获得同样多的能量则要消耗更多的呼吸底物。②无氧呼吸的产物乙醛、乙醇等有害物质在细胞内积累，使细胞中毒，甚至死亡。

无氧呼吸对贮藏是不利的，但有些植物由于其本身的生理特性，有的组织存在一定比例的无氧呼吸，如地下根茎器官，这是正常的，但不论何种原因引起无氧呼吸的加强，都会干扰和破坏果蔬正常的生理代谢，都是有害的。

2.呼吸强度

呼吸强度（RI）是衡量呼吸作用强弱的一个指标。是在一定的温度下，单位时间内单位重量的果蔬产品吸收 O_2 或放出 CO_2 的量。单位：O_2 或 CO_2 mg/(kg·h)。

呼吸强度表明了组织内营养物质消耗的快慢，反映了物质量的变化，在采后生理研究和贮藏实践中，是最重要的生理指标之一。其测定方法很多，常用的有酸碱滴定法、pH 比色法、红外气体分析法、气相色谱法等。

3.呼吸商（RQ）

呼吸商（RQ）是指在呼吸作用中，释放的 CO_2 与吸进的 O_2 的容量比或物质的量（mol）之比。也称呼吸系数、呼吸率。

呼吸商（RQ）能粗略反映出呼吸底物的种类和呼吸在质量方面的问题。以葡萄糖为呼吸底物的有氧呼吸，RQ＝1；以蛋白质、脂肪为呼吸底物的有氧呼吸，RQ 为 0.2～0.7；以有机酸为呼吸底物的有氧呼吸，RQ＞1，如苹果酸（$C_4H_6O_5$），RQ＝1.33。总之，呼吸底物不同，RQ 差异很大，呼吸作用中吸收的 O_2 越多，呼吸氧化时释放的能量越多，故蛋白质、脂肪氧化分解提供的能量比糖、酸多。

呼吸种类不同，RQ 差异也很大。以葡萄糖为呼吸底物时，进行有氧呼吸，RQ＝1，供 O_2 不足，缺氧呼吸与有氧呼吸结合进行，则 RQ＞1。供氧越少，缺氧呼吸越占优势，RQ 越大，因此，RQ 可作为判断呼吸在质的方面发生变化的重要线索。

4.呼吸热

呼吸消耗底物同时释放出能。有氧呼吸每消耗 1 mol 己糖，释能 674 kcal，其中有 304 kcal 以化学能贮存在 38 mol ATP 中，大部分以热的形式释放出来，这就是呼吸热。无氧呼吸每消耗 1 mol 己糖，产生 24 kcal 的能，转为化学能为 2 mol ATP，其余的以热的形式释出，也是呼吸热。

在果蔬贮藏中，呼吸作用始终在进行，呼吸热不断地被释放出来，为了保持恒定的库温，就必须随时排除果蔬所释放出来的呼吸热及其他热源。

5.跃变现象

（1）呼吸趋势　果实在生命过程中，呼吸作用的强弱并不是始终如一的，而是有高低起伏的，这种呼吸强度总的变化趋势，我们称之为"呼吸趋势"或呼吸漂移，即果实在不同的生长发育阶段，呼吸强度起伏的模式。

（2）呼吸跃变　不同果蔬，它的呼吸趋势不同，有的果实采后呼吸强度一路下降，不再出现上升，有的果实则不同。有些果实在其成熟过程中，呼吸强度会骤然升高，当达到一个高峰值后又快速下降，这种现象叫呼吸跃变，跃变最高点叫呼吸高峰（跃变高峰）。

根据果实采后呼吸趋势不同，将果实分为跃变型和非跃变型（图 2-3）。

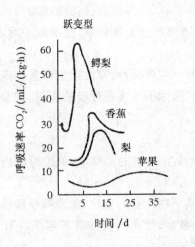
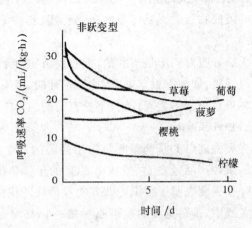

图2-3 呼吸跃变型果实和非呼吸跃变型果实呼吸曲线(刘愚,1993)

跃变型:苹果、梨、鳄梨、香蕉、杏、桃、李、蓝莓、番茄、猕猴桃、柿子、无花果、番石榴、芒果、面包果、番木瓜、蜜露香瓜、网纹甜瓜、西香莲、甜瓜、西瓜等。

非跃变型:柑橘类、石榴、黑莓、红莓、莱姆、柠檬、葡萄、葡萄柚、草莓、荔枝、凤梨、山苹果、可可、杨桃、枇杷、枣、橄榄、黄瓜、茄子、豌豆、葫芦、龙眼等。

(二)影响呼吸作用的因素

1.内在因素(产品本身因素)

(1)果蔬的不同种类和品种 遗传特性决定不同种类和品种的果蔬呼吸强度不同。果品中呼吸强度依次为浆果类(葡萄除外)最大,核果类次之,仁果类较低。蔬菜中呼吸强度叶菜类最大,果菜类次之,直根、块茎较低。同一种类的果蔬的呼吸强度,一般南方生长的比北方生长的大、早熟品种比晚熟品种大、夏季成熟的比秋季成熟的大、贮藏器官比营养器官大。

(2)发育年龄和成熟度 在果蔬的个体发育和器官发育过程中,幼龄时期呼吸强度最大,随着生长发育的变化,呼吸强度逐渐下降。老熟的瓜果和其他蔬菜,新陈代谢缓慢,表皮组织、蜡质和角质保护层加厚,呼吸强度降低,耐贮藏。如番茄,幼嫩时硬度大,细胞间隙大,易气体交换,呼吸强度大,成熟时细胞壁中胶层分解,组织充水,细胞间隙小,阻碍了气体交换,呼吸强度减弱。

(3)同一器官的不同部位 一般水果的皮层组织呼吸强度大,果皮、果肉、种子的呼吸强度均不同,柑橘果皮呼吸强度约是果肉组织的10倍,柿子的蒂端比果顶呼吸强度大5倍,这是由于不同部位的物质基础不同,氧化还原系统的活性及组织的供氧情况不同而造成的。

2.外在因素(环境因素)

(1)温度 温度是影响呼吸作用最重要的因素,它也是影响果蔬采后贮藏的最重要的因素。在一定温度范围内,温度升高,酶活性增强,呼吸强度增大,呼吸与温度的关系可用呼吸的温度系数(Q_{10})来表示。

呼吸的温度系数(Q_{10}):在一定温度范围内(5～35℃),温度每升高10℃,呼吸强度增加到的倍数。$Q_{10} = (t+10)℃\ RI/t℃\ RI$

在多数情况下,$Q_{10} = 2\sim2.5$。适宜的低温可降低呼吸强度,并使呼吸高峰延迟出现,峰值降低,甚至不出现高峰。如西洋梨在 21℃时高峰出现最早,0.7℃时出现最晚。不同的果蔬 Q_{10} 有较大差别,同一果蔬在不同的温度范围内 Q_{10} 也有变化,常常是低温范围内 Q_{10} 大于高温范围的 Q_{10}(表 2-2)。这一特性在贮藏上有很大意义,果蔬冷藏时,应维持稳定的低温,如温度波动,会使呼吸强度很快增大(表 2-3)。

表 2-2　几种果蔬呼吸的 Q_{10} 同温度范围的关系(Haller,1931;Platenius,1943)

种 类		0~10℃	11~21℃	种 类	0.5~10℃	10~24℃
草莓(哈瓦多 17)		3.45	2.10	石刁柏	3.5	2.5
桃	加尔曼	3.05	2.95	豌豆	3.9	2.0
	阿尔巴特	4.10	3.1	菜豆	5.1	2.5
柠檬(加利福尼亚尤力克)		3.95	1.70	菠菜	3.2	2.6
葡萄柚(佛罗里达实生苗)		3.35	2.00	黄瓜	4.2	1.9

表 2-3　在恒温和变温下蔬菜的呼吸强度

(引自果蔬贮运学,周山涛,1998)　　　　　　　　　　CO_2 mg/(kg·h)

温度	洋葱	胡萝卜	甜菜
恒温 5℃	9.9	7.7	12.2
2℃和 8℃隔日互变,平均 5℃	11.4	11.0	15.9

另外,并非为了降低呼吸强度,温度越低越好,应据不同果蔬对低温忍耐程度不同,尽量降低贮藏温度,又不致产生冷害。

(2)相对湿度　湿度与温度相比较,对呼吸强度的影响是次要因素,但仍会带来很大影响。湿度对不同果蔬呼吸强度的影响不尽相同。如大白菜、菠菜、温州蜜柑、红橘等采后稍经摊晾,蒸发掉一小部分水分,有利于降低呼吸强度,增强耐贮性。洋葱、大蒜贮藏时要求低湿,低湿可抑制呼吸强度,保持休眠状态。但薯芋类蔬菜贮藏时要求高湿,干燥反而促进呼吸产生生理病害。香蕉 RH<80% 时,不能正常成熟,也无呼吸跃变,但 RH>90% 呼吸表现出正常的跃变模式(图 2-4)。

(3)气体成分　正常空气中,O_2 为 21%,CO_2<0.03%。适当地降低 O_2 浓度,提高 CO_2 浓度,可以抑制呼吸,又不会干扰正常代谢,这就是气调贮藏的理论依据。

①调节 O_2 浓度原则是不可引致缺氧呼吸(低氧伤害)。一般果蔬 O_2 浓度不低于 3%~5%,有的热带、亚热带产品

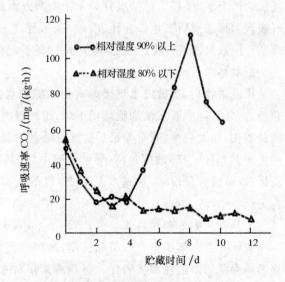

图 2-4　相对湿度对香蕉果实后熟进程中呼吸作用的影响(24℃)(Haard 等,1969)

O_2 浓度 5%～9%,但也有例外,20℃时,菠菜、菜豆 O_2 浓度为 1%,石刁柏为 2.5%,豌豆、胡萝卜为 4%。

②提高 CO_2 浓度,一般认为不超过 2%～4%为宜。过高会造成 CO_2 中毒,但各种果蔬对 CO_2 敏感性差异很大。

③排除乙烯,乙烯是一种植物激素,有提高呼吸强度、促进果蔬成熟的作用。贮藏环境中的乙烯虽然含量少,但对呼吸作用的刺激却是巨大的,贮藏中应尽量排除乙烯。

(4)机械损伤和病虫害　机械损伤,即使是轻微的挤压和擦伤也会引起呼吸加强,加速果蔬成熟衰老,大大缩短贮藏时间。生产中震动对果蔬的危害常常被忽视,震动往往会造成内伤,与外伤对生理活动带来的影响是一样的。虫蚀的影响与机械损伤是一样的。

(5)涂料、植物生长调节剂处理　在果蔬表面人为地涂被一层薄层,可抑制呼吸、减少水分等营养物质的损耗,利于贮藏。植物生长调节剂可促进或抑制呼吸作用。乙烯、乙烯利、萘乙酸甲酯等均能提高果蔬的呼吸强度,促进果蔬成熟。青鲜素(MH)、矮壮素(CCC)、6-苄基腺嘌呤(6-BA)、赤霉素(GA_3)、2,4-D 等均能抑制呼吸作用。

二、蒸散生理

新鲜果蔬含水量高(85%～95%),无论是采前采后总是不断蒸失水分,采前蒸发的水分可以由根部吸水补偿,根同蒸发表面之间形成一条不断的蒸腾流。采后果蔬离开母体,失去了水分的补给,但失水仍在继续,使果蔬鲜度下降,并带来一系列的不良影响。

(一)萎蔫对果蔬产品贮藏的影响

1.失重、失鲜

在贮藏中,果蔬不断蒸散失水所引起的最直观的现象是失重和失鲜。失重即"自然损耗",生产上叫"干耗",包括水分和干物质两方面的损失。失水是果蔬在数量方面的损失,失鲜表现为形态、结构、色采光泽、质地、风味等多方面变化,均会降低产品的食用品质和商品品质。一般失水 5%以上为失鲜,失水 10%不能食用。

2.破坏正常的代谢过程

果蔬采收后,蒸散失水直接影响到细胞脱水。如果仅轻度脱水,可使冰点降低,提高抗寒能力,并且细胞脱水使细胞膨压下降,组织较为柔软,韧性增加,有利于减少贮运过程中的机械损伤,如大白菜、菠菜等采后适度晾晒利于其贮藏。但若失水严重,细胞液浓度增高,有些离子如 NH_4^+、H^+ 浓度过高,导致细胞中毒,甚至破坏原生质的胶体结构,呼吸强度增加、乙烯、脱落酸含量增多,加速产品衰老、脱落。如大白菜失水严重,脱帮严重与脱落酸增多有关。

3.降低耐贮性和抗病性

失水萎蔫破坏了正常的新陈代谢,水解过程加强,细胞膨压下降造成机械结构改变,直接影响果蔬的耐贮性和抗病性。将灰霉菌接种在萎蔫程度不同的甜菜根上,其结果说明组织脱水萎蔫程度越大,腐烂率越高,抗病性下降得越快,耐贮性下降得也快,贮藏期限缩短(表2-4)。

表 2-4　萎蔫对甜菜染病的影响（据 A. И. Опарин 的资料）

处理	腐烂率/%
新鲜材料	—
萎蔫 7%	37.2
萎蔫 13%	55.2
萎蔫 17%	65.8
萎蔫 28%	96.0

(二)影响蒸散作用的因素

果蔬失水的快慢主要受产品自身和环境因素的影响。

1. 果蔬的自身因素

果蔬的表面积比、表面组织结构、细胞的持水力及机械损伤、病虫害等直接影响产品采后失水的快慢。

2. 环境因素

(1)空气湿度　直接影响果蔬蒸散强度的环境条件是空气的湿度饱和差。空气从含水物中吸取水分的能力,决定于空气的湿度饱和差,饱和差值越大,吸水力越强。但是空气的湿度饱和差是随着温度和空气的实际含水量而变化的,因此果蔬的蒸散作用又间接地受到温度和通风等条件的影响。

(2)温度　温度越高,蒸散作用越强。这是因为温度高,水分子移动速度快。另一方面,温度升高湿度饱和差值增大,也利于水分的蒸发。

(3)空气流速　空气流动速度快,将潮湿的空气带走,降低空气的绝对湿度。在一定的时间内,空气流速越快,果蔬水分损失越大。

(4)其他因素　①气压影响蒸散作用,气压越低,液体沸点越低、越易蒸发。②光照也影响蒸散作用,原因是光照可使气孔开放,促进蒸散;果蔬体温增高,提高组织内蒸汽压而加快蒸散。

3. 控制果蔬采后失水的措施

(1)包装、涂膜。对果蔬产品进行适当的包装,有利于减缓库房温湿度变化给产品的不利影响,减少失水;在产品表面人为地涂一层薄膜,堵塞部分产品表面的皮孔、气孔,可以有效地阻止产品失水。

(2)适当低温高湿。适当的低温高湿可以最大限度地减少产品失水,有利于贮藏。

(3)适当通风。适当的通风是必要的,它可以将库内的热负荷带走,并且防止库内温度不均,但要尽量减少风速,0.3~3 m/s 的风速对产品水分蒸发的影响不大。

(4)保持库温的恒定。库温波动,库房内的湿度饱和差和相对湿度都会发生变化,促使产品失水加快,不利于贮藏。

(三)结露对果蔬产品贮藏的影响

1. 结露现象

结露(又叫出汗),是露点温度下,过多的水蒸气从空气中析出而造成的。

在贮藏中,果蔬表面有时会出现水珠凝结的现象,特别是用塑料薄膜帐或袋贮存果蔬时,帐或袋内壁上结露现象更严重。堆贮的果蔬,由于呼吸的进行,在通风不好时,堆内温湿度均高于堆外,部分水汽在冷面上凝成水珠。贮藏库内温度波动也会造成结露现象。

2.结露的危害

在果蔬表面凝结的水本身是微酸性的,利于微生物的生长繁殖,使果蔬腐烂。

3.防止结露的措施

(1)维持稳定的低温。贮藏场所要求有良好的隔热条件,避免外界气温剧烈变化时,库内温度随气温变化而上下波动。

(2)适宜通风。通风时库内外温差不宜过大,一般温差超过5℃就会出现结露。当库内外温差较大又必须通风时,一定要缓慢通风。

(3)设发汗层。在产品周围填充一些吸水性的包装材料,如包装纸、干净的纸屑,瓦楞纸板等,既保护产品又能及时吸收产品所蒸散出来的水分,保持产品表面干燥。

(4)堆积大小适当。果蔬堆积过厚、过大,堆内通风不良,果蔬品温与库温的差值过大,易出现结露。

▶ 三、休眠生理

(一)休眠与贮藏

植物在生长发育过程中,遇到与自身不适宜的环境条件,为了适应环境,保持自己的生命能力,有的器官产生暂时停止生长的现象叫休眠。一些块茎、球茎、鳞茎、根茎类蔬菜,木本植物的芽或植物的种子都有休眠现象。

休眠的器官,一般都是植物的繁殖器官,它们经历了一段休眠期后,又会逐渐脱离休眠状态,如遇适合的环境就会迅速地发芽生长。休眠器官内的营养物质迅速地分解转移,供给活跃生长的部分,本身则萎缩干枯,失去生命。休眠可分为两种:

(1)生理休眠 由植物内在因素引起的休眠,即使给予适宜的条件仍要休眠一段时间,暂不发芽,这种休眠称为生理休眠。如洋葱、大蒜、马铃薯等,它们在休眠期内,即使有适宜的生长条件,也不能脱离休眠状态,暂时不会发芽。

(2)被迫休眠 由不适合环境条件造成的暂停生长的现象叫被迫休眠。当不适因素得到改善后生长便可恢复,结球白菜和萝卜的产品器官形成以后,严冬已经来临,外界环境不适宜它们的生长而进入休眠。

(二)休眠的调控

1.适时收获

用于二季作的土豆,早收易打破休眠,所以作为贮藏的要晚收;而洋葱晚收,易缩短休眠期,提早发芽,所以要适时采收。

2.化学药剂处理

GA_3 处理可打破休眠,如用于二季作的土豆,采前喷洒 50 mg/L GA_3 或采后用 1 mg/L GA_3 浸渍薯块 5～10 min,短期内可打破休眠而萌发。化学药剂有明显的抑芽效果,目前使用的主要有青鲜素(MH)、萘乙酸甲酯(NNA)等。用青鲜素(MH)处理,采前喷洒,常温下也可抑制发芽。土豆采前 3～4 周,喷洒叶面 0.3%～0.5%,洋葱、大蒜采前 1～2 周用 0.25% 的 MH 喷洒在植株叶子上,可抑制贮藏期的萌芽。采收后的马铃薯用 0.003% 萘乙

果蔬保鲜与加工

酸甲酯粉拌撒,也可抑制萌芽。

3. 控制贮藏条件

适当低温,低 O_2、高 CO_2 及相应的相对湿度可延长休眠,抑制发芽。温度是控制休眠的主要因素,降低贮藏温度是延长休眠期最安全、最有效、应用最广泛的一种措施。气调贮藏对抑制洋葱发芽和蒜薹薹苞膨大有显著的效果。

4. 辐照处理

采用辐照处理块茎、鳞茎类蔬菜,可防止贮藏中发芽。用 $6\sim15$ krad γ-射线处理可使其长期不发芽,并保持良好品质。辐照的时间一般在休眠中期进行,辐照的剂量因产品种类而异。作为种子用的产品不能用辐照处理来抑制其发芽。

四、成熟与衰老的调控

水果、蔬菜和所有的植物一样,从种子或幼小的植株开始,逐渐成长,直到开花结果,成熟衰老,完成个体的生活史。在个体发育过程中,经历生长、发育、成熟三个阶段,它们是相辅相成,紧密联系的连续过程。

(一)生长发育和成熟衰老

1. 生长与发育

营养生长阶段,果蔬不断地通过同化作用使细胞分生、增长,细胞数目增多、体积增大、比重增加,细胞组织均由小变大、由少变多,组织结构也不断完善,这个过程是植物体从细胞组织、器官水平上量的增长过程,称为"生长"。

当植株成长到一定程度就伴随着生殖生长的开始,如花芽分化、开花、结果、形成种子,这个质上变化的时期称为"发育"。

2. 成熟

成熟是指果实生长的最后阶段,即达到充分长成的时候,果实的基本特征已基本显现、可以食用时的生理状态。

在一定时期,果实中发生了明显的变化。如含糖量增加,含酸量降低,淀粉减少(苹果、梨、香蕉等),果胶物质变化引起果肉变软,单宁物质变化导致涩味减退,芳香物质和果皮、果肉中的色素生成,叶绿素降解,维生素 C 增加,类胡萝卜素增加或减少。果实长到一定大小和形状,这些都是果实开始成熟的表现。有些果实在这一阶段开始出现光泽或带果霜。这些性状常被用来判断果实采收成熟度的指标和销售标准,因此有人也把成熟称为"绿熟""初熟"。成熟阶段包括较长的时期,一般人们偏重于指的是刚进入成熟时期,也就是说果实达到了可以采收的程度,但不是食用品质最好的时候。

以上讲的是对果实而言,对根、茎、叶等营养器官,也有未熟、成熟老化、衰老之分。其中未熟与成熟的分界,可以认为是器官发育细胞膨大定型,由营养生长开始转入生殖生长或生理休眠的时候。

3. 完熟

完熟是指果实达到成熟以后的阶段,果实完全表现出本品种典型特征,体积已充分长大,并达到了最佳食用的品质。

成熟的过程大都是果实着生在树上时发生,完熟则是成熟的终了时期,可以发生在树上，也可发生在采收之后。这时果实的风味、质地和芳香气味已经达到最适宜食用的程度。

4.衰老

果实生长已经停止，完熟阶段的变化基本结束，即将进入衰老时期。衰老是指果蔬生长发育的最后阶段，在此时期开始发生一系列不可逆的变化，最终导致细胞的崩溃和整个个体死亡的过程。衰老可以发生在采收前，但大多数发生在果实采收之后。一般认为，果实的呼吸作用骤然升高，也就是某些果实呼吸高峰的出现代表衰老的开始。果实的成熟衰老是一个不可逆的过程。

总之，果实从坐果开始到衰老结束，是果实生命的全过程。这些过程被许多植物激素所控制，特别是乙烯的出现是果实进入成熟的征兆。由于适当浓度乙烯的作用，果实呼吸作用随之提高，某些酶的活性增强，从而促成果实成熟、完熟、衰老等一系列生理生化的变化，果实也同时表现不同成熟阶段的特征。

(二)成熟与衰老的调控

1.温度的调节与控制

温度升高，果蔬的呼吸作用、蒸腾作用、乙烯产生、呼吸跃变、后熟衰老都会加快进行，这将大大加速果蔬耐贮性和抗病性的衰降，继而引起外部侵染，微生物的活动也加剧，导致果蔬腐烂变质。低温贮藏可以有效地抑制果蔬的这些不良变化，延长贮藏期。

低温贮藏是普遍采用的技术，但并非所有的果蔬都适宜于低温，而且温度也不是非越低越好。不同果蔬贮藏适温是不同的，那么什么是贮藏适温呢？即能将采后果蔬生理活动降到最低限度而又不致引起生理失调的温度。在此温度下，最能发挥果蔬所固有的耐贮性和抗病性。一般来说，适温范围比较窄，常限于 $\pm 1^{\circ}C$ 之间，且其恰在果蔬不致发生冷害或冻害这一最低温度之上。

在果蔬贮藏中，要尽量保持库温的稳定，温度波动会使产品新陈代谢速度加快，失水加重，不利于贮藏。

2.湿度的调节与控制

当果蔬和库温度不同，相对湿度相同，则产品内部与环境的蒸汽压不同，温差越大，蒸汽压差越大，湿度饱和差越大，失水越多，故应尽快将产品温度和库温降至一致。

当产品温度和库温度一致时，影响失水的决定因素是相对湿度，高湿能减少失水，但有利于微生物的生长繁殖，会造成产品腐烂变质，低湿产品失水速度加快，新陈代谢也会发生异常，所以果蔬贮藏不仅要求适宜而稳定的低温，还要求适宜的相对湿度。不同果蔬贮藏适宜的相对湿度不同，多数果蔬适宜的相对湿度为 $90\% \sim 95\%$，少数产品如洋葱、大蒜适宜的相对湿度为 $65\% \sim 75\%$。

3.气体成分的调节

在适宜的温度和湿度条件下贮藏果蔬，一定程度上满足了其生理所需的基本要求，若在此基础上结合气体成分的调节，可以更有效地抑制呼吸，延缓后熟衰老的变化。

在贮藏环境中主要气体成分是 O_2、CO_2、C_2H_4 等。它们是混合存在的，互相影响，互相制约，同时这三种气体的作用还离不开温度这一基本因素，温度除了影响生物化学反应的进行外，温度的变化还影响 O_2 和 CO_2 在组织中的溶解度和扩散速度，所以适宜的气体组合受制于温度。

4. 化学药剂的处理

(1)抑制成熟和衰老的化学药物　生长素类,如 2,4-D、萘乙酸、吲哚乙酸等;激动素,采后果蔬处理上用得最多的是 6-苄基腺嘌呤(6-BA),特别对绿色果蔬有突出的防衰保绿的作用。赤霉素能有效抑制瓜果叶绿素的分解。青鲜素(MH)、矮壮素(CCC)、脱氢醋酸钠(NaDHA)、亚胺环己酮(放线菌酮)、脱氧剂及乙烯吸收剂等,都能有效地抑制果蔬后熟。

(2)促进成熟和衰老的化学药物　用乙烯及乙烯利、脱落酸(ABA)、乙炔和乙醇等处理果蔬,能促进产品成熟、衰老,缩短保鲜期。

5. 钙与果实成熟衰老的关系

随着钙调素(CaM)的发现,钙不再被认为仅仅是植物生长发育所需的矿物元素之一,而是有着重要生理功能的调节物质,如冷害、苹果苦痘病、褐心病和大白菜的干烧心病等 32 种生理病害与缺钙有关。

处理方法:田间施用钙肥、采前喷洒 0.3%～0.5% $CaCl_2$、钙盐或采后用钙盐浸果。喷钙时间很重要,不同时期喷施效果不一样。果实在细胞分裂初期,钙素营养非常重要,这时细胞代谢活性很高,在长成的果实中,90%钙都是这个时期积累的。如桃在落花后、第一次膨大期、第二次膨大期,三个时期连续喷施钙肥或硬核期喷施,效果好。

▶ 五、果蔬呼吸强度的测定

(一)实验原理

呼吸强度的测定通常是采用定量碱液吸收果蔬在一定时间内呼吸所释放出来的 CO_2,再用酸滴定剩余的碱,即可计算出呼吸所释放出的 CO_2 量,求出其呼吸强度。其单位为每千克每小时释放出 CO_2 毫克数。

反应如下:

$$2NaOH + CO_2 \rightarrow Na_2CO_3 + H_2O$$
$$Na_2CO_3 + BaCl_2 \rightarrow BaCO_3 \downarrow + 2NaCl$$
$$2NaOH + H_2C_2O_4 \rightarrow Na_2C_2O_4 + 2H_2O$$

(二)静置法

静置法比较简便,不需特殊设备。测定时将样品置于干燥器中,干燥器底部放入定量碱液,果蔬呼吸释放出的 CO_2 自然下沉而被碱液吸收,静置一定时间后取出碱液,用酸滴定,求出样品的呼吸强度。

1. 材料及用具

苹果、梨、柑橘、香蕉、番茄、黄瓜等果蔬;真空干燥器、滴定管架、铁夹、50 mL 滴定管、150 mL 三角瓶、500 mL 烧杯、直径 8 cm 培养皿、小漏斗、10 mL 移液管、洗耳球、100 mL 容量瓶等仪器;钠石灰、20% NaOH、NaOH 0.4 mol/L、草酸 0.1 mol/L、饱和 $BaCl_2$ 溶液、酚酞指示剂、正丁醇、凡士林等试剂。

2. 操作步骤

(1)放入定量碱液:用移液管吸取 0.4 mol/L NaOH 20 mL 放入培养皿中,将培养皿放入呼吸室(干燥器)底部。

(2)放入定量样品:放置隔板,装入 1 kg 果实、蔬菜,封盖,计时,测定 1 h。

(3)取出碱液:放置 1 h 后取培养皿把碱液移入烧杯中(冲洗 2～3 次),加饱和 $BaCl_2$ 溶液 5 mL,酚酞指示剂 2 滴。

(4)滴定:用 0.1 mol/L 草酸滴定至红色完全消失,记录 0.1 mol/L 草酸用量(V_2)。并用同样的方法做空白滴定(干燥器中不放果蔬样品),记录 0.1 mol/L 草酸用量(V_1)。

(5)计算:呼吸强度$[CO_2,mg/(kg \cdot h)] = (V_1 - V_2) \cdot c \cdot 44/(W \cdot H)$

式中:c—草酸浓度(mol/L);W—样品重量(kg);H—测定时间(h);44—CO_2 的分子量。

将测定数据填入下表,列出计算式并计算结果。

样品重 /kg	测定时间 /h	气流量 /(L/min)	0.4 mol/L NaOH	0.1 mol/L 草酸用量/mL		测定温度 /℃
				空白(V_1)	测定(V_2)	

注意事项:

(1)被测产品放入呼吸室(干燥器)后要严格密封,用凡士林油密封。

(2)由于有 $BaCO_3$ 沉淀,滴定时要边搅拌边滴定,防止过量滴定。

(三)气流法

气流法的特点是果蔬处在气流畅通的环境中进行呼吸,比较自然的状态,因此,可以在恒定的条件下进行较长时间的多次连续测定。测定时使不含 CO_2 的气流通过果蔬呼吸室,将果蔬呼吸时释放的 CO_2 带入吸收管,被管中定量的碱液所吸收,经一定时间的吸收后,取出碱液,用酸滴定,由碱量差值计算出 CO_2 量。

1. 材料及用具

苹果、柑橘、番茄、黄瓜、青菜等。

0.4 mol/L NaOH、0.2 mol/L $H_2C_2O_4$、饱和氯化钡溶液、酚酞指示剂、正丁醇、凡士林。

干燥器、大气采样器、吸收管、滴定管架、铁夹、25 mL 滴定管、150 mL 三角瓶、500 mL 烧杯、直径 8 cm 培养皿、小漏斗、10 mL 移液量管、洗耳球、100 mL 容量瓶、万用试纸、台秤。

2. 操作步骤

(1)按图 2-5(暂不串接吸收管)连接好大气采样品,同时检查是否有漏气,开动大气采样器中的空气泵,如果在装有 20% NaOH 溶液的净化瓶中有连续不断的气泡产生,说明整个系统气密性良好,否则应检查各接口是否漏气。

(2)用台秤称取果蔬材料 1 kg,放入呼吸室,先将呼吸室与安全瓶连接,拨动开关,将空气流量调在 0.4 L/min;将定时钟旋钮按反时钟方向转到 30 min 处,先使呼吸室抽空平衡半小时,然后连接吸收管开始正式测定。

(3)空白滴定 用移液管吸取 0.4 mol/L 的 NaOH 10 mL,放入一支吸收管中;加一滴正丁醇,稍加摇动后再将其中碱液毫无损失地移到三角瓶中,用煮沸过的蒸馏水冲洗 5 次,直至显中性为止。加少量饱和 $BaCl_2$ 溶液和酚酞指示剂 2 滴,然后用 0.2 mol/L $H_2C_2O_4$(草酸)滴定至粉红色消失即为终点。记下滴定量,重复一次,取平均值,即为空白滴定量(V_1)。如果两次滴定相差超过 0.1 mL,必须重滴一次,同时取一支吸收管装好同量碱液和一滴正丁醇,放在大气采样器的管架上备用。

果蔬保鲜与加工

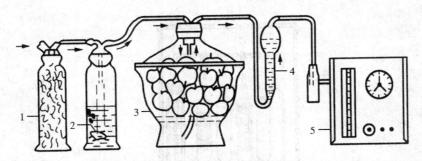

图 2-5　气流法装置图

(引自果蔬贮运与加工,赵晨霞,2002)

1.钠石灰　2.20% NaOH　3.呼吸室　4.吸收管　5.大气采样器

(4)当呼吸室抽空半小时后,立即接上吸收管、把定时针重新转到 30 min 处,调整流量保持 0.4 L/min。待样品测定半小时后,取下吸收管,将碱液移入三角瓶中,加饱和 $BaCl_2$ 5 mL 和酚酞指示剂 2 滴,用草酸滴定,操作同空白滴定,记下滴定量(V_2)。

(5)计算:呼吸强度$[CO_2,mg/(kg \cdot h)] = (V_1 - V_2) \cdot c \cdot 44/(W \cdot H)$

式中:c—草酸浓度(mol/L);W—样品重量(kg);H—测定时间(h);44—CO_2 的分子量。

将测定数据填入下表,列出计算式并计算结果。

样品重 /kg	测定时间 /h	气流量 /(L/min)	0.4 mol/L NaOH	0.1 mol/L 草酸用量/mL		测定温度 /℃
				空白(V_1)	测定(V_2)	

注意事项:

(1)注意仪器的安装,调试及检查气密性。

(2)空白滴定,如果两次滴定相差超过 0.1 mL,必须重滴一次。

六、果蔬贮藏环境中 O_2 和 CO_2 的测定

(一)化学方法测定果蔬贮藏环境中 O_2 和 CO_2 含量

采后的果蔬仍是一个有生命的活体,在贮藏中不断地进行着呼吸作用,必然影响到贮藏环境中 O_2 及 CO_2 含量,如果 O_2 过低或 CO_2 过高,或两者比例失调,会危及果蔬正常生命活动。特别是在气调贮藏中,要随时掌握贮藏环境中 O_2 及 CO_2 的变化,所以果蔬在贮藏期间需经常测定 O_2 及 CO_2 的含量。

测定 O_2 及 CO_2 含量的方法有化学吸收法,是应用奥氏气体分析仪或改良奥氏气体分析仪以 NaOH 溶液吸收 CO_2,以焦性没食子酸碱性溶液吸收 O_2,从而测出它们的含量。

1.仪器

奥氏气体分析仪,其结构如图 2-6 所示。

梳形管:是带有几个磨口活塞的梳形连通管,其右端与量气筒连接,左端为取样孔、吸气球、量气筒、调节瓶、三通活塞(磨口)、取气囊。

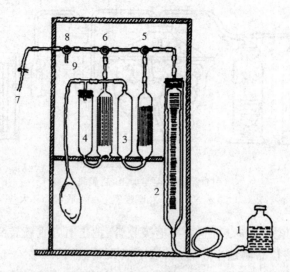

图 2-6　奥氏气体分析仪

(引自果蔬贮运学,张子德,2002)

1.调节液瓶　2.量气筒　3,4.吸气球管　5,6,8.三通磨口活塞　7.排气口

2.试剂

焦性没食子酸、氢氧化钾、氯化钠、液体石蜡。

(1)O_2 吸收剂　取焦性没食子酸 30 g 于第一个烧杯中,加 70 mL 蒸馏水,搅拌溶解,定容于 100 mL;另取 30 g KOH 或 NaOH 于第二个烧杯中,加 70 mL 蒸馏水,定容于 100 mL;冷却后将两种溶液混合在一起,即可使用。

(2)CO_2 吸收剂　30% 的 KOH 或 NaOH 溶液吸收 CO_2(以 KOH 为好,因 NaOH 与 CO_2 作用生成 Na_2CO_3 的沉淀量多时会堵塞通道)。取 KOH 60 g,溶于 140 mL 蒸馏水中,定容于 200 mL 即可。

(3)封闭液的配制　在饱和的 NaCl 溶液中,加 1~2 滴 HCl 溶液后,加 2 滴甲基橙指示剂即可。在调节瓶中很快形成玫瑰红色的封闭指示剂。当碱液从吸收瓶中偶然进入量气筒内,会使封闭液立即呈碱性反应,由红色变为黄色,也可用纯蒸馏水做封闭液。

3.操作步骤

(1)清洗与调整　将仪器的所有玻璃部分洗净,磨口活塞涂凡士林,并按图装配好。在吸气球管中注入吸收剂,3 中注入 CO_2 吸收剂,4 中注入氧气吸收剂,吸收剂不宜装得太多,一般装到吸收瓶的 1/2(与后面的容器相通)即可,后面的容器加少许(液面有一薄层)液体石蜡,使吸收液呈密封状态,调节瓶中装入封闭液。将吸气孔接上待测气样。

调整:将所有磨口活塞关闭,使吸气球管与梳形管不相通,转动 8 呈卜状,高举调节瓶,排出 2 中空气,以后转动 8 呈┤状,打开活塞 5 并降下 1,此时 3 中的吸收剂上升,升到管口顶部时,立即关闭 5,使液面停止在刻度线上,然后打开活塞 8,同样使吸收剂液面达到刻度线。

(2)洗气　用气样清洗梳形管和量筒内原有空气,使进入量筒中的气样保持纯度,避免误差。打开三通活塞,箭头向上,调节瓶向下,气样进入量气筒,约 100 mL,然后把三通活塞箭头向左,把清洗过的气样排出,反复操作 2~3 次。

(3)取样　　正式取气样,将三通活塞箭头向上,并降低调节瓶,使液面准确达到 0 位,取气样 100 mL,调节瓶与量气筒两液面在同一水平线上,定量后关闭气路,封闭所有通道。再举起调节瓶观察量气筒的液面,堵漏后重新取样。若液面稍有上升后停在一定位置上不再上升,证明不漏气后,可以开始测定。

(4)测定　　先测定 CO_2,旋动 CO_2 吸气球管活塞,上下举动调节瓶,使吸气球管的液体与气样充分接触,吸收 CO_2,将吸收剂液面回到原来的标线,关闭活塞。调节瓶液面和量气筒的液面平衡时,记下读数。如上操作,再进行第二次读数,若两次读数误差不超过 0.3%,即表明吸收完全,否则再进行如上操作。以上测定结果为 CO_2 含量,再转动 O_2 吸气球管的活塞,用同样的方法测定出 O_2 含量。

4．计算

$$CO_2 \text{含量} = \frac{V_1 - V_2}{V_1} \times 100\%$$

$$O_2 \text{含量} = \frac{V_2 - V_3}{V_1} \times 100\%$$

式中:V_1—量气筒初始体积(mL);V_2—测定 CO_2 时残留气体体积(mL);V_3—测定 O_2 时残留气体体积(mL)。

注意事项:

(1)举起调节瓶时量气筒内液面不得超过刻度 100 处,否则蒸馏水会流入梳形管,甚至到吸气球管内,不但影响测定的准确性,还会冲淡吸收剂造成误差。液面也不能过低,应以吸收瓶中吸收剂不超出活塞为准,否则吸收剂流入梳形管时要重新洗涤仪器才能使用。

(2)举起调节瓶时动作不宜太快,以免气样因受压力大冲过吸收剂成气泡状而漏出,一旦发生这种现象,要重新测定。

(3)先测 CO_2 后测 O_2。

(4)焦性没食子酸的碱性溶液在 15~20℃ 时吸收氧的效能最大,吸收效果随温度下降而减弱,0℃ 时几乎完全丧失吸收力。因此,测定室温一定要在 15℃ 以上。

(5)多次举调节瓶读数不相等时,说明吸收剂的吸收能力减弱,需重新配。

(二)物理化学方法测定果蔬贮藏环境中 O_2 和 CO_2 含量

物理化学方法测定果蔬贮藏环境中 O_2 和 CO_2 含量,是利用 O_2 及 CO_2 测试仪表进行测定,即使有较高级的测 O_2 和 CO_2 仪器,也要用奥氏气体分析仪作校正,以便减少或消除仪器的误差。

1．仪器

O_2 和 CO_2 测试仪。

2．操作步骤

(1)前期准备

准备仪器:将仪器放在新鲜空气环境中。把吸气球的小气嘴接 10 cm 长硅胶管与仪器左侧的排气口相接,仪器后板上的进气口接一根硅胶管,另一端放在被测气样处,长度根据用户需要。如用针筒取气样,可用 10 cm 长硅胶管连接针筒与进气口,不必用吸气球。

预测量气体的准备:将新鲜果实密封 12 h。

（2）拨上面板上的电源开关，预热 5～10 min。

（3）校正刻度。以空气中氧浓度 21.0％定标，调节"21.0"旋钮，使读数稳定在 21.0％即可；调节"0"旋钮，使 CO_2 显示为 00.0。

（4）O_2 和 CO_2 气体测定

①将进气口的硅胶管放在取样地方，手捏吸气球两次，待读数稳定后，先读 O_2 浓度，后读 CO_2 浓度。

②如果用针筒取气样，取被测气体 10～20 mL，慢慢地推入进气口，不要马上拔掉针筒，读数稳定后同样先看 O_2 浓度，后看 CO_2 浓度，因为 O_2 传感器反应快（在读 CO_2 浓度时取大读数），两种气体一次抽气样测定完成。

注意事项：

（1）将仪器放在新鲜空气环境中。

（2）一定要预热 5～10 min。

（3）旋转"21.0"旋钮、"0"旋钮时动作要平缓，不要过快。

【自测训练】

1.什么是呼吸跃变？试述影响呼吸作用的因素有哪些？

2.萎蔫对果蔬品质与贮藏性有什么影响？影响蒸发的因素有哪些？贮藏中怎样防止果蔬结露？

3.什么是贮藏适温？试述控制果蔬成熟、衰老的措施。

4.什么是休眠？怎样控制和利用休眠？

【小贴士】

冰箱里如何使保鲜果蔬袋里没水珠

新鲜果蔬如果用塑料袋包装，放在冰箱里冷藏，由于有温差，塑料袋内壁上就会结很多水珠，造成腐烂。若打开塑料袋口，放入冰箱里，等果蔬温度与冰箱里的温度一致时，再扎紧袋口，就可以有效地贮藏一段时间，留住新鲜。

模块三

果蔬采收及商品化处理

任务 1 果蔬采收

任务 2 果蔬采后商品化处理

任务 *1*

果蔬采收

学习目标

• 掌握常见果蔬采收成熟度的判定方法；
• 掌握不同果蔬的采收技术和采收方法；
• 了解国内外果蔬采收的现状和前景。

对成熟度的判定方法要熟练,并且能够应用多种方法综合考虑判定果蔬最适合的采收期。根据果蔬采后贮藏或加工的需要,选择合适的采收方法。在学习过程中,应紧密结合当地的生产实践,以便理解所学知识,掌握必需的技能。

【知识链接】

学习单元　果蔬采收

采收是园艺产品生产的最后一个环节,也是其商品化处理和贮藏加工的重要环节。园艺产品种类繁多,形状、大小差异较大,成熟习性各不相同,采后用途也多种多样。因此,采收时期和方法是否恰当合理,将直接影响园艺产品的产量、品质、贮运性能和最终的商品价值。根据需要进行适时采收也就尤为重要了。

果蔬采收的原则是"及时、无损、保质、保量和减少损失",所谓及时也称为采收适期,主要决定于果蔬成熟度符合鲜食、贮藏、加工的要求。同时应考虑果蔬的采后用途、贮藏时间长短、贮藏方法、运输距离的远近、销售期的长短和产品类型等。采收过早,则果蔬的大小和重量达不到标准,从而影响产量,并且色、香、味也欠佳,品质也不好,还会增加某些生理性病害的发病率。无损就是要避免机械损伤,保持果蔬的完整性,以便充分发挥其特有的耐藏性和抗病性。

▶ 一、采收成熟度

(一)果蔬不同成熟阶段

果蔬的成熟度一般分为以下几个阶段:

(1)未熟期　果实在母体上尚未达到可食用时应具有的足够风味的阶段,或者对于采收后有后熟过程的果蔬,即使进行催熟处理也达不到良好风味的阶段。

(2)适熟期　果实在母体上已经达到可食状态的阶段,或者具有后熟过程的果蔬,经催熟处理可以达到食用要求的风味和品质的阶段。

(3)完熟期　果实在母体上已经达到应具有的最佳食用风味和品质等食用要求阶段。

(4)过熟期　果蔬在母体上味道已经明显变淡,或者已经失去鲜食商品性的阶段。

果蔬产品采收过早,产品的大小和重量达不到标准,产量低,色、香、味欠佳,品质不好,贮藏过程中容易失水和发生生理性病害。采收过晚,产品已经成熟衰老,不耐贮藏和运输。一般而言,果蔬在母体上达到适熟或完熟时,其色泽、品质、风味较佳,采收一般在这一时期进行。确定采收期的一般原则是,对于远距离运输销售或者长期贮藏的果实,采收成熟度应稍低一些;就地销售或加工原料,可适当晚采。同时,根据商品自身特性要求确定适当采收期。一般苹果、梨等中长期贮藏的果实应适当早采收(呼吸跃变前采收)。猕猴桃、香蕉等往往由于贮藏、运输的需要，在可食之前采收，通过后熟处理使其达到完熟。桃、杏、李等保鲜期短的果实应在完熟前（8～9成熟）采收。葡萄应在充分成熟的情况下适当晚采，但也不可过晚。

(二)判断采收成熟度的方法

如何判断成熟度，这要根据园艺产品种类、品种特性及其生长发育规律，从果蔬产品的形态和生理指标上加以区分。常用的方法有以下几种：

1. 色泽

许多果实在成熟时都显示出它们固有的果皮颜色，在生产实践中果皮的颜色成了判断果实成熟度的重要标志之一。果实首先在果皮上积累叶绿素，随着果实成熟度的提高，叶绿素逐渐分解，底色（类胡萝卜素、叶黄素等）逐渐显现出来。甜橙果实在成熟时的色泽为类胡萝卜素，苹果、桃等的红色为花青素。远距离运输或贮藏的番茄，应在绿熟阶段（果顶呈现奶油色）采收，就地销售的番茄可在着色期（果顶呈现粉红色或红色）采收。茄子应在表皮明亮而有光泽时采收。甘蓝叶球的颜色变为淡绿色时表示成熟，花椰菜的花球白而不发黄为适宜的采收期。黄瓜应在瓜皮深绿色时采收。豌豆从暗绿色变为亮绿色、菜豆由绿色转为发白表示成熟。

虽然表面色泽能反映园艺产品的成熟度，但颜色的变化经常受到气候特别是光照条件的影响，有些果实虽然已经成熟，但仍未显色；有些果实在成熟之前也会显色。所以不能全凭表面色泽进行判断。

2. 饱满程度和硬度

饱满程度一般用来表示发育状况。有些蔬菜饱满程度大时表示发育良好，充分成熟，达到了采收的质量标准。比如结球甘蓝、花椰菜应该在叶球或花球致密、充实时采收，耐贮性好。有些蔬菜饱满程度高则表示品质下降，如莴笋、芹菜应该在叶变得坚硬之前采收。

果实成熟时，因为果胶物质的变化，果实细胞间层溶解而变软，硬度下降。因此，可以根据果实的硬度判断果实的成熟度。硬度的变化可用果实硬度计测定。现在国家统一使用 1 kg/cm^2 表示硬度值。

一般短期贮藏用的红富士采收时的硬度为 $5.90～6.81 \text{ kg/cm}^2$，长期贮藏用的为 $6.36～7.26 \text{ kg/cm}^2$。元帅系列品种供长期贮藏的果实采收硬度为 7.14 kg/cm^2。

3. 主要化学物质含量的变化

果蔬中的主要化学物质有淀粉、糖、酸和维生素等。一般常将可溶性固形物含量作为衡量果蔬品质和成熟度的标志。因为可溶性固形物中主要是糖分，其含量高表示含糖量高，成熟度也高。如红富士含糖量达到14％～17％时采收。简单测定含糖量的方法是用折光仪测定产品的可溶性固形物，粗略代表其含糖量。

总含糖量与总含酸量之比称为"糖酸比"。它们不仅可以衡量果实的风味，也可以用来判断其成熟度。因为糖酸比同果实的可食性关系往往比单一的糖和单一的酸含量的关系更为密切。如四川甜橙采收时的糖酸比不低于10∶1，苹果和梨在糖酸比30∶1时采收，风味最好。淀粉也可以作为衡量成熟度的标志，苹果成熟过程中，淀粉含量下降，含糖量上升；马铃薯、芋头在淀粉含量高时采收，耐藏性好。

4.生长期

在同一地区的同一品种园艺产品,从开花到成熟有一定的天数。在气候正常的情况下,年际间差别不大,因而采收期也大致相同。所以可以用计算日期的方法来确定成熟状态和采收日期。以苹果为例,早熟品种一般在盛花期后 100 d 左右采收;中熟品种在盛花期后 100~140 d 采收;晚熟品种在盛花期后 140~175 d 采收。如山东的祝光 114 d,红星 147 d,国光 175 d。

5.果梗脱离难易程度

核果类和仁果类果实成熟时,果柄和果枝间会形成离层,稍加震动,果实就会脱落下来,因此这类果实离层的形成也是其成熟的标志之一。但柑橘类的萼片与果实之间离层的形成比成熟期晚,不宜将果梗的脱离难易程度作为其成熟的判断标准。

二、采收方法

果蔬采收除了掌握适当的成熟度之外,还要注意采收方法。采收方法一般分为人工采收和机械采收两种。机械采收主要发生在发达国家,由于劳动力比较昂贵,他们千方百计地研究用机械代替人工进行采收作业。但是真正在生产中得到应用的大都是其产品以加工为目的的果蔬产品。如制作番茄酱的番茄,制作罐头的豌豆等可采用机械采收。其他基本都是以人工采收为主。

(一)人工采收

作为鲜销和长期贮藏的果蔬最好人工采收,人工采收虽然增加了生产成本,但是由于很多果蔬鲜嫩多汁,人工采收可轻拿轻放,减少甚至避免擦碰,减少机械伤,保证产品品质。并且可以任意挑选,准确地掌握成熟度,分批次采收,保证成熟度的一致。因此,目前世界各国的鲜食果实基本上还是以人工采收为主。

果蔬采收时需要注意以下几点:

(1)最好选在晴天早晨露水干后开始采收。可减少水果蔬菜所携带的田间热,降低呼吸强度。在暴晒的阳光下采收,会促使果实衰老和腐烂,叶菜类还会迅速失水萎蔫。

(2)不要在雨后或者露水很大时采收,否则很容易受病菌侵染而引起果蔬腐烂,从而降低品质,给后期的贮藏和加工带来麻烦,同时也降低经济效益。

(3)做到有计划采收,根据市场销售情况的需要决定采收期和采收数量,尽早安排运输工具和商品流通计划,做好准备工作,使各项工作有序进行,避免不必要的损失。

(4)采果顺序应先下后上,先外后内逐渐进行,避免因上下树或搬动梯子而碰伤果实,降低品质,减少产量。

采收要有计划,根据市场销售的需要决定采收期和采收数量,要及早安排运输工具和商品流通计划,做好准备工作,避免采收时忙乱、产品挤压、野蛮装卸和流通不畅。

(二)机械采收

机械采收可以节省大量的人力,这种方式适用于那些成熟时果梗和果枝之间形成离层的果实。一般使用强风压机械或采用强力震动主枝的机械,迫使离层分离脱落。同时要在树下布满柔软的帆布垫或传送带,来盛接果实,并自动将果实送入分级包装机内。一般对于用来加工的果蔬产品或能一次性采收且对机械损伤不敏感的产品可采用机械采收。根茎类蔬菜使用大型犁耙等机械采收,可大大提高采收率。加工用的水果和蔬菜也可以使用机械采收。为了便于采收,在采收前可喷洒果实脱落剂,如放线菌酮、维生素 C、萘乙酸等药剂效果较好。

虽然经过机械采收的果实和蔬菜容易遭受机械损伤,贮藏中腐烂率增加,但是如果采后能立即加工,利用机械采收还是值得推广的。

任务 2

果蔬采后商品化处理

学习目标

• 理解果蔬采后商品化处理在果蔬贮藏中的重要性；
• 掌握果蔬采后商品化处理的常用方法；
• 了解常见果蔬分级的行业标准。

　　理解商品化处理在果蔬贮藏中的重要性,促使学生对果蔬商品化处理方式产生兴趣,最终学会对不同果蔬进行采后商品化处理,并且根据果蔬种类不同能选择适合的商品化处理方式,选择合适的交通运输工具。能够熟练应用网络查阅不同果蔬分级的行业标准和分级方法。

【知识链接】

学习单元　果蔬采后商品化处理

　　果蔬采后商品化处理是果蔬采后的再增值过程,包括预冷、愈伤、分级、清洗、打蜡、催熟、脱涩包装等一系列处理环节。近年来,随着人们生活水平的提高,对果蔬产品质量的要求也越来越高。这就要求人们在果蔬采后进行必要的商品化处理,减少产品采后损失,最大限度地保持果蔬的营养、新鲜程度和食用安全性,促使果蔬产品商品化、标准化和产业化。同时提升了产品的附加值,增加了经济效益。

一、预冷

　　预冷是指将采收后的新鲜果蔬在运输和贮藏前通过一些措施,用最短的时间除去田间热,使产品温度降低到接近运输和贮藏要求温度的过程。果蔬产品采收时带有大量的田间热,并且呼吸代谢旺盛,很容易腐烂变质。预冷是果蔬贮藏保鲜的第一步,最好在产地进行,并且越快越好,及时、彻底的预冷措施能减少产品的采后损失,最大限度地保持其新鲜品质。

　　目前,果蔬预冷的方法主要有空气冷却、水冷却、真空冷却等方法。

　　1. 空气冷却

　　空气冷却有自然降温冷却和强制通风冷却两种形式。

　　自然降温冷却:将采收的果蔬放在阴凉通风的地方,利用夜间温度低,让其自然降温,次日气温升高前入贮。这种方法预冷时间长,降温难以达到所需要的预冷温度,但简便节能,是生产上常采用的方法之一。

　　强制通风冷却:将采收的果蔬放入冷库中,利用制冷设备和风机产生强制冷空气循环,当冷空气经过果蔬表面时将其热量带走,从而达到降温目的。此方法与自然降温相比降温冷却速度快,但是投资较大。

　　空气冷却适用于多种水果和蔬菜,冷却速度稍慢。

　　2. 水冷却

　　水冷却是将果蔬产品浸在冷水中或者用冷水直接冲淋,使其达到降温的一种冷却方式。冷水有低温水(一般为 0～3℃)和自来水两种,水冷却法降温速度快,产品水分损失少。因为冷却用水通常是循环使用的,为防止冷水对产品的交叉感染,通常在冷却水中加入一些防腐剂。商业上适合于水冷却的果蔬产品有柑橘、胡萝卜、芹菜、甜玉米、网纹甜瓜和菜豆等。

水冷却适用于比表面积小的水果和蔬菜,这种预冷方式具有成本低的优势,但是循环使用的水易受到污染,浸水后产品容易腐烂。

3.真空冷却

真空冷却是将果蔬放在真空罐内,迅速抽出空气和水蒸气,使产品表面的水在真空负压下蒸发而冷却降温,这种方式冷却速度极快。在真空冷却中,大约温度每降低 5.6℃ 失水量为 1%。为了避免产品的水分损失,在进行真空预冷前应该往产品表面喷水,这既可以避免产品水分损失,也有助于迅速降温。真空喷雾预冷设备即是根据这种需要而产生的。

真空冷却根据其自身特点主要用于比表面积大的叶菜类产品(如莴苣、菠菜),在使用上有一定的局限性。此外,真空冷却成本高,适用于经济价值较高的产品冷却。

预冷要根据果蔬品种选择适合的预冷方式,预冷温度要适当,防止冷害冻害的发生,预冷后要尽快将产品贮入调好温度的冷藏库或冷藏车。

▶ 二、愈伤

果蔬在采收过程中,常会造成一些机械损伤,尤其是块根、块茎、鳞茎类蔬菜。果蔬即使有微小的伤口也会使微生物侵入而引起腐烂,在贮藏前必须进行愈伤处理,使轻度受损伤的组织得以修复愈合。

不同果蔬产品,愈伤条件有差异。例如,山药在 38℃ 和 95%～100% 的相对湿度下愈伤24 h,可以完全抑制表面真菌的活动和减少内部组织的坏死。马铃薯块茎在 21～27℃、90%～95% 的相对湿度下愈伤最快,木栓层在高于 36℃ 或在低温下都不能形成。柑橘果实采收后,在 30～35℃、90%～95% 的相对湿度下放置 2 d,称为"发汗",有助于碰伤、刮伤、指甲伤的愈合,防止青霉、绿霉孢子的侵入。

果蔬愈伤能力因种类不同而有所差异,如仁果类、瓜类、根茎类一般具有较强的愈伤能力;柑橘类、核果类、果菜类的愈伤能力较差;浆果类、叶菜类受伤后一般不能形成愈伤组织。因此愈伤处理只能针对有愈伤能力的果蔬。另外,愈伤对于轻度损伤有一定的效果,重度损伤的果蔬则不能形成愈伤组织,很快就会腐烂变质。愈伤能力与果蔬成熟度也有关,刚采收的果蔬有较强的愈伤能力,而经过一段时间放置或者贮藏,进入完熟或者衰老阶段的果蔬,愈伤能力显著衰退,一旦受伤则伤口很难愈合。

▶ 三、分级

分级就是根据果蔬产品的大小、色泽、形状、成熟度、新鲜度及病虫害和机械损伤等情况,按照一定标准进行严格挑选,并分为若干等级。分级是果蔬产品标准化、商品化的重要手段。

1.分级标准

果品蔬菜分级在国外有国际标准、国家标准、协会标准和企业标准。水果的国际标准是1954 年在日内瓦由欧共体制定的,为了促进经济合作与发展,许多标准后来又经过了重新修订。我国把果蔬分级标准分为国家标准、行业标准、地方标准和企业标准四类(表 3-1 和表 3-2)。

表 3-1 猕猴桃等级划分行业标准

品质基本要求	果形端正,无畸形果,果面完好,无腐烂;洁净,无明显虫伤和异物;无变软,无明显皱缩;无异常外部水分;无异味;鲜食采收期可溶性固形物含量应达到 6.2°Brix 以上
优等	在符合基本要求的前提下,具有本品种全部特征和固有外观颜色,无明显缺陷
一等	在符合基本要求前提下,具有本品种特征,可有轻微颜色差异和轻微形状缺陷,但无畸形。表皮总缺损面积不超过 1 cm²
二等	在符合基本要求前提下,果实无严重缺陷可有轻微颜色差异和轻微形状缺陷,但无畸形。可有轻微擦伤;果皮可有面积之和不超过 2 cm² 已愈合的刺伤、疮疤

注:本表摘自 YN/T 1794—2009。

表 3-2 甘薯等级规格

品质基本要求		清洁,无可见杂质;外观新鲜,硬实,无脱水,无皱缩;口感好,无异味;无腐烂和变质;无冻害、无水浸、无糠心;无黑斑病、软腐病、茎线虫病、黑痣病、干腐病、紫纹羽病
特级		同一品种,大小均匀;表皮完整、光滑;无根须、无畸形、无开裂、无虫蚀、无发芽和硬斑;无机械损伤
一级		同一品种,大小较均匀;表皮较完整、光滑;无根须、无明显畸形、开裂、虫蚀、发芽和硬斑;无机械损伤
二级		同一品种或相似品种,大小基本均匀;表皮基本完整、光滑;允许有轻微畸形、开裂、虫蚀、发芽和硬斑;允许有轻微机械损伤,但不明显
等级允许误差 (按重量计算)		a)特级允许 5% 的产品不符合该等级的要求,但应符合一级的要求 b)一级允许 10% 的产品不符合该等级的要求,但应符合二级的要求 c)二级允许 10% 的产品不符合该等级的要求,但应符合基本要求
规格 (单薯质量/g)	大	≥500,≤750
	中	≥300,<500
	小	≥150,<300
	微型	≥30,<150
规格的允许误差范围 (按质量计算)		a)特级允许有 5% 的产品不符合该规格的要求 b)一级和二级允许有 10% 的产品不符合该规格的要求

注:本表摘自 NY/T 2642—2014。

2.分级方法

果蔬的分级方法有人工分级和机械分级两种。人工分级主要是通过目测或借助分级板,按照产品颜色、大小将产品分为若干等级。其优点是能够最大限度地减轻果蔬机械伤害,适用于各种果蔬,但工作效率低、分级标准不够严格,特别是对于颜色的判断偏差较大。机械分级适用于那些不易受机械伤的产品种类,分级效率高。在国外,苹果、柑橘的生产厂区一般都建有包装厂,采摘后的水果直接运往包装厂,将腐烂果、机械损伤果、病虫害果等劣质果剔除后,进行清洗、干燥和打蜡,并按照标准进行分级包装成件。有些自动化程度较高的厂家,采用电脑操作体系来鉴别产品的颜色、成熟度、大小及伤残果,通过整套的机械流水线式完成洗果、吹干、分级、打蜡、称重、装箱等工作,工作效率很高。

四、涂膜

涂膜也叫打蜡,即用蜡液或胶体物质通过浸渍、涂刷、喷洒等方式在果实表面覆盖上一层试剂薄膜,从而起到调节生理、抑制病原微生物的侵入、保护组织、改善果蔬外观和提高商品价值的作用。涂膜是提高果蔬产品商品质量的重要措施之一,是现代果蔬生产的必备环节,也是国际市场对果蔬商品感官的基本要求。但是涂膜处理只是产品采后一定期限内商品化处理的一种辅助措施,只能在上市前进行处理或作短期贮藏、运输。否则会给产品的品质带来不良影响。

(一)涂膜料的组分

常用作被膜剂的蜡有蜂蜡、虫蜡、石蜡、巴西棕榈蜡等。目前,商业上使用的涂膜料大都以水溶性石蜡和巴西棕榈蜡混合作为基础原料,石蜡具有能够很好地控制水分流失的特点,巴西棕榈蜡能使果实产生诱人的光泽。此外,含有聚乙烯、合成树脂、防腐剂、保鲜剂、乳化剂和湿润剂的配方近年来也逐渐普及,这些涂料常用作杀菌剂和果实衰老、发芽抑制剂的载体,分为果蜡、可食用膜和中药提取液三种。这些辅助成分的加入,可改善涂膜的功能特性。比如目前在柑橘上用高良姜就有很好的防腐效果。

(二)涂膜方法

打蜡可用人工或人工与机械配合两种方式,具体的涂膜方法大体上分为浸涂法、刷涂法和喷涂法三种。

(1)浸涂法　将果实整体浸入按要求配制好的涂膜液中,一定时间后取出晾干,然后进行包装、贮藏和运输。

(2)刷涂法　用细毛刷蘸取按要求配好的涂膜液,均匀涂刷在果实表面,使其表面形成一层薄薄的膜。毛刷还可以安装在涂蜡机上使用。

(3)喷涂法　果蔬清洗干燥后,喷涂上一层均匀的薄层涂料。

五、催熟和脱涩

(一)催熟

有些果蔬在没有完全成熟之前就进行采收,此时果实青绿、肉质坚硬、风味欠佳。为了使这些尚未完全成熟的果蔬达到销售标准、最佳食用成熟度和最佳商品外观,需要对其进行人工处理促进其后熟,这就是催熟。

1. 催熟原理

乙烯被称为催熟激素,在果蔬成熟过程中乙烯起到至关重要的作用。对于跃变型果实,外源乙烯只在跃变前起作用,它能诱导呼吸强度上升,同时促进内源乙烯的大量增加,形成乙烯自我催化作用,不断产生大量乙烯,从而促进成熟,与所用的乙烯浓度关系不大,是不可逆作用。而非跃变型果实成熟过程中,内部乙烯浓度和乙烯释放量都无明显增加,外源乙烯在整个成熟过程中都能起作用,其反应大小与所用乙烯浓度有关,而且其效应是可逆的,当去掉外源乙烯后,呼吸下降到原来水平,外源乙烯不能促进内源乙烯的增加。

2.催熟条件

需要催熟的果实首先需要达到一定的生理成熟度,其次必须有催熟剂、适宜的温湿度、充足的氧气和密闭的环境条件(表3-3)。通常具有催熟作用的物质有乙烯、乙炔、乙醇、丙烯、丁烯等,其中乙烯的应用最为普遍,适合于催熟各种果实。一般认为21～25℃是果实催熟的适宜温度,过高和过低都会抑制酶的活性。催熟过程中适宜的湿度一般为85%～90%。催熟过程中需要空气中有充足的O_2,但过多的O_2积累也会抑制催熟效果。因此,需要每隔一段时间对催熟室进行通风换气,再密闭输入乙烯。

因为催熟环境温湿度都较高,致病菌容易生长繁殖,所以必须要注意催熟室的消毒。

表3-3　常见果实催熟条件

果实种类	催熟剂	催熟温度 /℃	催熟 RH /%	催熟剂含量 /(g/m³)	催熟时间
香蕉	乙烯	20	80～85	1	24～28 h
番茄	乙烯	20～25	85～90	0.1～0.15	48～96 h
柑橘	乙烯	25～30	85～90	20～100	2～3 d

(二)脱涩

脱涩主要是针对柿果来说的,柿果分为甜柿和涩柿两大种群。我国栽培的柿树以涩柿品种居多,涩柿之所以涩是因为含有较多的单宁物质,采收后不能立即上市食用,必须经过脱涩处理。

1.脱涩原理

柿果具有涩味是因为含有大量的单宁物质,涩味物质与舌尖上的黏膜蛋白结合,会产生收敛性的涩味。研究表明,乙醛与可溶性单宁结合,使其变为不溶性的树脂物,使涩味消失。柿果的脱涩原理就是利用乙醛与柿果内可溶性单宁物质缩合变为不溶性单宁物质,而使涩味消失。柿果脱涩受品种、成熟度、脱涩剂和处理温度等因素的影响。

2.脱涩方法

(1)温水脱涩　将柿果浸泡在40℃左右的温水中,使果实产生无氧呼吸,约20 h后,柿果即可脱涩。温水脱涩的柿果质地比较硬,风味好,方法简便,但是柿果容易腐烂,货架期短。

(2)石灰水脱涩　将柿果浸入7%的石灰水中,经过3～5 d即可脱涩。脱涩后的果实质地脆硬,不易腐烂。因柿果表面会留有石灰痕迹,上市之前需要用清水冲洗。

(3)高CO_2脱涩　可将柿果装箱后置于密封室内,通入CO_2且使其浓度保持在60%～80%,室温下2～3 d即可脱涩。如果升高温度,脱涩时间也相应缩短。此法脱涩的柿果质地脆硬,货架期长,成本低,可进行大规模生产。但有时处理不当,脱涩后会产生CO_2伤害,使果心变褐或变黑。

(4)乙烯及乙烯利脱涩　将柿果放入催熟室内,温度保持在18～21℃,相对湿度达到80%～85%,通入1 000 mg/m³的乙烯,2～3 d即可脱涩,或用250～500 mg/kg的乙烯利喷果或蘸果,4～6 d后可脱涩。果实脱涩后,质地软,风味佳,色泽艳,不宜长期贮藏和运输。

▶ 六、包装

包装是果蔬商品化处理过程中非常重要的一个环节。包装能够使商品在运输过程中避免碰撞而产生机械损伤,保证商品的品质,延长货架期;包装还能减少病虫害侵染和水分蒸发,缓冲环境条件急剧变化引起的产品损失;包装还可以使商品更吸引顾客的眼球,起到促销作用。

1.包装材料

常用的包装材料主要有纸箱、塑料箱、木箱、泡沫箱、筐类、网袋等。包装材料需要具有一定的承压能力、透气性、防潮性和安全性。随着商品化的不断发展,世界各国都有本国相应的果蔬包装容器的标准。东欧国家采用的包装箱标准一般是 600 mm×400 mm 和 500 mm×300 mm,包装箱的高度根据给定的容量标准来确定,易伤果蔬每箱不超过 14 kg,仁果类不超过 20 kg。我国出口的鸭梨,每箱净重 18 kg,纸箱规格有 60、72、80、120、140 个等(每箱鸭梨的个数)。

果蔬包装的过程中,为了增强包装容器的保护功能,经常需要使用一些辅助的包装材料,主要有包果纸、衬垫物、抗压托盘等。

2.包装方法

在现代产品包装中,水果一般采用定位放置法或制模放置法。所谓定位放置法是使用一种带有凹坑的特殊抗压垫,凹坑的大小根据果实的大小来设计,每个凹坑放置一个果实,放满一层后在上面再放一个带凹坑的抗压垫,使果实能够分层隔开。定位包装能有效减少果实损伤,但包装速度慢、费用高,适用于那些价值高的果蔬产品包装。制模放置法是将果实逐个放在固定位置上,使每个包装都能有最紧密的排列和最大的净质量,包装的容量是按果实个数计量的。

【自测训练】

1.怎样确定果蔬的采收成熟度?

2.果蔬产品在采收过程中应注意哪些问题?

3.果蔬采收后为什么要进行预冷?比较各种预冷方法的优缺点。

4.别叙述分级和打蜡的目的和意义。

5.采后催熟果实应具备哪些条件?

6.脱涩的基本原理是什么?脱涩有哪些方法?

7.果蔬包装有哪些要求?有哪些包装类型?

【小贴士】

水果催熟剂会让孩子早熟吗?

现在孩子的生理成熟年龄越来越小,尽管他们的心理成熟年龄越来越大。很多家长开

果蔬保鲜与加工

始怀疑催熟的水果是否是元凶呢？事实上是：没有证据表明水果催熟剂——乙烯与孩子的早熟有关。乙烯是一种对人体无害的气体，果实生长到一定阶段自身会产生这种气体，乙烯是普遍存在于植物体内的五大天然植物激素之一，在果蔬催熟过程中发挥的只是诱导和激活作用，因此其使用量是微乎其微的，不可能对人体健康造成不良影响。

模块四

果蔬保鲜与配送技术

任务　果蔬保鲜与配送技术

任务

果蔬保鲜与配送技术

学习目标

• 了解果蔬保鲜配送要求；

• 知道果蔬保鲜配送方式及特点；

• 知道果蔬保鲜配送技术要点；

• 能运用所学知识针对不同种类的果蔬设计出合理的保鲜配送方案。

【任务描述】

通过学习本节,能明确果蔬保鲜配送要求,掌握果蔬保鲜配送方式及特点以及果蔬保鲜配送技术要点。能针对不同种类的果蔬按其自身贮藏特性要求,结合实际情况制定出合理的保鲜配送方案。

【知识链接】

学习单元一　果蔬保鲜技术

新鲜果蔬保鲜贮藏的方式很多,常用的有常温贮藏(简易贮藏和通风库贮藏)、现代仓储(机械冷藏和气调贮藏)等。新鲜果蔬贮藏时不管采用何种方法,均应根据其生物学特性,创造有利于产品贮藏所需的适宜环境条件,降低导致新鲜果蔬质量下降的各种生理生化及物质转变的速度,抑制水分的散失、延缓成熟衰老和生理失调的发生,控制微生物的活动及由病原微生物引起的病害,达到延长新鲜果蔬的贮藏寿命、市场供应期和减少产品损失的目的。

▶ 一、简易贮藏

简易贮藏是我国劳动人民在长期的生产实践中根据当地的气候、土壤特点和条件,创造总结出来的一些简单易行的贮藏方法。简易贮藏是利用自然低温来维持和调节贮藏环境的适宜温度的贮藏方式。其特点是结构设施简单,建造方便,可以因地制宜,就地取材,经济实用,在我国北方秋冬季节贮藏果蔬使用较多。常见的简易贮藏方式包括堆藏、沟藏、窖藏、假植贮藏和冻藏等。

▶ 二、通风库贮藏

通风库贮藏指在有较为完善隔热结构和较灵敏通风设施的永久性建筑中,利用库房内、外温度的差异,包括季节温差和昼夜温差,以通风换气的方式来维持贮藏库内比较稳定、适宜的贮藏温度。通风库贮藏仍然受地区和气候等自然条件的限制,使用有地域性,也不能周年使用。

(一)通风库的分类和库址的选择

通风库可分为地上式、半地下式和地下式3种类型,各有不同特点。具体选用何种形式的通风库应根据当地的气候条件和地下水位的高低来确定。温暖地区一般建成地上库。半地下式约有一半的库体在地面以下,因而增大了土壤的保温作用,华北地区多建成这样的库。地下式库体全部深入土层,仅库顶露出地面,保温性能最好,建在东北、西北等冬季严寒地区,有利于冬季的防寒保温。在地下水位高的地方,无法建成半地下库时也可建成地上库。

建库地点应选择在地势高燥,最高地下水位低于库底 1 m 以上,四周旷敞,通风良好,没有空气污染,交通方便,靠近产销地,便于安全保卫,水电畅通的地方。库的方向在北方以南北长为好,以减少冬季北面寒风的袭击面,避免库温过低;在南方则采用东西长,以减少冬季阳光向墙面照射的时间,并加大迎风面,以利于降低库温。

(二)通风库的管理

1. 库房和器具清洗消毒及防虫防鼠

在产品入库贮藏前或出库后,应将库房打扫干净,一切可以移动和拆卸的设备、用具都搬至库外进行晾晒,将库房的门、排气窗全部打开,通风祛除异味,并对库房进行消毒,以防止和减少贮藏过程中病虫害的发生和发展。消毒可采用 2% 的福尔马林或 5% 的漂白粉液喷雾的方法,也可用燃烧硫黄(硫黄用量一般为 1～1.5 kg/100 m³ 空间)熏蒸的办法。进行熏蒸消毒时,可将各种容器、菜架等都放在库内,密闭 24～28 h,然后通风排尽残留的药物。

库墙、库顶、果菜架等用石灰浆加 1%～2% 的硫酸铜刷白,也起到消毒作用。使用完毕的容器应立即洗净,再用漂白粉溶液或 2%～5% 的硫酸铜溶液浸泡,晒干备用。

2. 果蔬入库和码放

果蔬入库前除要对库房进行消毒外,还要通风降温,以便产品进入库内后就有一个温度适宜的环境,使其能够尽快降温。一般是夜间通风,白天关闭库,使温度降低。入库前库内湿度若低于贮藏所要求的 RH 时,可以在地面喷水以提高库内的湿度。

一般要装箱、装筐分层码放,或在库内配有果、菜架,底部或四周要留有缝隙,堆码之间留有通风道。

3. 温湿度管理

温度管理就是依靠控制通风量和通风时间进行调节的。

(1)在果实入贮初期(常在 10℃ 左右),要通过夜间加大通风量,利用外源冷空气来降低库温。为加速降低库温或延长库内低温的保持期,可用鼓风机或风扇在夜间或清晨多次向库内吹入冷空气。

(2)当通风库的温度降到 0℃ 并稳定下来时已进入严冬季节,此时外界气温很低,管理工作的主要任务是防寒保温,防止果实和蔬菜产品受冻。若需要通风应在白天气温较高时进行,通风口的开启不可太大,通风时间不要太长,以防止冷空气短时间内大量进入库内而造成产品冻害。为防止冻害发生,库门和进、出气窗都需要隔热,在门的下部应垫土或垫草,在靠近门的贮藏部位或通风进口处的下部设置温度计,经常观察,并控制此处的温度不低于 −2℃。

(3)开春后,当外界温度回升至高于库温时,应将通风库的通风系统关闭,以减少对内部低温的影响。需要通风时要在夜间进行。

为保持库内适宜的湿度,应在库内安装湿度计,库内湿度不足时可通过洒水、挂湿草帘等提高库内湿度。湿度过高时应加强通风排湿。

当果实全部出库或窖后,应将窖洞或通风库打扫干净,关闭、堵塞排气筒和窖门或通风系统,不让夏季高温的空气进入,到秋天贮果时再开启使用。

由于没有制冷系统,通风库贮藏效果仍难以达到十分理想的程度,若在库内建一贮冰室,则能更加充分地利用外界冷源,增进库的贮藏性能。

三、机械冷藏

机械冷藏指的是利用制冷剂的相变特性,通过制冷机械循环运动的作用产生冷量并将其导入有良好隔热效能的库房中,根据不同贮藏商品的要求,控制适宜温、湿度,并适当加以通风换气的一种贮藏方式。

机械冷藏要求有坚固耐用的贮藏库,且库房设置有隔热层和防潮层以满足人工控制温度和湿度贮藏条件的要求,适用产品对象和使用地域扩大,库房可以周年使用,贮藏效果好。机械冷藏的贮藏库和制冷机械设备需要较多的资金投入,运行成本较高,且贮藏库房运行要求有良好的管理技术。

机械冷藏库根据制冷要求不同分为高温库(0℃左右)和低温库(低于-18℃)两类,用于贮藏新鲜果蔬的冷藏库为前者。冷藏库根据贮藏容量大小划分。虽然具体的规模尚未统一,目前我国贮藏新鲜果蔬的冷藏库中,大型、大中型库占的比例较小,中小型、小型库较多。近年来个体投资者建设的多为小型冷藏库。

按照建造的形式和库体的结构可分为土建式和拼装式。土建式,成本低,建造时间较长。拼装式是由工厂生产一定规格的库体预制板,在现场组装,修建时间很短。拼装式库体的保温性能更好,但成本也更高。

(一)冷库的设计

冷藏库的建设应注意库址的选择、冷库的容量和形式、隔热材料性质、库房及附属建筑的布局等问题,在设计时都应有比较全面的考虑研究。

1. 库位的选择

冷藏库的容量一般是比较大的,产品的出入量也是比较大的,而且比较频繁,因此要选择交通比较方便,没有阳光照射,有良好的排水条件,最高地下水位低于库底 1 m 以上的地方建库。一般为地上库。

2. 库房的容量

冷藏库的大小,主要根据产品的贮藏数量而定,同时贮藏方式方法也会对贮藏量发生影响。在设计时,首先要考虑贮藏库的容量,即单位体积所能贮藏果蔬的数量,再加上行间过道、堆与天花板之间的空间,以及包装之间的空隙等都要计算在内。按国际习惯折算,贮藏 1 t 水果需冷库容积为 3 m³。当贮藏库所需体积确定后,再确定库型的长、宽、高。从建筑的经验来看,通常采用的宽度很少超过 12 m,高度以 4 m 为适宜。设计时可根据实际条件和经济情况,选用恰当的尺寸,如果作为一间库房过长,可考虑分间建筑。

设计冷藏库时,也要考虑其他必要的附属设施,如预冷间、加工间、休息间及工具存放间等。冷藏库要求建筑一个装卸台阶,台阶的高度要与运输工具的底板平齐,可提高工作效率。

3. 库体结构

(1)建筑式机械冷库的结构　建筑式机械冷库的库体结构与通风库基本相同,除了和一般房屋一样的承重结构外,要有良好的防风、防雨、隔热和隔潮的库墙。

①隔热性能要求　冷库比通风库对隔热性能要求更高,库体的6个面(库墙、库顶、库的地面)都要隔热,以便在高温季节也能很好地保持库内的低温环境,尽可能降低能源的消耗。

选隔热材料时,应综合考虑,以节能、高效、低耗为总原则。隔热材料应选择隔热性能好(导热系数小)、具有下列特点的材料:造价低廉、质量轻、不吸湿、抗腐蚀性强、不霉烂、耐火、耐冻,便于使用、无异味、无毒性、保持原形不变、不下沉、防虫、鼠蛀食等。

库墙:一般是夹层的,在两墙中间设置隔热层。目前常用的隔热材料有聚苯乙烯和聚氨酯泡沫塑料等,其中聚氨酯泡沫塑料的导热系数小、强度好、吸水率低,且无需黏结剂,可直接与金属、非金属材料黏结,能用于较低的温度,并可在常温下现场发泡制作。

库顶:一般隔热性能比墙体的大25%。

冷藏库的地面:地温经常在10～15℃之间,通常采用相当于5 cm厚的软木板的绝热层。地面要有一定的强度以承受堆积产品和搬运车辆的压力。采用软木板作隔热材料时,其上下须敷上7～8 cm厚度的水泥地面和地基。地基下层铺放煤渣石子以利于排水。

门:也要有很好的隔热性能,要强度好、接缝严密,开关灵活、轻巧,一般采用夹层门。门还要设置风幕,以便在开门时利用强大的气流将库内外气流隔开。这样,可防止库温在产品出入库时受外界温度的影响。

②防潮要求　隔热材料的敷设应当使隔热层成为一个完整连续的整体,防止外界热的传入。在隔热材料两面与建筑材料之间要加一层防潮层,封闭水气进入通道。防潮材料有沥青胶剂、油毡、树脂黏胶、塑料薄膜、金属板。不管用哪类防潮材料,用时要注意完全封闭,不能留有各种微小缝隙漏泄,特别是温度较高的一面,如果只在隔热层的一面敷设防潮层,就应敷设隔热层经常温度比较高的一面的外表上。用聚氨酯为隔热材料时,就可以不用做防潮层。

(2)拼装式冷藏库的结构　拼装式冷藏库是近年来在果蔬贮藏中被广泛采用的一种库型,先在工厂生产好一定厚度的具有绝热、隔气防潮性能的标准预制板,运到冷藏库建造现场后,再行组合安装成为库体。该种冷库的板式结构使得库体抗冲击和震动的能力强,不易产生开裂现象;由于预制板多采用隔热性能好的材料(如聚氨酯),不但库体很薄,且比建筑式冷藏库的绝热性能更好。拼装式冷藏库还有安装施工简单快速、拆卸容易便于移动和库体清洁方便等特点。

隔热预制板现在主要的是玻璃钢装配式和金属钢装配式两种,前者两面用玻璃钢、中间填充硬质聚氨酯泡沫,后者两面用彩色涂层钢板(或不锈钢板)、中间填充硬质聚氨酯泡沫。预制板的大小可根据需要自由设计,厚度则要根据贮藏库所要求的温度范围较为经济合理地使用。采用聚氨酯为隔热材料时,一般0℃以上的高温库库板厚度需要100 mm,低温冷冻库为150～180 mm。在组合建造过程中,一定要在库板间的连接部位用密封胶黏结,并压上密封条,以防接口处隔热性能不好而造成漏冷。

(二)机械制冷原理

1.制冷系统

机械制冷是利用汽化温度很低的液态物质(制冷剂)汽化吸收贮藏环境中的热量,从而使库温迅速下降,然后再通过压缩机的作用,使之变为高压气体后冷凝降温,形成液体后循环,这一过程称为制冷。制冷过程是由冷冻机来完成的,冷冻机主要由压缩机、蒸发器、冷凝器和调节阀(膨胀阀)四部分组成(图4-1)。

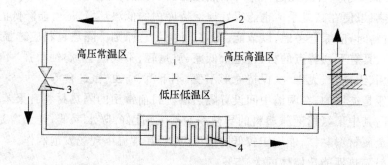

图 4-1 单级制冷系统示意图
(箭头方向为制冷剂循环方向)
1.压缩机 2.冷凝器 3.节流阀 4.蒸发器

（1）压缩机 这是冷冻机的主体部分，它在制冷系统中起着压缩和输送制冷剂的作用。压缩机通过活塞运动吸进来自蒸发器的气态制冷剂，并将之压缩，使之处于高压状态，进入到冷凝器里。

（2）蒸发器 它是液态制冷剂蒸发（气化）的地方。液态制冷剂由高压部分经调节阀进入低压部分的蒸发器时达到沸点而蒸发，吸收周围环境的热量，达到降低环境温度的目的。蒸发器一般由一些蛇形金属盘管构成，可以安装在冷库内，也可以安装在专门的制冷间。

（3）冷凝器 冷凝器主要是把来自压缩机的制冷剂蒸汽，通过冷却水或空气，带走它的热量，使之重新液化。

（4）调节阀 又叫膨胀阀，它装置在贮液器和蒸发器之间，用来调节进入蒸发器的制冷剂流量，同时，起到降压作用。

2.制冷剂

在制冷系统中，蒸发吸热的物质，称为制冷剂。制冷剂要具备沸点低、冷凝点低、对金属无腐蚀作用、不易燃烧、不爆炸、无刺激性、无毒无味、易于检测、价格低廉等特点。

氨（NH_3）是利用较早的制冷剂，主要用于中等和较大能力的压缩冷冻机。作为制冷剂的氨，要质地纯净，其含水量不超过 0.2％。氨的潜热比其他制冷剂高，在 0℃ 时，它的蒸发热是 1 260 kJ/kg。而目前使用较多的二氯二氟甲烷（CF_2C_{12}，简称为 F-12）的蒸发热是 154.9 kJ/kg。氨的比体积较大，10℃ 时为 0.289 7 m^3/kg，二氯二氟甲烷的比体积仅为 0.057 m^3/kg。因此，用氨的设备较大，占地较多。氨的缺点是有毒，若空气中含有 0.5％（体积分数）时，人在其中停留 0.5 h 就会引起严重中毒，甚至有生命危险。若空气中含量超过 16％时，会发生爆炸性燃烧。氨对钢及其合金有腐蚀作用。

卤化甲烷族，是指氟氯与甲烷的化合物，商品名通称为氟利昂。其中以 F-12 应用较广，其制冷能力较小，主要用于小型冷冻机。

最新研究表明，大气臭氧层的破坏，与氟利昂对大气的污染有密切关系。许多国家在生产制冷设备时已采用了氟利昂的代用品，如溴化锂等制冷剂，以避免或减少对大气臭氧层的破坏，维护人类生存的良好环境。我国也已生产出非氟利昂制冷的家用冰箱等小型制冷设备。

3.冷却方式

冷藏库房的冷却方式有直接冷却和间接冷却两种,间接冷却现已不常用,这里就不阐述了。

直接冷却方式是将制冷系统的蒸发器安装在冷藏库房内直接冷却库房中的空气而达降温目的。这一冷却方式有两种情况即直接蒸发和鼓风冷却。

(1)直接蒸发 把制冷剂通过蒸发器直接装置于冷库中,借制冷剂的蒸发将库内空气冷却。蒸发器用蛇形管组成,装成壁管或天棚管均可。它的优点是冷却迅速,降温速度快。缺点是蒸发器易结霜影响制冷效果,需不断除霜;温度波动大、分布不均匀且不易控制。这种冷却方式不适合在大、中型果蔬冷藏库房中应用。此外,如制冷剂在蒸发管或阀门泄漏,会在库内累积而为害果蔬。

(2)鼓风冷却 是现代新鲜果蔬贮藏库普遍采用的方式。将蒸发器装在空气冷却器(室内)内,借助鼓风机的作用,将库内的空气抽吸进入空气冷却器内而降温,将已冷却的空气通过鼓风机吹入送风管送入冷库内,如此循环不已而降库温。其特点是在库内造成空气对流循环,冷却迅速,库内温、湿度较为均匀一致,并且通过在冷却器内增设加湿装置而调节空气湿度。如不注意空气湿度的调节,则这种冷却方式会加快果蔬的水分蒸发。

(三)冷库的管理

1.消毒

冷藏库被有害菌类污染常是引起果蔬腐烂的重要原因。因此,冷藏库在使用前需要进行全面的消毒,以防止果蔬腐烂变质。常用的消毒方法有以下几种:

(1)乳酸消毒 将浓度为 80%～90% 的乳酸和水等量混合,按库容用 1 mL/m^3 乳酸的比例,将混合液放于瓷盆内于电炉上加热,待溶液蒸发完后,关闭电炉。闭门熏蒸 6～24 h,然后开库使用。

(2)过氧乙酸消毒 将 20% 的过氧乙酸按库容用 5～10 mL/m^3 的比例,放于容器内于电炉上加热促使其挥发熏蒸,或按以上比例配成 1% 的水溶液全面喷雾。因过氧乙酸有腐蚀性,使用时应注意对器械、冷风机和库体的防护。

(3)漂白粉消毒 将含有效氯 25%～30% 的漂白粉配成 10% 的溶液,用上清液按库容 40 mL/m^3 的用量喷雾。使用时注意防护,用后库房必须通风换气除味。

(4)福尔马林消毒 按库容 15 mL/m^3 福尔马林的比例,将福尔马林放入适量高锰酸钾或生石灰,稍加些水,待发生气体时,将库门密闭熏蒸 6～12 h。开库通风换气后方可使用库房。

库内所有用具用 0.5% 的漂白粉溶液或 2%～5% 硫酸铜溶液浸泡、刷洗、晾干后备用。

以上处理对虫害亦有良好的抑制作用,对鼠类也有驱避作用。

2.产品的入贮及堆码

(1)新鲜果蔬入库贮藏时,如已经预冷可行一次性入库后建立适宜贮藏条件贮藏;若未经预冷处理则应分次、分批进行。除第一批外,以后每次的入贮量不应太多,以免引起库温的剧烈波动和影响降温速度。在第一次入贮前将库房降温至要求温度。入贮量第一次以不超过该库总量的 1/5,以后每次以 1/10～1/8 为好。

(2)商品入贮时堆码的科学性对贮藏有明显影响。堆码的总要求是"三离一隙"。"三离"指的是离墙、离地坪、离天花板。一般产品堆放距墙 20～30 cm。离地指的是产品不能直接堆放在地面上,用垫仓板架空可以使空气能在垛下形成循环,保持库房各部位温度均匀一致,10 cm左右。应控制堆的高度不要离天花板太近。一般原则是离天花板0.5～0.8 m,或者低于冷风管道送风口30～40 cm。"一隙"是指垛与垛之间及垛内要留有一定的空隙,以保证冷空气进入垛间和垛内,排除热量。留空隙的多少与垛的大小、堆码的方式密切相关。"三离一隙"的目的是为了使库房内的空气循环畅通,避免死角的发生,及时排除田间热和呼吸热,保证各部分温度的稳定均匀。商品堆码时要防止倒塌情况的发生(底部容器不能承受上部重力),可搭架或堆码到一定高度时(如1.5 m)用垫仓板衬一层再堆放的方式解决。

(3)新鲜果蔬堆码时,要做到分等、分级、分批次存放,尽可能避免混贮情况的发生。不同种类的产品其贮藏条件是有差异的,即使同一种类,品种、等级、成熟度不同、栽培技术措施不一样等均可能对贮藏条件选择和管理产生影响。因此,混贮对于产品是不利的,尤其对于需长期贮藏,或相互间有明显影响的如串味、对乙烯敏感性强的产品等,更是如此。

3.温度管理

由于果蔬的种类和品种不同,对贮藏环境的温度要求也不同。贮藏环境温度的高低,对果蔬的影响是非常重要的,也会使病原微生物活动加强引起果蔬败坏。因此果蔬产品要尽快降温,达到适宜的贮藏温度。冷藏库内的温度要尽量避免波动,以防产品发生败坏。

冷藏库的温度要求分布均匀,不要有过冷或过热的死角,使局部产品受害,因此要注意空气对流。为了了解和掌握库内不同部位温度变化情况,应在不同的位置安放温度表,以便观察和记载冷藏库内各部温度的情况。

4.湿度管理

在制冷系统运行期间,湿空气与蒸发管接触时,水分在蒸发管上凝结成霜,形成隔热层,阻碍热交换,影响制冷效果,降低库内湿度。从根本上解决这个问题的办法是增大蒸发器表面积。生产中采用定期"冲霜",人工地面洒水或安装喷雾设备或自动湿度调节器等措施。

一些冷藏库出现相对湿度偏高,这主要是由于冷藏库管理不善,产品出入频繁,以致库外含有较高的绝对湿度的暖空气进入库房,在较低温度下形成较高的相对湿度,甚至达到"露点",而出现"发汗"现象,解决这一问题的方法在于改善管理。

5.通风换气

冷藏库内果蔬通过呼吸作用,放出CO_2和其他有害气体如C_2H_4,C_2H_4在库内累积到一定浓度后,即会促进果实的成熟衰老,以致败坏,CO_2浓度过高会引起生理失调和品质变劣,因此,冷藏库通风换气是必要的。在冷藏库设计时,必须要有足够的、完善的通风设备。冷藏库的通风换气要选择气温较低的早晨进行,雨天、雾天等外界湿度过大时暂缓通风,防止通风而引起冷藏库温、湿度发生较大的变化,在通风换气的同时开动制冷机以减缓库内温、湿度的升高。

6.产品出库

一般根据产品的入库顺序进行出库,即最先入贮的也最先出库。高温季节出库时,应将库温先升高,再出库,以防产品表面出现结露现象。

当外界气温与库温的温差>5℃时产品出库需升温。升温最好在专用升温间或在冷库穿堂中进行。升温的速度不宜太快,维持库温比品温高3～4℃即可,直至品温比外界气温低4～5℃为止。

四、气调贮藏

(一)气调贮藏的概念和分类

1.气调贮藏的概念

气调贮藏是调节气体成分贮藏的简称,指的是在保持适宜低温的条件下,改变新鲜果蔬贮藏环境中的气体成分(通常是增加 CO_2 浓度和降低 O_2 浓度以及根据需求调节其气体成分浓度)来贮藏产品的一种方法。

2.气调贮藏的分类

气调贮藏自进入商业性应用以来,大致可分为两大类,即自发气调(MA)和人工气调(CA)。

MA 指的是利用贮藏对象——新鲜果蔬自身的呼吸作用降低贮藏环境中的 O_2 浓度,同时提高 CO_2 浓度的一种气调贮藏方法。自发气调方法较简单,但达到设定 O_2 和 CO_2 浓度水平所需的时间较长,操作上维持要求的 O_2 和 CO_2 比例较困难,因而贮藏效果不如 CA。MA 的方法多种多样,在我国多用塑料袋或密封贮藏对象后进行贮藏,如蒜薹简易气调,硅橡胶窗贮藏也属 MA 范畴。

CA 指的是根据产品的需要和人的意愿调节贮藏环境中各气体成分的浓度并保持稳定的一种气调贮藏方法。CA 由于 O_2 和 CO_2 的比例严格控制而做到与贮藏温度密切配合,故其比 MA 先进,贮藏效果好,是当前发达国家采用的主要类型,也是我国今后发展气调贮藏的主要目标。

(二)CA 贮藏

1.气调库房的设计与建造

(1)气调库房设计和建造要求　商业性气调贮藏库设计和建造时在许多方面遵循机械冷藏库的原则,同时还要充分考虑和结合气调贮藏自身的特点和需要。在生产辅助用房上应增加气体贮藏间、气体调节和分配机房。应适当增加贮藏间满足气调贮藏产品多样化(种类、品种、成熟度、贮藏时间等)要求,且单间的库容小型化(100~200 t/间)。贮藏库房在设计和建造时除应具备机械冷藏库的隔热、防潮、控温、增湿性能外,还应达到特殊的要求:气体密封性好,整个库房还应能承受一定的压力(正压和负压),易于取样和观察,能脱除有害气体和自动控制等。与冷藏库一样,气调库的库体结构也可以是建筑式的或拼装式的。

用于气调库的气密材料有发泡聚氨酯、塑料膜、镀锌铁皮等。通常库房顶、地面及四周墙体结构上,都要有气密结构,气密层要连为一体,不能有任何缝隙,库门也是特制的密封门。观察窗和各种通过墙壁的管道也都要有气密构造。

(2)压力平衡装置　气调贮藏库尤其是人工气调贮藏库由于要进行库房内外的气体交换而存在一定的压力差,为保障气调库的安全运行,保持库内压力的相对平稳,库房设计和建造时必须设置压力平衡装置。用于压力调节的装置主要有缓冲气囊和压力平衡器。其中前者是一具有伸缩功能的塑料贮气袋,当库内压力波动较小时(<98 Pa),通过气囊的膨胀和收缩进行调节,使库内压力不致出现太大的变化;后者为一盛水的容器,当库内外压力差较大时(如>98 Pa),水封即可自动鼓泡泄气(内泄或外泄)。

气调库房运行期间,操作人员不能进入库房对产品、设备及库体状况进行检查,因此气调库房设计和建造时,必须设置观察窗和取样孔(产品和气体)。观察窗可设置在气调门上,取样孔则多设置于侧墙的适当位置。观察窗和取样孔的设置增大了气密性要求的难度。

2. 气调系统

气调贮藏具有专门的气调系统进行气体成分的贮存、混合、分配、测试和调整等。一个完整的气调系统主要包括三大类的设备:

(1)贮配气设备 贮配气用的贮气罐、瓶,配气所需的减压阀流量计、调节控制阀、仪表和管道等。通过这些设备的合理连接保证气调贮藏期间所需气体的供给和各种气体以符合新鲜果蔬所需的速度和比例输送至气调库房中。

(2)调气设备 真空泵、制氮机、降 O_2 机、富 N_2 脱 O_2 机(烃类化合物燃烧系统、分子筛气调机、氨裂解系统、膜分离系统)、CO_2 洗涤机、乙烯脱除装置等。先进调气设备的应用为迅速、高效地降低 O_2 浓度,升高 CO_2 浓度,脱除乙烯,并维持各气体组分在符合贮藏对象要求的适宜水平上提供了保证,有利于气调效果的充分发挥。

(3)分析监测仪器设备 采样泵、安全阀、控制阀、流量计、奥氏气体分析仪、温湿度记录仪、测 O_2 仪、测 CO_2 仪、气相色谱仪、计算机等分析监测仪器设备满足了气调贮藏过程中相关贮藏条件精确的分析检测要求,为调配气提供依据,并对调配气进行自动监控。

3. 气调贮藏的条件和管理

应用气调技术贮藏新鲜果蔬时,在条件掌握上除气体成分外,其他方面与机械冷藏大同小异。就贮藏温度来说,气调贮藏适宜的温度略高于机械冷藏,幅度1~2℃。新鲜果蔬气调贮藏时的相对湿度要求与机械冷藏相同。

气调贮藏的管理与操作在许多方面与机械冷藏相似,包括库房的消毒、商品入库后的堆码方式、温度、相对湿度的调节和控制等,但也存在一些不同。

(1)新鲜果蔬的原始质量 用于气调贮藏的新鲜果蔬质量要求很高。没有入贮前的优质为基础,就不可能获得气调贮藏的高效。贮藏用的产品最好在专用基地生产,加强采前的管理。另外,要严格把握采收的成熟度,并注意采后商品化处理技术措施的配套综合应用,以利于气调效果的充分发挥。

(2)产品入库和出库 新鲜果蔬入库贮藏时要尽可能做到分种类、品种、成熟度、产地、贮藏时间要求等分库贮藏,不要混贮,以避免相互间的影响和确保提供最适宜的气调条件。气调条件解除后,产品应在尽可能短的时间内一次出清。

(3)温度 气调贮藏的新鲜果蔬采收后有条件的应立即预冷,排除田间热后入库贮藏。经过预冷可使产品一次入库,缩短装库时间及有利于尽早建立气调条件;另外,在封库后建立气调期间可避免因温差太大导致内部压力急剧下降,增大库房内外压力差而对库体造成伤害。贮藏期间温度管理的要点与机械冷藏相同。

(4)相对湿度 气调贮藏过程中由于能保持库房处于密闭状态,且一般不行通风换气,能保持库房内较高的相对湿度,降低了湿度管理的难度,有利于产品新鲜状态的保持。气调贮藏期间可能会出现短时间的高湿情况,一旦发生这种现象即需除湿(如 CaO 吸收等)。

(5)空气洗涤 气调条件下贮藏产品挥发出的有害气体和异味物质逐渐积累,甚至达到有害的水平,气调贮藏期间这些物质不能通过周期性的库房内外气体交换方法等被排走,故需增加空气洗涤设备(如乙烯脱除装置、CO_2 洗涤器等)定期工作来达到空气清新的目的。

（6）气体调节　气调贮藏的核心是气体成分的调节。根据新鲜果蔬的生物学特性、温度与湿度的要求决定气调的气体组分后,采用相应的方法进行调节使气体指标在尽可能短的时间内达到规定的要求,并且整个贮藏过程中维持在合理范围内。气调贮藏采取的调节气体成分方法有两类,分别是调气法和气流法。调气法现已淘汰。气流法是采用将不同气体按配比指标要求人工预先混合配制好后通过分配管道输送入气调贮藏库,从贮藏库输出的气体经处理调整成分后再重新输入分配管道注入气调库,形成气体的循环。运用这一方法调节气体成分时,指标平稳、操作简单、效果好。

气调库房运行中要定期对气体成分进行监测。不管采用何种调气方法,气调条件要尽可能与设定的要求一致,气体浓度的波动最好能控制在 0.3％ 以内。

（7）安全性　由于新鲜果蔬对低 O_2、高 CO_2 等气体的耐受力是有限的,产品长时间贮藏在超过规定限度的低 O_2、高 CO_2 等气体条件下会受到伤害,导致损失。因此,气调贮藏时要注意对气体成分的调节和控制,并做好记录,以防止意外情况的发生,及有助于意外发生后原因的查明和责任的确认。另外,气调贮藏期间应坚持定期通过观察窗和取样孔加强对产品质量的检查。

除了产品安全性之外,工作人员的安全性不可忽视。气调库房中的 O_2 浓度一般低于 10％,这样的 O_2 浓度对人的生命安全是有危险的,且危险性随 O_2 浓度降低而增大。所以,气调库在运行期间门应上锁,工作人员不得在无安全保证下进入气调库。解除气调条件后应进行充分彻底的通风后,工作人员才能进入库房操作。

（三）MA 贮藏

常见的自发气调贮藏有塑料薄膜小袋法、塑料大帐法和硅窗袋法等几种。

1. 塑料薄膜小袋气调贮藏

塑料薄膜包装气调贮藏是将塑料薄膜压制成袋,袋的厚度为 0.02～0.07 mm 的聚乙烯,袋的大小依产品种类而定,每袋装产品量一般为 10～20 kg,为便于管理和搬运,每袋质量一般不超过 30 kg。使用时将果蔬装入袋中,扎口密闭,然后置于冷库或通风库的货架上;也可将袋放入筐或箱内,再堆码成垛进行贮藏。此法在贮藏期间主要靠产品自身的呼吸和薄膜的透气性调节袋内气体成分,按管理方法的不同,可分为以下几种:定期调节放风、不进行调气、打孔薄膜包装、热缩包装等。

（1）定期调节放风　袋的厚度为 0.05～0.07 mm,由于袋较厚,透气性差,贮藏时间又长,内部的气体成分变化符合自发气调双指标,一定的时间后 CO_2 积累过高会造成伤害,因此在贮藏期间应根据袋内气体情况间隔一段时间进行适当的开口放风。在贮藏库中的不同点可以选择一些代表袋,对小包装中的 O_2 和 CO_2 进行检测,当 O_2 含量过低或 CO_2 含量过高时,开口放风更换新鲜空气后再扎口封闭。

（2）不进行调气　袋的厚度为 0.03～0.04 mm,由于袋很薄,具有相当的透气性能,因此在贮藏期间不用放风调气。

（3）打孔薄膜包装　薄膜袋上开有许多肉眼看不见的微孔或直径为 5～10 mm 的孔洞。孔径及开孔的密度依产品种类和贮藏温度等而定。打孔后可提高薄膜袋的透气性和透湿性。以防止袋内 O_2 过低或 CO_2 过高造成果蔬的伤害,也可防止由于袋内相对湿度太高而造成的腐烂。

（4）热缩包装　将单体的果蔬经整理后装入聚乙烯、聚氯乙烯、聚苯乙烯等薄膜袋中,用热缩机在130℃左右温度下经几秒钟将薄膜热缩,使薄膜紧贴在果蔬表面,也可在果蔬纸箱外热缩包装。此法既可达到自发气调的目的,同时又可增加果蔬的机械强度,减少果蔬在贮运中的机械损伤。

近年来,科研机构根据不同产品的生理特性,研制出了一些专用薄膜,用这类膜对产品进行小袋气调可获得更好的贮藏效果。

2. 塑料大帐气调贮藏

大帐常用 $0.1\sim0.2$ mm 厚低密度聚乙烯塑料薄膜和无毒聚氯乙烯,压制成长方形,大帐体积根据贮藏量而定。单帐的贮藏量要小于 5 000 kg,有 1 000 kg、2 000 kg、3 000 kg 的。大帐可做成尖顶式或平顶式。

(1)大帐的安装 大帐分帐身和帐底两部分。帐底是一块大小比帐体宽 $10\sim15$ cm 的塑料薄膜。贮藏使用时先将帐底铺在地面上或隔板上,垫上枕木,中间撒消石灰,码垛,垛内箱之间应有一定间隙,垛码好后将帐身扣在果垛上。然后,将大帐四壁的底边与帐底的四边分别紧紧合在一起,用砖压住或用土埋住,再将充气袖口和抽气袖口扎紧,然后根据需要调节帐内气体成分。

(2)大帐的降氧 密封后即可采用自然降氧或人工降氧的方法调节帐内气体成分至要求范围内。

①自然降氧 是利用果蔬自身的呼吸作用,逐渐降低 O_2 浓度和升高 CO_2 浓度,然后再进行人工调节和控制。此法操作简单,易于推广。缺点是降氧所需时间长,贮藏效果较差。

②人工降氧 又称快速降氧,先用抽气机将密闭帐内的气体抽出一部分,使大帐四壁紧贴在果筐上,然后在帐子上部的充气袖口充入纯 N_2,使大帐又恢复原状,如此反复三次,就可使帐内 O_2 含量降至3%左右。此法降氧速度快,贮藏效果好。

③半自然降氧 先用人工充 N_2 快速降氧,使帐内 O_2 含量降至10%左右,然后靠果蔬呼吸继续降氧,至帐内 O_2 含量达3%左右。此法效果略低于快速降氧法,而优于自然降氧法,同时可节约 N_2,降低贮藏成本。

(3)大帐的管理 产品入帐前必须预冷;保持库温恒定,防止库温波动而使帐内湿度过高,产品表面结露;定期测定帐内气体成分,通风换气,防止低氧伤害或高 CO_2 中毒。

3. 硅窗袋气调贮藏

硅窗气调贮藏是在普通塑料薄膜上镶嵌一定面积的硅橡胶薄膜,制成硅窗袋或硅窗大帐,然后将果蔬装入其中密封,利用硅橡胶特殊的透气性能,使袋内或帐内保持适宜的气体成分,从而起到自发气调的作用(图 4-2)。

硅橡胶是一种有机硅高分子化合物,由硅氧烷单体聚合而成,单体之间以硅氧键相连,形成柔软疏松的长链,因而硅橡胶具较好的透气性。硅橡胶薄膜具有透气性高并且 CO_2 与 O_2 透比大的特性,对 CO_2 和 O_2 的渗透系数要比聚乙烯膜大 $200\sim300$ 倍,比

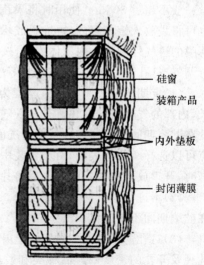

硅窗
装箱产品

内外垫板

封闭薄膜

图4-2 硅胶窗薄膜气调法
(引自果品蔬菜贮藏运销学,李效静,
张瑞宇,陈秀伟,1990)

果蔬保鲜与加工

聚氯乙烯大得更多,透过 CO_2 的速度为 O_2 的 6 倍,为 N_2 的 12 倍;对乙烯和一些芳香物质也有较大的透性,可降低内部的乙烯浓度,进一步提高贮藏效果。硅窗面积的大小应根据贮藏的产品、种类、品种、成熟度、单位体积的贮量、贮藏温度、要求的气体组成、窗膜厚度等许多因素来计算确定。

自发气调虽然简单易行,但只有根据产品的特征,对贮藏产品种类、贮藏数量、膜的种类和膜的厚度等因素进行综合筛选才能获得比较理想的效果。

学习单元二　果蔬保鲜配送要求

▶ 一、果蔬保鲜配送对运输的基本要求

由于受气候分布的影响,果蔬产品的生产有较强的地域性,果蔬产品采收后,除少部分就地供应外,大量产品需要转运到人口集中的城市、工矿区和贸易集中地销售。为了实现异地销售,运输在生产与消费之间起着桥梁作用,是商品流通中必不可少的重要环节。果蔬产品包装以后,只有通过各种运输环节,才能达到消费者手中,才能实现产品的商品价值。

随着人民生活水平的提高,人们对果蔬产品的数量、质量、花色品种的要求越来越高,同时果蔬产品生产受地域限制,但又必须周年供应,均衡上市,调剂余缺,这样对运输就提出了具体的要求。

1. 快装快运

水果采摘之后,仍然是一个活的有机体,所不同者只是来自母株给养的来源断绝了。因此,果品的新陈代谢作用,只能凭自身部分营养物质的分解,来提供生命活动所需的能量。果实不断地呼吸,就意味着不断地消耗果实体内贮存的营养物质,呼吸越快,体内营养物质的消耗量就越大。同时积压会造成损失,国家运输部门有规定,鲜活货物要随到随运。

2. 轻装轻卸

装卸是果品经营中一个极为重要的问题,也是目前引起果品腐烂损失的一个主要原因,绝大部分水果含 80%～90% 水分,属于鲜嫩易腐性货物,在搬运、装卸中稍一碰压,就会发生破损,引致腐烂。装卸时要严格做到轻装轻卸。

3. 环境适宜,防冷、防热、防震动

不同果蔬都有其适宜的贮运温湿度条件,若超过适应临界值就会产生不利的影响。运输过程中,由于受运输路线、运输工具、货品的堆码情况的影响,震动是一种经常出现的现象。剧烈的震动会给果蔬表面造成机械损伤,促进伤乙烯的合成,促进果实的快速成熟;同时,伤害造成的伤口易引起微生物的侵染,造成果蔬的腐烂;另外,伤害也会导致果实呼吸高峰的出现和代谢的异常。凡此种种都会影响果蔬的贮藏性能,造成巨大的经济损失,所以在果蔬运输过程中,应尽量避免震动或减轻震动。

▶ 二、果蔬保鲜配送对销售流通的要求

(1)要求果蔬产品市场要做到周年供应、均衡上市、品种多样、价廉物美。果蔬产品生产

具有季节性、地域性,只有做好果蔬产品的贮藏运输工作,才能保证其均衡上市,周年供应,这样有利于保持物价稳定,维护社会经济稳定。

(2)新鲜果蔬产品是易腐性农产品,市场流通应及时、畅通,做到货畅其流,周转迅捷,才能保持其良好新鲜的商品品质,减少腐烂损耗。为此需要产、供、销协调配合,尽量实行产销直接挂钩,减少流通环节,提高运输中转效率。大中城市和工矿区应逐步建立批发市场,加强生产者、零售网点与消费者之间的联系,使新鲜果蔬产品及时销售到千家万户。

(3)果蔬产品商品性强,发展果蔬产品生产的目的在于以优质、充足的商品提供销售,满足人民消费的需要。

(4)果蔬产品必须适应市场需要,才能扩大销售。经验告诉我们,只有那些适应市场的产品才能经久不衰。为了了解产品的市场占有情况,必须加强市场信息调查,预测行情变化趋势,根据调查预测结果有效组织销售。

▶ 三、果蔬保鲜配送运输方式及特点

1. 公路运输

公路运输的特点是:①作业灵活。②运费较高。③运输能力及质量常受路况的制约。在高速公路成网的发达国家,如美国、加拿大,公路运输的优点明显高于其他方式,公路运输的果蔬量常占果蔬总运量的80%以上,为主要的运输方式,运输距离常达数千千米。在我国,一般为汽车一天之内能到达(约500 km)的范围的果蔬运输多采用汽车,如果蔬的省内、市内运输及跨省的短途运输。但我国由于道路条件、运输车辆的性能差,冷藏运输车少,致使果蔬产品公路运输的损伤较大,损失较重,同时运输时间不能充分保证。

2. 铁路运输

铁路运输的特点是运输量大,约占我国果蔬产品运输的30%,运价低,受季节性的变化影响小,运输速度快,连续性强、运输震动少等特点。运输成本略高于水运干线,最适于大宗货物的中长距离运输。目前,铁路运输中一般采用普通棚车、机械保温车、加冰冷藏车厢进行运输。我国机械保温车数量仍相当有限,远不能满足果蔬产品运输的要求,从而限制了果蔬产品铁路运输的发展。

3. 水路运输

我国幅员广大,江河纵横,海岸线长,沿江河湖海之滨多为新鲜果蔬盛产地,所以水路运输也是果蔬产品运输的重要途径。其特点行驶平稳,由震动引起的损伤少、运量大、运费低廉。但因受自然条件的限制,水运的连续性差,速度慢,联运货物要中转换装等,延缓了货物的送达速度,也增加了货损。而海上运输在国外发展速度很快,多以外置式冷藏集装箱及冷藏船为运输工具。大型船舶的动力、能源供应充足,这为果蔬运输中的迅速预冷及精确控制运输温度提供了便利。

4. 航空运输

空运的最大特点是速度快,但装载量很小,运价昂贵,适于急需特供、价格高的高档果蔬。如草莓、鲜猴头、松蘑等产品已较多采用空运。美国草莓空运出口日本的利润很高。我国出口日本的鲜香菇、蒜薹也有采用空运的。由于空运的时间短,在数小时的航程中常无须使用制冷装置,只要果蔬在装机前预冷至一定的低温,并采取一定的保温措施即取得满意的

效果。在较长时间的飞行中,则一般用干冰作冷却剂,因干冰装置简单,质量轻,不易出故障,十分适合航空运输的要求。用于冷却果蔬的干冰制冷装置常采用间接冷却。因此,干冰升华后产生的 CO_2 不会在产品环境中积存而导致 CO_2 中毒。

学习单元三　果蔬保鲜配送技术要点

▶ 一、果蔬保鲜配送装载技术

(一)装载量的确定

果蔬装载量确定的基本要求:在保证运输质量的前提下,兼顾车辆质量和体积的利用。装载量的确定,须考虑如下因素:

(1)车辆的体积载质量及果蔬质量/体积。

(2)果蔬的性质和热量状态。果蔬及包装是否坚实耐压、预冷程度、呼吸热的大小等,既影响装载方法,又影响车辆热负荷,当然也影响装载量。如呼吸热小,充分预冷的果蔬,就可以多装一些而不致超过制冷能力。耐压货物时装载高度可以增加,亦可增加装载量。反之,未预冷的果蔬,装载量只能根据车辆的制冷能力来确定,往往大大少于额定装载量。

(3)运输季节和车辆性能。运输外界温度、车辆的隔热性能和制冷能力与货物的热状态一起决定运输中的热负荷的大小和热平衡。如热负荷大,制冷能力不足,则只能减少装载量,这一点在热季运输时特别明显。显然,热季运输未预冷果蔬的装载量是最低的,因为热季高温及未预冷货物均使车辆热负荷增大,而在热季机械制冷机的工况恶化,制冷能力反而下降。

(二)装载方法

果蔬运输的装载方法是影响运输质量的重要因素。对于有呼吸热的果蔬产品来说,装载的基本原则是:第一,在各货件之间留有一定的间隙,使车内空气能在货物之间流动,使每件货物都能接触冷空气,以利于呼吸热的散发。第二,装载牢固,以防止移动、碰撞、震动造成的损伤。

适于果蔬装载的堆垛方法主要有:

(1)品字形或方格式　适于箱装果蔬。"品字形"为把奇、偶数层的货件"骑缝装载",使呈品字形。这种方法只能在车辆的纵向形成通风道,不便上下及横向通风,但装载牢靠。适于制冷能力强,有强制通风装置的机冷车。"方格式"即把货件上下对齐,前后靠紧,纵向货件间留 30~40 mm 间隙,每层货件间加 20 mm×40 mm 截面的木垫条。这种方法每件货物侧面及上下均能接触冷空气,空气循环好,适于各种冷藏车。但货件只是前后靠紧,左右不接触,故装载不牢固。

(2)筐口对装法　适于各种筐包装果蔬。此法利用筐上大下小的形状,采取筐口对筐口,筐底对筐底的装载法。相邻货件之间取反向对装时不形成通风道,而相邻货件之间取同向对装时则形成通风道,故此法通风道的设置非常灵活,装载也较牢固。

除上述两种常用方法外,如包装为长条形木箱,则可取井字形装载,每四箱货物中间可有一垂直通风道。

装车时,货件不应直接堆放,也不应紧靠车壁。车底板上要有完好底格板。如用冷藏车装载对低温敏感的果蔬时,货件也不能紧靠冷源(冷风出口、冰箱挡板等),以免冻坏。必要时须在上述部位盖草袋,使低温空气不直接接触货件。

果蔬的装卸作业最好在夜间进行。因夜间温度低,无太阳辐射。如必须在白天作业时,装卸场地应有防晒、防雨设施。果蔬的装卸应尽可能在短时间内完成。铁路部门对每种冷藏车都规定有装卸时限。装载已预冷的果蔬时,作业不得中断,装车后应及时关门密封,减少外界热量传入。

在我国由于现有条件的限制,果蔬运输的绝大部分是未经预冷的。通常采用的补偿办法为在包装间夹冰块。夹冰运输尤其适用于绿叶蔬菜、青椒等,可加速货温的下降,减少干耗,是保温车的常用措施及普通篷车运输的必要措施。

包装内夹的碎冰大小要适当,过小融化快,运输温度回升快,过大易磨、压伤货物。夹冰量可依据车辆热平衡方程计算。在实践中,往往根据各种运输条件(品种、包装、外温、远距、车型等)估计。一般在蔬菜中夹冰20%～40%。有时,芹菜、青蒜苗等在包装缺少的情况下,亦做散装运输。在散装的情况下,除应分层夹冰外,还应视情况插入通风筒,以利散热。

(三)果蔬的混装

考虑果蔬混装的相容性:温度、RH、乙烯和其他挥发物。另外,有些果蔬具有强烈气味的挥发物,虽对其他果蔬的生理作用不明显,但易串味的,也不能混装,如肉、蛋、奶制品极易吸收苹果及柑橘类的气味,而柑橘能吸收洋葱、甘蓝的气味。

为了在运输中便于选择可相容的农作物,国际制冷学会则把80多种果蔬分成了9个可以混装的组:

第一组,苹果、杏、浆果、樱桃、无花果(不得与苹果混装)、葡萄、桃、梨、柿、李、梅等。适宜运输温度0～1.5℃,相对湿度90%～95%,浆果和樱桃可用10%～20%的CO_2气调包装运输。

第二组,香蕉、番石榴、芒果、薄皮香瓜和蜜瓜、鲜橄榄、木瓜、菠萝、青番茄、粉红番茄、茄子、西瓜。适宜运输的温度13～18℃,相对湿度85%～95%。

第三组,厚皮甜瓜类、柠檬、荔枝、橘子、橙子、红橘。适宜运输的温度2.5～5℃,相对湿度90%～95%,甜瓜类为95%。

第四组,蚕豆、秋葵、红辣椒、青辣椒(不得与蚕豆混装)、美洲南瓜、印度南瓜等。适宜运输的温度4.5～7.5℃,蚕豆为3.5～5.5℃,相对湿度95%。

第五组,黄瓜、茄子、姜(不得与茄子混装)、马铃薯、南瓜(印度南瓜)、西瓜。适宜运输的温度为8～13℃,生姜不得低于13℃,相对湿度85%～95%。

第六组,芦笋、红甜菜、胡萝卜、菊苣、无花果、葡萄、韭菜(不可与无花果、葡萄混装)、莴苣、蘑菇、荷兰芹、防风草、豌豆、大黄、菠菜、芹菜、小白菜、通菜、甜玉米。适宜的运输温度为0～1.5℃,适宜相对湿度95%～100%。除无花果、葡萄、蘑菇外,这一组其他货物均可与第七组货物混装,芦笋、无花果、葡萄、蘑菇等任何时候均不得与冰接触。

第七组,花茎甘蓝、抱子甘蓝、甘蓝、花椰菜、芹菜、洋葱、萝卜、芜菁。适宜的运输温度为0～1.5℃,相对湿度95%～100%,可与冰接触。

第八组，生姜、早熟马铃薯、甘薯。推荐的运输温度13～18℃，相对湿度85%～95%。

第九组，大蒜、干洋葱。推荐的运输温度为0～1.5℃，相对湿度65%～75%。

二、果蔬保鲜配送的温度控制

(一)车辆的预冷

用于果蔬运输的冷藏车，在装车前必须进行预冷。车辆预冷的必要性可从下列几条好处上看出：①减轻运输中的温度变动，提高运输质量。②提高果蔬的装载量，从而提高运输效率。③减少运行途中继续冷却车体的热负荷。因此，如果时间允许，预冷越充分越好，这一点在热季尤为重要。

在车体预冷时，应注意把"车体温度"降到规定的标准，而不是把"车内空气温度"降到规定标准。车内空气温度与车体温度是不能等同的。因为，车体的比热比空气高，降温比空气慢得多。如果只降低车内气温，则停止制冷后车内温度很快会回升，起不到预冷的作用。

机械冷藏车的技术性能好，预冷较为容易。加冰冷藏车由于制冷能力有限，在外温较高时，预冷往往有困难。这时，可采取加大搀盐比例的方法。如预冷温度达不到要求时，则要求预冷时间至少在3 h以上。

(二)果蔬预冷

在使用无冷源的保温车时，充分预冷是温热季运输的必要前提。在使用有冷源的冷藏车时，由于冷藏车的制冷能力的设计需综合考虑造价及运输经济性，一般情况下，运输车辆的制冷能力仅能用于维持已冷却果蔬的温度。因此，即使使用冷藏车运输，果蔬预冷也是一个必需的步骤。

(三)果蔬运输温度

运输所采用的最低温度的确定原则，与冷藏时基本相同，即以能够导致冷害的温度为限。实际上在严寒地区需保温运输的条件下，亦可适当放宽低温限，因短期内对冷害的忍耐是较强的。

根据上述两个考虑以及果蔬本身的特性，可确定果蔬的最适运输温度。邹京生(1979)认为，一般而言，果蔬的运输温度可以在4℃以上。当然，最适运输温度的确定，还应考虑运输时间的长短。

一般而言，根据对运输温度的要求，可把果蔬分为4大类。

第一类为适于低温运输的温带果蔬，最适条件为0℃，相对湿度90%～95%，如苹果、桃、樱桃、梨。

第二类为对冷害不太敏感的热带、亚热带果蔬，如荔枝、柑橘、石榴，最适温度为2～5℃。

第三类为对冷害敏感的热带亚热带果蔬，最适温度常为10～18℃，如香蕉、芒果、黄瓜、青番茄。

第四类为对高温相对不敏感的果蔬，适于常温运输，如洋葱头、大蒜等。

三、果蔬保鲜配送的湿度控制

果蔬产品属鲜活产品，其水分含量为85%～95%。运输环境中的湿度过低，加速水分蒸腾导致产品萎蔫,湿度过高,易造成微生物的侵染和生理病害。

在果蔬产品运输过程中保持适宜稳定的空气湿度能有效地延长产品的贮藏寿命,为了防止水分过分蒸腾,可以采用隔水纸箱或在纸箱中用聚乙烯薄膜铺垫,通过定期喷水的方法也能提高运输环境中的空气湿度。

四、果蔬保鲜配送的通风技术

果蔬保鲜配送中应及时通风。通风的目的主要有两个:其一为排除果蔬运输途中释放的过多水气、CO_2 及其他气体,保证果蔬不受有害气体的伤害;其二为帮助调节车内温度。

现在的机械冷藏车一般有自然通风与强制通风装置,一般在途中或停车时通风。而加冰冷藏车因无强制通风装置,在途中可开启通风口临时利用车辆与空气的相对运动来通风。如果通风的目的是为了换气时,则冷藏车的通风在夏季要求进入车内的空气温度低于车内温度,应在夜间或清晨进行。否则不宜通风或须进行空气的预冷。在冬季一般不进行通风,防止果蔬产品被冻坏。如为调节温度而通风,应根据货温确定通风量,外界气温过低时,通风要缓慢,应在白天进行,否则易冻坏产品。如外界温度低于 $-10℃$ 时应停止一切通风。

五、果蔬保鲜配送的包装技术

合理的包装是果蔬产品获得较长贮藏寿命和保持品质的重要手段。方便运输,减少损耗,利于销售。包装既要求能排气,又要求有足够的强度以防止压扁。包装所用的材料要根据果蔬种类和运输条件而定。常用的材料有纸箱、塑料箱、木箱、铁丝筐、柳条筐、竹筐等,抗挤压的蔬菜也可用麻布包、草包、蒲包、化纤包等包装。近年来纸箱、塑料箱包装发展较快。国外果蔬产品的运输包装主要以纸箱、塑料箱为主。

六、果蔬保鲜配送中应避免或减轻震动

在果蔬产品运输过程中,由于受运输路线、运输工具、货品的堆码情况的影响,震动是一种经常出现的现象。果蔬产品是一个个活的有机体,机体内在不断地进行旺盛的代谢活动。剧烈的震动会给果蔬产品表面造成机械损伤,促进乙烯的合成,促进果实的快速成熟;同时,伤害造成的伤口易引起微生物的侵染,造成果蔬产品的腐烂;另外,伤害也会导致果实呼吸高峰的出现和代谢的异常。影响果蔬产品的贮藏性能,造成巨大的经济损失,所以在果蔬产品运输过程中,应尽量避免震动或减轻震动。

七、果蔬保鲜配送的到达作业

到达作业主要为及时卸车,为果蔬运输过程的终了作业。到达作业的处理不当也可能造成前功尽弃。

在采用汽车运输时,因批量小,卸车及转运、入库工作较易组织。而使用铁路运输时,果蔬产品的批量很大,应十分重视卸车的组织工作。在运输途中,中途站应根据运行情况及时

果蔬保鲜与加工

向终点站做预报。到站应根据预报及时通知收货人准备卸车。果蔬等冷藏运输的易腐货物一般由收货人自备搬运工具,组织直接卸车。

果蔬经长途运输后,所受的损伤及病菌侵染物较大,一般不适于继续长期贮藏。卸车后的果蔬产品应及时转运处理,避免长时间堆积造成的腐烂损失。

【自测训练】

1. 简述影响果蔬运输品质的环境条件。
2. 果蔬运输应注意哪些问题?
3. 简述果蔬的运输方式、工具及其特点。
4. 简述机械冷藏库、CA库管理要点。
5. 简述果蔬保鲜配送技术要点。

【小贴士】

什么是集装箱

集装箱是将一批批小包装货物集中装在大型的箱中,形成整体,便于装卸运输。1970年,国际标准化组织技术委员会对集装箱下了定义,提出集装箱必须具备以下条件:①能长期反复使用,具有足够的强度;②在途中转运时,不移动容器的货物可以直接换装,即从一种运输工具直接换到另一种运输工具上,以达到快速装卸;③便于货物的装满、卸完和机械化装卸;④具有 $1 m^3$ 以上内容积。冷藏集装箱和气调集装箱主要用于新鲜果蔬的运输。

模块五

主要水果保鲜技术

任务1 仁果类保鲜技术控制

任务2 核果类保鲜技术控制

任务3 浆果类保鲜技术控制

任务4 干果类保鲜技术控制

仁果类保鲜技术控制

学习目标

- 了解苹果、梨的贮藏特性;
- 知道苹果、梨适宜的保鲜方法及对贮藏环境的温度、湿度、气体成分的要求;
- 能针对苹果、梨贮藏特性,运用所学知识设计保鲜方案;
- 会运用所学知识及时解决苹果、梨贮藏中出现的问题。

能针对苹果、梨贮藏特性及对环境条件的要求设计保鲜方案。要求保鲜时间长,品质保持好,并能解决苹果、梨等仁果类水果贮藏中出现的生理性病害和真菌性病害。

【知识链接】

学习单元　仁果类保鲜技术控制

仁果是由合生心皮下位子房与花托、萼筒共同发育而成的肉质果。其果实中心由薄壁构成若干种子室,室内含有种仁,可食部分为果皮、果肉。仁果类包括有苹果、梨、山楂、枇杷等。本书主要讲述苹果、梨的保鲜技术控制。

一、苹果

苹果是世界上重要的落叶果树,与柑橘、葡萄、香蕉共同成为世界四大果品。我国苹果产量和栽培面积均列世界首位,但由于品种老化,管理水平低及贮藏保鲜技术跟不上,目前出现了市场滞销现象,阻碍了苹果生产产业的发展。据市场调查表明,我国每年春节后高档次的苹果供不应求,因此搞好苹果采后处理提高贮后果品质量是推动我国苹果生产业发展的重要因素。

(一)贮藏特性

1.品种特性

苹果的品种很多,全国目前有几十个栽培品种,其中主栽品种有十几个。按成熟期不同可分为早熟、中熟、晚熟三类。

(1)早熟品种　成熟期在6—7月初。主要品种有辽伏、伏帅、甜黄魁、黄魁、红魁、伏花皮等。由于生长期短,果肉组织不够致密,肉质松软,味淡,采后呼吸旺盛,内源乙烯发生量大,后熟衰老变化快,表现为不耐贮藏,如辽伏可贮7~10 d。一般采后立即销售或者在低温下只进行短期贮藏。

(2)中熟品种　成熟期在8—9月。主要品种有金帅、元帅、红星、首红、魁红、华冠、伏锦、新嘎拉、红玉等。其中许多品种的商品性状上乘,贮藏性优于早熟品种,在常温下可存放2周左右,在冷藏条件下可贮藏2个月,气调贮藏期更长一些。但由于不宜长期贮藏,故中熟品种采后也以鲜销为主,有少量的进行短期或中期贮藏。

(3)晚熟品种　成熟期在10—11月初。主要品种有国光、青香蕉、富士、长富2号、秋富1号等。由于干物质积累多、呼吸水平低、乙烯发生晚且较少,因此一般具有风味好、肉质脆硬而且耐贮藏的特点。其中红富士以其品质好、耐贮藏而成为我国苹果产区栽培和贮藏的主要品种。其他晚熟品种都有各自主栽区域,生产上也有一定贮藏量。晚熟品种在常温库一般可贮藏3~4个月,在冷库或气调条件下,贮藏期可达到5~8个月。果实的商品性状如色泽、风味、质地、形状等对其商品价值及销售影响很大。总之,这些品种产量高,耐贮藏。

晚熟品种是贮藏的主要品种。

2．呼吸类型

苹果属于典型的呼吸跃变型果实，成熟时 C_2H_4 生成量很大，呼吸高峰时一般可达到 $200\sim800~\mu L/L$，由此而导致贮藏环境中有较多的 C_2H_4 积累。贮藏中采用通风换气或者脱除技术降低贮藏环境中的 C_2H_4 浓度很有必要。另外，采收成熟度对苹果贮藏的影响很大，对计划长期贮藏的苹果，应在跃变前期采收。在贮藏过程中，通过降温和调节气体成分，可推迟呼吸跃变发生，延长贮藏期。

(二)贮藏条件

1．温度

温度是影响苹果贮藏寿命最重要的环境因素。大多数苹果品种贮藏的适宜温度为 $-1\sim0℃$，气调贮藏的理想温度可比一般贮藏适温高 $0.5\sim1℃$。

2．相对湿度

一般认为，苹果贮藏的相对湿度应该保持在 $80\%\sim90\%$。在此范围内较高的湿度会大大降低果实的水分蒸发，保持果实新鲜饱满，但湿度过大易造成裂果和微生物的侵染。掌握贮藏环境的温度和湿度，应考虑不同品种的特性和原料的质量，才能收到良好的效果，并不是温度愈低，湿度愈高愈好。

3．气体成分

对于大多数苹果品种而言，$2\%\sim5\%~O_2$ 和 $3\%\sim5\%~CO_2$ 是比较适宜的气体组合，个别对 CO_2 敏感的品种如红富士应将 CO_2 控制在 3% 以下。部分常见品种的贮藏条件和贮藏期见表 5-1，供应用时参考。

表 5-1　苹果部分品种的贮藏条件和贮藏期
（摘自水果蔬菜花卉气调贮藏及采后技术，2000）

品种	温度/℃	相对湿度/%	O_2/%	CO_2/%	贮藏期/月
元帅	0~1	95	2~4	3~5	3~5
红星	0~2	95	2~4	3~5	3~5
金冠	0~2	90~95	2~3	1~2	2~4
秦冠	3.5	90~95	3	2.5	2~4
红玉	2~4	90~95	3	5	2~4
国光	-1~0	95	2~4	3~6	5~7
富士	-1~1	95	3~5	1~2	5~7
青香蕉	0~2	90~95	2~4	3~5	4~6

(三)贮藏方法及技术要点

苹果的贮藏方式很多，其中包括地窖贮藏、通风库贮藏、机械冷藏、辅助化学防腐剂贮藏和气调贮藏。

1．地窖贮藏

我国北方一些边境省、区都有一些闲置的防空洞，一般为砖混结构，容量大，具有自然通气孔道，而且上部土层深厚，受外界温度影响小。

防空洞和地窖贮藏苹果的管理,最主要的是降温和保温。我国北方秋末冬初夜间气温低,果实入库前应在夜间通风,以利用自然冷源降低库温,使库内温度降到0℃左右,并维持稳定。白天温度较高,要关闭风道。湿度不够可用洒水,挂湿麻袋等方法。果实入库前必须经过预冷,于清晨果温较低时入库。入库初期,应加强通风,尤其是夜间通风,以降低由于果实呼吸所产生的热量,随着外界气温的降低,逐渐减少通风,以保持库内适宜的贮藏温度。开春后气温逐渐回升,此时,库内温度也可能出现缓慢回升,需要加强夜间通风。整个过程中都要密切注意温度变化。

2.通风库贮藏

通风库是具有良好通风设备和隔热层的建筑,是苹果产地和销地贮藏应用比较广泛的贮藏场所,通风库的管理同防空洞。

3.机械冷藏

苹果冷藏的适宜温度因品种而异,大多数晚熟品种以 $-1\sim1℃$ 为宜,相对湿度应控制在90%左右。

苹果入库前要对冷库进行清扫和消毒,并检修好设备,进果的前 $2\sim3$ d正式开机降温。苹果采收后最好能尽快入库,以便利用机械制冷使果温尽快降至0℃左右。果垛在库内的布局应有利于通风,垛与墙壁、地面、库顶都要留有空隙。

冷藏库的管理主要是温度的控制与湿度、通风的调节。温度的调节主要是通过制冷机的运行维持库内稳定适宜的低温,要有专人定期观测温度变化情况。湿度可用洒水或喷雾来调湿。

苹果在后熟过程中要释放 C_2H_4 等气体,要定时通风换气,换气应选择外界与库内温度接近时进行,以免引起库温的剧烈波动。

冷藏库苹果出库时,应使果温逐渐上升至室温。否则果实表面会产生许多水珠,容易造成腐烂。另外,果实骤遇高温,色泽极易发暗,果肉易软。

4.气调贮藏

自发调节气体贮藏是目前我国贮藏上应用较多的一种贮藏方式。塑料袋小包装,硅窗袋贮藏、塑料大帐贮藏、硅窗帐贮藏都属于自发调气贮藏。这种贮藏方式不需特定的贮藏场所,即可以在地窖、通风库、冷库等场所应用。在应用时要注意袋的厚度。红星、金帅、印度等苹果可以采用透气性差,厚度为 0.06~0.07 mm 的聚乙烯或聚氯乙烯袋,而国光、红富士可以采用透气性强,厚度 0.03~0.04 mm 的聚乙烯或聚氯乙烯袋。塑料大帐一般采用0.2 mm 厚的聚乙烯,上面可附硅窗,硅窗面积一般为每千克果实 2.0~3.0 cm²。

5.辅助化学防腐剂贮藏

根据各种防腐保鲜剂的性质及其作用,可以采用以下几种方法进行苹果贮藏。

(1)果面涂料 涂蜡可降低果实蒸发量,防止果实干瘪。在熔蜡中加入适当的防腐保鲜剂,可保持果实的新鲜状态。苹果涂蜡处理,不仅可保水、保重,而且还增加果面光亮度,提高果品市场竞争力,增加经济收入。涂布用的材料有紫胶涂料、中国果蜡、京 2B 膜剂等。

(2)保鲜纸的应用 保鲜纸是在造纸过程中加入防腐剂,或在纸上涂布防腐、杀菌剂而制成的。保鲜纸包果后,由于纸张表面的药物与果品直接接触,可以有效地杀灭果表的各种病原菌。在后期,则主要依靠纸张纤维内部的药物和纸张纤维间的药物,由于药物的缓慢挥发和溶解而消灭病原菌,控制病菌的感染。同时,包果纸在某种程度上隔离了果与果的接触,烂果不易蔓延,用含有二苯胺或虎皮灵的保鲜纸,如上海产的 PS-1 型保鲜纸、山东产的 AF-2 型保鲜纸、GB-3 型果宝青苹果保鲜纸,均能有效地抑制霉菌生长,延缓果实后熟,减少损耗。用 GB-3 型保鲜纸包果,贮藏 150 d,无虎皮病的发生。

(四)贮藏中出现的主要问题及预防

1. 生理病害

(1)苹果虎皮病(果皮褐变、褐烫病)

①症状　是苹果贮藏中、后期最严重的生理病害。病部为褐色,呈不规则的微凹状,多发生在未着色的背阴面,严重时褐斑连成一片,如烫伤状。严重影响果实外观,降低商品品质。

一般发病初期,果皮呈淡黄褐色,表面平或略有起伏,或呈不规则块状。以后颜色变深,呈褐色至暗褐色,稍凹陷。病部果皮可成片撕下,皮下数层细胞变褐色。病果肉绵,略带酒味。病变多发生于果实阴面未着色的部分,严重时才扩及阳面着色的部分。病果多集中在贮藏后期发生,出窖后发病最烈。国光、印度、青香蕉、金冠、红星等品种均易发病。

二维码 5-1　苹果虎皮病症状
(引自搜狗百科)

②影响因素　品种、地域、着色程度、光照、雨量、栽培管理、成熟度、气调指标及贮藏温度等。

③防治方法

a. 在多雨年份或昼夜温差小的地区,要加强采后处理,严格控制施用氮肥和灌水。

b. 适当晚采,提高果实成熟度,以增加着色是抑制虎皮病发生极有效的措施之一。

c. 气调贮藏或用高浓度 CO_2(10%~15%)短期及时处理 10~15 d(0~10℃)。

d. 采后药物处理,用二苯胺 2 000 mg/kg 或乙氧基喹 3 000 mg/kg 浸果,或喷纸箱隔板。

e. 果窖或果箱内的果实,勿使过度密集,防止贮藏后期温度升高。果品出窖时,要逐渐增温,避免由贮藏场所运往市场过程中温度骤升而引起发病。

(2)苹果苦痘病

①症状　是苹果易发生的一种皮下斑点病害,多发生在近萼洼部分,病部果皮下的果肉先发生病变,发病后期遍于表面,呈暗绿色或暗红色的以皮孔为中心的圆斑、有苦味。

二维码 5-2　苹果苦痘病症状
(引自搜狗百科)

②影响因素　品种、栽培管理、雨水和灌溉、年份、果实矿质营养。

③防治方法

a. 加强果园管理,控制新梢生长(可施用多效唑等),适度修剪,合理施用氮肥,增施钙肥。一般用 0.8% 的硝酸钙或 0.8% 的 $CaCl_2$ 叶面喷施 5~6 次。

b. 采后果实浸钙。用 3%~4% 的 $CaCl_2$ 淋果或浸果 1~2 min。

(3)衰老褐变病

①症状　果心、果肉或果皮凹陷褐变。

②病因　果实衰老、低温伤害,高 CO_2 和低 O_2 伤害。一般发生在贮藏后期。

二维码 5-3 苹果衰老褐变病症状
（引自中国农药第一网）

③防治方法

a.果园叶面喷钙（0.4% $CaCl_2$ 溶液 4 次）或喷施波尔多液（含 1.2% 石灰乳）。

b.采后浸钙。用 $2\%\sim6\%$ $CaCl_2$ 浸 10 min。

c.控强贮藏温度。针对不同品种维持最适宜的贮藏温度。

d.维持适宜的 O_2 和 CO_2 指标，加强管理，及时补 O_2 和脱除 CO_2。

2.微生物病害

苹果贮藏期间发生各种腐烂病害，主要是由真菌引起的。根据侵害果实的途径大致分为两类。一是真寄生菌，其发芽孢子能由皮孔甚至角质层侵入果实。如炭疽病、轮纹病等。另一类是伤部寄生菌，主要是由果实各种伤口侵入，如青霉病、褐腐病等。引起苹果腐烂的病害主要有以下几种，其防治方法见表 5-2。

表 5-2 苹果常见真菌病害及防治方法

病害种类	侵染途径	防治方法
炭疽病 轮纹病 褐腐病 青霉病 褐斑病 黑腐病 软腐病	果园传播，芽孢由皮孔等侵染 果园传播，由伤口或病果接触侵染，过熟时也能侵染完整果实	①尽量减少和消除果园存在的病原体 ②苹果采前喷施 $500\sim1\,000$ mg/kg 的苯来特、甲基托布津、特克多或多菌灵 ③防治各种机械伤，剔除病虫果 ④及时降至适宜贮藏温度，或气调贮藏和适当高 CO_2 处理（8%） ⑤采后用 $1\,000\sim2\,500$ mg/kg 苯来特、甲基托布津或多菌灵浸果 ⑥用仲丁胺（$100\sim200$ mg/kg 体积计）熏蒸

上述病害，大部分是果园或采收、分级包装和运输时感染的，在贮藏期间有适宜发病条件，大量发生病害。因此，必须重视苹果贮前质量和贮藏条件。其中最关键的是，减少机械损伤和降低贮藏温度。

3.CO_2 伤害

红富士苹果是极不耐 CO_2 伤害的一个品种，通常轻度伤害只引起果肉褐变，严重时果肉干燥、粉质、开裂或呈褐色空洞，外部伤害似虎皮病褐变，边缘清晰，严重时组织失水形成凹斑。

防治办法是选择最佳贮藏气调指标，如红富士 0℃时贮藏环境中要求 $CO_2<2\%$。

▶ 二、梨

我国是梨属植物起源中心之一，亚洲梨属的梨大都源于亚洲东部，国内栽培的白梨、沙梨、秋子梨都原产我国。梨是仅次于苹果的第二类果树，不仅在国内市场占有重要的地位，而且在国际市场地位亦举足轻重。

（一）贮藏特性

1.种类和品种

梨有秋子梨、白梨、沙梨和西洋梨四大系统。秋子梨的果实呈球形或扁球形。果皮呈黄色或黄绿色,果柄短粗,果肉石细胞多,肉质硬,味酸涩,其品种有香水梨、秋子梨、南果梨等。白梨果实呈倒卵状或卵圆形,果柄长,皮黄色,果点细密,含石细胞少,果肉脆,细嫩无渣,味香甜,水分多,果实大,品种有鸭梨、香梨。沙梨的果实呈圆形。果柄较长,果皮多为淡褐色、淡黄色、褐色,含石细胞较多,果肉脆嫩多汁,味甜稍淡,品种有雪梨、三花梨、砀山梨等。西洋梨又称洋梨。原产欧洲,19世纪传入我国,形状歪斜,有后熟作用,最初果肉生硬,经存放后,果肉柔嫩多汁,香气很浓。品种有巴梨、茄梨等,南北各省均有栽培。

梨的品种不同,其耐贮性也不相同。早熟梨不耐贮藏,中晚熟品种耐贮性较强;秋子梨(如京白梨、南果梨、香水梨)和西洋梨多数品种在常温下极易后熟、软化,不耐贮藏或者极不耐贮藏;沙梨系统中晚三吉耐贮藏,新高梨、苍溪梨、黄金梨比较耐贮藏;黄花梨和丰水梨等一般不耐贮藏;白梨系统(如鸭梨、雪花梨、库尔勒香梨等)较耐贮藏。见表5-3。

表 5-3　梨不同品种贮藏特性和贮藏期

果实种类	耐藏性	贮藏期	备注
鸭梨	耐贮	5~8个月	对低氧和二氧化碳敏感,需缓慢降温
京白梨	较耐贮	3~5个月	后熟期7~10 d,入贮时需先5~7℃预冷1昼夜
雪花梨	耐贮	6~8个月	贮藏温度不能低于0℃,湿度保持90%~95%
南果梨	较耐贮	2~4个月	有明显呼吸跃变期,易变软
酥梨	较耐贮	3~5个月	相对湿度要小于95%
秋白梨	耐贮	7~9个月	不需预冷,直接入库,可气调贮藏
库尔勒香梨	耐贮	6~8个月	不需预冷,直接入库,可气调贮藏
巴梨	不耐贮	1~2个月	气调贮藏可延长贮期至6个月
安久梨	耐贮	4~6个月	可气调贮藏
二十世纪	较耐贮	3~4个月	可气调贮藏
栖霞大香水	耐贮	6~8个月	保湿防病,相对湿度90%~95%
二宫白	不耐贮	1~2个月	保湿防烂,相对湿度90%~95%

2.呼吸类型

梨属于呼吸跃变型果实。果实成熟时乙烯释放量很大,同时对外源乙烯较为敏感,不能和释放乙烯较多的水果同库贮藏。温度与呼吸强度也有很大关系,选择适宜的贮藏温度和相对湿度,是保证贮藏质量的重要因素,国内外研究表明,西洋梨是典型的呼吸跃变型果实。白梨系统也具有呼吸跃变,但其内源乙烯发生量少,果实后熟变化不明显。

(二)贮藏条件

1.温度

梨对贮藏温度极为敏感。大多数梨品种贮藏的适宜温度为 -1~1℃。软肉型品种经过预冷后需立即进入0℃左右贮藏。硬肉型品种一般采后需在10℃左右逐渐阶段降温预冷,当果温缓慢接近1℃时进行贮藏。

2.相对湿度

梨果皮薄,汁多,多表面蜡质少,失水比苹果快,所以高湿度是梨贮藏的基本条件之一,一般保持贮藏库的相对湿度不低于90%。

3. 气体成分

梨贮藏中低 O_2 浓度(3%～5%)几乎对所有的品种都有抑制衰老的作用,但梨对 CO_2 特别敏感,多数梨在 CO_2 高于1%时就会受到伤害,出现果肉和果心褐变。许多研究表明,除西洋梨外,绝大多数梨对 CO_2 特别敏感,所以梨品种对气调贮藏一般采用 O_2 5%～10% 和 CO_2 0.8%～1.0%的气体组合。目前全国栽培和贮藏量比较大的鸭梨、酥梨和雪花梨对 CO_2 的敏感性都比较突出,所以一般不适宜气调贮藏。

(三)贮藏方法及技术要点

用于苹果贮藏的沟藏、窑窖贮藏、通风库贮藏、机械冷库贮藏等方式均适用于梨贮藏。各贮藏方式的管理也与苹果基本相同,故实践中可以参照苹果的贮藏方式与管理进行。但是,鸭梨、酥梨等品种对低温比较敏感,采后如果立即入0℃库贮藏,果实易发生黑皮、黑心、或者二者兼而发生的生理病变。根据目前的研究结果,采用缓慢降温法可减轻或避免上述病害的发生,即采收降温后,当天运进10～15℃库内经2～3 d,再把库温降到10℃,以后每周降温1℃,经3周温度降到7℃,然后每5 d降温1℃,再经过35 d,此后一直保持在0～0.5℃贮藏即可。

(四)贮藏中出现的主要问题及预防

1. 黑心病

黑心病是梨贮藏中最常见的一种生理病害,鸭梨易发生此病,库尔勒香梨也有发生。果实在贮藏中,有时会发生果心(包括心室及果心周围果肉)变褐色或变黑,并不断扩大,褐变继续向果肉扩展,严重时可达果肉的1/2左右。按发病时间的不同可分为两种类型:一种是入库30～50 d发病,称为早期黑心;另一种是贮藏至翌年的2月份以后发病,称为后期黑心。

二维码5-4 梨黑心病症状
(引自搜狗百科)

引起梨黑心病的原因有:①采前施用氮肥过多,果实缺钙。②采后不能及时入贮,在不适宜的条件下停放时间过长,使果实过早衰老。③贮藏前期的温度过低(0～5℃),造成果实冷害,发生"早期黑心"(但新疆产的鸭梨和库尔勒香梨未发现这种现象)。④贮藏过程中温度过高,湿度过低,失水严重,加快衰老,造成后期黑心。⑤土窖后期升温过快,也是造成大量"后期黑心"的重要原因。⑥贮藏环境中 CO_2 浓度过高,也会发生黑心病。

防治措施:①生长期控制氮肥施用量,适当增施磷肥,喷施钙肥。②果实入库初期缓慢降温,即先在7～10℃下预冷1周,以后每隔3 d降1℃,逐步降至0℃贮藏。③采后用2%～4% $CaCl_2$ 浸果5 min。④采收的果实经预贮后及时入库,缓慢降温后尽量保持低温,防止后期温度回升过快。⑤加强通风,及时排除果实呼吸产生的 CO_2 和 C_2H_4。气调贮藏鸭梨, CO_2 浓度应保持在1%以下。

2. 黑皮病

是梨果贮藏后期经常出现的一种生理病害。黑皮病是果实衰老的一种表现,一般发生在贮藏后期。此病的基本特征是果皮变黑,可表现为浅黄褐色、黑色及黑色不规则斑块,严重时扩展到整个果面,使果实变为黄褐色或黑色。该病类似于苹果虎皮病。

防治办法:一是适宜时期采收,加强库内外通风换气;二是采用乙氧基喹溶液浸果,或者使用乙氧基喹处理过的包装纸包果;三是采用气调贮藏;四是脱除库内 C_2H_4;五是贮藏期要选择适当。

二维码 5-5　梨黑皮病症状
（引自搜狗百科）

3.青绿霉病

是贮藏期间主要真菌病害。病原菌主要从伤口侵入,初期呈黄白色水渍状圆斑,果肉软腐,由果皮向果心呈圆锥状溃烂,病情发展快,染病1周内就会造成全果腐烂。在高湿度贮藏条件下,病斑表面出现小疣状的霉块,起先为黄白色菌丝,后变为青绿色,上面覆有一层青色粉状物,即分生孢子,分生孢子随气流传播。

防治措施:①采后用 $500\sim1\,000$ mg/kg 托布津或多菌灵浸果。②果实贮藏场所、包装场所、用具等在使用前应严格消毒杀菌。③贮藏期应尽量保持低温,不但可抑制病原菌,还可延缓果实衰老,增强抵抗力,减少病害发生。

二维码 5-6　梨青绿霉病症状
（引自搜狗百科）

4.CO_2 伤害和低氧伤害

多数白梨和沙梨系统的品种对环境中 CO_2 较为敏感,CO_2 过高就会导致梨果果肉和果心褐变,并产生酒味,后期果肉产生空洞。

防治方法:一是加强库内通风换气;二是库内放干熟石灰吸收多余的 CO_2(按果实重量 $0.5\%\sim1\%$ 放于透气袋中,吊于库顶);三是严格控制气体参数。

【自测训练】

1.苹果、梨对保鲜条件有何要求?

2.苹果在贮藏中发生的生理性病害主要有哪几种?如何防治苹果虎皮病?

3.在贮藏中引起梨出现褐变的原因是什么?如何防治?

4.气调冷藏苹果的技术要点是什么?

5.机械冷库贮藏梨要注意的几个技术要点是什么?

【小贴士】

家庭中苹果的简易贮藏

家庭中常见容器有缸、罐、坛、纸箱、木箱,先洗净擦干,并用白酒涂擦其内壁,也可在其中放半瓶白酒(用量可根据贮量的多少而定),瓶口敞开。苹果采收后先放在阴凉处摊放几天,然后分层放在缸、罐或坛内。装好后再喷洒上白酒,根据贮量不同可喷洒 $50\sim150$ g 不等,用棉絮盖其上再蒙上一层塑料布封口,防止酒气散发,吃苹果时随取随盖,一般可贮藏半年以上。

任务 2

核果类保鲜技术控制

学习目标

• 了解桃、杏和樱桃的贮藏特性；

• 知道桃、杏和樱桃适宜保鲜方法及对贮藏环境的温度、湿度、气体成分的要求；

• 能针对桃、杏和樱桃贮藏特性，运用所学知识设计保鲜方案；

• 会运用所学知识及时解决桃、杏和樱桃贮藏中出现的问题。

【任务描述】

能针对桃、杏和樱桃贮藏特性及对环境条件的要求设计保鲜方案。要求保鲜时间长，品质保持好，并能解决桃、杏和樱桃等核果类水果贮藏中出现的生理性病害、气体伤害和真菌性病害。

【知识链接】

学习单元　核果类保鲜技术控制

核果的果实中心有一木质硬壳，之中包有种子，果实有沟，外面被毛或被蜡粉，可食部分为果皮、果肉。

桃、杏、李、枣、樱桃、橄榄、梅子等都属于核果类果实。核果类果实成熟后，色鲜味美，果肉柔软，柔嫩多汁，桃、杏、李、樱桃成熟期早，对调节晚春和伏夏的果品市场供应起着积极的作用，是重要的夏令核果类水果，深受消费者喜爱，但这类果实的成熟采摘期正值炎热季节，果实采后呼吸十分旺盛，很快进入完熟衰老阶段，鲜果供应期极短。因此，需要采取合理的贮藏保鲜技术，才能有效延长供应期。本书主要讲述桃、杏和樱桃的保鲜技术控制。

▶ 一、桃

桃具有果皮薄、营养丰富、口感好、外观鲜艳等特点，是深受人们喜爱的水果之一。我国桃品种繁多，有大久保蜜桃、寒露蜜桃、莱州仙桃、川中岛、白凤桃及肥城桃等。桃果实的生产具有明显的季节性，多数品种的成熟期在 7～9 月，正值高温季节，由于桃是典型的呼吸跃变型水果，果实采后迅速进入呼吸高峰期，常温下不耐贮藏，极易软化腐烂变质。

近几年，西班牙是欧洲桃树发展最快的国家，油桃栽培面积已经占全部栽培面积的40％，黄肉油桃能占到76％，白肉油桃占24％。现在美国桃主产区的鲜食品种90％都是油桃。因此，从这个角度来看油桃是世界发展的方向，现在欧洲的蟠桃发展速度非常快，我国主要集中到北京、上海、新疆这三个地方，其他地方相对来说还是比较少。

（一）贮藏特性

1.品种特性

桃的品种有 800 多种，是我国大宗水果。按桃的生态类型不同可分为北方品种群和南方品种群。成熟期依品种不同而异，一般在 7、8、9 月陆续收获。

（1）北方品种群的种类及特点　该品种群多产于山东、河北、山西、河南、陕西、甘肃、新疆等地。果实顶部突起，缝合线较浅，皮薄而难与果肉剥离，果肉致密。主要分为蜜桃类、硬桃类、黄桃类及油桃类等类型。

（2）南方品种群的种类及特点　该品种群多产于江苏、浙江、云南等地。果实顶部平圆，果肉柔软多汁，不耐贮运。主要分为水蜜桃类、蟠桃类、硬桃类等类型。

桃品种间的贮藏性有很大差异，一般组织柔软多汁和早熟的品种不耐贮藏，中熟品种次之,晚熟品种较耐贮藏。离核品种、软溶质品种的耐贮性差,硬质肉类品种较耐贮。但整体来讲,油桃比桃耐贮。如水蜜桃、玉露桃耐贮藏性很差,硬肉桃的晚熟品种如肥城桃、冬桃、金星桃、丰黄桃等较耐贮藏。

2.呼吸类型

桃属典型的呼吸跃变型果实,其呼吸强度比苹果高 2 倍,在常温下极易变软,果肉变褐发糠,风味下降。

(二)贮藏条件

1.温度

温度是桃贮藏保鲜的基本条件。但桃对低温的敏感性比其他水果强。采后低温贮藏可强烈抑制呼吸强度,实践中贮藏温度 0～1℃为宜。通常在－1℃时若贮藏时间过长,桃就有受冻发生冷害的危险。也会引起品质劣变,从而影响了桃的贮藏。

2.相对湿度

桃皮薄,果实中水分极易散失,因此在桃入库预冷时,需要提高库房湿度,适宜 RH 90％～95％。

3.气体成分

桃对 CO_2 十分敏感,贮藏环境应尽量避免 CO_2 的积累,贮藏环境 CO_2 超过 1％,即可能产生 CO_2 伤害,果肉褐变,并出现异味。

(三)贮藏方法及技术要点

1.常温贮藏

桃在贮藏期间,常常因为褐腐病而引起桃的大量腐烂。在桃贮藏前,若用化学保鲜或者天然保鲜剂浸果、涂布或者缓释,能够明显地延长桃贮藏保鲜期。

(1)植物生长调节剂和化学保鲜剂　在桃采后对果实施用植物生长调节剂赤霉素(GA_3)、2,4-二氯苯氧乙酸(2,4-D)、多效唑等,也可以用质量分数为 0.1％的苯菌灵悬浮液在 40℃的温度条件下浸泡 25 min,用多菌灵、甲基托布津等化学保鲜剂来降低果实腐烂率。

(2)蜡型被膜　目前,蜡型被膜的商业应用非常广泛,市售有 Pro-long 和 Semper&esh 高分子膜。1.0％壳聚糖涂膜处理桃果后,在 4℃的条件下贮藏,可降低桃果褐腐病的发生,同时可抑制桃贮藏期间的呼吸强度,延长桃的货架期。

(3)乙烯吸附剂　在常温下将无锡水蜜桃放入含有蚕茧保鲜剂的纸箱中,一定时间后,与对照组相比,采用蚕茧保鲜剂的水蜜桃贮藏期比空白对照延长 6 d 左右,这可能是因为蚕茧能吸附乙烯,可延长水蜜桃后熟期。此外,HCF 保鲜剂、ClO_2(二氧化氯)、1-MCP(1-甲苯环丙烯)、BTH(苯并噻重氮)和 PHC(原己活力钙)等对桃果实也有延长贮藏期的作用。

(4)钙处理　采后低浓度的钙处理可以抑制果实的呼吸作用、延缓果实软化、减少腐烂病害的发生。果肉中的钙既能稳定果实细胞膜和细胞壁结构,也参与果实成熟衰老过程中的代谢调节,所以适当浓度的外源钙能推迟桃果实的成熟和衰老,提高果实的贮藏性。一般情况下 3％ $CaCl_2$ 浸果可降低果实褐变率和腐烂率。

2.机械冷藏

一般来说,桃的冷藏最适温度为 0～3℃,RH 90％～95％,但是桃的种类不同,其最适冷藏温度也不同。如蟠桃的果实在 0～1℃的冷藏库中保鲜最为适宜。不适宜的低温易引起果肉质地发绵、汁液减少、失去风味、不能正常软化后熟、果肉发生褐变等一系列生理失调现象,继而使贮藏效果差,贮藏期短,因此,冷藏保鲜很少用于大规模的商业贮藏。

3.气调贮藏

气调贮藏已被认为是当代果蔬贮藏效果最好、最先进的商业化贮藏方法。目前,商业上一般推荐的气调贮藏条件为:0℃的低温环境和1% O_2＋5% CO_2 或 2% O_2＋5% CO_2 的气体条件,在此条件下的贮藏时间比普通冷藏的贮藏时间延长1倍。

4.减压贮藏

减压贮藏又称低压贮藏或真空贮藏,它是贮藏保鲜技术的又一新发展。桃果减压贮藏效果可达到气调贮藏的3倍,减压贮藏是将桃子放在一个密闭冷却的容器内,用真空泵不断地抽气,以除去桃子的田间热、呼吸热和代谢所产生的 C_2H_4、CO_2 等不利因子,降低 O_2 的浓度,抑制果实呼吸,使长期处于最佳保鲜状态,减少了桃的失重、萎蔫以及营养成分损失等问题,延长了桃的贮藏期和货架期。

(四)贮藏中出现的主要问题及预防

桃在贮藏期间易发生的问题有:冷害、过熟软化和病菌引起的腐烂。

1.冷害

桃果在采后2～3 d内可迅速软化腐烂,失去食用价值。虽然低温贮藏可以降低其采后呼吸速率、减少乙烯生成、延长贮藏期,但桃果对低温较敏感,低温下易发生冷害。

(1)症状　桃果实冷害的症状是内部崩溃,但不同品种和成熟度的果实对低温的敏感性差异很大,中熟桃白凤桃主要特征是果肉不能正常软化,质地粗而干燥,色泽晦暗,果汁黏稠,难以挤汁。晚熟桃果实冷害表现主要是果肉褐变;质地硬化、木质化或絮败,未成熟的果实不能正常软化;固有风味变淡甚至丧失,有的品种则产生异味或苦味。极晚熟的冬雪蜜桃在冷藏后期,果心易产生褐变,影响果实品质。油桃表现为其果肉均发绵。

(2)防治办法

①采前喷药、补钙。采前喷施适宜浓度的钙(Ca)和赤霉素(GA_3)溶液可推迟桃果实成熟,提高桃的耐贮性,减轻冷害发生。

②控制果实采收成熟度。一般认为未成熟的果实比成熟果实更容易产生冷害,提高果实成熟度可降低果实对冷害的敏感性。

③采后预冷。采后预冷能迅速排除桃果实"田间热",延缓果实成熟过程,提高果实对低温的耐性。预冷温度因桃品种而异。寒露蜜桃4℃预冷比较适合,大久保桃采后经8℃预冷5 d。

④贮前热处理。用高于桃果实成熟季节10～15℃温度对果实进行采后热处理,然后置低温下贮藏。

2.过熟软化

(1)症状　主要是由于采摘过迟,果实过于成熟,加之由于采收季节气温较高,未能及时预冷或迅速放入冷库降温贮藏,果实很快后熟软化,生产上称"杏黄为灾"就是这个道理。主要症状为果实缝合线处局部异常突起,出现先变红再变软现象,随着时间延长,这部分果肉继续软化至过熟。

(2)防治办法

①选择适宜的采摘,使贮藏果实大部在7～8成熟。采用衬软物(如草、树叶和纸等)的

筐装或有衬格的箱装(10～15 kg/箱),减少果实受挤压。

②产地及时预冷。可采用冷风冷却(强风冷却),或用0.5～1℃的冷水冷却,后一种方法冷却快,且可以减少失重,而后贮藏于冷库中。

③尽快入库,并将果实温度降至适宜的贮藏温度(0～1℃),这是防止果实熟软最有效的方法。

④气调贮藏:桃在0～0.5℃及O_2 1%、CO_2 5%条件下贮藏,效果良好。

3.病菌引起的腐烂

桃在贮运期间发生的大量腐烂,主要是由微生物病害(褐腐病、软腐病、腐败病、根霉腐烂病等)所引起的。褐腐病、腐败病和根霉腐烂病主要是在田间侵害果实,病菌通过虫伤、皮孔等侵入果实,在贮运时当环境条件适宜即开始大量发生。贮藏期病果与健康果接触,也可使健康果腐烂。软腐病主要是通过伤口侵入成熟果实,或通过接触进行传染。现将各种病害的症状归结如下:

(1)症状

①桃褐腐病　又名果腐病、菌核病,在中国南北方都有分布,是桃树重要病害之一。最初在果面产生褐色圆形病斑,如环境适宜,数日内病斑扩至全果,果肉变褐软腐,继而病斑表面产生灰褐色绒状霉丛,即病菌的分生孢子梗和分生孢子。孢子丛常呈同心轮纹状排列。病果腐烂后易脱落,但不少失水后形成僵果而挂于树上,经久不落。僵果是一个假菌核,是病菌越冬的重要场所。

②桃软腐病　该病主要危害近成熟期至贮运期的果实。发病初期病果表面产生黄褐色至淡褐色腐烂病斑,圆形或近圆形,随病斑发展,腐烂组织表面逐渐产生白色霉层,渐变成黑褐色,霉层表面密布小黑点,病斑扩展迅速,很快导致全果呈淡褐色软腐,发病后期病斑表面布满黑褐色毛状物。

二维码5-7　桃褐腐病症状
(引自搜狗百科)

二维码5-8　桃软腐病症状
(引自搜狗百科)

③桃腐败病　桃腐败病主要为害果实,病斑初为褐色水渍状斑点,后迅速扩展,边缘变为褐色,果肉腐烂。后期病果常失水干缩形成僵果,其上密生黑色小粒点。

④根霉腐烂病　进入成熟期的桃果或者运销期的果实受害,开始果面出现浅褐色、水渍状、近圆形病斑。病斑很快长出棉毛状霉,是病菌的菌丝、孢囊梗和孢子囊,6～7 h后,孢子囊变成成熟黑色。病斑扩展极快,1 h绵延到半个果面,2～3 d整果腐烂。病组织极软,农民称"水烂",病果落地如烂泥,病果紧贴的健康果实也很快腐烂,在同一个桃果上可与褐腐病混合发生。

二维码5-9　桃腐败病症状
(引自搜狗百科)

二维码5-10　桃根霉腐烂病症状
(引自搜狗百科)

(2)防治办法

①加强果园管理。冬季清园,整形修剪,使树体通风透光。消灭田间、包装房和包装容器中的有害病菌。在果实生长期间加强喷药保护,发芽前喷 5° Bé 石硫合剂,落花后半个月至 6 个月间,每隔半月喷一次 65%代森锌可湿性粉剂 500 倍液或波美 0.3° Bé 石硫合剂。

②采收、分级包装和贮运等一系列操作,尽量避免造成机械伤,严格控制果实质量。

③果园(产地)预冷或及时将果实存入冷库,迅速地将果实降至 4.5℃ 以下,软腐病菌在 3℃ 以下即不能生长,这是防治褐腐和软腐病最有效的方法。

④用杀菌剂浸果处理,一般采用 100~1 000 mg/kg 的苯来特和 450~900 mg/kg 的二氯硝基苯胺(DCNA)混合药液浸果(前者防褐腐,后者防软腐)。

⑤热水浸果,果实在 52~53.8℃ 热水中浸放 2~2.5 min,或 46℃ 热水浸果 5 min,可杀死病菌孢子和阻止初期侵染发展。

⑥应用 AF-Z 保鲜纸单果包装,可防腐保鲜。

二、杏

杏原产我国,全世界杏属植物共有 10 个种,其中我国就有 9 个种:普通杏、西伯利亚杏、辽杏、紫杏、志丹杏、政和杏、李梅杏、藏杏、梅。

杏树在我国分布广泛,西北、华北、华南及东北地区的广大山区、黄土高原、戈壁、沙漠均有分布,其栽培种主要分布于秦岭、淮河以北的黑龙江、吉林、内蒙古、辽宁、河北、河南、山东、山西、北京、天津、陕西、甘肃、青海、宁夏和新疆等地。这些地区冬天冷凉、夏季炎热、日照充足、气候干燥,是杏树的原生区和优生区。但由于杏的生产具有较强的季节性、区域性及果实本身的易腐性,造成杏果实的腐烂率较高。

(一)贮藏特性

1. 品种特性

杏品种大致可分三大类型:肉用型(食用果肉),也是主要类型;仁用型,果肉较少而口味较差,但仁大而适合食用(或药用);兼用型(榛杏)。其著名品种主要为肉用型,如金太阳、凯特杏、红丰杏、新世纪杏、大棚王。榛杏的著名品种有红金榛、沂水丰甜榛杏等。

所有鲜食杏品种都可以短期贮藏,而要长期贮藏则应选择果大、果皮厚、无绒毛、有蜡质或少量果粉、果汁中等或较少、果肉坚实的晚熟品种,如河北巨鹿的串枝红杏、陕西华县的大接杏、山东招远的红金榛杏、河南渑池的仰韶黄杏、甘肃敦煌的李光杏、新疆的黑胡安娜和大佳娜丽等。

2. 呼吸类型

杏属于呼吸跃变型果实,要掌握适当的采收期,防止呼吸高峰的提前到来,用于贮藏的杏果应在果实达到品种固有大小,果面由绿色转为黄色,向阳面呈现品种固有色泽,果肉仍坚硬,营养物质已积累充分,略带品种风味,大致八成熟时采收。

(二)贮藏条件

温度为 0~2℃,RH 90%~95%,气调贮藏时 O_2 为 3%~5%,CO_2 为 2%~3%。

(三)贮藏方法及技术要点

杏很少在商业上大量贮藏,生产上可进行短期贮藏。

1. 冰窖贮藏

将杏果用果箱或筐包装,放入冰窖内,窖底及四周开出冰槽,底层留 0.3～0.6 m 的冰垫底,箱或筐依次堆码,间距 6～10 cm;空隙填充碎冰,码 6～7 层后,上面盖 0.6～1 m 的冰块,表面覆以稻草,严封窖门。贮藏期要定期抽查,发现变质果要及时处理。

2. 低温气调贮藏

由于气调贮藏的杏果需要适当早采,采后用 0.1% 的高锰酸钾溶液浸泡 10 min,取出晾干,这样既有消毒、降温作用,还可延迟后熟衰变。将晾干后的杏果迅速装筐,预冷 12～24 h,待果温降到 20℃ 以下,再转入贮藏库内堆码。堆码时筐间留有间隙 5 cm 左右,码高 7～8 层,库温控制在 0℃ 左右,RH 85%～90%,配以 5% CO_2,另加 3% O_2 的气体成分。平均贮藏期 2～3 周,耐藏品种可达 1 个月之久。这样贮藏后的杏果出售前应逐步升温回暖,在 18～24℃ 下进行后熟,有利于表现出良好的风味。但这种贮藏条件对低温敏感的品种不宜采用。

3. 化学辅助常温贮藏

①熏蒸处理 当前,国内外许多学者都采用 1-甲基环丙烯(1-MCP)对杏处理进行贮藏保鲜。一般使用 0.35 μg/L 浓度的 1-MCP 熏蒸处理 12 h,能较好地保持果实的硬度,降低果实腐烂率,降低呼吸强度,对于维生素 C、可滴定酸、可溶性固形物的保持也有较好效果。

②保鲜剂 保鲜剂 $KMnO_4$＋$CaCl_2$ 和保鲜剂 6-BA 浸泡处理的杏果在 (0±1)℃ 环境下能够长久保存,这是由于 6-BA 作为一种植物激素,其作用是抑制呼吸,保持果实新鲜。

4. 减压贮藏

杏果用减压贮藏,可以使在硬熟阶段收获的果实推迟其软化,用此方法存放 3 个月仍能保持杏果的商品价值。

(四)贮藏中出现的主要问题及预防

1. 冷害和 CO_2 伤害

(1)症状 杏果贮藏中要注意冷害,杏果即使在适宜的冷藏条件下贮藏,时间稍久,也会因多元酚积累而产生褐变及软化。在高二氧化碳影响下,杏果会出现胶状生理败坏,果实发生内部褐变,逐渐向外蔓延,原有风味丧失。

(2)防治措施

①间歇变温贮藏:果实在 -0.5～1℃ 贮藏 2 周,升至 18℃ 经 2 d,再转入低温下贮藏,如此反复。

②两种温度贮藏:即先在 0℃ 贮藏 2 周左右,再在 5℃(4.5～8℃)或 7～18℃ 下贮藏。也可以在 0℃ 下贮藏 2～3 周后,采用逐渐升温的方法贮藏。

③防止 CO_2 伤害,适当通风。杏在贮藏过程中,要有足够的通风量。通风可将库内热负荷带走,排除果实生理代谢过程中产生的乙烯、乙醇、CO_2 等有害气体,补充适当的氧,并且可防止库内温度不均匀。

杏贮藏寿命短的最大限制因素是冷害引起的果肉褐变与风味变淡。所以在进行杏贮藏时,一定要加强贮藏过程中果实变化的检查工作,及时发现,及时处理。

2. 杏果褐腐病

(1)症状　杏果的褐腐病特征是受害果实产生水浸状病斑,在 24 h 内变成黑褐色,并深达果核。该病在较高温度下 3～4 d 便可使全果腐坏,并在贮藏中相互传染。

二维码 5-11　杏褐腐病症状　　　二维码 5-12　杏褐腐病症状　　　二维码 5-13　杏褐腐病症状
　　　　　　前期　　　　　　　　　　　　　中期　　　　　　　　　　　　　后期
　　　　（引自搜狗百科）　　　　　　　（引自搜狗百科）　　　　　　　（引自搜狗百科）

(2)防治措施

①加强果园管理。冬季清园,整形修剪,使树体通风透光。消灭田间、包装房和包装容器中的有害病菌。在果实生长期间加强喷药保护,发芽前喷 5°Bé 石硫合剂,落花后半个月至 6 个月间,每隔半个月喷一次 65% 代森锌可湿性粉剂 500 倍液或 0.3°Bé 石硫合剂。

②采收、分级包装和贮运等一系列操作,尽量避免造成机械伤,严格控制果实质量。

③果园(产地)预冷或及时将果实存入冷库,迅速地将果实降至 4.5℃ 以下。

④用杀菌剂浸果处理。可用仲丁胺系列防腐保鲜剂杀灭霉菌。常用的有克霉唑 15 倍液(洗果),一般采用 100～1 000 mg/kg 的苯来特和 450～900 mg/kg 的二氯硝基苯胺(DCNA)混合药液浸果。洗果或浸果时,配药要用净水,浸果后待果面水分蒸发后包装。药剂处理时,一定要注意浓度,防止产生药害。

⑤热水浸果。果实在 52～53.8℃ 热水中浸放 2～2.5 min,或 46℃ 热水浸果 5 min,可杀死病菌孢子和阻止初期侵染发展。

⑥应用保鲜纸单果包装,可以降低自然损耗率和腐烂率,保鲜效果好。

⑦微波辐射处理,作为无公害保鲜水果的一种方法,处理后果实的呼吸作用下降,从而能有效地控制果实的软化、成熟腐烂及某些生理病害,同时有杀菌作用。

⑧应用臭氧处理,果实分级装箱后,直接套保鲜袋,并充臭氧进行预冷,进行贮藏。利用臭氧的强氧化性,彻底地破坏病原微生物蛋白质的 DNA 结构,产生灭菌、杀虫的作用,达到防腐保鲜效果。

3. 杏果软腐病

(1)症状　杏的软腐病是通过伤口侵入果实的,受害处形成小圆形淡褐色斑,以后长出白霉并扩展至全果,最后变成黑色和灰色,腐坏处软而湿,最终导致全果腐烂。也可以是病菌通过虫伤、皮孔等侵入果实,在贮运时当环境条件适宜即开始大量发生。贮藏期病果与健康果接触,也可使健康果腐烂。

(2)防治措施

①加强采前管理,提高果实品质及耐贮性,并避免机械伤;

②采后用加有二氯硝基苯胺的温水溶液进行浸果处理;

③应用保鲜纸单果包装,可以降低自然损耗率和腐烂率,保鲜效果好;

④微波辐射处理,同杏果的褐腐病;

⑤应用臭氧处理,同杏果的褐腐病。

三、甜樱桃

甜樱桃(*Prunus avium* L.)又称樱桃、大樱桃、西洋樱桃,为蔷薇科(Rosaceae)樱桃属(*Cerasus*)植物。其果实不仅色泽鲜艳、口感独特,而且营养价值极为丰富。但甜樱桃果肉软、皮薄、多汁。果实成熟时正值夏季来临,气温升高快,成熟期短,采收期较为集中,为了延长樱桃的供应期,实现樱桃生产、销售、消费市场的良性循环,樱桃的贮藏保鲜技术就显得尤为重要。

(一)贮藏特性

1.品种特性

甜樱桃的耐贮性因品种不同而异。一般早熟和中熟品种不耐贮藏;晚熟品种耐贮性较强;抗病性强的品种耐贮性强;抗病性弱的品种不耐贮藏;耐低温的品种贮藏性强。

2.呼吸类型

甜樱桃属非呼吸跃变型果实,在成熟及贮藏过程中其呼吸强度一直呈下降趋势,没有明显的呼吸高峰。但因品种不同,贮藏条件不同,呼吸强度的差异也较大,通常早熟品种果实的呼吸强度要高于晚熟品种,因此,早熟品种较不耐贮藏。

(二)贮藏条件

1.温度

樱桃最适贮藏温度为−1℃,在此温度范围内既可避免果实受冻害,又能抑制细菌性腐烂,保持固有的色泽风味。

2.相对湿度

贮藏过程中樱桃相对湿度要求控制在90%～95%之间。湿度过高易引起腐烂病、灰霉病的发生;湿度过低会造成果实失水萎蔫。

3.气体成分

气调贮藏大樱桃 O_2 浓度为3%～5%,CO_2 为5%～10%。

(三)贮藏方法及技术要点

1.低温冷藏

甜樱桃冷藏适宜温度为−1～1℃,湿度为90%～95%,在此条件下,甜樱桃贮藏期可达30～40 d。为提高贮藏效果,冷库提前消毒并降温至−1～0℃,待刚采摘大樱桃进行挑选后,分批量放入冷库内并使果温迅速降至2℃以下。

2.气调贮藏

樱桃在常温下能存放3～5 d,而用简易气调法可贮藏40～60 d。用塑料薄膜做成硅窗大帐,每帐贮藏250～1 500 kg。硅窗大帐内做成多层架式结构,每层贮藏果厚5～10 cm,在−1～0℃、相对湿度90%～95%和10% CO_2、11% O_2 的环境条件下贮藏。MA保鲜尽管效果不如 CA 贮藏好,但成本低、易操作。MA 保鲜甜樱桃的薄膜袋以厚 0.02～0.04 mm 的聚乙烯袋为佳,装果量在 5 kg/袋较好。

3.减压贮藏

在相同贮藏环境下,减压贮藏明显要比冷藏效果好。一般减压机压力控制在 0.06～0.08 MPa,每隔 4 h 启动换气 1 次,每次 3 min 左右,贮藏 60 d 好果率达 96%。因减压保鲜成本较高,操作烦琐,且果实风味物质容易损失,难以在短期内大范围推广。

(四)贮藏中出现的主要问题及预防

樱桃皮薄多汁,在采收、运输和包装过程中极易造成机械伤而被病原菌感染,酿成腐烂。甜樱桃果实主要病害有灰霉病、青霉病、软腐病、褐腐病和绿腐病等。主要防腐方法有化学防腐、生物防腐及综合措施等。由于人们担心化学残留的问题,所以化学防腐有逐渐被淘汰的趋向。生物防腐是利用某些动植物提取物的抗菌功能对甜樱桃进行防腐处理。

1.果实软化

由于樱桃的采收季节温度较高,果实呼吸较旺盛,后熟快,造成果实变软。

防治方法:

(1)适期采收,作贮藏用果,应在八成熟时采收。

(2)采收后迅速及时预冷,可较好地保持果实新鲜。

(3)入库后迅速将温度降至 0℃左右,并维持好适宜的贮藏温、湿度条件。

2.腐烂

樱桃在贮藏过程中发生腐烂,主要是由于感染微生物病害所致,常见的病有褐腐病、软腐病。

防治方法:

(1)加强果园田间病虫害防治,减少病原。

(2)在采收和包装运输过程中,尽可能避免果实产生机械损伤。

(3)采收后及时冷却,在贮藏期间保持适宜的低温条件,抑制微生物的生长。

(4)用杀菌剂处理。

3.冷害

由于受低温影响发生的生理伤害,症状是近果核附近的果肉变褐。

防治方法:

(1)用间歇加温处理:果实在 0℃贮藏 15 d 后,升温至 18℃经 2 d,再转入低温贮藏。

(2)采用气调贮藏,可减轻冷害发生。

【自测训练】

1.桃、杏和樱桃对保鲜条件有何要求?

2.杏在贮藏中发生的病害主要有哪几种? 如何防治杏的软腐病和褐腐病?

3.在贮藏中引起樱桃出现腐烂的原因是什么? 如何防治?

4.桃最适宜什么贮藏方式? 关键技术要点有哪些?

【小贴士】

如何快速采摘樱桃？

（引自搜狗百科）

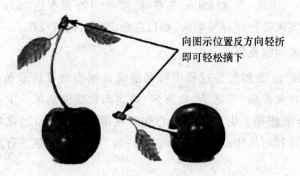

向图示位置反方向轻折
即可轻松摘下

教您如何正确快速采摘樱桃

果蔬保鲜与加工

任务 3

浆果类保鲜技术控制

学习目标

- 了解葡萄、草莓和香蕉的贮藏特性；
- 知道葡萄、草莓和香蕉的适宜保鲜方法及对贮藏环境的温度、湿度、气体成分的要求；
- 能针对葡萄、草莓和香蕉贮藏特性，运用所学知识设计保鲜方案；
- 会运用所学知识及时解决葡萄、草莓和香蕉贮藏中出现的问题。

　　能针对葡萄、草莓和香蕉贮藏特性及对环境条件的要求设计保鲜方案。要求保鲜时间长，品质保持好，并能解决葡萄、草莓和香蕉等浆果类水果贮藏中出现的生理性病害、气体伤害和真菌性病害。

【知识链接】

学习单元　浆果类保鲜技术控制

　　浆果是由子房或联合其他花器发育成的柔软多汁肉质果。浆果类果树种类很多，如葡萄、猕猴桃、草莓、香蕉、树莓、醋栗、越橘、果桑、无花果、石榴、杨桃、人心果、番木瓜、番石榴、蒲桃、西番莲等。

　　本节主要讲述葡萄、草莓和香蕉的保鲜技术控制。

▶ 一、葡萄

　　葡萄属浆果类，是我国六大水果之一，在我国长江以北种植较多。据不完全统计，我国近年来 70％葡萄用于鲜食。现在已经达到近 2 亿 kg 的贮藏量；贮藏品种主要为巨峰、黑奥林、红地球、无核白、木纳格等。

(一)贮藏特性

1.品种

　　葡萄品种很多，其中大部分是酿酒品种，适合鲜食和贮藏的品种有巨峰、黑奥林、龙眼、玫瑰香。近年来我国从美国引进的红地球（又称晚红、美国红提）、秋红（又称圣诞玫瑰）、秋黑等品种颇受消费者和种植者的青睐。是我国现在鲜食品种中经济性状、商品性状和贮藏性状最佳的品种。

　　不同葡萄品种的耐贮藏性质是不同的，一般耐贮藏性依次为：龙眼、秋黑＞红地球、巨峰＞玫瑰香、红宝石＞马奶、无核白、里扎马特、木纳格；着色品种耐藏于无色品种；晚熟品种耐藏于早熟品种；糖酸含量高的品种耐藏于糖酸含量低的品种。

2.呼吸类型

　　葡萄是以整穗体现其商品价值的，故耐藏性应由果实、果梗和穗轴的生物学特性共同决定。整穗葡萄为非呼吸跃变型果实，因为无后熟变化，应该在充分成熟时采收。充分成熟的果实，干物质含量高，果皮增厚、韧性强、着色好、果霜充分形成，耐贮藏性增强，因此，在气候和生产条件容许的情况下，尽可能延迟采收期。

　　葡萄采后其呼吸呈下降趋势，但葡萄的穗轴和果梗呼吸作用显著高于果粒，并呈峰状变化，说明穗轴和果梗才是葡萄呼吸代谢活跃的部位，果梗和穗轴的呼吸旺盛也可导致失水干梗皱缩，故葡萄贮藏保鲜的关键在于推迟果梗和穗轴的衰老，控制果梗和穗轴的失水变干及腐烂。

(二)贮藏条件

1.温度

对于葡萄比较安全的最适温度为-1~0℃,但不同的品种对低温的忍耐性不同,而且含糖量不同对低温的敏感性程度也不同。欧美杂种比欧洲种耐低温,贮藏库温为(-1±0.5)℃,如巨峰。一般晚熟、极晚熟品种比早中熟品种耐低温。高度负载或成熟不充分的葡萄耐低温能力有所下降。保持稳定的、波幅小的适宜的温度,是贮藏葡萄的关键技术之一。

2.湿度

保持贮藏环境达到一定的湿度,是防止葡萄失水、干缩和脱粒的关键。但高湿又易使霉菌滋生,导致果实腐烂。一般 RH 90%~95%为宜。新疆的葡萄耐湿性很差,即使同一个品种巨峰,在辽宁贮藏时内衬塑料袋,袋内可见结露,相对湿度接近或达到100%,运用较好的保鲜剂,也可将巨峰贮至第二年春天。但对新疆葡萄的特点仍提倡湿度85%以上,90%~95%为宜,严格控制塑料袋内的湿度不出现结露,保持外表干爽。

3.气体成分

葡萄贮藏中降低 O_2 含量,提高 CO_2 含量可明显抑制交链孢菌属、曲霉菌属和青霉菌属的真菌,果实的呼吸也得到较好的抑制。一般 CO_2 含量3%~5%、O_2 含量3%~5%。品种不同对 CO_2 的忍受性也不同。巨峰可耐8%的 CO_2 浓度,而此浓度用于玫瑰香则出现酒精味,现均用对 CO_2 和 O_2 具有选择透性的塑料膜进行自发气体调节。

(三)贮藏方法及技术要点

1.塑料袋小包装低温贮藏保鲜法

我国庭院栽培的葡萄较多,要选择晚熟耐贮品种,如龙眼、甲斐路、玫瑰香等品种,以9月下旬至10月上旬天气转冷时,选择充分成熟而无病、无伤的葡萄果穗立即装入宽30 cm,长10 cm,厚0.05 cm无毒塑料袋中(或用大食用袋),每袋装2~2.5 kg,扎严袋口,轻轻放在底上垫有碎纸或泡沫塑料的硬纸箱或浅篓中,每箱只摆一层装满葡萄的小袋。然后将木箱移入0~5℃的暖屋或楼房北屋,或菜窖中,室温或窖温以控制在0~3℃为好。发现袋内有发霉的果粒,立即打开包装袋,提起葡萄穗轴,剪除发霉的果粒,晾晒2~3 h再装入袋中,要在近期食用,不能长期贮藏。用此方法贮藏龙眼、玫瑰香等品种,可以保鲜到春节。

2.微型节能冷库保鲜

目前在葡萄贮藏保鲜中以冷藏法应用较多。但普通的冷藏库难以进行高精度的温度控制和维持高湿度,温度波动会造成水果呼吸强度和新陈代谢速度大幅度变化,从而影响其保鲜效果。一般在贮藏过程中应保持库温在-0.5~0.5℃,并保持稳定,库内温度计以精确度较高的水银温度计为佳。另外,为减少库内各部分的温差,垛与垛之间以及垛与墙壁之间、垛与地面之间、垛与顶棚之间要留有一定的空隙或通道,而且垛与垛之间的通道方向要与冷气循环方向相平行。码垛不宜过大,以5 000 kg左右一垛为宜。靠近风机、送风管的葡萄应加以棉被覆盖,防止葡萄受冻。库房通风还要注意时间的选择,应选择库内外的温差较小时进行通风,防止库温波动太大,当外界空气湿度大如下雨或雾天不宜通风。

3.气调贮藏保鲜

目前,在葡萄贮藏保鲜方面,主要是利用气调保鲜袋结合机械冷藏进行贮藏保鲜,调整贮藏环境中气体成分,使贮藏环境中的 O_2、CO_2 浓度达到适宜贮藏的浓度(2%~3% CO_2,3% O_2),从而有效地抑制病菌的生长,减少果实水分的损失和腐烂,起到延缓衰老,延长贮藏期的目的。

4. 化学防腐剂保鲜

(1) SO₂ 保鲜剂　当前国内外葡萄贮藏中使用的保鲜剂最多的是 SO₂，SO₂ 气体对葡萄上常见的致病真菌如灰霉菌、芽枝霉菌、黑根霉菌等有强烈的抑制作用，同时还能抑制氧化酶的活性，降低呼吸速率，增强耐贮性，可有效防止葡萄酶促褐变。SO₂ 处理成为当前世界范围内防止葡萄贮藏腐烂普遍采用的有效方法，现在常用 SO₂ 缓释剂——葡萄保鲜剂进行保鲜，但随人们对食品安全的意识越来越强，SO₂ 熏蒸后葡萄内亚硫化物的残留问题使得 SO₂ 作为果蔬防腐保鲜剂将会逐渐被淘汰。而臭氧以其广谱杀菌能力及分解乙烯的能力，大有可能取代 SO₂，被广泛地应用于水果的贮藏保鲜中。

(2) 仲丁胺防腐剂　龙眼葡萄用仲丁胺防腐剂处理后，放入聚乙烯塑料袋中密封保鲜效果良好。具体用法是：每 500 kg 葡萄用仲丁胺 25 mL 熏蒸，然后用薄膜大帐贮藏，在 2.5～3℃ 低温下贮藏 3 个月，好果率达 98%，失重率 2%，果实品质正常，果梗绿色，符合要求。此剂使用方便，成本低廉。

(3) 过氧化钙保鲜剂　将巨峰葡萄 20 串（穗），分别放入宽 25 cm 和长 50 cm 的塑料袋内，把 5 g 过氧化钙夹在长 10 cm、宽 20 cm、厚 1 mm 的吸收纸中间，包好放入塑料袋后密封，置于 5℃ 条件下，贮藏 76 d，损耗率为 2.1%；浆果脱粒率 4.3%。过氧化钙遇湿后分解出氧气与乙烯反应，生成环氧乙烷，再遇水又生成乙二醇，剩下的是消石灰。可以消除葡萄贮藏过程中释放的乙烯，从而延长贮藏期。药剂安全、有效，若与杀菌剂配合使用，效果更为显著。

(四) 贮藏中出现的主要问题及预防

1. 发霉腐烂

引起新葡萄采后贮藏和贮运过程中腐烂的病原菌主要有 9 个属种。不同年份由于气候不同，流行菌类不同，因而葡萄的带菌情况、运输、贮藏期的发病种类均有差异。9 属真菌都可由田间带入贮藏环境中致腐，因此要控制葡萄采后病害的发生，田间灭菌是非常重要的。而且葡萄果实属浆果，在采前和采收、贮藏过程或短途运输过程中，极易受到损伤，因而在贮藏过程中易受到各种霉菌的侵染。

果蔬保鲜与加工

二维码 5-14　葡萄灰霉病症状
（引自搜狗百科）

二维码 5-15　葡萄白粉病症状
（引自搜狗百科）

二维码 5-16　葡萄白腐病症状
（引自搜狗百科）

二维码 5-17　葡萄黑腐病症状
（引自搜狗百科）

防治方法：

(1)加强果园田间病害防治；

(2)长期贮藏的葡萄可于采前对果穗喷一次杀菌剂；

(3)采收时认真筛选果园和挑选果穗，剔除病、虫、伤果；

(4)轻拿、轻放、轻运防止人为伤果；

(5)迅速降低库温；

(6)投入防腐保鲜剂。

2. SO_2 漂白伤害

症状是果皮出现漂白色，以果梗顶端周围或在果皮有裂痕伤处最严重。由于果皮表面无皮孔也无气孔，SO_2 只有通过果梗、穗轴以及果梗与果粒连接处进入，或从伤口进入，所以此处的 SO_2 含量较高，也最易受到漂白伤害。

防治方法：

(1)不采摘成熟不良或采前灌水的葡萄用于贮藏；

(2)对 SO_2 较敏感的品种要通过增加预冷时间，降低贮藏温度及控制药剂施用量和扎眼数量，适当减少 SO_2 释放量。对 SO_2 较敏感的品种有里查马特、牛奶、木纳格、无核白、红地球等；

(3)减少人为碰伤、果皮破伤或果粒与果蒂之间出现的肉眼看不见的轻微伤痕。因为这些都会导致 SO_2 的侵入，而出现果粒局部漂白现象。

3. 结露

指贮藏过程中，葡萄表面或保鲜袋内侧出现凝结水珠的现象。凝结水不仅导致葡萄腐烂增加，还可以促使保鲜药剂挥发，使贮藏前期 SO_2 放量过大造成葡萄漂白，后期 SO_2 浓度不足造成葡萄腐烂，所以在贮藏中要尽可能防止结露现象。

防治方法：

(1)贮藏葡萄一定要经过预冷；

(2)在贮藏库内堆放葡萄时一定要合理摆放；

(3)在贮藏管理中一定要避免库内温度剧烈变化。

4. 干梗

葡萄贮藏过程中经常出现果梗变褐变干的现象，影响商品质量和外观。

防治方法：

(1)做好田间病害防治，霜霉病、灰霉病潜伏于果梗均可造成贮藏干梗；

(2)采后尽快入库进行预冷，不要放在田间时间太长，因为田间高温促进蒸腾失水；

(3)预冷时控制好温度，不要太低，不适当的低温虽然对果实没有伤害，但对果梗可造成冷害，表现为果梗变褐变干；

(4)预冷时间不要长，减少库房每次预冷的葡萄量，使葡萄尽快达到贮藏温度。

5. 冷害

因冷害一般在较低温度下发生，其症状往往是在离开低温条件转移到温暖环境中才表现出来，所以不易及时发觉，其危害性更大。一般表现为果梗变色、水浸状、果面色泽晦暗、货架期短、常温下迅速变色腐烂。在葡萄贮藏时控制安全、适宜、稳定、均衡的温度即可避免。

三、香蕉

香蕉为热带、亚热带水果,世界可栽培地区仅限于南北纬30°以内,我国是世界上栽培香蕉的古老国家之一。世界上栽培香蕉的国家有130个,以中美洲产量最多,其次是亚洲。我国香蕉主要分布在广东、广西、福建等地。在产区香蕉整年都可以开花结果,供应市场。因此香蕉保鲜问题是运销而非长期贮藏。

香蕉,芭蕉科(Musaceae)芭蕉属(Musa)植物,又指其果实,热带地区广泛栽培食用,果实长有棱,果皮黄色,果肉白色,味道香甜。香蕉营养高、热量低。香蕉果实属热带浆果类水果,贮藏保鲜较困难。香蕉的贮藏寿命与品种、栽培条件、成熟度、温湿度、病虫害、机械伤等因素都有密切关系。

(一)贮藏特性

1.品种

我国目前栽培的香蕉品种有高脚蕉、矮脚蕉和烹食蕉,其中香牙蕉、北蕉、仙人蕉属高脚蕉;天宝蕉属于矮脚蕉;大蕉、木瓜蕉属烹食蕉。

我国原产的香蕉优良品种大型蕉主要有广东的大种高把、高脚、顿地雷、奇尾;广西高型蕉;中国台湾、福建和海南的台湾北蕉。中型蕉有广东的大种矮把、矮脚地雷。短型蕉有广东高州矮香蕉、广西那龙香蕉、福建的天宝蕉、云南河口香蕉。近年来引进的有澳大利亚主栽品种"威廉斯"。香蕉属于比较耐藏的果品,在适宜温度下可贮藏3~4个月。若与栽培技术措施相配合可以做到香蕉的周年供应。

2.呼吸类型

香蕉是呼吸跃变型水果,当果实出现呼吸高峰时,水果本身致熟的成分(乙烯)急剧增加,随着呼吸高峰出现,果皮变黄,涩味消失,淀粉转化成糖,风味变甜,水果变软,果实迅速衰老,无法继续贮藏,因此要进行长期贮藏或长途运输的必须在呼吸高峰启动前。

(二)贮藏条件

温湿度对香蕉保鲜、贮运和催熟过程影响最大,也是敏感的因素。

1.温度

香蕉对温度非常敏感,贮藏适温为13~15℃。在低于11℃条件下贮藏会导致冷害,果面变黑,果心变硬,不能正常成熟。香蕉不耐高温,在高于25℃的环境下贮藏,极易发生"青皮熟",即香蕉的果肉已经成熟而果皮仍为青绿色。当温度超过35℃,就会引起高温烫伤,使果皮变黑,果肉糖化,失去商品价值。

2.相对湿度

香蕉的贮藏湿度在90%~95%为宜,提高相对湿度,可有效地减少果实水分的蒸发。避免由于果实萎蔫产生各种不良的生理效应,配合防腐剂效果更佳。

3.气体成分

一般气体控制比例为:夏蕉 $CO_2 \leqslant 5\% \sim 7\%$,冬蕉 $CO_2 \leqslant 10\%$;$O_2 \geqslant 1\%$;乙烯在 0.000 1% 以下。

(三)贮藏方法及技术要点

1.薄膜袋包装加高锰酸钾保鲜法

此法保鲜的原理是,一是利用 $0.03\sim0.06$ mm 厚 PE(低密度聚乙烯)袋密封,使袋内 CO_2 与 O_2 的比例调节在 5% 与 2%,也防止水分蒸发,使袋内相对湿度达 85%$\sim$95%,在高 CO_2、高湿度和低 O_2 下,香蕉呼吸作用受到抑制,延缓养分的损耗和后熟作用,达到了保鲜的效果。二是利用强氧化剂高锰酸钾,使袋内果实呼吸产生的乙烯氧化分解,降低乙烯浓度至 0.0001% 以下,从而延缓果实后熟期。可用珍珠岩或活性炭或三氧化二铝或沸石等作载体,吸收饱和的高锰酸钾溶液,然后阴干至含水 4%$\sim$5%。使用时用塑料薄膜或牛皮纸或纱布等包成一小包,并打上小孔,每袋放置 $1\sim2$ 小包。此法的香蕉袋藏期夏秋季 $30\sim40$ d,冬春季 $80\sim120$ d,比自然放置长 $3\sim5$ 倍。

2.化学药剂处理贮藏法

把适合长途运输的香蕉,在成熟度达到 75%$\sim$80% 时采收,摘后立即用化学药剂处理,化学药剂处理贮藏法是先用清水洗净果实,然后进行化学药剂处理。常用的防腐剂有托布津($500\sim1000$ mg/L)、多菌灵、苯来特、特克多等,目前香蕉保鲜效果最佳是特克多,主要防止贮藏过程病害的发生,抑制果实呼吸作用加强和乙烯的产生,从而达到延长保鲜期的目的,一般采用特克多加水稀释为 0.04%$\sim$0.1%,浸果 1 min 左右,取出沥干,便可包装自然放存或入袋自然气调贮藏。在自然状态下,夏季能保鲜 $2\sim3$ 个星期,冬天能保鲜 1 个月。

3.低温保鲜法

经过预冷,达到一定温度后的香蕉,即可在冷库中进行贮藏。一般香蕉贮藏适温为 $13\sim15$℃,温度越高贮藏效果越差,但温度低于 12℃,果实会出现冷害。正常的香蕉青果,低温贮藏可保鲜 2 个月以上。

4.气调贮藏

将香蕉去轴梳蕉处理后,用塑料薄膜袋小包装后,放入纸箱。在温度为 13℃,相对湿度为 85%$\sim$90%,O_2 为 2%,CO_2 为 5% 的气调库内堆码贮藏,可较好地保持香蕉的品质。

香蕉由于采收时成熟度较低,经一段时间贮藏,需经人工催熟后方可食用。催熟一般用乙烯利处理,乙烯利喷洒或浸果,使用浓度一般不超过 0.2%,以便保持一定的催熟速度,提高催熟后香蕉的质量。

5.蔗糖酯防腐保鲜法

采用蔗糖酯处理青果,使香蕉表面形成一层覆盖层,可防止内源乙烯的产生,减缓水分损失,从而延长贮藏时间。用 5% 蔗糖酯悬浊液处理香蕉,在 25℃ 下可贮藏至 9 d 未发现转黄。

(四)贮藏中出现的主要问题及预防

1.生理病害

(1)低温伤害　冷害是香蕉贮运过程中常见的一种生理病害。香蕉属热带水果,生长时期温度高,在贮藏过程中低于 11℃,很容易出现低温伤害。其主要病症是:果皮由绿变为灰暗色;随着时间的延长,色泽加深以至全果变成黑色;催熟后皮肉难以分离,肉质坚硬,食之无味。

防治方法:贮藏中严格控制温度;发现冷害症状要及时处理,防止进一步扩展。

(2)CO_2 伤害　CO_2 伤害也是香蕉贮运过程中的一种生理病害。常温运输时造成损失的常常是 CO_2 的伤害,当贮藏环境中 CO_2 浓度高于 15% 时,会使香蕉正常的生理代谢严重破坏,乙醇、乙醚等中间产物在香蕉内大量积累,受害果皮不转黄,轻则果肉产生异味,重则果肉呈现黄褐色,完全失去商品价值。

　　防治方法:在贮藏期间注意及时通风换气,保持环境中正常的气体成分。在包装袋中放入熟石灰,可以降低袋中 CO_2 浓度,减少伤害,但石灰不能与香蕉直接接触。

　　2.侵染性病害

　　香蕉由病菌引起的病害主要有炭疽病、冠腐病(又称轴腐病、梗腐病、白霉病等)和黑星病等。病菌常通过采收处理过程中造成的伤口入侵,有些病原菌则在香蕉采收前已经侵入果实,然后潜伏下来,在贮藏过程中发病。夏季高温多湿,病害较重;冬季低温干燥,病害相对较轻。

　　(1)炭疽病　炭疽病是香蕉采后最主要的病害之一,属于真菌性病害,有两种类型,一种是潜伏型,另一种为非潜伏型;潜伏型主要侵染未成熟的香蕉果实,潜伏期较长,运销期发病。成熟和未成熟的香蕉均可被感染,在果实青绿时不表现,随着果实的成熟衰老,抵抗力下降,其症状也逐渐表现出来,主要是果皮表面出现黑色点状略凹陷病斑,俗称"梅花点",进

二维码 5-18　香蕉炭疽病症状
(引自搜狗百科)

一步发展则连成片,在潮湿环境中则出现粉红色黏质粒。另一种为非潜伏型,新采收的蕉果,在正常贮藏温度下,10 d 左右发病,催熟时迅速扩大,直至果实腐烂。发病时间短,危害大。

　　防治方法:防治香蕉炭疽病要从果园管理入手,包括冬季清园、灭菌、及时喷洒杀菌药剂;同时采收、包装等过程中也要防止机械损伤,采收后用 1 000 mg/kg 的特克多(TBZ)或多菌灵或苯来特浸果,防治炭疽病效果明显。

　　(2)冠腐病　香蕉冠腐病危害仅次于炭疽病,病原危害果梗、果轴。这是由多种病菌复合侵染引起的,主要表现为果指腐烂、冠腐、轴腐等。

二维码 5-19　香蕉冠腐病症状
(引自搜狗百科)

　　主要症状:果实初期呈现黑褐色软化腐烂,表面出现白灰色棉絮状菌丝,后呈现黑褐色水渍状。高温高湿会加速该病的发生,最终导致果指脱落。

　　防治方法:

　　(1)精心采收、仔细操作,防止机械损伤;

　　(2)用杀菌剂处理　可采用 0.1% 的苯来特浸果处理,晾干后入库贮藏。

【自测训练】

　　1.葡萄、草莓和香蕉对保鲜条件有何要求?

　　2.葡萄在贮藏中发生的生理性病害主要有哪几种?如何防治葡萄干梗现象?

　　3.在贮藏中草莓变色变味的原因是什么?如何防治?

　　4.葡萄果梗处出现漂白现象的原因是什么?如何防治?

果蔬保鲜与加工

5.我国当前贮运香蕉的主要方式是什么？有哪些技术要点？

【小贴士】

草莓的清洗方法

1.用自来水不断冲洗,流动的水可避免农药渗入果实中。

2.洗干净的草莓也不要马上吃,最好再用淡盐水或淘米水浸泡5 min。淡盐水可以杀灭草莓表面残留的有害微生物;淘米水呈碱性,可促进呈酸性的农药降解。

3.洗草莓时,注意千万不要把草莓蒂摘掉,去蒂的草莓若放在水中浸泡,残留的农药会随水进入果实内部,造成更严重的污染。另外,也不要用洗涤灵等清洁剂浸泡草莓,这些物质很难清洗干净,容易残留在果实中,造成二次污染。

干果类保鲜技术控制

学习目标

- 了解核桃、板栗的贮藏特性；
- 知道核桃、板栗的适宜保鲜方法及对贮藏环境的温度、湿度、气体成分的要求；
- 能针对核桃、板栗贮藏特性,运用所学知识设计保鲜方案；
- 会运用所学知识及时解决核桃、板栗贮藏中出现的问题。

【任务描述】

能针对核桃、板栗贮藏特性及对环境条件的要求设计保鲜方案。要求保鲜时间长,品质保持好,并能解决核桃、板栗等干果类水果贮藏中出现的生理性病害和真菌性病害。

【知识链接】

学习单元　干果类保鲜技术控制

果实成熟时,果皮呈现干燥的状态,称为干果。干果中又分为裂果和闭果两类。干果的果皮在成熟后可能开裂,称为裂果,如核桃、巴旦木、阿月浑子(开心果)等。如果干果的果皮不开裂,则称为闭果。闭果中有坚果,如栗子、橡子等。本书主要讲述核桃和板栗的保鲜技术控制。

▶ 一、核桃

核桃(*Juglans regia* L.)又称胡桃、羌桃,是世界四大干果之一。核桃果实外有总苞,总苞内包被着坚硬种壳(核桃壳)的种仁。核桃总苞与种仁的成熟期不一致,往往是种仁先熟,总苞后熟。核桃必须达到完全成熟期才能采收。核桃完全成熟的特征是外果皮由青变黄,顶部出现裂缝,总苞自然开裂,容易剥离。核桃壳坚硬,呈黄白色或棕色。当全树80%的核桃成熟时为最适采收期。贮藏用的核桃采收后要经过脱总苞、漂洗、干燥、防虫、杀菌处理后才能入贮。核桃在贮藏期间常发生霉烂、虫害和变质现象,需加强管理。

(一)贮藏特性

1. 品种

我国核桃栽培主要是普通核桃和铁核桃,铁核桃又称泡核桃,主要分布在云南、贵州全境和四川、湖南、广西的西部及西藏南部,而其他地区栽培的是普通核桃。长期以来,我国劳动人民精心培育了许多优质核桃新品种。如按产地分类,有陈仓核桃、阳平核桃;按成熟期分类,有夏核桃、秋核桃;按果壳光滑程度分类,有光核桃、麻核桃;按果壳厚度分类,有薄壳核桃和厚壳核桃等。总之,核桃是一种营养价值很高的干果,较耐贮藏。

2. 呼吸类型

去皮青皮核桃属于非呼吸跃变型果实,而青皮核桃属于呼吸跃变型。鲜核桃的呼吸速率主要与核桃仁的含水量有很大的关系,当核桃仁的含水量降低到8%以下时,其呼吸速率较低并且比较平稳;呼吸速率与硬壳缝合线的紧密程度呈负相关关系,缝合线越大,呼吸速率就越强,核桃品质就更容易变质。核桃的呼吸速率与贮藏环境温度呈抛物线相关关系,呼吸速率最高的环境温度为33℃,对于采收期不同的核桃,其呼吸速率也明显不同,采收期越晚其呼吸速率越高。不同品种的鲜核桃,呼吸速率也有明显差异。

核桃品种、成熟度、机械损伤、贮藏温度、气体成分等均影响核桃果实的呼吸强度。适宜的采收期可延迟青皮核桃果实呼吸峰的出现,利于果实贮藏时间的延长。

(二)贮藏条件

1.温湿度

低温环境是核桃进行长期贮藏首选的条件。要对核桃进行长期贮藏,低温环境必不可少。有三种不同的意见:①温度在 $12\sim14℃$,RH $50\%\sim60\%$ 的环境是贮藏核桃的最佳条件。②推荐温度是 $0\sim2℃$,RH $50\%\sim60\%$。③核桃的贮藏温度为 $10℃$、RH 70%。

2.氧气

核桃脂肪含量高,占种仁的 $60\%\sim70\%$,因而易发生氧化和酸败,O_2 浓度是影响油脂氧化的主要环境因素之一。核桃仁由于直接暴露在空气中,水分含量下降,酸价、皂化值、过氧化值均比带壳的核桃仁高。去壳的核桃仁若没有特殊的隔氧包装,很容易酸败变质。

(三)贮藏方法及技术要点

1.干核桃的贮藏方法

(1)湿藏法 在地势高燥、排水良好、背阴避风处挖深 1 m,宽 $1\sim1.5$ m,长度随贮量而定的沟。沟底铺一层 10 cm 厚的洁净湿沙,沙的湿度以手捏成团但不出水为度。然后铺上一层核桃一层沙,沟壁与核桃之间以湿沙充填。铺至距沟口 20 cm 时,再盖湿沙与地面相平。沙上培土呈屋脊形,其跨度大于沟的宽度。沟的四周开排水沟。沟长超过 2 m 时,在贮核桃时应每隔 2 m 竖一把扎紧的稻草作通气孔用,草把高度以露出屋脊为度。冬季寒冷地区屋脊的土要培得厚些。

(2)干藏法 将脱去青皮的核桃置于干燥通风处晾至坚果的隔膜一折即断,种皮与种仁不易分离、种仁颜色内外一致时贮藏。将干燥的核桃装在麻袋中,放在通风、阴凉、光线不直接照射到的房内。贮藏期间要防止鼠害、霉烂和发热等现象的发生。

(3)塑料薄膜包装贮藏法 将适时采收并处理后的核桃装袋后堆成垛,在 $0\sim1℃$ 下用塑料薄膜大帐罩起来,把 CO_2 或 N_2 充入帐内。在贮藏初期充气浓度应达 50%,以后 CO_2 保持 20%,O_2 保持 2%,这样既可防止种仁脂肪氧化变质,避免风味哈败使品质下降,又能防止核桃发霉和生虫。使用塑料帐密封贮藏应在温度低、干燥季节进行,以便保持帐内低湿度。在南方,秋末冬初,气温尚高,空气湿度大,核桃收后就可进帐贮藏,但要注意加吸湿剂、降低温度。最好在通风库或冷库中进行大帐贮藏。用聚乙烯薄膜袋密封包装,在 $0\sim1℃$ 的环境内贮藏,贮藏效果颇好。

采用 21% 纳米母粒(母粒由纳米银、纳米二氧化钛、聚乙烯、凹凸棒土、偶联剂等经高速混匀捏合挤出冷却而成)加入聚乙烯(PE)后经吹制而成纳米包装材料,其可以维持低 O_2 高 CO_2 的气体环境,从而延缓核桃仁的油脂哈败、延长贮藏期。

2.青皮核桃的贮藏方法

采收后青皮核桃的鲜核桃仁含水量较大,代谢旺盛,常温下不耐贮藏。为了延长青皮核桃的贮藏时间,必须采取适宜的保鲜技术以维持鲜核桃仁良好的贮藏品质。目前,青皮核桃主要的贮藏方式有物理保鲜、化学保鲜和生物保鲜等。

(1)物理保鲜技术

①低温贮藏 青皮核桃的最佳贮藏温度能使整个果实的生理活动降低到最低限度,但不影响果实的正常新陈代谢。青皮核桃的适宜贮藏温度为 $(-1\pm0.5)℃$,此温度段贮藏可抑制其含水量的下降及酸价的升高,降低青皮核桃的呼吸强度,抑制氧化衰老,延长贮藏保

鲜期。但有些品种表现为1℃为最适温度。

②气调贮藏　气调贮藏可以延缓青皮核桃的新陈代谢、抑制果实内源乙烯的大量产生和果实病原菌的繁殖生长，从而降低营养物质的损耗，推迟氧化衰老，延长果实的贮藏期。但有时气调保鲜会使贮藏环境中O_2浓度出现偏低现象，导致果实受到低氧伤害，或者CO_2浓度过高，导致果蔬受到CO_2伤害，发生褐变甚至腐烂，因此气调保鲜的关键是确定最适的气体成分比例，一般为CO_2保持20%、O_2保持2%。

③辐射处理　0.5 kGy ^{60}Co γ-射线处理对青皮核桃的保鲜效果最好，可延缓脂质氧化和过氧化值的升高，抑制维生素E含量的下降，同时使核桃鲜果在(0±1)℃、RH 70%～80%条件下贮藏90 d仍保持较好的品质。

（2）化学保鲜技术

①1-甲基环丙烯(1-MCP)处理　在青核桃贮藏过程中，用3 μL/L 1-MCP处理可显著抑制果仁褐变率、果皮褐变率、果皮腐烂率、维持果皮以及果仁原有的色泽，能更好地保持青皮核桃的营养价值与生理品质。

②二氧化氯(ClO_2)处理　二氧化氯是一种具有消毒、杀菌、防腐保鲜等功效的新型保鲜剂，一般80 mg/L ClO_2处理能够抑制青皮核桃的生理衰老，降低果实呼吸速率和乙烯的生成，延缓贮藏过程中总酚和总黄酮含量的下降，并且保持青皮核桃中较高的含水量和好果率。

（3）生物保鲜技术

①木醋液处理　木醋液又称植物酸，是由木材或加工废弃物等炭材经干馏后所导出的气体混合物，再通过冷凝与分离而得到的复杂液体混合物，具有安全、无残留、无污染等优点，是一种新型的植物源保鲜剂，它能够通过抑制果蔬的致病菌来延缓果蔬衰老，保持较好的贮藏品质。10%木醋液处理的青皮核桃保鲜效果好。

②纳他霉素处理　1 000 mg/L纳他霉素处理青皮核桃，在(0±0.5)℃条件贮藏，可明显抑制果实霉腐率和MDA含量的升高，维持果实原有色泽，使青皮核桃保持较好的品质。

(四)贮藏中出现的主要问题及预防

核桃在贮藏期间易发生的问题是生霉、虫害和油脂哈败。因此，在贮藏时应注意保持环境低温干燥、低O_2高CO_2。

1. 贮存期害虫危害

核桃在贮藏过程中，由于脂肪含量高，容易引起害虫的滋生或者潜在害虫的生长，采用辐射处理可有效地替代化学方法。同时，核桃病害控制要结合栽培管理措施，抓住防治期，注意保护天敌，采取人工、生物、物理、化学等综合防治措施。

2. 油脂哈败

氧气与水分是影响核桃油脂哈败的重要因素，当环境A_w为0.3时，脂类氧化最慢，A_w高于此值或低于此值都使脂类氧化速率增加。随着贮藏期延长，种仁酸败程度加重，冷藏条件下核桃种仁油脂的酸败程度明显低于室温贮藏。不同品种核桃仁中的油脂理化指标及油脂中各脂肪酸含量差异较大，亚油酸含量高则碘价高，油脂更易氧化变质。

具体防治措施：

（1）选择适宜贮存的品种　纸皮核桃由于壳薄，水分散失较普通核桃快，因此比普通核桃更易哈败。另外，不同品种核桃的核桃缝合线也是影响贮藏效果的因素之一，因为核桃的硬壳越薄，缝合线越平，裂果率(核桃坚果缝合线处的开裂)越高，核桃仁与空气接触的概率就越高,其发生油脂哈败的程度就会越高。

(2)降低水分　我国的相关标准要求,需要入库贮藏的核桃仁含水量为6%～8%,与美国相应的要求接近;当核桃仁含水量在5%以下时,对贮藏效果的影响已经较小,但干燥并不能完全消除核桃哈败的发生,若含水量过低,反而会增加脂肪哈败的概率,所以核桃在贮藏时严格控制其含水量可以有效地防止油脂的哈败,建议含水量最好不低于3.5%。

(3)热处理　酶活性也是影响核桃贮藏品质的因素之一。脂氧合酶(LOX)、多酚氧化酶(PPO)和过氧化物酶(POD)等内源性酶的活性与核桃的贮藏品质有极大关联。热处理技术可以在一定程度上降低内源性酶的活性,以55℃的短时热处理核桃2 min,能显著降低其脂氧合酶的活性,延迟氧化哈败的发生,从而延长核桃的货架期。

(4)温度　目前干制核桃国内一般采用常温贮藏,而要达到长期贮藏的目的,可以进行冷藏,温度为12～14℃是贮藏核桃的较佳温度范围。其他研究者推荐贮藏温度为0～2℃。

(5)气体成分　采用隔氧包装或充氮包装,能抑制微生物及虫害的繁殖危害,且能控制油脂哈败。O_2浓度是影响核桃油脂氧化的主要因素之一。因此,将核桃采用隔氧包装或充氮包装均可有效地减小核桃的油脂哈败,延长其货架期。

(6)相对湿度　RH 50%～60%是贮藏核桃的较佳条件,利于抑制呼吸,减少消耗。

(7)包装　采用特殊工艺研制的专用保鲜袋,其可以维持低O_2高CO_2的气体环境,从而延缓核桃仁的油脂哈败、延长贮藏期。

3.核桃炭疽病

核桃炭疽病是核桃果实的一种真菌性病害,常常引起果实早落,核仁干瘪,大大降低产量和品质。一般果实受害率达20%～40%,严重年份可达95%以上。

(1)病害症状　果实受害后,果皮上出现褐色至黑褐色圆形或近圆形病斑,中央下陷且有小黑点,有时呈同心轮纹状,空气湿度大时,病斑上有粉红色突起。病斑多时可连成片,使果实变黑而腐烂或早落。

二维码5-20　核桃炭疽病症状
(引自搜狗百科)

(2)侵染途径　病菌在病果或病叶上越冬,病孢子借风雨和昆虫传播,从伤口或自然孔侵入,发病期在6—8月。雨季早、雨量大、树势弱、枝叶稠密及管理粗放时发病早且重。

(3)防治方法　①清除病枝、落果和落叶并集中烧毁。加强树体管理,改善通风透光条件。②发病前喷1:1:200(硫酸铜:石灰:水)的波尔多液。③发病期间喷40%退菌特可湿性粉剂800倍液,或50%多菌灵可湿性粉剂1 000倍液,或75%百菌清600倍液,或70%或50%托布津800～1 000倍液,每隔15 d喷1次,共喷2～3次。如能加黏着剂(0.03%皮胶等),防治效果会更好。

4.核桃黑斑病

核桃黑斑病属一种细菌性病害。一般植株被害率达70%～90%,果实被害率达10%～40%,严重时达95%以上,造成果实变黑早落,出仁率和含油量均降低。

二维码5-21　核桃黑斑病症状
(引自搜狗百科)

(1)病害症状　幼果受害后,开始果面上出现小而微隆起的黑褐色小斑点,后扩大成圆形或不规则形黑斑并下陷,无明显边缘,周围呈水渍状,果实由外向内腐烂。叶片感病后,最先沿叶脉出现小黑斑,后扩大呈近圆形或多角形黑斑,严重时病斑连片,甚至形成穿孔,提早落叶。

(2)侵染途径　病菌在病枝、芽苞或茎的老病斑上越冬,翌年春展叶期借雨水和昆虫活动进行传播,先感染叶,再传至果实及枝条上。4~8月为发病期,可反复侵染多次。病菌从皮孔或伤口侵入。一般在高温多湿的雨季发病严重。

(3)防治方法　①选育抗病品种,加强栽培管理。②结合采后修剪,清除病枝和病果。③发芽前喷1次3~5°Bé石硫合剂,消灭越冬病菌;生长期喷1~3次1:0.5:200(硫酸铜:石灰:水)的波尔多液,或50%甲基托布津或退菌特可湿性粉剂500~800倍液;喷0.4%草酸铜效果也好;也可用50 mg/kg链霉素加2%硫酸铜进行多次喷洒,每隔15 d喷1次,效果良好。

▶ 二、板栗

板栗又称栗子,坚果紫褐色,被黄褐色茸毛,或近光滑,果肉淡黄,营养价值很高。板栗属坚果类种子,人们习惯称为干果,其实它为高水分种子,容易腐烂变质。准确地说,板栗应当是干鲜果,它需要鲜贮。在贮藏过程中,一怕热,二怕干,三怕冻,四怕过快发芽。为了使板栗鲜果全年供应国内外市场,就必须做好板栗保鲜贮藏。

(一)贮藏特性

1.品种

世界上的板栗主要分为美洲栗、中国栗、欧洲栗和日本栗4个品种。中国栗品种大体可分为北方栗和南方栗两大类:北方栗坚果较小,果肉糯性,适于炒食,著名的品种有明栗、尖顶油栗、明拣栗等;南方栗坚果较大,果肉偏粳性,适宜于菜用,品种有九家种、魁栗、浅刺大板栗等。一般北方品种优于南方品种,中晚熟品种又较早熟品种耐贮藏。我国板栗以山东薄壳栗、山东红栗、湖南和河南油栗等品种最耐贮藏。

2.呼吸类型

板栗属于呼吸跃变型果实,特别是在采后的第1个月内,呼吸作用十分旺盛。在自然温度下,新采摘的板栗呼吸旺盛,11月中旬至12月底则处于自然休眠状态,呼吸代谢较低,进入次年1月份休眠解除,进入发芽期,呼吸达到高峰。贮藏初期的高呼吸强度不利于板栗贮藏,呼吸旺盛会放出大量的呼吸热,促使板栗贮温上升,产生代谢紊乱,造成各种生理伤害。陈建勋等曾报道采用低温 Ca^{2+} 处理可降低板栗贮藏初期的呼吸强度。

(二)贮藏条件

1.温度

温度是影响板栗贮藏寿命的重要因素,温度升高板栗的呼吸会加快,既会引起呼吸的量变,还会引起呼吸的质变。另外,贮藏环境温度波动大更会刺激板栗水解酶的活性,促进呼吸,增加消耗,缩短贮藏时间。包装环境内的气体成分也会影响板栗的贮藏效果。一般板栗最适温度为0~2℃。温度过高会生霉变质,温度过低则会造成冷害。

2.相对湿度

湿度低有利于保鲜。但对于板栗而言,由于板栗本身含水率较低,故而板栗贮藏要求有较高的相对湿度。相对湿度应在 80%～90%。

3.气体成分

板栗最适宜气体成分为 3%～5% O_2 和 1%～4% 的 CO_2。但当 O_2 浓度低于 2% 有可能产生无氧呼吸,乙醇、乙醛会大量积累,造成缺氧伤害。

(三)贮藏方法及技术要点

1.湿沙贮藏

这是产区农民常用的方法,分为 2 个阶段进行。

第 1 阶段是预藏:采收后的板栗要及时用湿沙埋藏,以降低栗温,保持水分,防止呼吸热聚集,安全度过危险期。方法:选太阳晒不到且阴凉通风的地方,地面铺一层 20 cm 的湿河沙(沙以手握成团,松手即散且不滴水为宜),捡除虫害栗、腐烂栗,除去漂浮栗后,堆于沙上,厚度为 10～15 cm,上盖湿沙 10 cm,这样一层栗果一层湿沙,堆至 60 cm 高为止,上盖草,以保持沙的湿润。每隔 7～10 d 翻动检查 1 次,挑出腐烂果和虫果后,仍按上述方法堆放。

第 2 阶段是越冬贮藏:在霜降前后,经预贮藏的板栗,已过危险期,进入稳定贮藏期。采用窖(沟)藏。方法:选地势较高、排水良好的地方挖窖或沟,深 80 cm,宽 40～60 cm,长根据需要而定。窖(沟)底铺洁净湿沙 15 cm,栗果与湿沙之比为 1∶(3～4),混匀,摊放于窖内,厚度为 40～50 cm,上盖 15 cm 厚的湿沙,并在窖内每隔 40～50 cm 竖放直径为 15 cm 粗、下至窖底、上通窖顶的秸秆把,以利于通气。上盖土 10～15 cm,再加盖柴草封窖,惊蛰前后开窖。采用这种方法,窖温保持在 0～4℃,贮藏的栗果新鲜饱满,风味正常,自然损耗小。开窖后温度达 8℃时,栗果开始发芽,应根据需要种用或及时转贮。

与此类似,也有利用砻糠或锯末屑代替河沙作贮藏介质,或用河沙与锯末屑的混合物,效果也不错。

2.冷藏法

冷藏是目前板栗保鲜的最好方法。南方库温为 1～3℃,北方为 0～2℃,RH 80%～95%。栗果不耐 0℃ 以下低温贮藏,具体操作是将栗果用麻袋包装,贮藏于 1～4℃、RH 85%～95% 的冷库中,定期检查。若水分蒸发量大,可隔 4～5 d 在麻袋上适量喷水一次。

冷藏栗果,腐烂与轻耗少,基本无发芽现象,并能较好地保持品质风味,贮藏期可达 1 年,可实现栗果的长期贮藏。

3.塑料薄膜袋加冷风库贮藏

刚采收的栗果不宜立即贮藏,应将其摊开置于阴凉通风处,散掉呼吸热并让其失去一部分水分,俗称"发汗",经"发汗"处理的果实即可进行贮藏。将"发汗"后的板栗,再用 70% 甲基托布津 500 倍液浸 5 min,取出晾干,装入 50 cm×60 cm、两侧有若干个直径 1.5 cm 的小孔的塑料袋中,置于通风良好的室内,不紧靠贴压,初期换袋翻动 3 次,以后视室温打开或扎紧袋口,一般超过 10℃ 时打开袋口,低于 10℃ 时扎紧袋口。也有采用变换包装袋的方法,即贮藏初期的高温季节,用塑料网袋或麻袋,以后气温下降时(降至 10℃ 以下),霉菌活动受到抑制,即换为打孔塑料袋,以利最大限度地减少水分蒸发,保持栗果鲜度,即前期以防霉为主,后期以防失水为主。先将栗果露地沙藏一段时间(一般 1 个月左右)后,再改用塑料袋贮藏,效果也很理想。

如果将塑料袋结合冷风库贮藏更有效果。栗果经预贮后装入塑料袋(每袋 15～20 kg),再入麻袋内(不封口),放入 0～6℃ 恒温库内,RH 80% 左右,可保鲜至翌年的 5—6 月,自然损耗和漂浮栗为 1% 左右,好果率可在 98% 以上。

4. 气调贮藏或薄膜袋(硅窗袋)贮藏

栗果采用 $CO_2 \leqslant 10\%$,O_2 3%~5%,温度 −1~0℃,RH 90%~95% 的条件贮藏,栗果可贮藏 120 d 仍然新鲜饱满。

气调贮藏可以有效地控制发芽和霉烂,但是要注意 CO_2 不能超过 10%,否则栗果会受 CO_2 伤害,果肉褐变,味道变苦。如果 CO_2 浓度过高,可以用 0.5%~1% 的消石灰或 CO_2 脱除器脱去多余的 CO_2。

5. 辐射保鲜贮藏

常用射线为钴的 γ-射线,使用剂量为 3~12 kGy(千戈瑞),可抑制果实组织中酶的活性和杀菌灭虫、防霉、防腐,延缓果品的新陈代谢,减少腐烂损失,而且栗果的形状不易变化,综合保鲜效果较好。

6. 涂膜(包括液膜)保鲜贮藏

采用各种涂料处理栗果,在其上形成一层被膜,可防止失水和发芽,减少病虫害侵染。广西植物研究所采用水果涂料处理,效果良好,贮藏中失重率明显下降,腐败率也有所减轻,并可抑制发芽。

液膜剂是无毒的高分子化合物,能在果实表面结成一层薄膜,并把杀菌剂、抑制剂等包裹在栗果实表面,在贮藏过程中缓慢放出来,起到不断杀菌和协调生理代谢的作用。安徽农业大学用无毒天然高分子化合物作为成膜物质,内含低毒高效的杀菌剂及发芽抑制剂制成保鲜液膜,在常温下贮藏 150 d,好果率在 93.79% 以上,最高可达 95.32%,失水率在 3% 左右,霉烂率在 5% 左右。保鲜液膜处理的板栗贮藏 150 d 后,经人工品尝仍有适口的甜味,保持其原有的风味。

7. 空气放电处理贮藏

运用高压放电产生的臭氧和空气负离子可进行板栗防腐保鲜。臭氧能抑制真菌、杀死细菌,防止腐烂变质;同时还能使果皮气孔收缩,抑制呼吸强度,消除果实贮藏时产生的乙烯、乙醇和乙醛挥发性物质,抑制分解代谢。减少果实的生理消耗。臭氧无毒、无害、无污染。定期、定时用空气保鲜机对栗子进行吹气,并结合贮前防腐处理,经过 150 d 常温贮藏后,板栗发芽率为 0,平均好果率达 80.16%。

(四)贮藏中出现的主要问题及预防

板栗是种子,贮藏过程中易发芽、霉烂、风干、生虫和黑心,造成采后损失和品质下降。

1. 霉烂

提高板栗的成熟度,增加其抗病能力,采后创造低温和适当降低湿度,并使用 500 mg/kg (0.05%) 的 2,4-D 加 2 000 倍托布津浸果或用 100~1 000 krad(千拉德)的 γ-射线辐射处理,可以控制栗果的霉烂。

2. 生虫

板栗的主要害虫为实象虫,用 40~60 g/m³ 溴甲烷熏蒸 4~10 h,用 0.04~0.05 kg/m³ CS_2 密闭 24 h,或用 18~20 g/m³ 磷化铝熏蒸都有效。此外,将板栗在 50℃ 温水中浸 45 min,取出晾干后贮藏,也可杀死蛀虫。

二维码 5-22　板栗霉烂
(引自搜狗百科)

3.失重风干

板栗的失重风干主要是由于贮藏环境湿度太低和温度过高造成的,在0℃提高贮藏环境的湿度、沙藏时保持沙子有一定的湿度,或麻袋内用打孔塑料薄膜包装,都可减少板栗的失重风干。

4.发芽

板栗出休眠期后遇到适宜的温、湿度条件就会发芽,采后50～60 d用γ-射线或用2‰碳酸钠溶液浸洗板栗1 min,或用1 000 mg/kg 2,4-D或萘乙酸浸果,可抑制发芽。

以上四种现象,还要注意以下几方面的操作,就可以提前防治:

(1)选择耐藏品种。板栗的品种、栽培条件、土壤中 Ca 等矿物质含量对板栗的耐贮性有很大影响。一般北方品种的板栗耐藏性优于南方品种,中晚熟品种(9月中下旬成熟)强于早熟品种,同一地区干旱年份的板栗较多雨年份的板栗耐贮藏。如山东红栗、河南油栗、陕西镇安大板栗等均是耐藏品种。

(2)适时采收。板栗的成熟度是影响果品质量和贮藏寿命的重要因素,要做到适时采收。采收过早,气温偏高,栗果组织鲜嫩,含水量高,淀粉酶活性高,呼吸旺盛;采收过晚,果实充分成熟,色泽和风味好。但已接近于呼吸活跃期,果实容易早衰。适宜的采收期为坚果呈棕褐色,有1/3以上栗苞开裂之时。采收不宜在雨天、雨后初晴或晨露未干时进行,最好在连续几个晴天后采收。采后堆放数天,待栗苞全部开裂后取出栗果。

(3)及时预冷,科学运输。刚采收的板栗应立即堆放在凉棚或通风的房间内,中间留出通风回路,尽快让板栗散发田间热。运输过程中要注意防雨淋、日晒和温度变化。最好利用快速预冷车,无预冷设备的机动车最好在夜间运输。

【自测训练】

1.核桃、板栗对保鲜条件有何要求?

2.核桃在贮藏中发生的生理性病害主要有哪几种? 如何防治核桃炭疽病?

3.在贮藏中引起核桃脂肪哈败的原因是什么? 如何防治?

4.板栗最适宜湿沙贮藏,湿沙贮藏板栗的技术要点是什么?

5.在贮藏过程中干果最容易生虫,如何杀虫,并保持在健康有效的状态?

【小贴士】

核桃的正确吃法

中医上讲,核桃火气大,含油脂多,吃多了会令人上火和恶心,正在上火、腹泻的人不宜吃;核桃仁有通便作用,但核桃外壳煮水却可治疗腹泻。核桃仁含鞣酸,可与铁剂及钙剂结合降低药效。吃核桃仁时应少饮浓茶;有的人喜欢将核桃仁表面的褐色薄皮剥掉,这样会损失掉一部分营养,所以不要剥掉这层皮。

果蔬保鲜与加工

模块六

主要蔬菜保鲜技术

任务1　叶菜类保鲜技术控制

任务2　根茎菜类保鲜技术控制

任务3　果菜类保鲜技术控制

任务4　食用菌保鲜技术控制

任务5　蒜薹、花菜保鲜技术控制

任务 1

叶菜类保鲜技术控制

学习目标

- 了解白菜、芹菜、菠菜等蔬菜的贮藏特性；
- 知道白菜、芹菜、菠菜等蔬菜的贮藏条件和方法；
- 能运用所学知识针对不同种类的叶菜类蔬菜设计出合理的保鲜方案；
- 会运用所学知识解决叶菜类蔬菜贮藏中出现的问题。

通过学习本节,能明确大白菜、小白菜、芹菜、菠菜等叶菜类蔬菜的贮藏特性、贮藏条件。能针对不同种类的叶菜类蔬菜按其自身贮藏特性要求设计出保鲜方案。掌握其贮藏方法和贮藏中常见病害的防治方法,并能结合实际情况制定出合理的用于实践生产的蔬菜贮藏技术方案。

【知识链接】

学习单元　叶菜类保鲜技术控制

叶菜类蔬菜是一类以植物肥嫩的叶片和叶柄作为食用部位的蔬菜。这类蔬菜品种较多,其中有生长期短的快熟菜,也有高产耐贮存的品种,还有起调味作用的品种。叶菜类蔬菜的形态多样,但其特点基本都是植物的叶或其某一部分供食用,因此在外观上都具有叶的基本特征,由叶柄、叶片和托叶组成。

▶ 一、大白菜

大白菜为结球白菜,又称包头白菜。我国栽培大白菜区域广泛,南北方均有栽培,其中主要是北方地区栽培面积大,贮藏量多且贮藏时间长,是丰富冬、春两季市场的主要蔬菜之一。大白菜的保鲜技术对调节蔬菜供应起着重要作用。

(一)贮藏特性

大白菜的品种繁多,一般中、晚熟品种比早熟品种耐贮;青口型比白口型耐贮;青白口型品种介于二者之间。此外,大白菜的耐贮性与其叶球的紧实度也有一定关系,以"八成心"为好,能延长贮藏期,减少损耗。大白菜的贮藏损耗主要表现在腐烂、失水和脱帮,初期大白菜的损耗以脱帮为主,后期腐烂和失水为主。栽培过程中氮肥要充足,并增施磷、钾肥,这样也可提高大白菜的耐贮性。

(二)贮藏条件

大白菜生性喜冷凉且较湿润环境,因此贮藏大白菜要求较低的温度和较高的湿度。贮藏温度偏高、过度晒菜,都会导致大白菜脱帮和失水现象的出现。但在 $-0.6℃$ 以下时大白菜的外叶开始结冰,心叶的冰点为 $-1.2℃$,长期处于 $-0.6℃$ 以下就会发生冻害。因此,要严格控制温、湿度等条件。大白菜的贮藏适宜温度为 $0℃$,RH 为 $85\%\sim90\%$。贮藏白菜要选用晚熟、耐贮、抗病品种,并注意适时收获。

(三)贮藏方法及技术要点

大白菜贮藏方式很多,主要有堆藏、埋藏、窖藏、通风库贮藏和机械冷藏。通过贮藏方法和技术的实施可以满足市场上的供需平衡。目前农家贮藏以埋藏、窖藏、通风库贮藏为宜。在大型通风库内通过安装机械通风设备,加速通风降温和排除乙烯,则效果更好。

1. 堆藏

堆藏是一种适宜于长江中下游、华北南部的贮藏方法。在露地或大棚内将大白菜倾斜式堆成两行,底部大约相距 1 m,向上堆码时逐层缩小距离,最后两行合在一起成尖顶状,高1.2~1.5 m,中间自上而下留有缝隙,有利通风降温。堆码时每层菜间可交叉放些细架杆,支撑菜垛使之稳固。堆外覆盖苇席,两端挂草包片。堆藏方法可见图6-1。

华北地区初冬时节采取短期堆藏。在阴凉通风处,将白菜根对根,叶球朝外,双行排列码垛,两行间留有不足半棵菜的距离。气温高时,夜间将顶层菜掀开通风散热;气温下降时覆盖防寒物。堆藏法需勤调菜的位置,一般三、四天倒换一次。因此,该法简单易行,但贮藏期短,费工且损耗大。

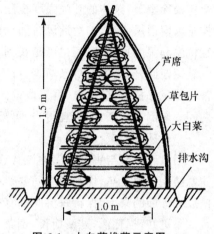

图 6-1　大白菜堆藏示意图
（引自蔬菜贮运保鲜与加工,张平真,2000）

2. 埋藏

贮藏前几天于背阴面南北方向挖宽 1~1.5 m、深约一棵菜的高度、长度不限的沟。把大白菜晾晒、整修好后,外界最低气温降到 0℃ 左右时将大白菜根向下直立排列入沟,最后在排满后的大白菜顶部盖秸秆(或者撒些草、菜叶),并覆土 6~7 cm 厚。贮藏不宜过早,沟内温度会因大白菜的呼吸作用而回升,腐烂现象加剧。入沟后随气温下降逐渐在其上覆土保温,覆土厚度随地区、气温而定。原则是以严寒季节不使土冻透为度。可在大白菜顶部秸秆中放温度计,以方便观测温度,只要保持其温度在 0℃ 左右即可。若贮藏沟过长,可在每间隔 1 m 处的菜体中间竖放一把玉米秆,以利于降温。埋藏方法在使用时需注意不能将病、伤残菜入贮沟内;大白菜的包心程度不得超过 70%~80%,在地温回升至 6℃ 以上时应结束贮藏。

3. 窖藏

这种贮藏方式较经济、实惠而方便,在华北、东北、西北地区应用极为普遍。窖藏优于堆藏和埋藏。因窖内有隔热保温层,有较完善的通风系统,建筑面积大,有的可出入车辆,便于作业和管理。贮藏窖可以随时检查,倒窖,取菜,所以也叫做活窖贮藏。活窖多半是半地下式结构。窖顶为拱圆形,窖长 30~50 m,宽 7~8 m,多为东西方向,地下深 1.7~2 m,地上高1 m 左右。在窖的南北两边,每 7~8 m 设一个通风孔,孔高 0.8 m,宽 1.1 m。在窖的两端各设一个门,门高 2.5 m,宽 3.4 m,由地面斜坡入窖。大白菜入窖前要晾晒 3~5 d,并经过整修后运到窖内码起来。码垛方式很多,可以将备贮菜入窖后码成高 1.5 m 左右,1~2 棵菜宽的条形垛,垛与垛之间留一定缝隙,以便通风和操作。码垛方法随地区而异,如东北地区多为实心垛,入窖初期根对根地双行排列,进入严寒时期改为叶球对叶球排列,以利保温防寒。这种方法贮量大,垛稳固,但通风效果差。北京地区码单批,即以一棵菜排列成单行码放,每层根或叶球排列方向一致,上下层则相反。

由于窖的跨度大,窖内温度不太均匀,严寒季节温差大,通风口处的菜易受冻,而墙角处的菜常因通风不良易受热。因此管理要点在于适度通风换气与及时倒菜。利用天窗、气孔换气或风机强制通风,引进外界冷凉空气,排出窖内湿热、污浊空气,进而达到调节窖内适宜温、湿度的目的。倒菜既能排出垛内的呼吸热和内源乙烯,又能检查菜的状况,及时剔除黄、烂叶片及病株,以保持其良好状态。管理一般分三个时期:①前期。从刚入窖到大雪(或冬至),即 11—12 月份。此时外界气温、窖温和菜温都较高,菜的新陈代谢旺盛,管理应以防热为主,要求长时间通风,所以全部通风口需昼夜开启,加速散热,每隔 3~4 d 倒一次菜,后期可延长到 1 周倒一次菜。②中期。从冬至直到立春,即从 12 月下旬到第二年 2 月上旬,这是全年最冷季节,菜体的呼吸强度也随之下降,此时管理应以防冻为主,需逐渐将通风口堵塞,控制天窗通风面积,缩短通风时间。待最寒冷时可在白天适度通风换气,借以调控窖内的适宜低温和湿度;倒菜时间也可延长到 10~15 d 一次。③后期。立春后即 2 月中旬以后,外界气温逐渐回升,菜体自身已渐衰,抗冷热能力也已下降,易受病菌侵袭。管理应以防腐为主,窖内尽量保持适宜低温。可采取白天关闭,夜间放风换气的方法,使窖内低温趋于稳定。这期间 1 周倒一次菜,如管理得当,可贮藏至 4 月份再上市。

4. 通风库贮藏

通风库贮藏与窖藏在库的设计、堆垛和管理等方面有许多相似的地方。堆垛时同样要注意防止白菜受热,垛与垛之间要留有缝隙,且注意菜垛的稳固。通风库贮藏也可将大白菜摆放在分层的架上,保持每层间都有空隙,有利于菜体周围的通风散热。相比之下架藏比垛藏效果更好,损耗低,贮藏期长,倒菜次数少。另外,还可将菜装筐后在库内码成 5~7 层高的垛,筐间及垛间适当留出通风道。

贮藏期管理技术:通风库贮藏是通过通风和倒菜来达到降温和散热的目的的。贮藏期管理可分为 3 个时期进行。①贮藏前期。从入贮到大雪或冬至,此期气温、库温和菜温都较高,应以通风降温为主,要求放风量大、时间长,一般要使库温尽快下降并维持在 0℃左右,但要注意防强北风或西北风侵袭。入库初期倒菜周期要短,倒菜时要戴手套,以减少体温对菜的影响。摘除烂叶时最好使用竹片刀,不用铁器。②贮藏中期。从冬至到立春,是全年最冷的季节,此期以防冻保温为主,倒菜次数减少,一般 15~30 d 倒 1 次,放风以库内白菜不受冻为原则。③贮藏后期。立春后气温逐渐回升,库温也逐渐升高,此时大白菜的耐藏性和抗病性明显下降,易腐烂。此期以夜晚气温低时通风为主,倒菜周期缩短,并要仔细剔除烂叶、黄叶。

5. 机械冷藏

机械冷藏可有效地控制贮藏环境条件,但贮藏成本较高。为提高冷库容量,在冷库中可采用装筐码垛或用可移动架存放,每筐可装 20~25 kg 菜品,可码 10~12 只筐高,每平方米约可码 40~48 筐,贮量在 800~1 000 kg 以上。为防止短期内库温骤然上升而影响白菜的贮藏品质,筐装白菜入库应分期分批进行,每天进人量不宜超过库总容量的 1/5,且垛要顺着冷库送风的方向码成长方形。筐、垛间均需留有一定空隙,方便随时查看各层面、各部位的温度变化。由于是机械输送冷空气控制适宜温度,20 d 左右倒菜一次,倒菜时应注意变换上下层次,并且为防止白菜失水过多,可在筐、垛四周及顶部覆盖一层塑料薄膜。采用此法贮藏白菜质量好,操作简单,可贮至第二年 6 月。

6. 新技术贮藏

该法是采取强制通风脱除乙烯的贮藏方式。此法已经试验证明白菜在贮藏过程中自身产生的乙烯可导致脱帮损耗,而温度又是影响乙烯产生的主要因素。

强制通风新技术是在原半地下式菜窖的基础上,增加内风机、风道、风道出风口、活动地板、匀风空间(即地板下设计均匀空间)、码菜空间和出风口组成的强制通风系统来实现的。风道沿纵向成阶梯形,分级变截面积,风道上盖有相同长度的盖板,并通过计算得出盖板出风口缝隙大小。入窖的菜要交叉码成"井"字形,使每棵菜之间都能通风,不另留风道,各处缝隙都要均匀一致。这样科学的强制通风系统与"井"字形码放方式就构成了全窖的均压状态。开启风机,风送入风道,通过匀风空间,均匀地分布在整个活动地板下,然后再通过每棵菜的间隙,就会把呼吸热、乙烯等污浊空气通过出风口排出窖外。此项新技术其特点是仅通过开、关风机就能进行调控管理,可调控温度又可能防止乙烯积累,从而摆脱了繁重而又费工时的倒菜劳作。应用强制通风,可充分利用外界气温调节菜温;当外温低于 0℃时,作为冷源使窖内排热降温;外温稍高于 0℃时,可视为热源在窖内适当蓄热。由于气流可通过每棵菜间的空隙,便可均匀而有效地防止乙烯的积累。白菜呼吸排出水气还能使窖内的 RH 保持在 95% 左右;即使通风时有部分湿度被带出窖外,关风机后只需 1~2 h 菜垛内的 RH 即可恢复到 95% 左右。经该法贮藏的大白菜品质好、腐烂率低、损耗小,是大白菜贮藏较理想的方法。但当外界最低温度高于 0℃时,就需结束贮藏,并进行一次性出窖。北方采用此法可在春节前后结束贮藏。

(四)贮藏中出现的主要问题及预防

大白菜贮藏中常见的病害有病毒病、霜霉病、软腐病等。病毒病主要发生在高温干燥的贮藏环境中,可通过调温调湿,并使用植病灵或病毒灵、抗蚜威或蚜虫净喷洒进行防治;霜霉病可使用百菌清或乙磷铝防治。

大白菜软腐病症状因受病部位和环境条件的不同而稍有差异,常见症状类型有 3 种:基腐型、心腐型和叶焦型。该病田间多始见于包心期,在采收后贮藏期可继续扩展而造成"烂窖",病部初呈水渍状半透明,后呈灰白色,表皮稍下陷,其上渗出污白色细菌黏液(菌脓),内部组织除维管束外则完全腐烂,并散发恶臭味。病烂处均有恶臭味,是本病重要特征,区别于黑腐病、菌核病。防治方法:大白菜软腐病的防治应以加强田间管理、防治害虫、利用抗病品种为主,再结合使用农用链霉素或新植霉素或敌克松原粉等药剂防治,才能收到较好效果。

二维码 6-1 基腐型大白菜 　　二维码 6-2 心腐型大白菜 　　二维码 6-3 叶焦型大白菜
　　　　软腐病症状 　　　　　　　　软腐病症状 　　　　　　　　软腐病症状
　　　(引自百度搜索) 　　　　　　(引自百度搜索) 　　　　　(引自百度搜索)

虫害主要有蚜虫、甘兰夜盗虫、地蛆等,可使用纱网阻挡蚜虫并结合吡虫啉、锐劲特、毒死蜱进行防治。

二、小白菜

小白菜又称白菜、青菜。小白菜与大白菜的主要区别在于小白菜不结球,有明显的叶柄而无叶翼。小白菜按叶柄色泽分为白梗小白菜和青梗小白菜两大类型;根据上市季节有秋冬小白菜、春小白菜和夏小白菜之分,是我国普遍栽培的大众蔬菜之一。

1.贮藏特性

小白菜性喜冷凉而怕炎热,故贮藏小白菜要求适宜的低温,以 1~2℃ 为宜。小白菜在贮藏中易失水萎蔫,要求环境有较高的 RH,以 85%~90% 为宜。鲜嫩的小白菜在 0℃ 条件下贮藏,贮期为 3~4 周,但随温度上升贮期会缩短,在 25℃ 常温下只能贮 1~2 d;而高湿环境,可防叶片凋萎、黄化,但不能有凝聚水,否则加速腐烂。

2.贮藏条件

小白菜采收后经整理挑选,放入筐中并置于 1~5℃ 预冷库进行预冷,以除去田间热,降低呼吸代谢,然后转入冷库贮藏。无预冷库的也可直接放入冷库预冷,然后在温度 1~2℃、湿度 85%~90% 下贮藏。

3.贮藏方法及技术要点

小白菜可在冷库中作短期贮藏,方式参见大白菜。此外,可采取假植贮藏,在立冬至小雪天气转冷后,将菜连根带土挖出,假植至已准备好的阳畦内,株行距 8~10 cm 见方,用水浇透。初期中午盖席以防晒,待成活后,每天要早上揭开晚上再盖。前期防热,后期防冻。上市前要整修、削根、摘除黄、烂叶片及老叶,露出黄色心叶,其产品即为"油菜心"。

小白菜不宜久贮远运,在短途调运时需装筐,并注意防晒、防冻。

4.贮藏中出现的主要问题及预防

小白菜在贮藏中损耗的原因主要有失水萎蔫、黄化和腐烂。失水萎蔫主要是由于空气RH 低引起的;黄化主要是由于贮温过高、呼吸消耗过大引起的;腐烂主要是由微生物侵染引起的,多发生在贮藏后期。

小白菜贮藏病害中较严重的损害是软腐病造成的,有因细菌引起的软腐病,也有因真菌引起的。病菌主要是从伤口侵入寄主,小白菜在采收、搬运和贮藏中出现的机械伤、生理伤害、其他微生物侵染造成的伤害,以及虫害等均可以成为其侵染途径。该菌对干燥的环境条件抵抗力较差,但在 −2℃ 下仍能活动。因此在温度和湿度较高时,发病较严重。为了减少小白菜在贮藏中的损失,在采前要保持菜表面的干净卫生,防止机械伤,并在收获前 2~7 d使用杀菌剂扑海因(0.05%~0.1%)或苯菌灵(0.05%~0.08%)进行喷洒,保持小白菜表面干燥并低温贮运。同时用 0.004% 的防落素溶液沿菜帮茎部向上均匀喷雾,可防止贮藏中脱帮。

三、芹菜

芹菜为绿叶菜类香辛蔬菜,以肥嫩的叶柄供食用。芹菜包括本芹(即中国芹菜)和西芹(又称洋芹)两大类型。本芹叶柄细长,香味浓郁,按叶色分为青芹和白芹两种;西芹是芹菜的变种,从国外引进,植株高大,叶柄宽厚,纤维较少,脆嫩质佳。本芹主要在北方地区通过春、夏秋三季栽培,可分别在夏秋和初冬收获上市。而西芹在华北和长江流域每年可种春秋两季,在东北和西北等地每年只能种一季。

(一)贮藏特性

芹菜耐寒性强,生长与贮藏都需要冷凉湿润的条件。芹菜可在 $0℃$ 恒温贮藏,也可在 $-2\sim-1℃$ 条件下微冻贮藏,但贮藏温度低于 $-2℃$ 则易遭受冻害而发生劣变,根部和叶片受冻后,再解冻不能恢复其新鲜状态。芹菜的品种不同,耐贮性差异很大,包括实心种和空心种,每一种又有深绿和浅绿色的不同种类。其中空心种贮藏后易发生叶柄变糠,纤维增多,质地粗糙等现象,所以不适宜贮藏。而实心种叶柄髓腔很小,腹沟窄而深,品质好,春季栽培不易抽薹,产量高,耐寒力较强,较耐贮藏,经过贮藏后仍能较好地保持脆嫩品质。

在芹菜贮藏中水分蒸散萎蔫是引起芹菜劣变的主要原因之一,所以要求贮藏环境必须保持较高的湿度,气调贮藏可以降低腐烂和延缓褪绿。采前 $1\sim2$ d 用赤霉素($30\sim50$ mg/L)进行喷洒,有利于芹菜的贮藏。贮藏环境 RH 以 $98\%\sim100\%$ 为宜,贮藏期可达 $2\sim3$ 个月。

(二)贮藏条件

芹菜适宜的贮藏温度为 $(0\pm0.5)℃$,RH 为 95% 以上,气体成分中氧气不低于 2%,二氧化碳气体不高于 5%。芹菜可以进行冻藏,或假植贮藏,或 $0℃$ 左右恒温库贮藏。

(三)贮藏方法及技术要点

1.冻藏

在风障北侧建造半地下式冻藏窖,窖壁为土墙,厚约 $0.5\sim0.7$ m,高 1 m。在培土建南墙时,在墙中间每隔 0.9 m 左右立一根直径为 15 cm 左右的木杆,墙建成后拔出木杆,即形成一排竖直的通风筒;再在通风筒的底部,即横穿窖底挖深和宽各为 $25\sim30$ cm 的通风沟,穿过北墙在地面开进风口,构成 L 形的通风系统。把成捆(每捆 10 kg 左右)芹菜根向下地斜放入窖内时,在通风沟上铺两层玉米秸后再铺一层细土。菜装满后在其上面撒一层细土,使叶片似露非露。随气温下降可逐渐加盖土层,总厚度不超过 20 cm。最低气温在 $-10℃$ 以上时,可打开通风系统;若在 $-10℃$ 以下时,要堵死北墙外的进风口,使窖温维持在 $-1\sim2℃$,这时菜叶间可呈现出白露,而叶柄和根部不结冻。需要上市时,可从窖中取出解冻,待恢复新鲜状态即可整修上市。或是在出窖前 $5\sim6$ d 撤去南侧遮阴障,而改设在北面,其上覆盖塑料薄膜。待土化冻后一层层地铲去,最后留一层薄土保护芹菜,使之缓慢解冻。后一种方法损耗小,效果较好。

2.假植贮藏

北方地区普遍采用此法贮藏。一般假植沟宽 1 m 左右不超过 1.5 m,深为 $1\sim1.2$ m,长不限。把芹菜连根带土铲下,以单、双株或成簇假植于沟内,再灌水淹没根部。株、行之间应适当留有通风空隙,为便于沟内通风散热,每隔 1 m 左右在芹菜间插一束秫秸,或在沟的两侧按一定距离挖通风道。芹菜入沟后用草帘覆盖,或在沟顶做成棚盖然后覆上土,覆盖物与菜之间适当留出空隙,后续根据土壤湿度可适时灌水。随气温下降增厚覆盖物,维持沟温在 $0℃$ 左右。

3.气调冷藏

一般认为库温控制在 $0℃$,RH 为 95% 以上,气体调节在 $2\%\sim3\%$ O_2 和 $4\%\sim5\%$ CO_2

气体范围内,可以有效地保持芹菜绿色和其贮藏品质。此外,还可在冷库内,用塑料薄膜袋这种小包装的方法进行贮藏。

芹菜收获后及时运到冷藏库进行加工挑选,剪留 2 cm 左右的长根,摘除黄叶、伤叶,将色泽正常、健壮植株捆绑,摆放在库内货架上预冷,当菜温降到 0℃时,开始装入聚乙烯塑料薄膜袋,每袋装约三分之二满,袋口折叠即可。采用此法本芹可贮藏 1～2 个月;西芹的耐贮性更强,在相同的条件下可贮 2 个多月。

(四)贮藏中出现的主要问题及预防

芹菜贮藏病害主要有细菌性软腐病、芹菜斑枯病以及灰霉病。

1.细菌性软腐病

细菌性软腐病是由欧氏杆菌(*Erwinia carptovara*)侵染引起。开始病状呈水浸状小斑点,后扩大成大斑点,颜色从绿色变成褐色。防治主要方法是贮藏前用 70～100 mg/kg 漂白粉水冲洗,晾干水分后再利用 0～2℃低温贮藏来控制病害的发展。

2.芹菜斑枯病

芹菜斑枯病(*Septoria apii*)是由半知菌亚门壳针孢属小针壳孢病菌侵染引起。该病菌起初是在田间入侵,在贮藏期内进一步蔓延危害。该病对我国北方冬季贮藏芹菜危害较大。该病最初症状为叶片上出现浅褐色水浸状斑点,病斑再逐渐扩大变成褐色呈圆形,周边出现黑点,呈褐色凹陷。防治方法主要靠维持低温(0℃左右)环境贮藏。另外还需做好田间防病和贮藏前的剔选工作,采前可用 65％代森锌 500 倍液喷雾。

二维码 6-4　芹菜斑枯病症状
(引自百度搜索)

二维码 6-5　芹菜灰霉病症状
(引自百度搜索)

3.灰霉病

是由真菌侵染引起。贮藏 1 个月以上的芹菜易产生这样的侵染。初期病状为水浸状黄褐色斑点,后萎缩,潮湿时长满灰白色霉层,严重时整株腐烂。防治方法主要是迅速降低菜温并于 0℃左右的温度下贮藏。

四、菠菜

菠菜又称赤根菜,是绿叶菜类蔬菜。以鲜嫩的叶片和叶柄供食用。通过调控栽培方法和贮藏技术可达到常年供应。按照上市季节的不同,菠菜可分成春、夏、秋以及冬春等四类。供应夏、秋两季上市的菠菜应选择耐热型的圆叶菠菜品种,该品种适宜采后随即上市或经周转短贮后鲜销。供应春、冬春两季上市的菠菜应选择耐寒型的尖叶菠菜品种,以种子或幼苗状态越冬的埋头菠菜和根茬菠菜到第二年返青长成以后供应早春市场;以成株状态形成商品的秋菠菜适时采收后经贮藏可以供应冬春市场。

(一)贮藏特性

菠菜有圆叶型和尖叶型两种。圆叶型叶薄,不耐寒,不适于贮藏。尖叶型叶肉厚,色浓,耐贮性强,适于贮藏。作为贮藏用的菠菜,应适当晚播,加强水肥管理,保证植株健壮。还应适时收获,收获过早或晚,均不利于贮藏。收获时连根铲起,留根 3～4 cm,抖掉泥土,摘去烂叶、病叶,捆成 2 kg 左右的小捆,捆不宜过大,否则捆心发热、易腐。将捆好的菠菜放到背阴的地方临时贮藏;晾 4 h 左右,散去露水,脱去部分水分,并使菜温逐渐下降,以利贮藏。

(二)贮藏条件

菠菜耐寒力极强,短期可冻至 -9℃,缓冻后仍可恢复新鲜状态。菠菜冰点为 -0.3℃、含水量为 92.7%。最适贮藏温度为 0℃,空气 RH 95% 以上为宜。充分利用菠菜的耐寒特性,灵活地采取各种贮藏方法,就能获得较好的效果。

(三)贮藏方法及技术要点

1. 埋藏

我国北方菠菜最常用的贮藏方法是埋藏。在较高的背阴处,挖深 40～50 cm,宽约 90 cm 的窄沟。在刚结冻时将贮藏的成捆的菠菜平放在沟中,不要靠得太紧、堆积,上面覆盖约 10 cm 厚的土,北京、太原地区覆土厚度为 15～25 cm。以后随着气温的变化调节覆土厚度,到气温达到 0℃ 以下时,使菠菜和土冻结。春节前将菠菜挖出,放在稍高于冰点的屋内化冻后恢复新鲜状态。

2. 通风冻藏

冻藏的地点应选在高燥阴凉处或房屋北侧的阴冷地方,用以保证提供菠菜冻藏时所需的低温环境。具体做法为:挖沟时,按沟宽度的不同将其分成窄沟和宽沟两大类,窄沟宽为 0.2～0.3 m,无须设通风道;宽沟宽为 1～2 m,需在沟底挖 1～3 条通风道,每条通风道宽为 0.2～0.3 m,其上横铺席或高粱秆,两端应露出地面与外界相通。沟的深度可与菠菜的高度相同或稍浅于菠菜的高度。沟的长度视贮藏量而定。沟挖完后,将菠菜扎成捆根朝下直立地排列在沟内,为保证沟内维持一定湿度和防止风吹,应在菠菜上面覆盖一层细湿土,厚度应刚刚盖严菜叶为好,但不要太厚。此时,对于宽沟应及时将通风道打开,以便使菠菜迅速降温而冻结,以后视温度的下降情况逐渐添加盖土。各地的温度下降情况不同而导致覆土的总厚度也不相同,但应达到一个目的,即沟内温度维持在 -4～-2℃,保持菠菜冻结状态。贮期结束后,菠菜需经过 2～3 d 的解冻过程,使之充分恢复新鲜状态方可上市。上市前应先把菠菜上面的覆土挖开,将其小心地取出,然后将菜捆放在菜窖或冷屋子里面 0～2℃ 下缓慢地进行解冻。在解冻过程中应特别注意以下两点:其一,在搬运过程中,要特别注意减少或避免碰撞挤压。因为受挤后、碰撞后,细胞间隙的冰晶会将细胞刺破,解冻后汁液流出,造成腐烂;其二,不能将菠菜置于高温下骤然化冻,迅速解冻会导致菠菜变得绵软,严重影响其食用品质,降低了经济价值。解冻后菠菜经过解捆,摘除黄枯叶整理后捆把方可上市,菠菜的冷冻贮藏技术简单,不需要特殊的制冷设备,但受外界环境的影响大,故在贮藏过程中需精心管理,否则损耗较大。

3. 冷库贮藏

在冷库中可人为地调控适宜贮藏的温度和湿度条件,所以能得到更好的贮藏效果。一般采用"自发气调法"贮藏,将预冷后的菠菜用贮运塑料薄膜袋包装,每袋 12～13 kg,库温控制在 -1～0℃。敞开袋口一昼夜后扎紧袋口,袋内因菠菜的呼吸作用,可使氧气含量下降、二氧化碳含量逐渐上升,约 1 周后当 O_2 含量降到 11%～12%,CO_2 含量上升到 5%～6% 时,应打开袋口交换气体,时间约需 2～3 h。当 O_2 含量升到 16% 以上,CO_2 大量放出,接近空气中正常含量时,扎口封闭。在贮期每隔1周需开袋换气一次。此法因菠菜呼吸作用可使密闭袋内的氧含量降低,从而使呼吸代谢减缓,达到保鲜的目的。还有另一种方法是"松扎袋口法",即扎袋口时不扎紧(不封闭),松口处直径30 mm。此法作业更简便,既防水分蒸腾,又有一定调节袋内气体组分,降氧增CO_2的功效。贮藏初期每月检查一次,以后每15 d一次,此法贮效优于沟藏。一般春菠菜能贮藏1个月,秋菠菜可贮藏2～3个月。

(四)贮藏中出现的主要问题及预防

菠菜贮藏中主要有两种病害:一是细菌性软腐病,二是霜霉病。

1.细菌性软腐病

细菌性软腐病的病菌与大白菜软腐病一样,病菌大多数从受伤处侵入,即便是很小的伤口或真菌侵染的病斑都可能感染该病。受害叶出现灰绿色、水浸状病斑,并软烂,尤其是在高温高湿条件下病情发展更快。其防治方法主要是减少机械伤,剔除病叶,晾晒使叶表干燥,控制适当低温贮藏。

2.霜霉病

霜霉病是由潮湿时鞭毛菌亚门霜霉属真菌侵染引起,其最初发生在田间,但收获后可能变得严重。初期的症状为叶片上出现灰黄色不规则病斑,叶背面的病斑上产生灰白霉层,后变为紫灰色,发生腐烂。防治方法主要是利用低温贮藏,另外剔除病叶也有一定的作用。该病一般在冷藏前后的市场中发病较多。

二维码6-6　菠菜霜霉病症状
(引自百度搜索)

五、生菜

生菜即叶用莴苣,因最宜生食,故称生菜。生菜按形态分为皱叶生菜、直立生菜和结球生菜等三类,都是叶用莴苣的变种。我国南方多栽种花叶生菜、直立生菜;北方多栽培团叶生菜等结球品种。充分利用园地以及阳畦、温室、塑料大棚等保护地,冬春覆盖保温、夏季遮阴防热,合理排开播种,基本可实现常年供应。

(一)贮藏特性

生菜含水量高,组织脆嫩,在常温下只能保存1～2 d。生菜易受冻害,冰点为−0.2℃。贮藏温度以0～3℃为宜,RH应在98%以上,最适贮藏期为2～3周。

(二)贮藏条件

如果结球生菜需1个月的时间出口到国外,美国推荐的气调方法是最好用2%的CO_2和3%的O_2,因为2%的CO_2可以减少腐烂,其作用超过了它对结球生菜的损伤。日本推荐的气调方法是1%～8%的低O_2可降低敏感品种的锈斑。同时,在贮藏温度0℃、空气湿度98%～100%条件下,贮藏期可达到28～42 d。

(三)贮藏方法及技术要点

1. 简易贮藏

由于生菜采后呼吸代谢旺盛,需及时预冷至1℃后装入薄膜中,不要密封,进入冷库在适温下可贮10～15 d。需要注意的是生菜不能与苹果、梨、瓜类等混合贮藏,因这些果蔬产生的乙烯气体较多,会使生菜叶片发生锈斑。

2. 假植贮藏

在入冬前即气温降至0℃以前,可将露地栽培的生菜连根拔起,稍晾后使叶片稍蔫,以减少机械伤。次日就可囤入阳畦内假植。散叶生菜一棵挨一棵囤入,结球生菜株与株之间应稍留空隙通风。再用土埋实,不浇水,隔15～20 d检查一次,发现黄叶、烂叶及时清除。白天支棚通风,夜间半盖或全盖,使其不受冻害、不受热,又不能让阳光直射。散叶生菜可贮一个月左右;结球生菜可贮10 d左右。

(四)贮藏中出现的主要问题及预防

生菜变质的主要特征是失水萎蔫,外叶产生褐变、软化、腐败等病症,主要产生于水浸状的切口和叶梢等部位。

危害生菜的病害常常发生在受伤的叶子上,在0℃下病害的严重性要比在较高的温度下降低很多。霜霉病、灰霉病和黑腐病是生菜最常在贮藏期内发生的三种病害。

1. 霜霉病

主要在叶片正面的不同部位出现褪绿或淡黄色的病斑,并随病情的发展而逐渐扩大,病斑背面有一层白色的霜霉状物,不久后叶片发黄干枯。

二维码 6-7　生菜霜霉病叶片受害症状
（引自百度搜索）

防治方法为降低贮藏环境湿度,清除病、残叶,防止环境中积水,尽可能保持田间通风透光。

2. 灰霉病

灰霉病容易成株感染,始于近地面的叶片,后扩大至茎,茎基腐烂,疮面上生灰褐色霉层。天气干燥时,病株干枯死亡,霉层由白变绿;湿度大时

二维码 6-8　生菜灰霉病叶片受害症状
（引自百度搜索）

从基部向上溃烂,叶柄呈深褐色。防治方法为采收后及时处理病残体,摘除老叶,改善通风条件,加强换气。在贮藏环境中用15%扑霉灵烟熏,7 d左右1次,连熏2～3次。

3. 黑腐病

主要危害叶片,初呈淡褐色湿腐状,后致叶脉呈紫黑色病变,最终导致叶片干枯。防治方法为发病初期早喷药,即用58.3%可杀得2000干悬浮剂600～800倍液,每隔7～15 d喷施1次。

二维码 6-9　生菜黑腐病叶片受害症状
（引自百度搜索）

六、空心菜

空心菜又称蕹菜,以嫩梢、嫩叶供食用。我国华南和西南地区为盛产地,华中、华东包括台湾省也普遍栽培。在广东、福建和四川等地春暖开始播种,40 d 后采收,直到 11 月份均可不断采摘上市,为夏、秋季节重要的绿叶菜。

(一)贮藏特性

空心菜茎、叶柔嫩,含水量多,易失水萎蔫老化。不适合长时间贮藏或运输。

(二)贮藏条件

短途调运或临时短贮的适宜温度为 5~8℃,低于 5℃将发生冷害。

(三)贮藏方法及技术要点

空心菜的贮藏方法多采用简易贮藏法和机械冷藏法。

1. 简易贮藏

空心菜采收后需及时预冷,再装入薄膜中,不要密封,进入冷库在适温下可贮 10~15 d。

2. 机械冷藏

将预冷后的空心菜用贮运塑料薄膜袋包装,库温控制在 5℃下进行贮藏。

(四)贮藏中出现的主要问题及预防

空心菜在贮藏中发生的病害主要是白锈病。白锈病主要危害叶片,其叶柄及茎也可被害。其症状是叶片正面被害部位呈淡黄绿色至黄色斑点,其反面产生白色疱斑,疱斑表皮破裂后散发白色粉末状物,叶柄呈现暗褐色,从而失去食用价值。防治方法为用 25% 甲霜灵可湿性粉剂 800 倍液,每隔 5~7 d 喷 1 次。此外应注意防晒,要通风、保湿。

二维码 6-10　空心菜白锈病症状
(引自百度搜索)

【自测训练】

1. 大白菜、芹菜、菠菜对保鲜条件有何要求?
2. 大白菜在贮藏中发生的生理性病害主要有哪几种?
3. 在贮藏中引起生菜出现褐变的原因是什么?如何防治?
4. 气调冷藏芹菜的技术要点是什么?

【小贴士】

如何挑选大白菜

大白菜的挑选技巧:①看品种。贩白菜是指每年 9—10 月份上市的白菜,属于早熟品种,其特点是叶球颜色淡绿、黄绿或白色,菜棵小,叶肉薄,质细嫩,粗纤维较少,口味淡,品质中等,不耐藏,宜随吃随买,故有贩白菜之称。11 月份上市的白菜属晚期品种称为"窖白

果蔬保鲜与加工

菜"。叶色青绿,叶肉厚,组织紧密,韧性大,不易受损伤,耐藏。青口菜为中熟品种。叶为淡绿色,如胶州大白菜,北京青口白等。青口菜初期食用菜质较粗,但经秋冬季藏,叶肉变细嫩,口味变甜。②看菜叶。叶子大,叶子厚,褶皱多,所含水分较少;叶子小,叶子薄,褶皱少,所含水分较多。菜梗大的水分多,适合炒着吃;菜梗小的水分少,适合涮着吃。③看菜梗。把菜梗掰断,菜筋稀疏,则易烂,菜筋多而密,则不易烂。挑选白菜时,不要将菜梗去净,因为菜梗营养丰富,维生素C、胡萝卜素、蛋白质和钙质的含量都比菜心高,而且能够保护菜心。

根茎菜类保鲜技术控制

【任务描述】

通过学习本节,能明确大葱、马铃薯、萝卜、大蒜、洋葱、芦笋等根茎菜类蔬菜的贮藏特性、贮藏条件。能针对不同种类的根茎菜类蔬菜按其自身贮藏特性要求设计出保鲜方案。掌握其贮藏方法和贮藏中常见病害的防治方法,并能结合实际情况制定出合理的用于实践生产的蔬菜贮藏技术方案。

【知识链接】

学习单元　根茎菜类保鲜技术控制

本单元所讨论的蔬菜是其可食部位,部分或全部生于地下,它们包括鳞茎,根菜,块茎及其他构造的蔬菜。根菜类是指以肥大的肉质直根为食用部分的蔬菜。根菜耐贮运,含有大量的淀粉或糖类,是热能很高的副食品,除做蔬菜外还可以作为食品工业原料来进一步加工。茎菜类是以植物肥嫩而富有养分的变态茎作为主要食用部位的蔬菜。该类蔬菜品种较多,地上地下均有生长,形态多种多样。茎菜的结构茎由表皮、皮层和维管柱三部分组成。作为蔬菜,通常利用的都是幼嫩时期的茎或变态的茎,一旦植物茎长老后,其茎中维管柱木质化,也就失去了食用价值。茎菜类蔬菜按其生长的环境和结构特征可分为地上茎蔬菜和地下茎蔬菜两大类。

▶ 一、大葱

大葱又称葱,一般以叶及假茎供食用。大葱的品种较多,依据葱白的形态,可分为长葱白型、短葱白型和鸡腿型。大葱对温度的适应范围较广,各地都有栽培。用以冬、春季供应的贮藏大葱,多在过冬前采收。

(一)贮藏特性

大葱是较耐贮藏的一种蔬菜,它有很强的抗寒抗病的能力,比洋葱和大蒜的抗寒力强。在−20℃以下的低温条件下,细胞仍具有生活力,在0℃以上的低温条件下,也可以慢慢缓解。贮藏大葱时要保护好绿叶,勿使折伤,因为贮藏后的大葱,绿叶的养分和水分还在不断向葱白部转移,同时葱的外叶对里叶还起保护作用,若绿叶受损,则对贮藏不利。

(二)贮藏条件

冬季时节的大葱可低温贮藏,适宜温度为0℃、RH为85%~90%;微冻贮藏时温度为−5~−3℃,其RH为80%左右。

(三)贮藏方法及技术要点

1.架藏法

将采收并晾好的大葱,捆成5~10 kg的捆,单层依次堆放在贮藏架上,中间留出一定空隙,以便于通风透气,避免腐烂变质。如果露天架藏,需有覆盖物防雨雪。贮藏期间定期开捆检查,发现发热变质的要及时剔除。同时注意天气变化,及时做好防雨、防雪和保温工作。此法通风好、占地少,但失水损耗多,还需要用一定的架材。

2.窖藏法

把采收后的大葱,先在田间晾晒数日,待表层半干后,捆成5～10 kg的捆,直立排放于干燥、有阳光、避雨的地方晾晒。每半个月检查一次,以防腐烂。当气温降到0℃以下时入窖贮藏。贮藏期间注意通风、防热和防潮。

3.沟藏法

大葱收获后,就地晾晒数小时,除去根上的泥土,剔除病株,捆成10 kg左右的捆,于通风良好的地方,堆放6 d左右,使葱身外表面水分完全阴干。同时,选背阴通风处挖沟,沟深0.3 m左右,宽1.5 m左右,长度以贮量而定。沟距0.5～0.7 m,若沟底湿度小,可1次浇透水,待水全部下渗后,把葱一捆靠一捆的栽入贮葱沟内,使后一捆叶子盖于前捆上部,最好再用0.3～3.5 m长的玉米秆沿葱周围插一圈,以利于通风散热。严寒到来之前,用草帘或玉米秆稍加覆盖即可,这样可以贮藏到翌年春3月。

4.埋藏法

没有地方挖沟的居民,可用埋藏法贮藏大葱。将经晾晒、挑选、捆把的大葱,放在背阴的墙角或冷凉室内,底铺一层湿土,葱的四周用湿土埋至葱叶处即可。若在室外埋藏,严寒来临前可加盖草苫,以防受冻。

5.空心垛藏法

在地势高、平坦、排水方便的地方架仓栅,或在露地上用土堆垛基高30～40 cm,把经过贮藏前处理捆好的大葱,根向外、叶向内排成空心圆垛。为保持稳定不倒塌,每垛到7～8 cm高时,可横竖相间放几根小竹竿。一直堆垛到2～3m高时,在垛顶覆盖苇席或草苫,防止雨淋腐烂变质。

6.假植贮藏

在地里挖一个浅平地坑,将立冬后收获的大葱捆成小捆,假植在坑内,除去伤、病株,用土埋住葱根和葱白部分。因为大葱有呼吸作用,不要埋住葱叶。埋好后用大量的水浇灌,减缓葱叶干枯,增加土壤湿度,延长保鲜时间。

7.冻藏法

大葱收获后,先晾晒几日,待叶子萎蔫后剔除伤、病株,抖掉泥土,捆成小捆,放在空房中或室外背阴处干燥,最后在温度变化较小的地方贮藏。到严冬时节,贮藏的大葱会全部冻结。在大葱结冻期间,不能使葱受挤压或扭动,这样会导致大葱腐烂变质,不堪食用。因为大葱在冻结期间,细胞壁并没有受到任何破坏,只是细胞间隙的水分结冰。只要不搬动它,待天气转暖后,细胞间隙中的冰就会融化成水,恢复之前状态。大葱本身并不因此而受到损伤,这时再把它种到地里,仍能恢复生机,所以,有"冻不死的葱"之说。相反,若将冻结后的大葱任意搬动或受挤压,就会促使细胞间隙中的冰刺破细胞壁,引起汁液外流而黏糊腐烂。所以,冬季冻藏大葱时,最重要的一条是:不怕冻,就怕动。

8.短期保鲜法

在阴凉靠墙的地方挖一个20 cm深的平底坑,坑底放3.3 cm深的沙子,坑的四周围用砖围住,坑的大小根据贮藏大葱数量而定。贮藏前,先向池内倒6～7 cm深的水,待水渗下,将葱立刻放入池中,每隔3~4 d在池的四角处浇些水,这样可保鲜1个月左右,叶子不变黄、不干巴。

(四)贮藏中出现的主要问题及预防

大葱贮藏中常发生的病害主要是病毒病、霜霉病、锈病等。主要虫害有蓟马、地蛆、潜叶蝇等。

1.大葱病毒病

大葱感病后叶片生长受抑制,叶尖黄化,叶片扭曲变细,叶面凹凸不平,有时叶面生有黄色条状病斑,使叶片呈现浓绿与淡绿相见的花叶,严重时植株矮化或萎缩。防治方法为选叶色浓绿、蜡层厚的品种贮藏,提高植株抗性。必要时可喷施药剂防治,发病初期可喷20%病毒A可湿性粉剂500倍液,1.5%植病灵乳剂1 000倍液,或83增抗剂1 000倍液防治,每间隔6~8 d喷施一次,喷施2~3次,有一定的防效。

二维码6-11 大葱病毒病叶片症状
(引自百度搜索)

2.大葱霜霉病

大葱霜霉病是危害大葱的重要病害,其主要危害叶和花梗,叶片呈淡黄绿色、卵圆形或圆筒形,潮湿时表面有白色绒霉。干燥时病斑干枯,叶片下垂。防治方

二维码6-12 大葱霜霉病叶片症状
(引自百度搜索)

法为加强贮藏环境管理,保持环境干燥,不使土壤湿度过大,并及时拔除病株。

▶ 二、马铃薯

马铃薯又称土豆,以地下块茎供食用。马铃薯种类很多,按块茎皮色分有白皮、黄皮、红皮和紫皮等品种;按薯块颜色分有黄肉和白肉两种;按薯块形状分有圆形、椭圆形、长筒形和卵形品种;按薯块茎成熟期分有早熟、中熟和晚熟品种。我国南北各地均有分布,东北、西北和华北等寒冷地区,一年一季作7—11月收获;长江流域的春马铃薯5—6月收获、上市,秋马铃薯11月收获上市;华南地区2—4月收获上市。

(一)贮藏特性

马铃薯的含水量大,表皮薄,不耐碰撞,易腐烂。但具有不易失水和杀伤能力强的特性。它富含淀粉和糖(中国现有品种淀粉含量一般为12%~20%),试验证明:在贮藏期间淀粉和糖在酶的作用下可互相转化。温度较低,淀粉水解酶活性增强,可使薯块内单糖积累;温度较高,单糖又可合成淀粉,随着温度继续的升高,淀粉又开始水解为糖,再次使糖的含量积累,不利于贮藏。

马铃薯以肥大的地下块茎供食,喜凉爽,忌高温,是一种典型的具有休眠特性的蔬菜,马铃薯收获后一般有2~4个月的休眠期。在休眠期,马铃薯的呼吸、新陈代谢、水分散失都减弱,抗性增强。即使处于适宜的条件,也不会萌芽生长。但生理休眠期结束后,条件满足就会发芽,发芽后的马铃薯食用和种用价值都相应降低。相关研究表明:马铃薯的休眠特性与

品种、成熟度、气候、生长条件、贮藏特性等因素有关。就同一品种马铃薯而言，一般秋季栽培的休眠期较长；不同种马铃薯中，晚熟品种休眠期短，早熟品种休眠期长。此外，地区生态特性、南北方差异对马铃薯休眠期的长短也均有重要影响。另外，贮藏温度也影响休眠期的长短，在较适低温下贮藏的薯块休眠期长，特别是贮藏初期的低温对延长休眠期十分有利，以 3～5℃ 为最适宜。此外，马铃薯需避光贮存，因光照会促使其发芽，薯块表皮变绿，增加薯块内茄碱苷含量，对人、畜有毒害作用，且不能通过加热而解除毒性，正常薯块茄碱苷含量不超过 0.02%，对人畜无害。故马铃薯应严格避光贮藏。马铃薯的贮藏寿命一般为 5—8 个月。

(二)贮藏条件

菜用马铃薯的适宜贮藏温度为 3～5℃，马铃薯在 2℃ 以下会发生冷害。加工用的煎制薯片或油炸薯条的晚熟马铃薯，应贮藏于 10～13℃ 条件下。贮藏马铃薯适宜的 RH 为 80%～85%，晚熟品种应为 90%。如果湿度过高，会缩短休眠期、增加腐烂；湿度过低会因失水而增加损耗。温度过高，易发芽；温度过低，其中的淀粉易转化为糖，使之不适宜加工。当温度高于 30℃ 和低于 3℃ 时，薯心容易变黑。

(三)贮藏方法及技术要点

待马铃薯茎叶枯黄开始时，采收的马铃薯一般薯块发硬，周皮坚韧，淀粉含量高，耐贮性好。夏季收获的马铃薯，因气温高，采收后应进行预贮，尽快让薯块散热和蒸发部分水分。预贮 2～3 周，剔除腐烂薯块即可贮藏，此时马铃薯已处于休眠期，不需制冷降温。秋季收获的马铃薯，采收后先在田间晾晒，蒸发部分水分，以减少机械伤害，因气温低，不需进行单独降温处理，所以主要以防冻保温贮藏为主。

马铃薯的贮藏方式很多，但以堆藏、窖藏、沟藏较为成熟，另外有条件的地方对马铃薯使用机械冷藏，通风库贮藏，药剂贮藏法贮藏效果更好。

1. 室内沙藏

在高温高湿的夏季贮藏春马铃薯，应选用通风阴凉的房屋，为了避免太阳照射，在北墙内侧砌成小窑，在砖与砖之间处留出孔隙，以便通风。地面铺上 3～5 cm 厚的干沙，其上堆放马铃薯，堆高不宜超过 1 m，上面用潮湿沙土覆盖。贮藏秋马铃薯正是寒冷的冬季，应选择温暖的房间，堆藏方法同上。开始堆放时厚度不宜过高，经过一段预贮时间，块茎进入休眠，再增高堆放厚度，但堆高不要超过 2 m，上盖细沙。天气转冷后再加盖草苫，堵塞门窗以免受冻。开春温度回升，搬开草苫、打开门窗，降低室温。贮藏期间需勤检查，及时剔出腐烂染病薯块，贮藏到 3—4 月出沙。

2. 沟藏法

在地势高燥、平坦的地方挖沟，沟深 1.3 m 左右，宽 2 m，长度不限。马铃薯收获后先在阴凉处摊晾几日，将损伤、感病、虫蚀的薯块完全剔除。在将要上冻时入沟贮藏。沟内马铃薯堆厚一般 50 cm 左右，上面覆土，随着气温下降，分次增加覆土厚度。覆土总厚度应大于当地冻土层的厚度，以免受冻。

3. 窑洞贮藏

窑洞冬暖夏凉，春、秋土豆均可利用窖藏。即把经过挑选后的贮藏马铃薯堆放在窑洞内，堆成宽 1 m 左右、高 70～80 cm 的形状，中间每隔 1.5～2 m 插秫秸把一束，以便通风。贮藏期间需勤检查,及时挑出腐烂薯块。该法贮藏马铃薯具有贮量大,腐烂少,损耗低等优点,适用于有窑洞的地方。

4. 土窑贮藏

选择地势较高而又平坦的地方挖窑,宽 2 m、深 3 m、长 8 m。窑顶上先架木棍,铺枝条,再铺干草,而后覆土。覆土厚度根据各地气候条件而定,一般 30～50 cm。窑盖中间留一个窑口,其大小为 70 cm 见方。在窑盖的一侧留一个气窗,以便调节窑温。马铃薯在窑内堆放不可过高,一般 1～1.5 m,有利于通风换气。贮藏期间,还应倒窑检查,及时剔除腐烂薯块。

5. 砖窑贮藏

这是一种永久性的贮藏窑,一般采用丁字形结构,是小型半地下式拱形砖窑。它坚固耐用,有良好的通风设备,便于管理和控制温度。窑深 3～4 m,起拱跨度 5 m,长 20～30 m,窑门在地上部,窑顶设有通风孔,用以调节温度和湿度。马铃薯在窑内堆放方法同上。

6. 辐射贮藏

试验用 400～800 rad(拉德)剂量的 γ-射线处理块茎,不但抑制了发芽,还有增产作用。用 10～20 krad(千拉德)剂量的 γ-射线处理块茎,可抑制发芽 6 个月以上,且杀死了病菌,减少了腐烂。此方法可大量处理块茎,且对贮藏场所要求不太严格。

7. 通风库贮藏

一般在库内堆高 1.3～2 m,间距 2～3 m 垂直放一个通风筒。通风筒用木片或竹片制成栅栏状,通风筒下端要接触地面,上端伸出薯堆,以便于通风。如果装筐贮藏,贮藏效果也很好。贮藏期间要检查 1～2 次。

8. 化学药剂贮藏

南方夏秋季收获的马铃薯,由于缺乏适宜的贮藏条件,在其休眠期过后,就会发芽。为抑制发芽,约在休眠中期,可采用 a-萘乙酸甲酯(又称萘乙酸甲酯)处理。每 10 t 薯块用药 0.4～0.5 kg,加入 15～30 kg 细土制成粉剂,撒在薯堆中。还可用青鲜素(MH)抑制萌芽,用药浓度为 3％～5％,应在适宜收获期前 3～4 周喷洒,如遇雨天应再重喷。

9. 机械冷藏

机械冷藏是马铃薯贮藏中另一种应用较广的方法,由于马铃薯贮藏时间较长,所以入贮前要进行严格的挑选、预贮和预冷。贮藏库内温度一般维持在 0～2℃范围内,要注意防止冻害的发生。在贮藏过程中,要定期进行检查,及时拣出腐烂变质的薯块,以防交叉感染。堆放时,堆与库壁留一定空隙,堆与堆之间留有过道,箱与箱之间留有空隙,以便于通风散热和检查作业。

(四)贮藏中出现的主要问题及预防

马铃薯贮藏中的主要病害有晚疫病、环腐病,另外有细菌性软腐病、漏腐病、干腐病等。其中细菌性软腐病对夏季贮藏的马铃薯造成很大的威胁,防治该病的方法有防止机械伤、进行愈伤处理、增加库房通风。

1. 马铃薯环腐病

环腐病是马铃薯贮藏中最主要的病害。该病是由棒状杆菌属细菌侵染所致。其主要症状为呈环状腐烂,使皮层与髓部分离。该病菌发育的适温为 20～23℃,绝大多数发病是由伤口侵入,不能从自然孔道侵染。防治方法主要是马铃薯在贮藏前要避免出现伤口,要进行愈伤处理,并在贮藏中保持较低的温度。另外,选用无病的种薯,在田间清除患病植株,临近收

二维码 6-13　马铃薯环腐病症状
（引自百度搜索）

二维码 6-14　马铃薯晚疫病症状
（引自百度搜索）

获时减少浇水,防止积水以及收获后仔细剔除病薯都很重要。

2.马铃薯晚疫病

晚疫病是鞭毛菌亚门疫霉菌属真菌侵入引起。其症状为病部呈现不规则形、红褐色稍凹陷的病斑。夏季病薯常呈湿腐状态,病部能侵入肉内 1.27 cm 深度以上。秋冬季病薯患处通常干燥坚硬,并呈革质。病薯在潮湿环境下,在芽眼或皮孔处常长出白色菌丝。病斑处常有细菌及其他病菌再次侵染。防治该病主要通过选用无病的种薯,低温贮藏。另外,在田间和采后可用敌菌灵等农药防治,采收后要注意剔除病薯。

三、萝卜

萝卜以肥大的肉质根供食用。按栽培季节分为秋冬萝卜、冬春萝卜、春夏萝卜和夏秋萝卜。萝卜在我国分布广,各地上市时间有所差异。秋冬萝卜在北方地区 9 月至 10 月上市;南方地区 11 月上市。秋冬萝卜耐藏性强,可贮藏至翌年 4 月,贮藏期内可陆续上市。冬春萝卜、春夏萝卜和夏秋萝卜以鲜销为主。

萝卜是一种主要的冬贮菜,尤其在北方地区,贮藏量大且贮藏时期又长。搞好萝卜冬贮,对均衡市场,调节淡季供应起重要作用。

(一)贮藏特性

萝卜没有明显的生理休眠期。但在低温条件下,能够抑制它的生命活动,使萝卜处于被迫休眠状态。萝卜喜冷凉多湿的环境条件,高温低湿以及机械损伤都能促使萝卜糠心。糠心是由萝卜的水分失调,肉质心部细胞缺水造成的,是薄壁细胞中的养分和水分向着生长点转移的结果。萝卜表皮层缺乏蜡质、角质等保护层,保水力差,在生长过程中,气温过高,气候干燥,空气 RH 小等环境因素均会导致水分蒸腾加快,当出现缺水现象时,萝卜便会形成糠心。此外,采后贮藏过程中,窖温高、空气干燥、机械伤害以及在经营中受到太阳暴晒等均能促进萝卜呼吸作用加强,水解旺盛,造成糠心。糠心使萝卜变粗变老,通常导致皮色发暗,呈灰黄色,表皮凹凸不平,重量变轻,并带有辣味或苦味。糠心与萌芽的出现不仅使萝卜的肉质不均匀,糖分减少,而且使其组织绵软,风味淡化,大大降低了食用品质。所以为了防止糠心和萌芽,贮藏时必须保持低温高湿的条件。但又不能受冻,萝卜在 −1℃ 左右易受冻害。因为肉质根的细胞壁很薄,细胞间隙很大,便于气体交换,萝卜对 CO_2(8% 左右)的忍耐力很强,因此在贮藏过程中也可采用气调贮藏方法。

秋播的晚熟品种耐藏性较好,如北京的心里美、青皮脆,天津的卫青。白皮萝卜耐藏性较差,青皮萝卜耐藏性好,红皮介于中间。

多年实践研究经验表明,提高贮藏萝卜的食用品质,预防萝卜糠心和萌芽的基本措施有:首先在萝卜生长期内应及时均匀地供水;其次贮藏时,应保持一定的 RH;再次在经营中应勤进勤销,尽量缩短在菜市场的存放时间。

(二)贮藏条件

萝卜贮藏的适宜温度为 $0\sim4℃$,RH $90\%\sim95\%$。因萝卜能忍受高浓度的 CO_2,故较适于密闭贮藏,如埋藏、气调贮藏等。

(三)贮藏方法及技术要点

1. 沟藏法

是农家采用最多的方法,使用得当可获得较好的效果。选择地势高燥,地下水位较低的地方挖沟,沟为东西向,深 0.5 m,宽 1.2 m 左右,长度因地形及贮菜量而定。将挖出的土一部分放在沟的南边做遮阴用,一部分土放在沟北边做覆土用。如沟内土干,可适当浇些水,但不能积水,然后把挑选的无病、无伤的萝卜刮去生长点或切去茎盘(留种萝卜除外),倾斜码在沟底,头向下根朝上。沟中竖立玉米秆一把以利通风换气。沟装满上面覆盖土,以盖严萝卜为宜。随气温下降,逐渐加厚土层,保持沟温 $0\sim4℃$。翌年春天,气温回升,减少覆土,适当洒水,防止伤热,可贮藏到翌年 3—4 月份。

要注意必须掌握好每次覆土的时期和厚度,以防底层温度过高或表层萝卜受冻。为了掌握适时的温度情况,可以在沟中间设一个竹筒,内放温度计,定期观测沟内温度,以便及时调整。

2. 窖藏法

棚窖贮藏根菜类,贮量大,管理方便。在背阴、保水力强的地方,建立棚窖。将挑选完好无损的萝卜,堆放或码垛在窖内,堆高 1 m 左右,过高会使堆温升高,引起腐烂。为了通风散热,可在堆内每隔 $1.5\sim2$ m 设一个通风筒。若能在窖内用湿沙土与萝卜层积效果更好,有利于保湿和二氧化碳积累,起自发气调的作用。此外,注意窖内的温度,若窖内温度过高,宜在夜晚温度低时进行通风换气;当外界温度过低时,用草帘等加以覆盖,防止萝卜受冻。

3. 塑料袋贮藏法

选出无伤、无虫眼、无病的、健壮光滑的萝卜,去掉泥土后放在通风凉爽的地方预冷 $2\sim3$ d,使萝卜本身的温度达到室温,表面水分蒸发干燥,否则装袋后易发汗影响贮藏效果。将预冷后的萝卜装入 $0.06\sim0.08$ mm 厚的聚乙烯塑料袋中,袋长 1 m,宽 0.5 m,松扎袋口(留 $3\sim4$ cm 的口径),放在低温、通风、不被太阳直射的地方贮藏。温度以 $0\sim3℃$ 为宜。贮藏期间要经常检查,如袋内凝结大量水珠,是因为温度波动过大造成的,应设法稳定室温,并用干净毛巾或干布擦掉水珠。如闻到酒精气味,表明袋口扎得过紧,内部缺氧,可将袋子的口径放大。如嗅到恶臭味或其他异味,萝卜表面变色,出现环斑腐烂,要及时倒出挑选,将健康萝卜晾干后继续装袋贮藏。

用塑料袋装萝卜,能有效地保持萝卜本身的水分,并造成相对低 O_2、高 CO_2 的环境,起到气调抑制呼吸的作用,因而能较好地保持萝卜的新鲜度。若管理得当,一直保持到翌年 4 月仍然鲜嫩脆甜。

4. 围缸贮藏法

在室内阴凉地方放一个水缸,缸内装满水,将经过挑选及贮前处理的萝卜,围排在水缸周围,再培一层约 15 cm 厚的湿土即可。此法简便易行,有一定的保鲜效果。

5. 低温贮藏法

先将萝卜在预冷间预冷,然后移入冷藏间冷藏。春萝卜库温 $1\sim2℃$、RH $90\%\sim95\%$,

一般可贮藏3～4周。美国春萝卜库温为0℃、RH为95％～100％，贮藏期也为3～4周。冬萝卜在该条件下，贮藏期较长。例如在库温0℃、RH 98％时，一般可贮藏2～4个月。

（四）贮藏中出现的主要问题及预防

在贮藏过程中萝卜容易出现的问题是糠心和腐烂。糠心的原因是贮藏处所温度高，促进萝卜萌芽抽薹，消耗了大量养分和水分，组织变得松软中空而变糠。贮藏处所湿度低，蒸发作用强，细胞组织失水多，亦是形成萝卜糠心、萌芽的原因，所以贮藏萝卜应在组织不受冻害的原则下，保持最低温度和较高湿度，以防止萝卜变糠和萌芽。

二维码6-15　萝卜黑腐病症状
（引自百度搜索）

萝卜在贮藏中主要的病害为萝卜黑腐病，它是由细菌中黄单孢杆菌属侵染致病。该病菌主要从伤口、气孔侵入。在田间带菌，贮藏期发病，潜伏期11～21 d。感病后的萝卜表面没有什么异常症状，但肉质根的维管束坏死变黑。该病菌的发育适温为25～30℃，低于5℃时发育迟缓。一般大萝卜和用水冲洗的萝卜易发病。利用低温贮藏可抑制该病的发生。用含40～60 mg/kg氯的水冲洗也可减少该病发生。

▶ 四、大蒜

大蒜又称蒜头，以鳞茎供食用。按色泽分为白皮蒜和紫皮蒜。大蒜耐寒，早春2—4月即可播种，6—7月收获；秋播经露地越冬，第二年5—6月收获。经贮藏后常年供应市场。

大蒜原产于欧洲南部，最早在地中海沿岸栽培，但当时仅作药用，公元前113年引入中国，距今已有2 000多年的栽培历史，目前中国为大蒜主要生产国和出口国，种植面积和产量均居世界之首。大蒜蒜瓣中同样含有丰富的蒜素，是当代餐桌上必不可少的调味品。

（一）贮藏特性

大蒜食用部分成熟后外部鳞片逐渐形成干膜，防止水分蒸发，隔绝外部水分、病菌的侵入，有利于贮藏。大蒜一般在5、6月份收获，收获后一般有2～3个月的休眠期。处于休眠期的大蒜不会发芽，贮藏性较好，但休眠期过后，条件适宜便萌芽，萌芽后的蒜瓣会很快收缩变黄，失水，蒜味寡淡，口感粗糙，降低食用价值。故延长大蒜的休眠期，防止萌芽现象的出现是大蒜贮藏的关键因素。

大蒜的贮藏性与其采收、品种有很大关系，采收过早，鳞茎不充实，含水量高，不耐贮；采收过晚，蒜瓣易发黑，散瓣而不耐贮。用来贮藏的大蒜应选择耐贮藏的品种，无病虫害机械伤，不散瓣，外皮颜色正常的蒜头耐贮。

大蒜适宜在低温与干燥的环境条件下贮藏，有利于保持它的休眠状态。控制0℃以下低温及干燥的贮藏条件是抑制其萌芽和生根的决定性条件。它能忍受－7℃低温，高于5℃易萌芽导致蒜瓣干瘪，高于10℃则易腐烂。

（二）贮藏条件

大蒜贮藏适宜的温度为－1～1℃，当温度低于－1℃时有些品种会发生冻害。大蒜适宜的RH一般维持在70％～75％，且在贮藏中需要注意通风换气。若采用气调贮藏，可采用

O_2 3％～5％和 CO_2 12％～16％组合,能有效抑芽。

(三)贮藏方法及技术要点

1.挂藏法

这是民间传统的贮藏方法。大蒜晾干后,经挑选,剔除机械伤、腐烂或皱缩的蒜头,编成辫。夏秋之间悬挂在低温、干燥或通风的室内或贮藏库内;冬季为避免受潮、受冻,最好放在通风贮藏库内。也可在叶片萎蔫时剪去叶片,留下 10～15 cm 长的叶鞘,捆成把后挂在铁丝或尼龙绳上,使其自然风干。贮藏期间要避免受冻。该方法只适宜短期贮藏,休眠期过后条件适宜时大蒜容易发芽,因此可结合化学药剂处理防止萌芽。

2.冷库贮藏法

用机械冷藏库贮藏大蒜,可保持鲜蒜的最佳食用品质。在 8—9 月份,大蒜结束休眠期前,将挑选好的蒜头装在网眼编织袋或筐内,运入冷藏库进行贮藏。入库前先将大蒜放入预冷间进行降温,当大蒜的品温接近 0℃时,便可入库贮藏。贮藏时要注意通风,保持库内温度均匀一致。根据包装和堆码方式的不向,库温维持在 0℃左右,RH 65％～70％,可贮藏 9～10 个月。

3.射线照射贮藏法

用 ^{60}Co γ-射线照射,除可抑制发芽外,还可杀虫灭菌,延长贮藏期。每千克蒜头可用 2.85 C/kg(库伦/千克)至 5.16 C/kg 剂量的 ^{60}Co γ-射线进行照射,抑制蒜头的发芽。用这种方法处理后,蒜瓣丰满、清洁、干爽,不散瓣、无病虫害、无霉变、无发芽、无机械伤,采用编织袋或箱体包装,一般贮藏期为半年左右,降低损耗的效果十分明显。

4.窖藏法

选择地势较高、干燥、土质坚厚、地下水位低的地区挖窖。在窖底铺一层蒜,再铺一层草,但厚度不可过高,以便通风。窖内设有通风道,窖藏期间要定期检查、随时除去腐烂或变质的蒜头。此法利用窖的低温和低湿等条件使大蒜有一个稳定的贮藏环境。此法在东北等寒冷地区使用效果较好。

5.气调贮藏法

将待贮藏的大蒜堆藏于用聚乙烯塑料薄膜做成的可密闭的帐中,帐底铺一层刨花或草帘子。帐内严格密封,利用大蒜自身的呼吸作用来调节帐内的气体成分,使帐内 O_2 保持 2％～5％,CO_2 应低于 16％,抑制呼吸作用。帐内温度保持在 0～1℃,可较长时间贮藏。

(四)贮藏中出现的主要问题及预防

大蒜贮藏中主要会出现青霉病、干腐病、黑曲霉病。

1.大蒜青霉病

青霉病是由曲霉属青霉菌侵染引起。病状表现为:病部变软,表面形成灰绿色粉状孢子群,有恶臭味。该菌主要通过伤口入侵。因此,防止机械损伤,低温冷藏以及用托布津 500 倍液处理都可降低该病的发生。

2.大蒜干腐病

干腐病是由半知菌亚门镰刀霉属菌侵染引起。病状表现为:病部表面生出白色至淡红色菌丝体,组织呈水渍状。28℃温度容易使蒜头发生干腐病。该菌主要

二维码 6-16　大蒜青霉病症状
(引自百度搜索)

在田间从伤口入侵,贮藏中发病。另外,在田间喷代森锌或多菌灵可减少发病。采后贮藏于0℃温度及中等湿度下也能防止本病的传播。

▶ 五、洋葱

洋葱又称圆葱头或洋葱头,以肥大的鳞茎供食用,具有明显的生理休眠期。按形态分类有圆、扁球形、纺锤形等;按外皮颜色分类有紫红色、黄色和白色。由于洋葱适应性强,又耐贮藏和运输,我国各地都有种植,经贮藏加工可全年供应。

(一)贮藏特性

洋葱品种中黄皮扁圆类型休眠期长,耐贮藏,如天津黄皮、辽宁黄玉等。红皮类型属晚熟种,产量高,耐贮藏;近圆球形的比扁圆形的耐贮藏。白皮类型为早熟种,容易发芽,不耐贮藏。洋葱在夏季收获后,外层鳞片干缩成膜质,机体很快就可进入休眠期,时间长达1.5~2.5个月,9—10月萌芽生长,开始长根。处于休眠期的洋葱,外层鳞片干缩形成的膜质能阻止水分的通过,减弱机体的呼吸强度,使其具有忍耐炎热和干燥的生理特性,更加便于贮藏。休眠期结束后,遇到合适的外界环境条件便能出芽生长,机体贮藏的大量养分被利用,呼吸旺盛,鳞茎发软中空,品质下降,失去原有的食用价值,故延长洋葱的休眠期,防止其萌芽是贮藏洋葱的关键所在。

洋葱的组织细胞内含有一种油脂状挥发成分——蒜素,蒜素具有杀灭病菌的作用,可用来预防和治疗很多疾病,还能增进食欲。除了药用价值外,它的营养价值也很高,是深受消费者喜欢的蔬菜之一。

(二)贮藏条件

洋葱在贮藏过程中,温度不宜过低,温度过低易造成洋葱组织冻结,湿度、温度过高会促使洋葱发芽,影响贮藏性,因此,如何延长洋葱的休眠期,预防其发芽生长就成了洋葱贮藏技术的关键所在。

洋葱的适宜贮藏温度是$-1\sim0℃$,RH $65\%\sim70\%$,一般贮藏期可达6~8个月。若采用气调贮藏,可采用O_2 $3\%\sim6\%$和CO_2 $8\%\sim12\%$组合,能有效抑芽。

(三)贮藏方法及技术要点

1. 挂藏

选阴凉、干燥、通风的房屋或阴棚。将洋葱辫挂在木架上,不接触地面,四周用席子围上,防止淋雨,贮藏中不倒动。此法腐烂少,但休眠期过后会陆续发芽,因此要在休眠期结束前上市。

2. 机械冷库贮藏

这是在人工控制有制冷设施的贮藏库内进行的冷藏。一般是将挑选好的干爽洋葱,装入筐或编织袋内后置于在冷库的货架上,或码垛贮藏。温度控制在0℃左右,库内RH控制在$65\%\sim70\%$,可有较长贮藏期。但由于冷藏库湿度较高,鳞茎常会长出不定根。因此,冷库贮藏应注意需在8月中下旬洋葱结束休眠期之前入库贮藏;湿度不宜过大,否则出现长根和表面长霉现象。尤其在采用塑料薄膜封闭贮藏时,常因贮藏环境温差大而造成帐内凝结水珠,导致洋葱感染发芽。此时,可用0.2%的氯气防腐,每5~7 d通氯气1次。

3.辐射贮藏

用 γ-射线照射洋葱,有很好的抑芽效果。照射剂量、照射时间因品种等因素而不同,一般适宜的照射剂量是 3～15 krad。在休眠结束前进行照射最为合适。经 γ-射线照射过的洋葱,幼芽萎缩不能继续生长,也不能留作种用,但对其所含营养成分及食用品质均无不良影响。一般用于贮藏的品种多为中、晚熟的黄皮或紫皮品种。

4.高温贮藏

洋葱贮藏在 29.4～35℃的高温条件下,贮藏期限可长达 140 d。高温能阻止发芽,但失水较多。如果此时处于高 RH 下,容易生根。因此选择高温贮藏时应用低的 RH。

5.气调贮藏

目前气调贮藏洋葱的经济意义并不大,因为普通方法贮藏洋葱的最长贮藏期也可达 1 年左右。我国有采用简单的塑料大帐 MA 贮藏。每垛 500～1 000 kg,进行自然降氧,并维持 O_2 在 3%～6%,CO_2 在 8%～12%。此法一般在洋葱发芽前半个月左右封垛,使葱头在萌发时已自然形成低氧环境,因而继续处于强制休眠状态。进入冬季后,可利用自然低温控制发芽,因此就不必继续封闭。本方法明显地优于不封闭的贮藏。

6.窖藏法

洋葱采用窖藏的时间比较长,根据贮藏时期的气候特点,一般分为 3 个贮藏阶段。一是预贮藏:将适期收获后的洋葱,经过挑选、晾晒,捆成小把收藏在阴凉、背风雨的地方预贮。期间注意通风防潮,促使葱头外鳞片充分干燥。二是室外贮藏:时间为 8—11 月上冻前,在地势高燥,排水良好的地方进行堆藏或挂藏、筐藏等。注意防止葱头日晒雨淋,且保持通风干燥。三是窖内贮藏:小雪节气后,地表将要上冻时,入窖内贮藏。地窖一般深 1.5～2 m,长度与宽度,根据洋葱数量而定,窖顶留有通风口。入贮时将葱头装筐码放在窖内,白天注意通风调湿,晚上盖草苫注意防冻。气温最低时也要适当放风,排出窖内潮气,这样可以贮存到翌年 3 月。

贮藏洋葱的菜窖,不能与白菜、萝卜同贮,以免因湿度过大而影响洋葱贮藏效果。

7.化学药剂法

采用青鲜素(MH)作为抑芽剂,调配成 0.25%的溶液喷涂于洋葱叶片上,MH 对生长的限制无选择性,因此应严格地把握喷药时间,一般控制在收获前 7 d,喷药早晚都不利,如遇雨淋要重新喷 2 500 mg/kg 青鲜素。虽然用青鲜素作为抑芽剂抑芽效果明显,但是贮藏后期的腐烂率有所增加。

(四)贮藏中出现的主要问题及预防

洋葱在贮藏期内发生的病害主要是由灰霉病引起的腐败。在高温高湿下,洋葱还有细菌性软腐病(欧氏杆菌属)、洋葱黑霉病(曲霉属黑曲霉)、镰刀菌腐烂病(镰孢菌属)。另外白洋葱易得洋葱污斑病(炭疽菌属),该病发生于采收前,在温暖潮湿气候下传播很快。

其中洋葱灰霉病是由半知菌亚门葡萄孢属真菌侵染引起。其症状主要表现在洋葱的颈部,其菌丝体与腐烂组织呈灰色。严重时颈的表面及鳞片之间的空隙产生许多菌丝体,并有灰色孢子。该病菌侵染能力不强,只能从自然孔道或伤口侵入,一个完整而健康的鳞茎一般不会染病。防治方法可在贮前进

二维码 6-17　洋葱灰霉病症状
(引自百度搜索)

行愈伤处理,干燥地区可在田间进行,潮湿地区用热风进行人工处理。避免机械伤害和适当使鳞茎上部干燥是预防灰霉病的有效措施。贮藏期间保持通风干燥,RH 65%～70%和0℃左右的低温,能抑制该病的发展。

▶ 六、芦笋

芦笋也叫石刁柏,以幼茎作为蔬菜食用。我国长江流域以及北方地区,近年来栽培较多。例如北京、天津、山东、江苏、浙江、安徽等地均有芦笋栽培。

(一)贮藏特性

芦笋幼茎在出土前采收,则色白柔嫩,称为白芦笋。幼茎出土后则呈绿色,称为绿芦笋。白芦笋用做罐头食品的原料,绿芦笋鲜食。我国主要种植加州 800 号、玛丽华盛顿 500 号等。芦笋在贮藏期间具有幼茎伸长现象,一般温度越高,伸长速度越快,纤维素含量增加越快,从而促进芦笋的老化,影响了食用价值。在低温条件下,如果 RH 过低,很容易失水萎蔫。

(二)贮藏条件

芦笋贮藏的 RH 为 90%～95%。芦笋很少进行贮藏,但其出口量大,当前需要解决的问题有运输中的保鲜、失绿、头部腐烂等。

(三)贮藏方法及技术要点

1. 常温贮藏

将芦笋暂时存放于冷凉潮湿的地方,或将芦笋存放于冷凉的常流动的水池中,水质要清洁,使用深井水较好。但不能在木桶之类的非常流水中贮放。平时用湿布覆盖,降低温度。

2. 低温贮藏

冷藏的标准条件是温度为 0℃,RH 为 90%～95%,保持竖直状态放置。将芦笋的头部加以包装,可减少感染软腐病。但考虑到芦笋的冰点在 −0.9～−0.6℃,为了防止冻伤,实际贮藏温度为 0～2℃。在冷藏中芦笋容易蒸发水分而失去新鲜风味,故最好维持高湿度。芦笋在冷藏中,应该用玻璃纸或适当开孔的塑料包装纸进行包装。一袋 450 g 装有 17.8 cm 长的芦笋包装袋上,应开有 6 个直径为 6.35 mm 的小孔。

3. 气调贮藏

气调贮藏能够提高芦笋保鲜效果,能减少病害,防止失绿,延缓变硬现象的发生。一般来说,冷藏温度在 0～3℃时,控制 CO_2 浓度为 7% 为好。太高浓度 CO_2 会引起伤害,产品表面出现微凹、起皱的圆形或长圆形斑点。如果芦笋贮藏环境中 O_2 浓度低于 10% 时,也会出现低氧伤害,其特征是产品表皮形成低凹的绿色或白色的斑点,并且当产品转入正常大气中时,时常发生褐变。芦笋气调贮运货架期为 20 d 左右。

(四)贮藏中出现的主要问题及预防

芦笋采后主要有三种病害。一是细菌性软腐病,二是镰刀霉腐病(在 0～2℃低温下不发病),三是疫病(不太常见)。

其中芦笋的细菌性软腐病是最主要的病害,其病原由欧氏杆菌细菌侵染引起。病菌主要侵入芦笋的头部,引起腐烂发臭。这不是因笋尖受伤引起的,而是当芦笋老化时组织变得

果蔬保鲜与加工

稀疏松软,容易使细菌入侵。芦笋基部切面有伤口,也容易受害。芦笋的细菌性软腐病在所有贮藏的温度下都会发生。但在2℃以下时,病害轻微;在10℃以上时,发病则非常迅速。防

二维码6-18 芦笋细菌性软腐病症状
(引自百度搜索)

治措施有保持头部干燥;将芦笋温度迅速冷却至4℃以下,贮藏温度保持在2℃以下;将芦笋保存于7%的CO_2中,可以减轻该病发病;还可用100 mg/kg漂白粉处理切口。

【自测训练】

1.大葱、马铃薯、萝卜对保鲜条件有何要求?

2.萝卜在贮藏中发生的生理性病害主要有哪几种?

3.在贮藏中引起马铃薯出现褐变的原因是什么?如何防治?

4.气调冷藏大蒜的技术要点是什么?

5.辐照方式贮藏洋葱要注意的几个技术要点是什么?

【小贴士】

萝卜的选购和新吃法

购买萝卜时应挑选个体大小均匀、无病变、无损伤的鲜萝卜。萝卜皮细嫩光滑,用手指背弹碰其腰部,声音沉重、结实者不糠心,如声音混浊则多为糠心萝卜。

另外,萝卜的不同部位所含的营养成分不同,因此可采取不同部位不同吃法,以便能最大地吸收萝卜所含的营养。

从萝卜的顶部至3~5 cm处为第一段,此段维生素C含量最多,但质地有些硬,宜于切丝、条,快速烹调;也可切丝煮汤;或用于做馅,味道极佳。

萝卜中段,含糖量较多,质地较脆嫩,可切丁做沙拉,或切丝用糖、醋拌凉菜,炒煮也很可口。

萝卜从中段到尾段,有较多的淀粉酶和芥子油一类的物质,有些辛辣味,可帮助消化,增进食欲,可用来腌拌;若削皮生吃,是糖尿病患者用以代替水果的上选;做菜可炖块、炒丝、做汤。

任务 **3**

果菜类保鲜技术控制

学习目标

• 了解番茄、黄瓜、辣椒等蔬菜的贮藏特性；
• 知道番茄、黄瓜、辣椒等蔬菜的贮藏条件和方法；
• 能运用所学知识针对不同种类的果菜类蔬菜设计出合理的保鲜方案；
• 能运用所学知识解决果菜类蔬菜贮藏中出现的问题。

【任务描述】

通过学习本节,能明确番茄、黄瓜、辣椒、冬瓜、茄子等果菜类蔬菜的贮藏特性、贮藏条件。能针对不同种类的果菜类蔬菜按其自身贮藏特性要求设计出保鲜方案。掌握果菜类蔬菜的贮藏方法和贮藏中常见病害的防治方法,并能结合实际情况制定出合理的用于实践生产的蔬菜贮藏技术方案。

【知识链接】

学习单元　果菜类保鲜技术控制

果菜类蔬菜是指以植物的果实或幼嫩的种子作为主要供食部位的蔬菜。果菜是蔬菜中的重要类群,多数原产于热带,生长时需要较高的温度,是春、夏季节上市的重要蔬菜。果菜类蔬菜依照供食果实的构造特点不同,可分为瓜类、茄果类和豆类三大类。

▶ 一、番茄

番茄又名西红柿。我国引种栽培番茄仅有 90～100 年的历史,现在南北各地均有栽培,已成为一种主要的蔬菜。华北各地以春夏季栽培为主,长江流域也以春夏季栽培为主,少量作秋季栽培。珠江流域一年四季均可栽种番茄,一般以秋冬番茄为主。番茄品种很多,大多分为普通番茄、大叶番茄、直立番茄、梨形番茄和樱桃番茄五个种类。

(一)贮藏特性

番茄属喜温呼吸跃变型果实,果实的成熟存在着明显的阶段性。番茄的成熟分成五个阶段:绿熟期、微熟期(转色期至顶红期)、半熟期(半红期)、坚熟期(红而硬)和软熟期(红而软)。用于贮藏的番茄一般选用绿熟期至顶红期的果实,因为此期间的果实已充分长大,糖酸等干物质的积累基本完成,生理上恰处于跃变初期,果实健壮,具有较强的贮藏性和抗病性。同时在贮藏期间能够完成后熟转红的过程,接近于在植株上成熟的色泽和品质。

市场上贮藏番茄主要有春番茄和晚秋露地及大棚的产品。番茄红熟果实在 0～2℃ 条件下贮藏期很短。而绿熟果实的抗病性和耐贮性较强,可在贮藏中完成后熟,其品质接近植株上的自然成熟果实。因此生产上主要是绿熟果实贮藏,其贮藏适温为 8～13℃,RH 80%～85%。低于 8℃,番茄易受冷害。在上述适宜条件下贮藏,绿熟果实半个月内可完成后熟,整个贮藏期也只有 1 个月左右,红熟果只能在 0～2℃ 条件下贮藏 1～2 周。用气调法贮藏绿熟果可达约 2 个月,顶红果可贮藏 1.5 个月。番茄贮藏在 30℃ 以上会出现热害,番茄受热害后将不能正常成熟。

用于贮藏的番茄应选子室少、种子腔小、皮厚、肉致密、干物质和糖含量高、组织保水力强的品种。一般晚熟的品种较早熟的品种耐藏。

(二)贮藏条件

番茄是呼吸跃变型果实,若进行气调贮藏,在 2%～4% 的 O_2 和 3%～6% 的 CO_2 气调条件下,可贮藏60~80 d。番茄贮藏适宜的RH为85%~90%。若采取脱除乙烯的措施,还可以更加减缓番茄的转红和衰老速度。

(三)贮藏方法及技术要点

1.简易贮藏

秋季可利用土窖、通风库、地下室等阴凉场所贮藏番茄。用筐或箱贮存时,一般只装4~5层且应该内衬干净纸或垫,必要时用0.5%漂白粉进行消毒处理。将选好的番茄装入容器中,包装箱不要码得太高,箱底层要垫枕木或空筐,箱与箱间要留有空隙,以利于通风。如果是窖藏,以北京地区为例,在秋冬季节宜采用地下1 m左右的半地下式土窖。覆土厚度应在50 cm以上,窖顶中央每隔3 m左右设一通风筒,其直径约15 cm,一般在窖的南面开门,窖内应设空气加热线。贮藏前期应通风降温,后期当窖温下降到10℃左右时,开始用空气加热线加温,保持温度在11~13℃之间。窖内RH可利用泼水、加生石灰或通风等措施控制在85%~90%。贮藏期间每7~10 d检查1次,挑出病烂果实,红熟果实应挑出销售或转入0~2℃的库中继续贮藏。该法贮藏期为30~40 d。

2.冷藏

夏季高温季节可采用机械冷藏库贮藏。顶熟番茄贮藏温度为10℃,供出口的番茄一般在12℃下贮藏和运输是最好。完熟番茄贮藏温度为0~2℃。

3.气调贮藏

在10~13℃下,2%~4%的O_2和3%~6%的CO_2条件下贮藏最为适宜。O_2浓度过高或CO_2浓度过低,均会对番茄造成生理性伤害。下面介绍两种简易气调贮藏方法。

我国对番茄一般用大帐法自发气调贮藏。为避免CO_2过高造成伤害,加番茄重量的1%~2%消石灰。最好用快速降氧气调法,但生产上常因费用等原因,采用自然降氧法。当氧气降至2%~3%时,应用鼓风机补充新鲜空气,使帐内氧升高到4%~5%。一般需每天调气一次。另外,可用果重的0.05%漂白粉抑制病菌活动,有效期为10 d。在气调贮藏中,青果转红后,气体成分的影响就成为次要因素,因而帐子可不再密封。番茄气调贮藏时间,一般以1.5~2个月为佳。生产上也常用硅窗气调法,目前此法采用的是国产甲基乙烯橡胶薄膜。

在冷库基础上利用焦炭分子筛气调机进行番茄气调贮藏,可获得较好的贮藏效果。通过调节气体流量将O_2量保持在5%左右,停机后由于番茄的呼吸作用,一般隔24 h后O_2含量降至2%~3%,CO_2升至1%~2%,此时再开动气调机使气体循环,以脱除CO_2和乙烯,并从空气压缩机引入少量空气,将帐内O_2补充至5%。以后每天进行测气和补O_2操作。这样一般可控制O_2的含量在2%~5%,CO_2在0%~2%之间变化,乙烯含量一般不超过1 $\mu L/L$。此方法可以明显地抑制番茄后熟,有效地延长贮藏期。

(四)贮藏中出现的主要问题及预防

1.番茄果腐病

果腐病也称番茄早疫病或轮纹病,该病由半知菌亚门链格孢属真菌侵染引起,多发生在成熟果实裂口处。受害部位呈圆形斑,变黑,一般不凹陷,病部坚实,其果肉变暗而

二维码6-19 番茄果腐病症状
(引自百度搜索)

干,病斑上生灰色菌丝体,在高湿度下,有短绒毛状橄榄绿色至黑色孢子团。本病在番茄遭受冷害的情况下尤易发生。防治方法主要是避免任何形式的伤害,特别是冷害。另外,采收后立即使番茄处于 18～23℃下完熟,可大大减少本病发生。

2. 番茄根霉腐烂病

根霉腐烂病是由接合菌亚门根霉属真菌侵染引起。其症状为软腐部位一般不变色,果皮起皱缩,其上长出灰色粗糙纤维状菌丝,并带有白色至黑色小球状孢子囊。严重时整个果实软烂呈一泡水状,像个红色充水的气球,烂果发出轻微的发酵味道。病菌多从果柄切口处或伤口处侵入,病果与正常果接触会很快传。防治方法主要是果实采收后尽快冷却至 12.8～17.8℃,并小心处理,以避免产生机械伤害。

3. 番茄绵腐病

绵腐病又称番茄晚疫病,该病是由鞭毛菌亚门疫霉属真菌侵染引起。其症状为在果蒂处或其附近呈较大的水浸状斑或油脂状。病部中心呈褐色,有时果皮破裂,表面产生较纤细而茂密的白霉,造成腐烂。该病主要从田间侵入,防治方法主要在田间防治。另外采后可贮于 21℃下 4～7 d,从而剔除病果。

二维码 6-20　番茄绵腐病症状
(引自百度搜索)

二、黄瓜

黄瓜又称王瓜,以幼嫩果实供食用。按形态分有刺黄瓜、鞭黄瓜、短黄瓜和小黄瓜;按栽培季节分有春黄瓜、夏黄瓜和秋黄瓜。在全国各地均有栽培,南方地区春、夏、秋三季栽培,4 月开始上市;广州地区冬季都可栽培,周年供应;北方地区 6 月开始上市,无霜期长的可栽培春、秋两季,无霜期短的只能种一季;冬季还可利用保护地生产。

(一)贮藏特性

黄瓜是一种比较难以贮藏的蔬菜。它在贮藏过程中,仍在进行各种生理活动。因有顶端优势,养分不断向瓜顶部运送,种子继续发育,使顶部膨大变粗,而瓜把处逐渐萎缩。最终瓜条变形,组织变软,品质下降。黄瓜对乙烯反应敏感,由于受本身在代谢中释放出微量乙烯的影响而使黄瓜由绿变黄,黄瓜还容易受机械损伤而感染病害。所以,黄瓜在贮藏中的主要问题是后熟变质和腐烂。

(二)贮藏条件

我国的《黄瓜冷藏与运输技术》行业标准中规定,黄瓜的适宜贮藏温度为 10～13℃,适宜 RH 为 90%～95%。温度低于 10℃黄瓜就会发生冷害,但在高湿度情况下,可以减少冷害的发生。

(三)贮藏方法及技术要点

1. 缸藏法

先用白酒擦净贮藏用缸,以消毒防腐。秋冬季在室内将缸埋入地下一半或放在地面上,缸里放入 15 cm 深的清水,在水面上 6～10 cm 处放上木板钉成的十字架或井字架,上面放竹篦子后再把黄瓜码在上面。可沿缸壁码放,也可呈放射状码放,柄朝外,花蒂朝中心。缸中央要留空隙,以便缸内温度均匀,也便于检查。码至距缸口 10～13 cm 为止,然后用牛皮纸将缸口封严。前期要防热,如果缸内温度过高、湿度过大,可打开缸口通风换气。后期随气温降低,要在缸周围和缸上面加保温防寒物。

2.窖藏法

在背阴处挖 2 m 宽、1.5～2 m 深的沟,长度依贮量而定。顶口要有盖,中间留出入口,一端放一个通风管。窖底和四壁铺设光洁的秫秸,以防刺伤黄瓜。然后便可将黄瓜放入窖内,同时要盖严窖口。入窖后要勤检查,发现变质的黄瓜要及时挑出,以防病菌传染。

3.水井贮藏法

选一适宜的水井,在距水面 33 cm 处安一个结实的井字架,将黄瓜间隔地码在木架上,码完一层铺一层秫秸。相邻的两层瓜码的方向要错开,一直码至距井口 30 cm 左右为止。天气不太冷时,井口盖木盖;立冬后天气转冷,井盖要加稻壳或碎棉花等防寒。

4.简易气调贮藏法

在能控制贮藏温度的场所,可采用简易气调贮藏方法。

(1)垛藏　将黄瓜装筐,盖 1～2 层纸,码垛,用聚乙烯薄膜(0.03～0.08 mm 厚)帐子罩上,利用开关通风口进行气体调节。

(2)袋藏　用 0.03 mm 聚乙烯薄膜制成小袋,每袋装瓜 1～2 kg,折口后装筐或上架。

(3)筐藏　用 0.03 mm 厚的聚乙烯薄膜衬在筐内,把黄瓜码在筐中,码好后再用薄膜盖严。

5.低温贮藏法

黄瓜冷害的临界温度为 10℃,而在 15.6℃ 以上时会变黄。因此其贮藏的最佳温度为 12.2～12.8℃,黄瓜短期贮藏 1～2 周,可采用 10℃。RH 95％可显著阻止黄瓜变软变皱,把黄瓜装入打孔的薄膜中可显著减少失水。美国推荐的黄瓜冷藏条件为:贮温 10～13℃,RH 95％,贮藏期 10～14 d。

(四)贮藏中出现的主要问题及预防

黄瓜采后贮藏病害主要有灰霉病、炭疽病、细菌性斑点病、黑斑病、根霉软腐病等。

黄瓜灰霉病比较常见。灰霉病是由半知菌亚门灰葡萄孢菌真菌感染引起。症状表现为黄瓜蒂部呈水渍状,软化,表面密生灰色霉,之后病瓜呈黄褐色并萎缩。病菌多从开败的花中侵入。防治该病可用 0.01％～0.02％次氯酸钙(药量按瓜重)或仲丁胺、克雷灵处理。另外在 10℃ 下贮藏也可减轻本病发生。

二维码 6-21　黄瓜灰霉病症状
(引自百度搜索)

▶ 三、辣椒

辣椒果在绿熟期为"青椒",辣椒果多以绿果供食用,含有大量的水分,所以在贮藏中应防止失水萎蔫,同时还应抑制完熟变红。因为当辣椒变红时,呼吸作用有明显的上升趋势,同时伴随有微量乙烯生成,生理上已进入完熟和衰老阶段。所以,在贮存期中除防止萎蔫和腐烂外,还要防止后熟变红。目前,青椒贮藏主要是冬季贮藏,以延长青椒的供应期。亦可夏季短期贮存,以调节8、9月份蔬菜淡季。

辣椒的种类主要有两种,即长辣椒和灯笼椒。长辣椒辣味强,宜在充分成熟并转红时采收,多在干制后保存,鲜食的很少,或只做短期贮藏。灯笼椒无辛辣味,长圆形、果大、肉厚、味甜,多在绿熟时食用,是目前贮藏量和运输量较大、经济效益较高的蔬菜种类之一。

(一)贮藏特性

辣椒喜凉怕热,适宜的贮藏温度为 $6\sim8℃$,在 $1\sim3℃$ 的条件下也能贮存 2 个月左右。在温度低于 $8℃$ 贮藏时易受冷害,低于 $4\sim5℃$ 冷害严重,而高于 $13℃$ 时又会加速衰老和腐烂。因采收季节的不同,辣椒对低温的忍受程度也不尽相同。不同品种的辣椒对低温的忍受时间也不同,夏椒比秋椒对低温更敏感,冷害发生时间更早。国内外研究资料表明:气调对辣椒保鲜,抑制后熟变红等有明显效果。贮存时需有良好的通风条件,一般认为辣椒气调贮藏的 O_2 浓度应稍高些,CO_2 浓度应低些,贮存的空气 RH 应保持在 $85\%\sim95\%$。受霜冻的辣椒不耐贮存,采收时要注意采收原则。

贮藏青椒要选用耐贮的晚熟品种,并挑选色深、肉厚、无损伤、无病害的完好果进行贮存。采后如气温尚高,可在阴凉处短期预贮,装筐或散放在阴凉室内或田地浅沟内,注意防晒和防霜冻。

(二)贮藏条件

辣椒贮存的空气 RH 为 $85\%\sim95\%$,适宜温度为 $6\sim8℃$,气调贮藏适宜气体指标一般为 O_2 $2\%\sim8\%$、CO_2 $1\%\sim2\%$。

(三)贮藏方法及技术要点

1.窖藏法

利用带有通风口的半地下式窖,窖深与宽均为 2.3 m,长度以贮藏量而定。窖底需晒几天再盖顶,每隔 $2\sim3$ m 留一个通风孔,孔径 15 cm。窖顶留有天窗,窖底用沙子垫铺。将预贮散热后的辣椒以及剔除病、虫、烂、伤、过熟后的辣椒装筐,装筐到 2/3 处为宜。辣椒刚入窖时,要经常倒翻检查,$3\sim5$ d 倒一次,以后 $7\sim10$ d 倒一次,同时要拣出不能再贮的辣椒。并严格控制窖内的温、湿度。在入窖初期,辣椒会发生程度不同的发汗现象。如果发汗时间过长,不仅引起腐烂,还会加速红熟,缩短贮藏期。因此入窖初期要加大通风量,并充分利用夜间进行通风降温,将温度控制在 $6\sim10℃$ 为宜。以后可随气温下降逐渐减少通风量,严寒天气则要注意防寒保暖,通风时应选晴暖天气中午进行,防止辣椒受冻,此法一般可贮存 $60\sim90$ d。

2.沙藏法

霜冻前把辣椒果带柄摘下,放在阴凉处晾 $2\sim3$ d,除去水气后即可贮存。在室内或窖内用箩筐、木箱等工具,也可在地面上用砖圈起一块地,底部铺上晒干的细沙土,把晾好的辣椒按层摆好。按一层辣椒一层沙子摆放后,再活动一下辣椒,达到辣椒间用沙子隔离不相碰的目的。待辣椒全部摆好用沙子盖严。贮藏期间每隔 $10\sim15$ d 检查 1 次,挑出烂果,一般能贮存到 12 月下旬至元旦。

3.气调贮藏法

适用于秋季采收的辣椒贮藏。贮藏温度为 $6\sim9℃$。贮藏时使用仲丁胺(用量每升自由空间 0.03 mL)有一定的防腐效果。可以选用北京市蔬菜贮藏加工研究所用的焦炭分子筛气调机进行气调贮藏,在使用防腐剂的情况下,O_2浓度控制在3%～6%、CO_2浓度控制在2%左右,每天换气一次,既保湿、又通风,贮藏效果较好,还可延迟果实转红的速度。

4.袋贮法

将采收的辣椒,在剔出病虫、伤果并经适当摊晾后,装入无毒害的聚乙烯塑料袋内。每袋装3 kg左右,然后松扎袋口,每10～15 d解开口透气1次,放出袋内过多的二氧化碳。此法主要利用塑料薄膜袋保持一定的湿度与CO_2,延缓辣椒成熟、抑制老化,增长保鲜时间。

5.塑料帐贮藏法

将经贮前处理后的辣椒装入筐内,把筐堆码在通气库中,用塑料薄膜将码好的垛套上,封住口成为塑料帐。利用辣椒本身的呼吸作用使帐内的氧含量逐渐减少,二氧化碳逐渐增加,以延长贮存期。每隔2～3 d揭开帐,擦干帐壁上的水滴,并通风15 min左右,调节帐内气体成分。

(四)贮藏中出现的主要问题及预防

辣椒采后贮藏中有许多病害,主要有炭疽病、早疫病等。

1.辣椒炭疽病

炭疽病是由半知菌亚门刺盘孢属真菌侵染引起。该病症状为果实表面先出现水浸状小斑点,逐渐扩大,呈褐色图形或不规则形凹陷,同时出现同心轮纹,稍有隆起,沿此轮纹密生无数小黑点。该菌的分生袍子易从伤口侵入,发病后引起辣椒采后严重的损失。防治方法是尽快预冷并贮于7℃下,另外应

二维码6-22　辣椒炭疽病症状
(引自百度搜索)

尽量减少机械损伤。

2.辣椒早疫病

早疫病是由半知菌亚门中的链格孢属真菌侵染引起。其症状为病斑呈圆形、灰绿色、水浸状,病斑稍凹或不凹陷,有清晰的边缘。随后变成浅褐色、再变成泥状褐色和黑色。真菌能侵入未损伤的辣椒表皮,只能传染受日照生理损伤和低温损伤的组织。采前和采后的低温冷害是引起该病的主要原因。

二维码6-23　辣椒早疫病症状
(引自百度搜索)

防治方法主要是将辣椒置于适宜温度下贮藏。

▶ 四、冬瓜

冬瓜又称白瓜,以果实供食用:按果实大小分小型冬瓜和大型冬瓜。其中小型冬瓜为早熟或较早熟,以嫩瓜供食,6—7月采收上市。大型冬瓜为中熟或晚熟,以老熟瓜供食,7—9月采收上市,也可经贮后上市。现在我国各地均有分布,以南方为多,是一种重要的蔬菜。

(一)贮藏特性

贮藏用冬瓜为生理成熟的果实,呼吸强度与代谢能力均已下降,且已经形成较好的保护层,皮厚又带蜡粉,较耐贮藏。冬瓜有青皮冬瓜、白皮冬瓜和粉皮冬瓜之分。青皮冬瓜的茸

毛及白粉均较少,由于有保护层的保护,果实水分散失小,皮厚肉厚,质地较致密,不仅品质好,抗病力也较强,果实较耐贮藏。粉皮冬瓜是青皮冬瓜和白皮冬瓜的杂交种,早熟质佳,也较耐贮藏。

(二)贮藏条件

冬瓜贮藏的最适温度为 10～15℃,若温度低于 10℃,则会发生冷害。空气 RH 为 85%～90%。由于这些贮藏条件在自然条件下很易实现,因此常采取窖窖或室内贮藏。

(三)贮藏方法及技术要点

1. 常温贮藏

冬瓜的常温贮藏主要是在通风库、地窖内进行堆藏和架藏。具体方法是在窖内或室内地面上铺一层干沙或稻草,把冬瓜摆在上面,可堆放 2～3 层。在库中摆瓜的方法一般要和田间生长时的状态基本一致,即地里怎么长,窖里怎么放,因为冬瓜生长中内部组织已适应重力作用,在窖内用同样方式摆放,内部不易产生裂伤。

冬瓜贮藏前期含水量大,呼吸热积累较多,要加强通风散热和排湿工作;后期要加强保温,以防受冻。白天关闭窖门,夜间通风降温,使窖内保持温度 10℃左右,RH 70%～75%。整个贮藏期间要经常检查,随时剔除不宜继续贮藏的冬瓜供应市场,当气温过低时,特别是 0℃左右时,要覆草防冻。贮藏寿命可达 100～130 d。

2. 堆藏

堆藏是选择阴凉、通风、干燥的房间,把选好的瓜直接堆放在房间里。贮前用高锰酸钾或福尔马林进行消毒处理,然后在堆放的地面铺一层麦秸,再在上面摆放瓜果。瓜摆放时一般要求和田间生长时的状态相同,原来是卧地生长的要平放,原来是搭棚直立生长的要瓜蒂向上直立放。冬瓜可采取两个一叠"品"字形堆放,这样压力小、通风好、瓜垛稳固。直立生长的瓜柄向上只放一层。

3. 架藏

架式贮藏中的库房选择、质量挑选、消毒措施、降温防寒及通风等要求与堆藏基本相同。所不同的是仓库内用木、竹或角铁搭成分层贮藏架,铺上草帘,将瓜堆放在架上。此法通风散热效果比堆藏法好,检查也比较方便。管理同堆藏法,目前多采用此法。

4. 冷库贮藏

在机械冷库内,可人为地控制冬瓜贮藏所要求的温度和湿度条件,贮藏效果会更好,一般品种的贮藏期可达到半年左右。

(四)贮藏中出现的主要问题及预防

冬瓜采后贮藏病害一般不是很严重。主要有冬瓜绵疫病和炭疽病。防治方法主要是做好田间防病,采后放于较低温度下贮藏。

▶ 五、茄子

茄子属于茄科植物,是我国北方夏秋季节的主要蔬菜。茄子从形态可分为三个类型:第一类为大圆茄,北京栽培最多,历史也最久;第二类为长茄,赤紫色,江南栽培较多;第三类为卵圆形茄,也称为电灯泡茄。茄子以鲜果供食用,鲜果具有较高的营养价值。

(一)贮藏特性

茄子性喜温暖,不耐寒,为冷敏型蔬菜。一般选用晚熟深紫色,圆果形,含水量低的品种来贮藏,应适时把握采收时期。如采收过早,茄子含水量高,产量低;但采收过晚,果皮变厚,种皮坚硬,种子变褐,衰老不易贮藏。因此,茄子采收一般在下霜前,晴天气温较低时进行。茄子采收的标志为:在萼片与果实连接处有一白绿色的带状环,环带不明显,即为采收期。

(二)贮藏条件

适宜贮藏温度为 $10\sim12\text{℃}$,RH $85\%\sim90\%$。当温度低于 7℃ 时,会出现冷害,但温度过高容易衰老。茄子对 CO_2 敏感,浓度超过 7% 会造成伤害。低 O_2、低 CO_2 对防止果柄脱落和保鲜有一定效果,但对果实腐烂不能起到较好的控制作用。茄子对氯气敏感,因此防腐杀菌时不可采用氯气,采用仲丁胺有一定效果。

(三)贮藏方法及技术要点

1. 沟藏、窖藏法

选择地势高、排水好的地方挖贮藏沟,沟为东西走向、深 1.2 m、宽 1 m、长 3 m,顶部先盖 $6\sim7\text{ cm}$ 厚的秋秸,再盖一层干土,一端留出入口。也可用窖藏。码放方式为最下一层果实的果柄向下插入土中,第二层以上果实的果柄向上,在果实间应留有空隙,以免扎伤。码放不宜超过 4 层,堆好后上盖牛皮纸。最后在进口处用棉秸封好,保持窖内温度 $6\sim9\text{℃}$,RH 85%。要经常入贮藏沟内或窖内检查温、湿度,用覆土或开闭换气孔进行调节。

2. 塑料袋、帐气调贮藏法

用 40 cm 长的乙烯塑料袋,两侧打 5 个直径 5 mm 的小孔,折口或扎口贮藏。30 cm 宽的塑料袋每袋装入 $4\sim5$ 个茄子,在常温 $20\sim25\text{℃}$ 以下的库房里,用塑料帐气调贮藏。帐内 O_2 含量为 $2\%\sim5\%$、CO_2 含量为 5%,可贮藏 30 d。

3. 化学贮藏法

为减少茄子发生腐烂或萎蔫,北京市农林科学院蔬菜研究中心曾用苯甲酸洗果然后单果包装,温度控制在 $10\sim12\text{℃}$,贮藏 30 d 好果率可达 80% 以上。

4. 涂膜贮藏法

用涂料涂在果柄上,可控制呼吸强度,并实现防腐保鲜、延缓衰老的效果。涂料的配制方法为:①10 份蜜蜡、2 份酪朊、1 份蔗糖脂肪酸酯,混合均匀呈乳状液;②70 份蜜蜡、20 份阿拉伯胶、1 份蔗糖脂肪酸酯。混合均匀后加热至 40℃,即成糊状保鲜涂料。

5. 低温贮藏法

把茄子贮藏温度控制在 $10\sim12.8\text{℃}$,RH 92%,可贮藏 $2\sim3$ 周。

(四)贮藏中出现的主要问题及预防

茄子在贮藏中极易腐烂变质和脱把,主要表现在:其一,果柄与萼片发生湿烂或干烂,会直接引起果实腐烂或引起果柄、萼片与果实脱离。其二,果实易出现褐纹病、绵疫病等多种病害的病斑,或导致全果腐烂。最后,因茄子含水量高,呼吸旺盛,极易萎蔫。茄子在 $5\sim7\text{℃}$ 以下温度下贮藏时会出现冷害,病部出现水浸状或脱色的凹陷斑块,内部种子和胎座薄壁组织变褐。

茄子在贮藏中主要出现的病害有褐纹病和绵疫病。

1.茄子褐纹病

褐纹病是由半知菌亚门拟茎点霉属真菌侵染引起。该病症状初期呈圆形褐色凹陷病斑，逐渐扩大呈同心轮纹；最后整个果实变成黑褐色腐烂。在高温高湿的环境条件下，此病蔓延很快，但在干燥的环境条件下发病较轻。此病在田间感染后在贮藏期蔓延。长茄抗病性强于圆茄，白绿茄强于紫、黑茄。防治本病方法主要是采后立即冷却至10℃下贮藏。

二维码 6-24　茄子褐纹病症状
（引自百度搜索）

2.茄子绵疫病

绵疫病是由鞭毛菌亚门疫霉属真菌侵染引起。其症状为：感病后呈现水浸状圆形病斑，并逐渐扩大蔓延至整个果实，果肉变黑腐烂。其卵孢子萌发后可穿透表皮侵入果肉，也可通过伤口侵入。该病在高温高湿

二维码 6-25　茄子绵疫病症状
（引自百度搜索）

条件下发病速度快、危害大。防治方法主要是剔除病果，并迅速冷却至10℃下贮藏。

六、菜豆

菜豆又名芸豆、豆角等，为豆科菜豆属一年生草本植物。原产于中南美洲热带地区，16世纪传入中国，现中国以软荚菜豆作为蔬菜有广泛的栽培面积，以成熟种子供食用的菜豆在东北、西北、华北部分地区有栽培。菜豆品质鲜嫩，营养丰富。

(一)贮藏特性

菜豆喜温暖，不耐寒霜冻，温度低时易发生冷害，出现凹陷斑，严重时，呈现水渍状病斑，甚至腐烂，但温度也不能太高，如高于10℃时容易老化，豆荚外皮变黄，纤维化程度增高，种子膨大硬化，豆荚脱水，也易发生腐烂。菜豆多食用嫩荚，在贮藏中表皮易出现褐斑。同时豆荚对 CO_2 较为敏感，浓度为 $1\%\sim2\%$ 的 CO_2 对豆荚锈斑的产生有一定的抑制作用，但 CO_2 浓度大于 2% 时锈斑增多，甚至发生 CO_2 中毒，因此，用于贮藏使用的豆荚应选择荚肉厚，纤维少种子小，锈斑轻，适合秋季栽培的品种。

(二)贮藏条件

菜豆适宜的贮藏条件为：温度 $8\sim10℃$，RH 95% 左右，CO_2 浓度 $1\%\sim2\%$，O_2 浓度 5%。

(三)贮藏方法及技术要点

1.土窖贮藏

将菜豆采摘后进行严格挑选，剔除有病虫害机械伤的菜豆，放入容积为 $15\sim20$ L 的荆条筐内进行贮藏，但在菜豆装筐前应将荆条筐用石灰水浸泡消毒，晾干方可使用。装筐时筐底和四周铺塑料薄膜，防止菜豆机械伤，塑料薄膜略高于筐，便于密封。在筐的四围打直径 5 mm 左右的小孔 $20\sim30$ 个，以防 CO_2 的大量积累，同时还应注意菜豆的散热，最后采用 $1.5\sim2.0$ mL 仲丁胺熏蒸处理，防止病害发生。菜豆入窖后加强夜间通风，维持窖温在 $9℃$

左右,还应定期倒筐,及时挑选剔除腐烂豆荚,此法贮藏可贮藏 30 d。

2.气调贮藏

将豆荚采收后进行挑选,剔除病虫害、机械伤者,放入冷库内先预冷,待品温与库温基本一致时,装入 PVC 小包塑料袋中,每袋 5 kg 左右,袋内装入生石灰吸收空气结水。最后将袋子单层摆放于菜架上,也可将经处理预冷的菜豆装入 PVC 的筐中或箱中,折口放好。堆放时应留有一定空隙,便于很好地通风。贮藏期间每两周左右检查 1 次,可贮藏 1 个月,最长可达 50 d,好荚率可达 80%～90%。

(四)贮藏中出现的主要问题及预防

菜豆锈病是菜豆贮藏中常见的病害。主要由真菌侵染,全国各地均有发生。菜豆锈病主要危害叶片,也能危害茎和豆荚。叶片染病时会先产生黄白色小斑,后期呈暗褐色,周围有黄色晕环;茎染病时初期产生褪绿色斑,后期产生黑色或黑褐色的冬孢子堆;荚染病时,产生暗褐色突出表皮的疱斑,表皮破裂散发锈褐色粉状物。上海及长江中下游地区菜豆锈病的主要发病盛期在 5—10 月,尤其在夏秋高温、多雨的年份发病重。防治的方法为:收获后及时清除田间病残体,并及时排出水气、湿气。药剂防治的方法为用 30% 氟硅唑微乳剂(世飞)3 000～5 000 倍液,每隔 7～10 d 喷 1 次,连续喷 1～2 次。

【自测训练】

1.番茄、黄瓜对保鲜条件有何要求?

2.辣椒在贮藏中发生的生理性病害主要有哪几种?

3.在贮藏中引起茄子出现褐变的原因是什么?如何防治?

4.番茄的气调冷藏技术要点是什么?

【小贴士】

五种西红柿最好别买

果蒂部位发青的、色泽不均匀的、畸形的、手感坚硬、籽粒呈绿色的。

优质西红柿的特征:有红绿相间的果蒂;果实整体圆滑,果形周正,成熟适度;西红柿籽呈土黄色,果肉红色多汁。

果蔬保鲜与加工

任务 **4**

食用菌保鲜技术控制

学习目标

- 了解平菇、香菇、金针菇、木耳的贮藏特性；
- 知道平菇、香菇、金针菇、木耳的贮藏条件和方法；
- 能运用所学知识针对不同种类的食用菌设计出合理的保鲜方案；
- 能运用所学知识解决食用菌贮藏中出现的问题。

【任务描述】

通过学习本节,能明确平菇、香菇、金针菇、木耳等食用菌的贮藏特性、贮藏条件。能针对不同种类的食用菌按其自身贮藏特性要求设计出保鲜方案。掌握食用菌贮藏方法和贮藏中常见病害的防治方法,并能结合实际情况制定出合理的用于实践生产的食用菌贮藏技术方案。

【知识链接】

学习单元　食用菌保鲜技术控制

食用菌含水量高,组织细嫩,呼吸强度大,营养物质的消耗快,极易腐烂和老化变质,耐贮性很差,不适于长期贮藏。适宜的低温有助于降低食用菌的代谢水平,延缓其衰老过程,延长保鲜期。

▶ 一、平菇

平菇又称为北风菌、耳菇等,为优质真菌。由菌丝体和子实体组成,菌丝体是营养器官,呈白色或毛状,可分解基层,吸收养分;子实体为食用部分,菌盖为覆瓦状丛生或叠生,幼小时灰色,菌肉白色,肥厚柔软,长柄侧生。

(一)贮藏特性

鲜平菇含水量高,组织脆嫩,极易损伤,保存不当时容易腐烂变质。采用科学的方法保鲜可减少损失,提高效益。水分是影响平菇鲜度、嫩度和风味的极其重要的成分之一。在贮藏保鲜过程中,如果自由水蒸腾损失过多,就会使鲜菇外观萎蔫、干短,风味变劣。但如果自由水含量过高,就会影响平菇贮藏保鲜的稳定性,容易滋生霉菌,导致子实体腐烂变质,在高温季节,后一种现象更为严重。影响鲜菇水分散失的重要因素是温度和空气 RH,所以,在贮藏保鲜期要特别注意对环境温度和 RH 的控制。

(二)贮藏条件

新鲜的平菇在温度为 5～7℃、空气 RH 为 80％左右时,可贮存 1 周。温度增高,湿度也要增加。存菇量不多时,可将平菇放在装有少量冷水的缸内,可将缸口封严,气温即使达到 15～16℃,也可保藏 1 周左右。

(三)贮藏方法及技术要点

1. 冷藏

冷藏是指在接近 0℃或稍高一些的温度下贮藏的一种保鲜方法,可在冷藏室、冷藏箱或冷柜中进行。大多数新鲜平菇经过冷藏后有 20 d 以上的保鲜期,贮藏效果好于常温下贮藏。因此,生产中平菇的保鲜普遍采用冷库贮藏,贮藏温度以 0～3℃为宜。库房内的 RH 控制在 95％左右,要求贮藏期间温度、湿度维持恒定。经过冷藏的平菇出库后,在常温下会很快衰

果蔬保鲜与加工

老腐烂,造成常温销售的货架期很短,故新鲜平菇的贮藏和销售过程最好有一条完整的冷链。

冷冻保鲜方法是将新鲜的平菇在沸水或蒸汽中处理 4~8 min,放到 1%柠檬酸溶液中迅速冷却,沥干水分后用塑料袋分装好,再放入冷库中贮藏(量少时可放入冷箱中存放),能保鲜 3~5 d。

2.气调贮藏

采摘后的鲜菇仍在进行呼吸作用,吸收 O_2,放出 CO_2。适当降低环境中 O_2 的浓度,增加 CO_2 的浓度可以抑制呼吸作用,延长保鲜期。有试验证实,高浓度的 CO_2 对新鲜平菇具有明显的抑制生长作用,目前商业上采用气调库贮藏鲜平菇时,CO_2 浓度达到 25%,开伞极少,颜色洁白,品质保存效果很好。在气调室内,有一个降 O_2 和升 CO_2 的过程,降氧期越短越好,这样贮藏的平菇可尽快脱离高氧的环境,获得最佳的气调效果。

3.化学药剂贮藏

可用来处理平菇的化学药品主要有 0.1%焦亚硫酸钠、0.6%氯化钠、4 mg/L 三十烷醇水溶液、50 mg/L 青鲜素水溶液、0.05%高锰酸钾溶液、0.1%草酸等。方法是将平菇修整干净,放入药液中浸泡 1~5 min,捞出后沥干水分,分装入 0.03 mm 厚的聚乙烯塑料袋中,扎紧袋口进行贮藏。

4.辐射处理贮藏

辐射处理是一项保鲜新技术,与其他方法相比有许多优越性,是一种很有前途的物理贮藏方法。方法是将成熟的平菇用塑料袋封装,按一定剂量进行照射,在 15℃左右条件下贮藏。常采用 2 000 Gy 剂量辐射处理,可保鲜两周左右。

(四)贮藏中出现的主要问题及预防

平菇在贮藏中常出现的病害有孢霉软腐病、青霉病、毛霉软腐病和细菌性褐斑病等。

1.平菇孢霉软腐病

指孢霉将子实体侵害后,菌柄及菌褶处长满白色菌丝,菌柄从基部向上呈淡褐色软腐症状,但不发出臭味,染病子实体稍稍触动即倒下,未软腐的子实体呈污黄色,与正常的子实体有明显的区别。防治方法为当床面出现白色菌被后及时扒除菌被,停止喷水 1~2 d,加强通风。喷 25%的 500 倍的多菌灵或 65%的代森锌。

2.平菇青霉病

平菇子实体一般不易受青霉菌的侵染而发生病害,当培养料酸性过重(pH 4)或含量不足及空气 RH 过低(20%)时,或菇霉丛生密度过大而养分水分供应不上时,易受此病原菌侵染而发病。病状为从顶向下呈黄褐色枯萎,生长停止,表面长出绿色粉状霉层,可向邻近生长正常的平菇侵染,引起健康菇从菌柄基部发生黄褐色腐烂症状,并由基部向上发展。防治方法为搞好贮藏期的管理工作,控制适宜的温度、湿度。发现病菇及瘦弱幼菇及时摘除,集中处理,须防病菌扩散、蔓延。

3.平菇毛霉软腐病

该病发生在室内及露地场畦栽培的平菇上,特别是在子实体充分成熟后未及时采收,而菇房又处在高温高湿、通风不良和喷水过多的情况下有利此病发生。平菇子实体受病菌侵染后,整个子实体呈淡黄褐色水渍状软腐,一般多从菌柄基部开始逐渐向上发展,也有以菌盖开始发生。软腐后的子实体表面黏滑,但不散发恶臭气味。防治:温度高时喷水后一定要

二维码 6-26　平菇毛霉软腐病症状
（引自百度搜索）

充分通风换气；菌床受害后，菇房要加强通风，特别要降低空气 RH。受害较重的部位，可用石灰和多菌灵混合覆盖，或用 pH 8.5 的石灰清水或 1∶600 倍 50％多菌灵液喷洒。

二、香菇

香菇是亚洲国家主要栽培的食用菌。中国香菇生产历史悠久，距今已有 1 000 多年历史，是世界香菇栽培发源地。香菇已经成为世界第二大食用菌栽培种类。香菇一般生长在冬春季，有些地区夏秋季生长在阔叶树倒木上。人工栽培香菇，按发生季节有春生型、夏生型、秋生型、冬生型和春秋生等类型，在段木上单生或群生。

(一)贮藏特性

香菇含有丰富的氨基酸、蛋白质等营养物质，味道鲜美。但由于香菇质地细嫩，后熟作用强，采收后鲜度下降快。此外，香菇采后呼吸作用旺盛，在常温下很快开伞、褐变、变味，品质败坏，因此只能作短期贮藏。采收后若加工处理不及时会造成严重损失。因此，采后贮运销售及加工前需采取适当措施，以防香菇品质下降。生产上主要通过低温贮藏运输来保证其鲜度。

(二)贮藏条件

食用菌含水量高，组织细嫩，呼吸强度大，营养物质消耗快，极易腐烂和老化变质，耐贮性很差，不适于长期贮藏。香菇的最佳贮温在 0～8℃，最适贮藏湿度为 80％～90％，湿度过低会使水分散失，导致菇体枯萎和皱缩，降低贮藏效果。

(三)贮藏方法及技术要点

1.冷藏保鲜

低温能保持蘑菇的新鲜和质优，香菇冷藏保鲜是利用低温来减缓酶和微生物的活动，抑制菇体组织化学反应引起的变质，达到有效的短期保藏。冷藏的温度与保鲜的时间呈反相关，就是说冷藏的温度越低，保鲜的时间就越长。但过低温度会引起菇体代谢反常，减弱对不良环境的抗性。一般冷藏温度控制在 0～10℃，贮藏时间为 7～20 d，在 4～5℃时可贮藏半个月左右。

要注意冷藏中香菇的贮藏湿度应为 80％～85％，湿度不能过度，否则菇体发黑、发皱、无弹性。冷藏时间不能太长，一般掌握在 2 周内，冷藏时间越短，香菇鲜度越好。冷藏库温控制不能低于 0℃。冷藏过程中，应经常翻筐，保证各部位受冷均匀。

2.速冻保鲜

在 30～40 min 内将香菇由常温速降至 -40～-30℃，然后在 -18℃下冻藏，可长期保持原有的品质与风味。

速冻工艺为：原料验收→清洗→护色→漂洗→人工分级→抽空气→烫漂→一次冷却→二次冷却→速冻→精选→包冰衣→包装→冻藏→运输。

果蔬保鲜与加工

3.薄膜封闭气调贮藏

适当降低空气中的 O_2 和提高 CO_2 浓度,可明显抑制菇体新陈代谢和微生物活动,而且 CO_2 可延缓子实体开伞和降低酚氧化酶活性,以达到保鲜目的。

鲜香菇经过精选、修整后,菌褶朝上装入透气性的聚乙烯薄膜袋内,扎紧袋口,于 0℃ 左右贮藏。此种方法具有材料易得,保存方便,费用低,卫生美观等优点。现已广泛用于鲜菇的贮藏、运输和零售各个环节。薄膜材料采用低密度聚乙烯效果较好,厚度在 $20\sim70~\mu m$ 之间,市场上通常采用小袋包装,选 $6\sim7$ 成熟的鲜香菇,每袋装 $200\sim300~g$,袋内保持 1% 的 O_2 浓度、$10\%\sim15\%$ 的 CO_2 浓度,在 20℃ 下可保鲜 5 d,6℃ 下可保鲜 7 d,1℃ 下可保鲜 22 d,基本能满足鲜菇上市的保鲜要求。

(四)贮藏中出现的主要问题及预防

香菇在贮藏中常见的病害有蛛网丝枝霉病、病毒病等。

1.香菇蛛网丝枝霉病

该病菌生活在土壤中有机物质上,一旦进入菇房,其分生孢子可靠喷水或菇蝇进行扩大传播。菇房高温高湿及通风不良有利此病发生,长江流域的春香菇往往发病较重。发病时中期症状为菌盖上出现褐色稍凹陷的病斑,形状大小不一,病斑边缘的颜色较深,中间灰白,严重时菌盖及菌柄上出现淡褐色、圆形、稍下陷的病斑,菌肉组织溃烂,有时病斑出现裂纹,潮湿条件下,病斑表面长出灰白色霉状物。防治方法为加强库房管理,注意通风换气,防止菇房较长时间出现很高湿的情况。搞好害虫防治工作,及时清除病菇并集中处理,深埋或烧毁。防止病菌孢子的产生和扩大传播,停止喷水 $1\sim2$ d 后,对菇床喷 50% 的 500 倍多菌灵亦可收到一定效果。

二维码 6-27　香菇蛛网丝枝霉病症状
(引自百度搜索)

2.香菇病毒病

香菇病毒颗粒非常普遍地存在于子实体中,主要通过菌种传播,使用带有病毒的菌种接种可引发香菇病毒病。症状为在香菇菌丝生长阶段,菌种瓶或菌种袋中出现"秃斑"即菌种瓶内的菌丝向下生长到近底部时,原已长满菌丝的上部出现无菌丝的空白斑块,一般从表面沿瓶壁向下发展,形状不规则。防治方法为栽培管理期间,搞好菇房内外环境卫生以及工作人员的清洁卫生。要控制害虫的发生与危害,采收时,要及时处理开裂菇、病态菇和其他畸形菇,不让菇房出现开伞菇,采收用具应煮烫(70℃ 以上 1 h)或消毒。栽培结束后,及时清除废料,拆洗床架及用具。凡发生过病毒病的菇房,旧床架用 5% 的烧碱水溶液或 1% 苏打水加 2% 五氯酚钠混合液涂刷,再用 5% 甲醛溶液喷洒菇房的墙壁与地面,或用硫黄进行熏蒸。

▶ 三、金针菇

金针菇又名金钱菇,因其金黄细嫩的柄如金针而得名金针菇;又因其赤褐色、小细扣状的伞似金钱而得名金钱菇。金针菇不含叶绿素,不具有光合作用,不能制造碳水化合物,完全可在黑暗环境中生长,必须从培养基中吸收现成的有机物质,如碳水化合物、蛋白质和脂肪的降解物。金针菇既是一种美味食品,又是较好的保健品。

(一)贮藏特性

新鲜金针菇常温下不易贮藏,采收后易出现开伞、褐变和腐烂等现象。因此,合理贮藏金针菇对保证其品质是十分重要的。金针菇的贮藏主要是防止失水、抑制呼吸和遏制褐变。

(二)贮藏条件

适宜的低温有助于降低金针菇的代谢水平,延缓其衰老过程,延长保鲜期。金针菇适宜的贮藏环境条件一般为温度 2～4℃、RH 85%～90%。

(三)贮藏方法及技术要点

1. 低温保鲜

把金针菇放在温度低、湿度较大、光线较暗的地方,温度要保持4～5℃,为了保湿最好将金针菇装入塑料袋中,在这样的环境中,金针菇能贮藏 5 d 左右,品质基本不变,只是重量稍减轻一些。冷藏最好不要超过 1 周,否则金针菇颜色就要变黄,风味也要变劣。

2. 冷冻保鲜

金针菇冷冻贮藏温度在0℃以下。冷冻贮藏前,必须先把金针菇放在沸水中处理一定时间,以抑制菇体内酶的活性。视菇体大小及容器来确定处理时间,一般 4～8 min 即可。沸水处理之后,迅速用冷水(最好放在1%柠檬酸溶液中)冷却,然后滤去水分。包装好,迅速冷冻藏于冰库之中,用时再解冻。

3. 真空包装保鲜

把鲜金针菇按一定的重量(一般是 100 g/袋)装入塑料袋,在真空封口机中抽真空,以减少袋内氧气,隔绝鲜金针菇与外界的气体交换,这样控制了呼吸率从而降低了代谢水平。经真空包装,常温下也能保存 1 周,如果再加上冷藏,则可保藏 1 个月,品质和风味基本不变。这是目前鲜金针菇销售中最有效的一种方法。

由于袋内缺乏氧气,贮藏时间过长(常温 7 d 以上,冷藏 1 个月以上),金针菇会出现厌氧呼吸,使其颜色变黄,风味变差。在高度缺氧时,会产生梭状芽孢杆菌毒素。因此,必须引起注意。

4. 化学药剂保鲜

化学药剂防治病菌对食用菌的侵染、抑制呼吸强度、抑制腐败微生物的活动、抑制开伞等,延缓衰老,延长贮藏期。在金针菇保鲜中常见有焦亚硫酸钠浸泡法和喷抗坏血酸法。

焦亚硫酸钠浸泡法是将金针菇采后经去杂、漂洗干净,用 0.1%～0.25%焦亚硫酸钠浸泡 10～20 min,沥干,塑料袋包装,每袋 3～5 kg,在 20～25℃温度下保存,可保鲜 7～10 d。

喷抗坏血酸法是在金针菇的采收高峰期,为了防止鲜菇褐变,喷洒 0.1%的抗坏血酸溶液,装入非铁质容器,于−5～0℃下贮藏,其色泽、鲜度可保持 24～30 h 基本不变。

(四)贮藏中出现的主要问题及预防

在金针菇贮藏中常见的病害有金针菇基腐病和金针菇软腐病。

1. 金针菇基腐病(又名根腐病)

此病多发生在生料栽培金针菇的菇床上,在中温高湿或温度较低湿度高的条件下,特别是在培养料表面有较长时间积水的条件下,病菌易从菌柄基部侵入,蔓延速

二维码 6-28　金针菇基腐病症状
(引自搜狗百科)

果蔬保鲜与加工

度较快。发病初期,菌柄基部出现水渍状小斑,后逐渐扩大,柄部颜色加深,最后变成黑褐色腐烂。防治方法是切忌菇床表面积水,控制适宜的培养料含水量,因床面不平产生积水的地方,要及时用干布吸干多余的积水。

2.金针菇软腐病(又名绵腐病)

该病是一种发病率较高的真菌性病害,受感染金针菇子实体病症首先出现在菌柄基部,初呈褐色水渍样斑点,以后逐渐扩大,受害部位产生灰白色絮状气生菌丝,组织逐渐软腐,若气温高于16℃,病灶迅速向上扩展,使菇体腐烂死亡。防治方法是金针菇采收结束后及时清理菇房,保持菇房清洁卫生,栽培前对菇房用漂白粉液消毒。高温是造成病害流行的重要环境因素,出菇期要避免造成高温高湿环境,加强通风降温。

四、木耳

木耳又称黑木耳,是中国特色产品。野生黑木耳分布很广,主要分布在北半球温带地区的东北亚,我国野生黑木耳分布在东北、华中、华北以及西南 20 多个省、市、自治区,以东北黑木耳为最好。

(一)贮藏特性

鲜木耳贮藏保鲜的难度较大,即使在适宜的温度、湿度环境条件下,也只能贮藏 2~3 周,故不宜久贮。木耳贮藏适温为 0~4℃,RH 95% 以上。因它是胶质食用菌,质地柔软易发黏成僵块,需适时通风换气,以免霉烂。

木耳贮藏中应注意以下几点:一是及时采收。若不及时保鲜或烘干则极易腐烂。二是注意保藏温度。木耳对低温不敏感,低温主要是抑制病原微生物侵染。

(二)贮藏条件

木耳贮藏适宜温度为 0~4℃,RH 95% 以上。

(三)贮藏方法及技术要点

1.盐水浸泡保鲜

配制 0.1%~1% 盐溶液,将黑木耳在盐液中浸泡 15~20 min,取出沥干装塑料袋密封,于 15℃下可保鲜 3~5 d。

2.冷藏保鲜

木耳出耳批次明显,采收集中,若遇阴雨天气或烘干设备容量不足时,往往因不能及时烘干而发生烂耳,造成损失。木耳的贮藏保鲜主要是克服烂耳,因此通常是采用冷藏保鲜。木耳对冷藏温度反应不敏感,不怕失水、失重,褐变程度较低。因此,其保鲜温度的控制主要取决于控制微生物活动的温度,通常在 2~6℃时就可保鲜 10 d 以上。

冷藏方法是将鲜耳清理蒂头后,放入通气的塑料筐内,置于 2~6℃冷库内,库内空气 RH 的控制依贮藏用途而定,若是用于烘干,库内空气 RH 越低越好;若是用于鲜销,库内空气 RH 控制在 85% 左右。

(四)贮藏中出现的主要问题及预防

木耳在贮藏中的病害有黑木耳绿霉病和木耳线虫病。

1.黑木耳绿霉病

该菌适于高温、高湿和培养料偏酸性的条件下发生,发生的最适温度为25℃,RH 95%左右,酸碱度为pH 3.5～6.0。绿霉菌主要靠分生孢子借助空气传播。症状初期在培养料的段木上或子实体上长出白色纤细的菌线,几天之后,便可形成分生孢子,一旦分生孢子大量形成或成熟后,菌落变成绿色、粉状。防治方法是保持耳场、耳房及其周围环境的清洁卫生,且必须通风良好,排水便利。出耳后每3 d喷1次1%石灰水,有良好的防霉作用。

2.木耳线虫病害

木耳线虫喜高温高湿,适宜的生长发育温度为30℃左右,温度高达45℃时两小时即死亡,但耐低温能力强,经−13～−12℃处理两小时冻僵后,放在恒温箱中培养仍能复活。无论是黑木耳还是毛木耳均可受害。耳片和耳根腐烂而表现为"流耳",凡发生腐烂症状的耳片或耳根中,均存在大量的线虫和细菌。防治方法是搞好菇房及段木或耳袋排放场地的环境卫生,菇房内保持清洁,地面不积水,有条件时地面铺一层干净河沙和撒一层石灰;保持管理用水的水质干净。

【自测训练】

1.平菇对保鲜条件有何要求?

2.香菇在贮藏中发生的生理性病害主要有哪几种?

3.如何利用化学的方法对金针菇进行保鲜处理?

4.木耳的冷藏技术要点是什么?

【小贴士】

金针菇——"黄金菜"

食金针菇的价值犹如黄金价值的原因:

1.促进智力发育:金针菇氨基酸含量高,对促进智力发育、增强记忆力有裨益,是儿童保健增智、老年人延年益寿、成年人增强记忆力的必须品,在多国被誉为"益智菇"。

2.促进新陈代谢:增强体内的生物活性,促进新陈代谢。有利于营养素的吸收。

3.降血脂:抑制血脂升高,降低胆固醇,防止高脂血症,从而减少心血管疾病的发生。

4.抗疲劳:抗菌消炎,消除重金属毒素,抗肿瘤。

5.预防过敏:预防哮喘,鼻炎,湿疹等过敏症。

任务**5**

蒜薹、花菜保鲜技术控制

学习目标

- 了解蒜薹、花菜的贮藏特性；
- 知道蒜薹、花菜的贮藏条件和方法；
- 能运用所学知识针对蒜薹、花菜设计出合理的保鲜方案；
- 能运用所学知识解决蒜薹、花菜在贮藏中出现的问题。

【任务描述】

通过学习本节,能明确蒜薹、花菜的贮藏特性、贮藏条件。能针对不同种的蒜薹、花菜类蔬菜按其自身贮藏特性要求设计出保鲜方案。掌握其贮藏方法和贮藏中常见病害的防治方法,并能结合实际情况制定出合理的用于实践生产的贮藏技术方案。

【知识链接】

学习单元 蒜薹、花菜保鲜技术控制

◆ 一、蒜薹

蒜薹在一些地区也称蒜苗,是抽薹率高的大蒜品种在生长过程中抽生出来的幼嫩花茎,一般长 60～70 cm,由薹梗和薹苞两部分组成。蒜薹鲜脆细嫩,含有多种营养物质,不仅内销还可出口。随着蒜薹产量不断增加,其贮藏量也在日益扩大。一般为秋季种植,春季收获,如果不进行有效的贮藏,一年中只有很短的时间供应市场。

(一)贮藏特性

蒜薹采收正值高温季节,呼吸代谢旺盛,物质消耗和水分蒸发增强,采后极易失水老化。老化的蒜薹表现为黄化、纤维增多、薹条变软变糠、薹苞膨大开裂长出气生鳞茎,降低或失去食用价值。适时采收是确保贮藏蒜薹质量的重要环节。蒜薹的产地不同,采收期也不尽相同,我国南方蒜薹采收期一般在 4—5 月,北方一般在 5—6 月,但在每个产区的最佳采收期往往只有 3～5 d。一般来说,当蒜薹露出叶梢出口、叶长 7～10 cm,苞色发白,蒜薹甩尾后生长第二道弯时采收为宜。在适合采收的 3 天内收的蒜薹质量好,稍晚 1～2 d 采收的薹苞偏大,质地偏老,故采收过晚、过早均不利于贮藏。

采收时应选择病虫害发生少的产地,在晴天时采收。采收前 7～10 d 停止灌水,雨天和雨后采收的蒜薹不易贮藏。采收时以抽薹最好,不得用刀割或用针划破叶鞘抽薹。采收后应及时迅速地运到阴凉通风的场所,散去田间热,降低品温。

用于贮藏的蒜薹应选择成熟度适宜、质地脆嫩、色泽鲜绿、薹苞发育良好、梢长、无病虫害、无机械损伤、无杂质、无畸形、薹茎粗壮且粗细均匀、条长度大于 30 cm 的蒜薹。

蒜薹比较耐寒,对湿度要求较高,湿度过低,易失水变糠。另外,蒜薹对低 O_2 和高 CO_2 也有较强的忍耐力,短期条件下,可忍耐 1% 的 O_2 和 13% 的 CO_2。但若高浓度 CO_2 处理时间过长,则会出现水煮条现象;O_2 浓度过高,会促使茎条老化和灰霉活动。

(二)贮藏条件

对于长期贮藏的蒜薹来说,适宜的贮藏条件为:温度 -1～0 ℃,RH 90%～95%,O_2 2%～4%,CO_2 5%～7%。在上述条件下,蒜薹可贮藏 8～9 个月。

(三)贮藏方法及技术要点

1.薄膜袋气调贮藏

本法是用自然降氧并结合人工调节袋内气体比例进行贮藏。将蒜薹装入长 100 cm、宽 75 cm、厚 0.08～0.1 mm 的聚乙烯袋内,每袋装 15～25 kg,扎住袋口,放在菜架上。在不同位置选定样袋安上采气的气门心,进行气体浓度测定。每隔 2～3 d 测定一次,如果 O_2 含量降到 2% 以下,应打开所有的袋换气,换气结束时袋内 O_2 恢复到 18%～20%,残余的 CO_2 为 1%～2%。换气时若发现有病变腐烂蒜薹条应立即剔除,然后扎紧袋口。换气的周期大约为 10～15 d,贮藏前期换气间隔的时间可长些,后期由于蒜薹对低 O_2 和高 CO_2 的耐性降低,间隔期应短些。温度高时换气间隔期应短些。

2.硅窗袋气调贮藏

硅窗袋贮藏可减少甚至省去解袋放风操作,降低劳动强度。此法最重要的是要计算好硅窗面积与袋内蒜薹重量之间的比例。由于品种、产地等因素的不同,蒜薹的呼吸强度有所差异,从而决定了硅窗的面积不同。故用此法贮藏时,应预先进行试验,确定出适当的硅窗面积。目前市场上出售的硅窗袋,有的已经明示了袋量,按要求直接使用即可。

3.大帐气调贮藏

用 0.1～0.2 mm 厚的聚乙烯或无毒聚氯乙烯塑料帐密封,采用快速降氧法或自然降氧法,在 0℃库内控制气体成分,使帐内 O_2 控制在 2%～5%,CO_2 在 5%～7%。CO_2 通常用消石灰吸收,消石灰装在小袋内放置在帐底,把袋子的两端扎住。当降 CO_2 时松开袋子,使消石灰吸收帐内的 CO_2,停止吸收时重新扎紧袋口。蒜薹与消石灰之比为 40∶1。

4.机械冷藏库贮藏

有条件的最好放在 0～5℃预冷间进行挑选,按要求扎把后放入冷库,上架继续预冷,当库温稳定在 0℃左右时,将蒜薹装入塑料保鲜袋,并扎紧袋口,准备进行长期贮藏。

经过高温长途运输后的蒜薹体温较高,老化速度快。因此,到达目的地后,要及时卸车,在阴凉通风处加工整理,剔除过细、过嫩、过老、带病和有机械伤的薹条,剪去薹条基部老化部分(约 1 cm 长),然后将蒜薹薹苞对齐,用塑料绳在距离薹苞 3～5 cm 处扎把,每把重量 0.5～1.0 kg。将选好的蒜薹经过充分预冷后装入筐、板条箱等容器内,或直接在贮藏货架上堆码,然后将库温和湿度分别控制在 0℃左右和 90%～95% 即可进行贮藏。此法只能对蒜薹进行较短时期贮藏,贮期一般为 2～3 个月,贮藏损耗率高,蒜薹质量变化大。

5.气调冷藏

目前多采用冷库加塑料薄膜袋贮藏的方法,入库后要从温度、湿度、气体成分、防霉变 4 个方面进行控制管理。具体环节如下:

(1)设备灭菌 贮藏使用的冷库按 10 g/m^3 的用量燃烧硫黄,熏蒸灭菌时,可将各种容器、架杆、所有包装、货架等一并放在库内,密闭 24～48 h 后再通风排尽残药。

(2)入库预冷、保鲜剂处理、防霉处理

①预冷处理 整理后的蒜薹,当品温稳定在 0℃时,即可贮藏。

②保鲜剂处理 蒜薹入库时要进行防腐保鲜剂处理。先将液体保鲜剂原液用水稀释 30 倍,充分搅拌均匀,将药液喷洒在蒜薹梢。一般每瓶可处理蒜薹 7 t。喷洒操作是将蒜薹上架预冷时,用雾化良好的喷雾器对蒜薹梢喷雾,并不停地翻动蒜薹梢,使喷洒均匀。

③防霉处理 蒜薹入库后灭菌防腐处理是近年来采用的一项新技术。为防止蒜薹霉变

腐烂,须在蒜薹入库预冷至-0.5℃后、装袋前采用敌霉烟雾剂(蒜薹专用)进行熏蒸处理。具体方法:按库房每 1 m³ 容积 7～9 g 用药,待蒜薹预冷到-0.8℃时,将烟雾剂均匀放置在库内中间通道上堆成堆,然后关闭风机,由里向外逐堆点燃并熄灭明火,迅速撤离现场。密闭库房 4 h 以上,再开启风机,并将蒜薹装袋扎口。如库内烟雾和气味大,可适当通风。

(3)装袋 当品温稳定在 0℃时,将蒜薹薹梢向外码放在架上的塑料袋内,装入量要按照包装设计容量装袋,如 60 cm×110 cm 袋可装 15 kg,70 cm×110 cm 袋可装 20 kg。装完后统一扎口,扎口时应留有一定空隙,保持蒜薹梢膨松。硅窗袋要注意硅窗口朝上,并保证剪去窗口薄膜。上架时要均匀整齐摊开摆放,不能超过 30 cm 厚,以免造成危险。

(4)贮藏期管理

①气体调节 若为硅窗袋贮藏,一般控制 O_2 2%～3%,CO_2 6%～8%。普通袋贮藏,控制 O_2 1%～2%,CO_2 12%～14%。开袋周期根据测气情况而定,一般根据气体指标的要求开袋换气,每次换气 2～3 h,将袋内气体与大气充分交换后,袋内残留的 CO_2 浓度不得高于 1%。塑料薄膜袋贮藏 5 个月以内,CO_2 指标的控制可采用高限指标,氧采取低限指标,而 5 个月后 CO_2 指标须低于高限指标,O_2 采取高限指标。

另外,应定期在夜间进行库内空气更新,以利排除过多的 CO_2 和其他气体。换气时要注意首先不能与开袋放风时间同时进行,其次是应在一天当中外界温度与库温相差不大时进行。

②温度控制 前期库温控制在-1～-0.7℃,后期控制在-0.6～-0.3℃。库温波动要小于 0.3℃,才能有效减少结露现象。如果库温波动较大或蒜薹预冷不彻底,而造成袋内结露时需尽早解口,用干净的毛巾擦干。

③湿度控制 库房 RH 控制在 80%～90%。如湿度不够要进行补湿,措施主要有地面洒水、挂湿帘或撒湿锯末等。同时湿度高也有利于库温稳定。

④防霉处理 贮藏中期结合开袋放风重复进行保鲜剂处理、防霉处理 1～2 次。

(四)贮藏中出现的主要问题及预防

蒜薹在贮藏中常出现灰霉病害,灰霉病是葡萄孢属真菌引起,薹梢呈黄色水浸状病斑,上生灰霉状子实体,最终软化腐烂,开袋后有强烈的霉味。主要是温度变化过大,产生较多的结露水而引起的腐烂。防治方法是利用低温和气调控制,另外防止冷凝水。

二维码 6-29 蒜薹灰霉病症状
(引自百度搜索)

▶ **二、花菜**

花菜即花椰菜,又称菜花,以花球供食用。我国栽培普遍,北方地区春茬在保护地育苗,5 月至 7 月收获供春、夏两季市场鲜销。秋茬在 10 月上旬到次年 1 月进行采收,满足冬、春鲜销或贮后上市。菜花品种可分早、中、晚熟三大类型。一般供应当年春、夏季的可选用早熟品种;供冬、春季贮后鲜销的则选择抗寒、耐贮、适应性强的中、晚熟品种。如荷兰雪球、瑞士雪球等,经排开播种、适时调运和贮藏保鲜等措施,可实现周年均衡供应。

(一)贮藏特性

菜花属十字花科蔬菜,品种有紫菜花、绿菜花、橘黄菜花、白菜花和普通菜花。其中普通菜花和绿菜花在市场上销量较大。绿菜花也称西兰花,是野生甘蓝的一个变种,主花球采收后侧枝还可以再结成花球,继续采收。食用部分是脆嫩的花茎、花梗和绿色的花蕾,保鲜期短,采收后在 20～25℃下 24 h 花蕾即变黄,失去商品价值。

花菜贮藏中易松球、花球褐变(变黄、变暗、出现褐色斑点)及腐烂,使质量降低。菜花松球是发育不完全的小花分开生长,而不密集在一起,松球是衰老的象征。采收期延迟或采后不适当的贮藏环境条件,都可能引起松球。花菜较耐低温,贮藏时温度高,花球易出现褐变,遇凝聚水易霉变腐烂,外叶变黄脱落;温度过低、长期处于 0℃ 以下又易受冻害。其冰点为 $-0.8℃$,因此,花菜适宜的贮藏温度 0～1℃,RH 95％左右为宜。湿度过低,花球失水萎蔫并使花球松散,会影响贮藏时间及品质。

引起花球褐变的原因还很多,如花球在采收前或采收后较长时间暴露在阳光下,花球遭受低温冻害,以及失水和受病菌感染等都能使菜花变褐,严重时花球表面还能出现灰黑色的污点,甚至腐烂失去食用价值。

(二)贮藏条件

花菜的贮藏环境条件:适温为 (0±0.5)℃,在 0℃ 以下花球易受冻,RH 为 90％～95％。

(三)贮藏方法及技术要点

1.窖藏

应在晴天上午 6—7 点钟进行采收,严禁在中午或下午采收,采收工具应使用不锈钢刀具,从花蕾顶部往下约 16 cm 处切断,除去叶柄及小叶,选择七八成熟、结球紧实、品质好的中晚熟品种进行贮藏。采收后的花球由于机械伤口的出现,呼吸强度会急剧升高,造成体内物质消耗速度加快,应立即进行预冷,或使用冷藏车、保温车运输。

菜花采收时将花球带 2～3 轮叶片,捆扎在一起,留根长 3～4 cm,装筐码垛或放在窖内菜架上,在适宜的温度、湿度条件下定期倒动检查。有时用薄膜覆盖但不封闭,每天轮流揭开一侧的薄膜放风,具有较好的保鲜作用。

2.假植贮藏

冬季来临前,利用棚窖、贮藏沟、阳畦等有保护设施的场所,将未成熟的幼小花球连根拔起,按行距 26 cm,株距 9～13 cm 进行假植,并把每棵花菜的叶子拢起捆扎护住花球。假植后需浇水,适当覆盖稻草等防寒物。中午温度较高时可适时通风换气。随时注意气温变化,维持温度在 2～3℃,最好使菜花接受少许阳光。进入寒冬季节要加盖防寒物,及时浇水。在贮藏期间植株内的营养物质继续向花球运转。贮前的小花球到后期可形成大花球,此法管理便利,经济实惠。

3.机械冷库贮藏

冷藏库是目前贮藏菜花较好的场所,它能调控适宜的贮藏温度,可贮藏 2 个月左右。冷藏前先要进行预冷处理,预冷时无论是淋水还是浸水,都应保持水温在 1℃ 左右,当茎中心温度达到 2～2.5℃ 时取出。

（1）筐贮法　将挑选好的菜花根部朝下码在筐中，最上层菜花低于筐沿。也有认为花球朝下较好，以免凝聚水滴落在花球上引起霉烂。

将筐堆码于库中，要求稳定而适宜的温度和湿度，并每隔 20～30 d 倒筐一次，将脱落及腐败的叶片摘除，并将不宜久放的花球挑出上市。

（2）单花球套袋贮藏　用 0.015～0.04 mm 厚聚乙烯塑料薄膜制成 30 cm×35 cm 大小的袋（规格可视花球大小而定），将预冷后的花球装入袋内，折口后装入筐（箱），将容器码垛或直接放在菜架上，贮藏期可达 2～3 个月。花球带叶与去叶对贮藏效果有影响，带叶的贮藏两个月，去叶的贮藏三个月。因为花球外叶在贮藏两个月后开始霉烂，不但不能对花球起保护作用，反而互相感染，不利于花球的贮藏。

4. 气调贮藏

在冷库内将菜花装筐码垛，用塑料薄膜封闭，控制 O_2 浓度为 2%～5%，CO_2 浓度 1%～5%，则有良好的保鲜效果。入贮时喷洒 0.3% 的苯来特或托布津药液，有减轻腐烂的作用。菜花在贮藏中释放乙烯较多，在封闭帐内放置适量乙烯吸收剂对外叶有较好的保绿作用，花球也比较洁白。要特别注意帐壁的凝结水滴落到花球造成霉烂。

（四）贮藏中出现的主要问题及预防

菜花贮藏中主要的病害有黑腐病、细菌性叶斑病等。

1. 黑腐病

主要为害叶片，叶斑多从叶缘开始，呈黄色或黄褐色"V"形，斑的外围有黄晕，斑面网状叶脉出现褐色至紫褐色病变。防治方法为及时喷药预防。可喷施 20% 喹菌酮可湿性粉剂 1 000 倍液，或 45% 代森胺水剂 1 000 倍液，或 77% 可杀得悬浮剂 800 液，或 50%DT 或 DTM 可湿性粉剂 1 000

二维码 6-30　花菜黑腐病症状
（引自百度搜索）

倍液，喷 2～3 次，隔 7～15 d 1 次，交替喷施。

2. 细菌性叶斑病

叶片被为害后，呈多角形、褐色、紫褐色至黑褐色，干燥时易破裂，多个病斑常连在一起为大小不等的斑块，严重时不能食用。病原为细菌体，其发育适温为 25～27℃，适宜酸碱度为 pH 7，在温暖多雨的天气里容易发病。防治方法为使用 50% DT 或 DTM 可湿性粉剂 600 倍液，或 30% 氧氯化铜悬浮剂 600 倍液，喷 2～3 次，隔 7～15 d 1 次，交替喷施，前密后疏。

【自测训练】

1. 蒜薹、花菜的保鲜条件是什么？
2. 蒜薹在贮藏中发生的生理性病害主要有哪几种？
3. 花菜在贮藏中的病害如何防治？
4. 气调冷藏蒜薹的技术要点是什么？

【小贴士】

如何选购菜花

1. 看颜色：好的菜花一般呈白色、乳白色、或微黄，但是颜色黄一点儿的菜花比白色的口感要好。不能买颜色发深，或者有黑斑的菜花，这样的菜花不新鲜。（菜花的近亲西兰花，在购买时，不要选择表面发黄的，碧绿色的才新鲜。）

2. 看花球：选择花朵间无空隙、结实不枯黄、花球没散开的比较好，茎部中空的不要买。

3. 看叶子：叶子翠绿、饱满、舒展的菜花比较新鲜。叶子枯黄或者发蔫儿了说明已经不新鲜了，此外还要注意叶子可不要太多哦，否则会占分量。

散型菜花为市场上的新宠，又称青梗松菜花，花梗较一般花椰菜颜色绿，因花梗更加细长，花球松散，所以称为散菜花。它与普通菜花的主要区别于花梗颜色，从口感上，青梗松菜花耐煮食，脆而不烂，糖分含量、维生素含量均高于普通菜花。

模块七

果蔬加工基础知识

任务1　果蔬加工品种类及加工原理认知

任务2　果蔬加工对原辅料的要求

任务3　果蔬原料预处理

任务 1

果蔬加工品种类及
加工原理认知

学习目标

• 了理果蔬加工品类别及特点；

• 知道果蔬加工品腐败的原因；

• 能知道果蔬加工制品采取不同加工手段的原因；

• 有一定自主学习的能力，具有较强的合作能力、交流表达能力。

【任务描述】

　　1.调查市场上的果蔬加工品类别及特点。

　　2.分析果蔬加工制品易腐败的原因。

　　3.分析果蔬加工采用的原理和手段对果蔬加工品的保藏有何关系？

【知识链接】

学习单元一　　果蔬加工品种类

　　果蔬加工品的种类很多,根据其保藏原理和加工工艺的不同,可以分为罐制品、汁制品、糖制品、干制品、酒制品、速冻制品、腌制品、果蔬脆片和鲜切果蔬等。

▶ 一、果蔬罐制品

　　果蔬罐制品是将原料进行预处理后装罐或装袋,经排气、封罐、杀菌等形成密封、真空和无菌状态,使制品能较长期保藏。果蔬罐头主要有糖水水果罐头和清渍蔬菜罐头,此外,糖渍蜜饯、果酱、果冻、果汁、盐渍蔬菜、酱渍蔬菜、糖醋渍蔬菜等,也可采用罐头包装的形式,制成罐头制品。

▶ 二、果蔬汁制品

　　以新鲜果蔬为原料,经破碎、压榨或浸提等方法制成的汁液,装入包装容器内,再经密封杀菌而得到的产品,称为果蔬汁制品。例如苹果汁、山楂汁、梨汁、柑橘汁、椰子汁、胡萝卜汁、多维果蔬汁等。这类产品酸甜可口,营养价值高,易被人体吸收,有的还有医疗效果,可以直接饮用,也可以制成各种饮料。

▶ 三、果蔬糖制品

　　果蔬糖制是以新鲜果蔬为原料,利用高浓度糖液的渗透脱水作用,将果蔬加工成高糖制品的加工技术。果蔬糖制品分为果脯蜜饯类和果酱类,如桃脯、杏脯、金丝蜜枣、山楂果冻、草莓果酱、果丹皮等,具有高糖高酸的特点。

▶ 四、果蔬酒制品

　　果酒是果汁(果浆)经过酒精发酵酿制而成的含醇饮料。如白葡萄酒、红葡萄酒、苹果酒、山楂酒等。果酒具有色泽鲜艳、果香浓郁、醇厚柔和,营养丰富、酒精度数低等特点。

▶ 五、果蔬干制品

　　干制又称干燥或脱水。是指采用自然条件或人工控制条件促使果蔬水分蒸发的过程。果蔬干制品能较好地保持果蔬原有的风味,且保藏期较长。例如红枣、葡萄干、柿饼、杏干、苹果干、黄花菜、萝卜干、干辣椒等。并且具有体积小、重量轻、便于运输和携带等优点。

六、果蔬速冻制品

果蔬速冻是将经过一定处理的新鲜果蔬原料采用快速冷冻的方法使之冻结,然后在 $-20℃\sim-18℃$ 的低温中保藏。果蔬速冻制品主要有速冻蒜薹、速冻青椒、速冻豆角、速冻葡萄、速冻草莓等。速冻果蔬基本上保持了果品蔬菜原有的色香味和营养成分,保藏时间长,品质优良,是国内外很有发展潜力的果蔬加工品。

七、果蔬腌制品

腌渍保藏是我国普遍而传统的蔬菜保藏法,是将新鲜的蔬菜经过适当处理后用食盐和香料等进行腌制,使其进行系列的生物化学变化,制成鲜香嫩脆、咸淡(或甜酸)适口且耐保存的制品的过程。腌制品分为发酵性和非发酵性,如东北的酸菜、四川泡菜、北京八宝菜、南方的梅干菜、南京糖醋萝卜、涪陵榨菜等都是全国有名的腌制品,是我国蔬菜加工量最大的一类加工品。

八、果蔬脆片

果蔬脆片是以新鲜果蔬为原料,采用先进的真空油炸技术或微波膨化技术和速冻技术精制而成。产品形态平整,酥脆。主要品种有:苹果脆片、胡萝卜脆片、香蕉脆片、南瓜脆片、洋葱脆片、地瓜脆片和爆豌豆等几十种果蔬脆片。产品具有全天然和高营养的特点,不含化学添加剂和防腐剂,极少破坏果蔬中的维生素成分。被食品营养界称为"二十一世纪食品",是国际上的流行休闲食品。

九、鲜切果蔬

鲜切果蔬,又称最少加工果蔬、切割果蔬、最少加工冷藏果蔬等。是新鲜果蔬原料经清洗、去皮、切分、包装而成的即食即用果蔬制品,所用的保鲜方法主要有微量的热处理、控制pH、应用抗氧化剂、氯化水浸渍或各种方法的结合使用。

鲜切果蔬即食即用,食用方便,能最大限度保持产品原有的品质,但货架期短,甚至比新鲜果蔬更短,必须在冷藏条件下流通。

学习单元二 果蔬加工品腐败的原因

果蔬加工品败坏是指果蔬加工品受到各种内、外因素的影响,其原有的化学性质或物理性质发生变化,降低或失去其营养价值和商品价值的过程,从而改变了果蔬加工品原有的性质和状态,而使质量劣变的现象。如生霉、发酵、酸败、软化、产气、混浊、变色、变味、腐烂等。

造成果蔬加工品败坏的原因主要是由于果蔬本身营养物质、所含的酶及周围理化因素引起的物理、化学和生化变化;微生物活动引起的腐烂。

▶ 一、生物性败坏

有害微生物的生长发育是导致果蔬加工品败坏的主要原因。由微生物引起的败坏主要表现为生霉、发酵、酸败、软化、产气、混浊、变色、腐烂、生虫等,对果蔬及其制品的危害最大。微生物在自然界无处不在,通过空气、水、加工机械和盛装容器等均能导致微生物的污染,再加上新鲜果蔬含有大量的水分和丰富的营养物质,是微生物良好的培养基,极易滋生微生物。

引起果蔬及其制品败坏的微生物主要有细菌、霉菌和酵母菌,还有少部分昆虫、寄生虫。新鲜的果蔬表皮从表皮外覆盖的蜡质层可防止微生物侵入,使果蔬在相当长的一段时间内免遭微生物的侵染。当这层防护屏障受到机械损伤或昆虫的刺伤时,微生物便会从伤口侵入其内进行生长繁殖,使果蔬内的营养物质进一步被分解、破坏,从而使果蔬腐烂变质。

加工中,如原料不清洁、清洗不充分、杀菌不完全、卫生条件差、加工用水被污染等都能引起微生物感染。

果蔬干制品常有虫卵混杂其间,特别是自然干制的产品最易受害。害虫在果蔬干制期间或干制品贮存期间侵入产卵,以后再发育为成虫为害,有时会造成大量损失。

微生物在果蔬加工品中能否繁殖,主要取决于果蔬加工品的 pH、糖分和其他条件。

▶ 二、化学性败坏

果蔬在自身酶的作用下或在微生物分泌酶的作用下引起的食品腐败变质,食品内部常含有脂肪酶、蛋白酶、淀粉酶、多酚氧化酶及过氧化物酶等,果蔬原料去皮和切割之后,放置于空气中,很快会变成褐色,这一现象称之为褐变。

如蘑菇、薯类、水果等在发生机械性损伤(如削皮、切开、压伤、虫咬等)时,会发生酶促褐变。水果组织与空气接触的时间越长,变色越深。发生褐变不仅影响外观,也破坏了产品的风味和营养价值,而且是加工品败坏不能食用的标志。

这类食品腐败变质主要考虑酶作用的防止,包括使酶钝化(热烫等),使用酶抑制剂(SO_2、食盐、亚硫酸盐等),隔绝氧,调整 pH(使 pH<3),用维生素 C 处理(使褐色物质还原)等措施皆可以防止酶的褐变。

▶ 三、物理性败坏

物理性败坏是指由水分、温度、pH、氧气、光线和机械创伤等物理因素引起的果蔬败坏。

1. 水分活度(A_w)

水分活度常用于衡量微生物忍受干燥程度的能力,可用以估量被微生物、酶和化学反应触及的有效水分。

水分活度是指溶液中水的逸度与同温度下纯水逸度之比,也就是指溶液中能够自由运动的水分子与纯水中的自由水分子之比。可近似地表示为溶液中水分的蒸汽压与同温度下纯水的蒸汽压之比,其计算公式如下:

$$A_w = \frac{p}{p_0} = ERH$$

式中：A_w—水分活度；p—溶液或食品中的水蒸气分压；p_0—纯水的蒸汽压；ERH—平衡相对湿度，即物料既不吸湿也不散湿时的大气相对湿度。

水分活度是从 0～1 之间的数值。纯水的 $A_w = 1$。因溶液的蒸汽压降低，所以溶液的水分活度小于 1。果品蔬菜的水分活度总是小于 1。一般食品的 A_w 越大，食品越不耐贮藏。

(1)水分活度与微生物　微生物的活动离不开水分，它们的生长发育需要适宜的水分活度阈值。减小水分活度时，首先是抑制腐败性细菌，其次是酵母菌，然后才是霉菌。

大多数果蔬的水分活度都在 0.99 以上，所以各种微生物都能导致果蔬的腐败。细菌生长所需的最低水分活度最高，当果蔬的水分活度值降到 0.90 以下时，就不会发生细菌性的腐败，而酵母菌和霉菌仍能旺盛生长，导致腐败变质。一般认为，在室温下贮藏干制品，其水分活度应降到 0.7 以下方为安全。

(2)水分活度与酶的活性　酶的活性亦与水分活度有关，水分活度降低，酶的活性也降低。

2.温度

每一种微生物都有其所能忍受的最高温度和最低温度。绝大多数微生物 100℃ 时容易被杀死。按其生存的适宜温度可将细菌分为：嗜热菌(49～77℃)、嗜温菌(21～43℃)和嗜冷菌(2～10℃)三种。适宜的温度可以促进微生物的生长发育，不适宜的温度减弱微生物的生命活动，甚至引起生理机能异常或促使其死亡。25～30℃ 下各类微生物均可使食品腐败。

3.pH

一般微生物的生长活动范围在 pH 5～9 之间。微生物对热的耐热性在最适宜的 pH 下最强。离开最适 pH 范围，耐酸性变弱，耐热性极强的细菌芽孢也易被杀死。三大微生物的耐酸性：霉菌＞酵母菌＞细菌。酸性越强抑制细菌生长发育的作用越显著。

4.气体

微生物的生存对气体有要求，高二氧化碳、低氧对大多数微生物有害。

5.光和射线

光和射线也会影响微生物的生命活动，如紫外线对微生物有强杀菌力，X、γ 射线对微生物有致死作用。

▶ 四、其他因素败坏

发生原因与果蔬及其制品的物质组成和外源污染物有密切关系。如果汁在保质期内发生沉淀的现象，此类败坏不会使食品失去食用价值，但感官质量下降，包括外观和口感。有的可能与加工设备、包装容器、加工用水的接触等发生反应。如果汁灌装时被润滑油污染等。

学习单元三　果蔬加工运用的原理和手段

针对上述败坏原因，按保藏原理不同，可将食品保藏方法分为以下五类。

一、维持食品最低生命活动的保藏方法

主要用于果蔬等鲜活农副产品的贮藏保鲜,采取各种措施以维持果蔬最低生命活动的新陈代谢,保持其天然免疫性,抵御微生物入侵,延长有效贮藏寿命。

新鲜果蔬是有生命活动的有机体,采收后仍进行着生命活动,表现出来最易被察觉到的生命现象是其呼吸作用,所以必须创造一种适宜的冷藏条件,使果蔬采后正常衰老进程抑制到最缓慢的程度,尽可能降低其物质消耗的水平。通常采用低温、气调等方式进行果蔬产品的长期贮藏。

二、抑制微生物活动的保藏方法

利用某些物理、化学因素抑制食品中微生物和酶的活动的保藏方法,如冷冻保藏、高渗透压保藏等。

1.速冻原理

将原料经一定的处理,利用 $-30℃$ 以下的低温,将果蔬原料在 30 min 或更短的时间内使组织内 80％ 的水迅速冻结成冰。并放在 $-18℃$ 以下的低温条件下长期保存。低温可以有效地抑制酶和微生物的活动,冻结条件下产品的水活性值也大大降低,可利用的水分少,使制品得以长期保藏。解冻后产品能基本保持原有品质。

预煮食品冻制品的出现以及耐热复合塑料薄膜袋和解冻复原加工设备的研究成功,已使冷冻制品在国外成为方便食品和快餐的重要支柱。我国冷冻食品工业近些年发展迅速,速冻蔬菜、速冻春卷、烧卖及肉、兔、禽、虾等已远销国外。

果蔬速冻是目前国际上一项先进的加工技术,也是近代食品工业上发展迅速且占有重要地位的食品保存方法。

2.干制原理

水分是微生物生命活动的重要物质。干制原理就是利用热能或其他能源排除果蔬原料中所含的大量游离水和部分胶体结合水,降低果蔬的水分活度,微生物由于缺水而无法生长繁殖;果蔬中的酶也由于缺少可利用的水分作为反应介质,其活性大大降低,使制品得到很好的保存。经干制的产品贮藏时须注意适当包装和贮藏环境温湿度的管理,避免吸潮使制品发生霉变。

干制品水分含量一般为 5％～10％,最低的水分含量可达 1％～5％。

3.高渗透压原理

利用高浓度的食糖溶液或食盐溶液提高制品渗透压和降低水分活性的原理来进行保藏。微生物对高渗透压和低水分活性都有一定的适应范围,超出这个范围就不能生长。食糖和食盐均可提高产品的渗透压。当制品中的糖液浓度达到 60％～70％ 或食盐浓度达到 15％～20％ 时,绝大多数微生物的生长受到抑制,所以常用高浓度的食糖和食盐溶液进行果蔬加工品或半成品的保藏。果脯蜜饯类、果酱类制品和一些果蔬腌制品就是利用此原理得以保藏的。

三、利用发酵原理的保藏方法

又称生物化学保藏,是果蔬内所含的糖在微生物的作用下发酵,产生具有一定保藏作用的乳酸、酒精、醋酸等的代谢产物来抑制有害微生物的活动,使制品得到保藏。果蔬加工中的发酵保藏主要有乳酸发酵、酒精发酵、醋酸发酵,发酵产物乳酸、酒精、醋酸等对有害微生物的毒害作用十分显著。果酒、果醋、酸菜及泡菜等是利用发酵保藏的原理来保藏的。

四、利用无菌原理的保藏方法

是指通过热处理、微波、辐射、过滤等工艺手段,使食品中腐败菌的数量减少或消灭到能使食品长期保存的商业无菌,并通过抽空、密封等处理防止再感染,从而使食品得以长期保藏的一类食品保藏方法。食品罐藏就是典型的无菌保藏法。

最广泛应用的杀菌方法是热杀菌,可分为 100℃ 以下 70～80℃ 杀菌的巴氏杀菌法和100℃ 或 100℃ 以上杀菌的高温杀菌法。超过一个大气压力的杀菌为高压杀菌法。冷杀菌即是不需提高产品温度的杀菌方法,如紫外线杀菌法、超声波杀菌法、原子能辐照和放射线杀菌法等。

在果蔬加工及其制品的保藏中,真空处理不仅可以防止氧化引起的品质劣变,不利于微生物的繁殖,而且可以缩短加工时间,能在较低的温度下完成加工过程,使制品的品质进一步提高。

密封是保证加工品与外界空气隔绝的一种必要措施,只有密封才能保证一定的真空度。无论何种加工品,只要在无菌条件下密封保持一定的真空度,避免与外界的水分、氧气和微生物接触则可长期保藏。

五、利用化学防腐原理的保藏方法

果蔬加工中利用化学防腐剂使制品得以保藏。化学防腐剂是一些能杀死或抑制食品中有害微生物生长繁殖的化学药剂,其主要用在半成品保藏上。化学防腐剂必须是低毒、高效、经济、无异味、不影响人体健康,不破坏食品营养成分的。防腐剂使用要严格执行食品添加剂使用卫生标准(GB 2760—2007),并应着重注意利用天然防腐剂,如大蒜素、芥子油等。

【自测训练】

1.简述果蔬加工品的类别及特点。

2.果蔬加工品为何容易腐败?果蔬加工品采取了哪些加工手段?

3.果蔬罐制品是采用什么原理保藏食品的?果脯蜜饯类、果酱类制品和咸菜腌制品是利用什么原理得以保藏食品的?

4.果蔬不同的加工手段对原料要求有何不同?

【小贴士】

营养价值之——水果制品 PK 新鲜水果

客观地讲,水果生产存在着较强的季节性、区域性,果汁、果酱、水果罐头、水果蜜饯、果干等水果加工品是水果贮藏的另一种形式,能调剂不同季节、不同区域对水果的要求,同时还能满足不同人群的口感需求。另外,水果制作的酒类,有活血功效,这是新鲜水果所不如的。

新鲜水果中含有较多的维生素、胡萝卜素、矿物质及膳食纤维,还提供有机酸、芳香物质及色素,是人体获得维生素的重要来源,尤其是维生素 C。

但在经过一系列的加工过程中,水果中的某些易氧化的维生素会遭到破坏,如维生素 C。同时在制作澄清果汁时膳食纤维被去除了。专家提醒,即便是 100% 果汁,其营养价值也不如水果,若想补充营养还是多吃水果好。

水果罐头在加工过程中,要经过水煮和超高温消毒,造成了水果中维生素、矿物质和一些植物化学物质大量损失。果脯、蜜饯在加工过程中,不但营养素损失较多,还添加了大量糖分、甜味剂、防腐剂、色素等,其营养价值较新鲜水果低,不宜多吃、常吃。果干在制干过程中,损失了大部分维生素,而且含有大量的糖。

因此,应尽可能食用新鲜的水果,只有在携带、摄入不方便,或水果摄入不足时,才用水果制品进行补充。

果蔬保鲜与加工

任务 2

果蔬加工对原辅料的要求

学习目标

- 能说出果蔬加工对果蔬原料的具体要求；
- 知道果蔬加工对水质的要求,能针对不符合要求的水质进行处理；
- 了解果蔬加工中可能会用到的食品添加剂的种类；
- 能自主学习,较好协助别人。

【任务描述】

了解不同果蔬加工制品对果蔬原料的具体要求,凡是与果蔬原料及其制品接触的水,均应符合 GB 5749—2006 生活饮用水卫生标准。如果水中有杂质、有悬浮物或是有害金属或细菌总数或大肠杆菌超标,如何对水质进行处理?果蔬加工可能会用到的食品添加剂的种类和特点。

【知识链接】

学习单元一　果蔬加工对原料的要求

▶ 一、果蔬加工适应性

不同原料对加工的适应性。就果蔬原料的加工特性而言,水果除在构造上有较大差别外,可供加工的部分一般都是果实;而蔬菜则相对较复杂,因为所食用的器官或部位不同,其结构与性质差异更大。

▶ 二、果蔬加工对原料的种类和品种的要求

正确选择适合于加工的果蔬原料的种类和品种是生产优质加工制品的首要条件。目前,果蔬加工制品的种类主要有:果蔬干制品、果蔬罐藏制品、蔬菜腌制品、果蔬糖制品、果蔬汁制品、果蔬速冻制品、果酒和果酱酿造等。果蔬原料的种类即原料的特性决定着加工制品的种类。不同的原料加工成不同的制品,不同的制品需要不同的原料(表7-1)。

表 7-1　不同种类加工制品对原料的要求

(引自果蔬贮运与加工,赵晨霞,2002)

加工制品种类	加工原料特性	果蔬原料种类
干制品	干物质含量较高,水分含量较低,可食部分多,粗纤维少,风味及色泽好的种类和品种	枣、柿子、山楂、龙眼、杏、胡萝卜、马铃薯、辣椒、南瓜、洋葱、姜及大部分的食用菌等
罐藏制品 糖制制品 冷冻制品	肉厚、可食部分大、耐煮性好、质地紧密、糖酸比适当,色香味好的种类和品种	大多数的果蔬均可进行此类加工制品的加工
果酱类	含有丰富的果胶物质、较高的有机酸含量、风味浓、香气足	水果中的山楂、杏、草莓、苹果等,蔬菜类的番茄等
果蔬汁制品 果酒制品	汁液丰富,取汁容易,可溶性固形物高,酸度适宜、风味芳香独特,色泽良好及果胶含量少的种类和品种	葡萄、柑橘、苹果、梨、菠萝、番茄、黄瓜、芹菜、大蒜、胡萝卜及山楂等

果蔬保鲜与加工

加工制品种类	加工原料特性	果蔬原料种类
腌制品	一般应以水分含量低、干物质较多、内质厚、风味独特、粗纤维少为好	原料的要求不太严格,优良的腌制原料有芥菜类、根菜类、白菜类、榨菜、黄瓜、茄子、蒜、姜等

▶ 三、原料的成熟度和采收期

果蔬成熟度是指原料在生长发育过程中,从感官上呈现其固有的色、香、味和质地等特征的现象。它是决定原料品质和加工适应性的重要指标之一。原料成熟度和采收期适宜与否,将直接关系到产品质量、生产效率和原料的损耗。不同的加工制品对原料成熟度和采收期的要求不同,选择适当的成熟度和采收期,是加工优质制品的又一重要条件。

(一)果蔬成熟度的划分

一般将果蔬成熟度分为三个阶段,即可采成熟度、加工成熟度和生理成熟度。

1. 可采成熟度

是指果实个体充分膨大,但风味还未达到顶点。这时采收的果实,适合于贮运并经后熟后方可作为达到加工要求的原料,如香蕉、西洋梨等水果。一般工厂为了延长加工期常在这时采收进厂入贮,以备加工。

2. 加工成熟度

是指果实已具备该品种应有的加工特征,并可分为适当成熟与充分成熟,以满足加工制品对原料成熟度的不同要求。

如生产罐头、蜜饯类,则要求原料成熟适当,这样果实因含原果胶物质较多,组织比较坚硬,可以耐煮制;若原料充分成熟或过熟,则在高温煮制或热杀菌中易煮烂变形,罐头汁液容易混浊。

进行果糕、果冻类加工时,则要求原料具有适当的成熟度,其目的是利用原果胶含量高,使产品具有凝胶特性。

生产果汁、果酒类,则要求原料充分成熟,色泽好,香味浓,酸低糖高,取汁容易,才能制得优质的产品;若原料成熟不足,则产品色淡味酸,不易取汁,果汁澄清困难。生产脱水制品类,则也要求原料充分成熟,否则产品质地坚硬,缺乏应有的风味,外观暗褐,干燥率低,直接影响产品的外观品质。

3. 生理成熟度

是指果实质地变软,风味变淡,营养价值降低,一般称这个阶段为过熟。这种果实除了可做果汁和果酱外,一般不适宜加工其他产品。即使要做上述制品,也必须通过添加一定的添加剂或在加工工艺上进行特别处理,方可生产出比较满意的制品,这样势必要增加生产成本,因此,绝大多数情况下均不提倡在这个时期进行加工。但对葡萄来讲,此时果实含糖量最高,色泽风味最佳,这时采收品质最好。

(二)采收期

对于大多数蔬菜,由于食用器官的不同,它们在生长发育过程中变化很大,故采收期的选择显得尤为重要。如青豌豆、青刀豆等豆类蔬菜，以乳熟期采收为宜。一般在青豌豆开花后 18 d 采收品质最好，糖分含量高，粗纤维少，表皮柔嫩，生产的青豆罐头甜、嫩，且不浑汤；若采收过早，则果实发育不充分，难于加工，产量也低；而若采收过迟，则籽粒变老，糖转化成淀粉，失去加工罐头的价值。蘑菇以子实体在 1.8～4.0 cm 时采收生产盐水蘑菇罐头为佳，否则过大或开伞后的蘑菇，菌柄空心，外观欠佳，只可生产脱水蘑菇。富含淀粉的莲藕、马铃薯，以地上茎开始枯萎时采收为宜，此时淀粉含量高，品质好。根用芥菜、萝卜和胡萝卜等以充分膨大，尚未抽薹时采收为宜，此时的原料粗纤维少；过老者，其组织木质化或糠心，而不能食用。叶菜类以在生长期采收为好，此时粗纤维少，品质好。

◆ 四、原料的新鲜度

果蔬的新鲜程度与其品质和加工适应性有着密切的关系。果蔬在一定的成熟度条件下，原料越新鲜完整，其品质就越好，加工损耗率也就越低。果蔬原料均为易腐农产品，如葡萄、草莓、桑葚及番茄等原料，不耐重压，易破裂自行流汁，且极易被微生物侵染，这样给以后制品的杀菌工艺带来困难。这些原料在采收、运输过程中，极易造成机械损伤，若及时进行加工，尚能保证产品的品质，否则这些原料严重腐烂，就会失去食用和加工价值，直接影响企业的经济效益。因此，从采收到加工应尽量缩短时间，以保证原料的新鲜完整程度。

一般蔬菜类应不超过 12 h，如蘑菇、芦笋要在采后 3～4 h 内运到工厂并及时加工；青刀豆、蒜薹等不得超过 1～2 d；大蒜、生姜等如采后 3～5 d，表皮干枯，去皮困难；甜玉米采后 30 h 就会迅速老化，含糖量下降近 1 倍，淀粉含量增加近一半，水分也大大下降，这样势必影响到加工产品的质量。而水果类一般不超过 24～48 h，如桃采后若不迅速加工，果肉会迅速变软，故要求在采后 12 h 内进行加工；葡萄、杏、草莓及樱桃等必须在 8～12 h 内进行加工；杨梅则有"一日味变，二日色变，三日色味俱变"之说，更要求在采收后及时加工处理；柑橘、中晚熟梨及苹果可在 3～7 d 内进行加工。

总之，果蔬原料要求从采收到加工的时间应尽量短，生产中可以根据生产加工的需要分期分批采收，以确保原料新鲜完整。如果因原料生产的季节性而必须贮藏，则应采取一定的保藏措施，如蘑菇等食用菌可用盐渍保藏，甜玉米、豌豆、青刀豆及叶菜类等蔬菜可进行预冷处理；桃子、李子、番茄、苹果等可以冷藏贮存。同时，在原料采收、运输过程中还应注意避免机械损伤、日晒、雨淋及冻害等，以充分保证原料的优良品质。

学习单元二　果蔬加工对水质的要求和处理

果蔬产品的加工厂用水量要远远大于一般食品加工厂，如生产 1 t 果蔬类罐头，约需水量 40～60 t，1 t 糖制品消耗 10～20 t 的水。所以水的卫生、水质的好坏等直接影响加工品的质量。

◆ 一、果蔬加工用水要求

凡是与果蔬原料及其制品接触的水，均应符合 GB 5749—2006 生活饮用水卫生标准。

要求无色透明、澄清、无悬浮物；无臭无异味，不含有硫化氢、氨、硝酸盐和亚硝酸盐类，不应含有过多的铁盐和锰盐类；无致病细菌，无耐热性微生物和寄生病虫卵；不含对人体健康有害的物质；1 L 水中细菌总数不超过 100 个，大肠杆菌不超过 3 个。

水的硬度对加工品质量有很大影响。水的硬度过大，钙、镁与蛋白质等物质结合，使罐头汁液或果汁发生混浊或沉淀；还与果蔬中的果胶酸结合生成果胶酸钙，使果肉表面粗糙，加工制品发硬；镁盐如果含量过高，加工产品有苦味。水的硬度决定于水中钙、镁盐的含量。通常用 CaO 或者是 $CaCO_3$ 的质量浓度来表示。我国常用德国度即 CaO 含量表示水的硬度的大小，硬度 1°相当于 1 L 水中含 10 mg CaO。凡是硬度在 8°以下的水为软水，硬度在 8°～16°的水为中度硬水，硬度在 16°以上的水为高度硬水。水中所含镁盐也不应过多，如 100 mL 水中含有 4 mg 氧化镁，就会使水有明显的苦味。

不同的加工品对水的硬度有不同的要求，果脯蜜饯、蔬菜腌制品及半成品保存时应以硬水为好，以增进制品的脆度和硬度，防止煮烂和软烂；脱水干制品加工可用中度硬水，使组织不致软化；罐头制品、速冻制品、果蔬汁、果酒等加工品均要求使用软水。而锅炉用水硬度高，容易造成水垢，不仅影响锅炉的传热，严重时还易发生爆炸。

二、加工用水处理

一般深井水和自来水符合加工用水的水质要求，可以直接使用。江河、湖泊、水库、海水中的水或是深井水、自来水等均可做为加工用水源，但需进行一定的处理。

1. 水中悬浮物质、胶体物质的去除

除去原水中的悬浮物质和胶体物质，通常采用加混凝剂和过滤两种方法。

（1）加混凝剂澄清　　自然水中的悬浮物质表面一般带负电荷，当加入的混凝剂水解后生成不溶性带正电荷的阳离子时，便与悬浮物发生电荷中和而聚集下沉，使水澄清。常用的混凝剂为铝盐、铁盐。铝盐主要有硫酸铝和明矾。铁盐主要有硫酸亚铁、硫酸铁及三氯化铁。

（2）过滤　　让水通过一种多孔性或具有空隙结构的装置，进一步除去水中的悬浮物或胶态杂质并减少微生物数量。这种分离不溶性杂质的方法称为过滤。可采用砂石过滤器或砂芯过滤器来过滤。

①砂过滤　　过滤介质是石英砂，含有悬浮物的水经过砂滤层时，悬浮物等被截留，使水澄清。砂滤层可用细砂、中砂和粗砂，也可用卵石，有时上面放滤砂，下面放卵石和碎石作垫层。在使用过程中，当水的净化效果变差或出水量变小时，需要定期将水反向流动或进行清洗。

②砂滤棒过滤　　当用水量较少，原水中硬度、碱度指标基本符合要求，只含有少量的有机物、细菌及其他杂质时，可采用砂滤棒过滤器。砂滤棒又名砂芯，采用细微颗粒的硅藻土和骨灰等可燃性物质，在高温下焙烧，使其熔化，可燃性物质变为气体逸散，形成直径 0.000 16～0.000 41 mm 的小孔，待处理水在外压作用下，通过砂滤棒的微小孔隙，水中存在的少量有机物及微生物被微孔吸附截留在砂滤棒表面。

砂滤棒过滤外壳是用铝合金或不锈钢铸成锅形的密封容器，分上下两层，中间以隔板隔开，隔板上（或下）为待滤水，隔板下（或上）为砂滤水，容器内安装 1 至数十根砂滤棒。长时间连续过滤后，杂质吸附会使过滤速度下降，应进行冲洗、消毒；消毒通常用 10% 的漂白粉溶液或其他氯化物溶液浸泡 30 min，也可用 75％的酒精浸泡杀菌。

③活性炭过滤　为了去除水中的有机垢、色度和余氯，或作为离子交换的预处理工序，可用活性炭过滤。用氯处理过的水会损害产品的风味，须用活性炭脱氯。另外，当水质较差，出现异味时，也可用活性炭过滤。

活性炭是一种多孔性物质，能吸附水中的气体、臭味、氯离子、有机物、细菌及铁、锰等杂质，一般可将水中 90％以上的有机物质除去。

此外，还有微孔膜过滤器和精滤等。

2. 水中溶解杂质的去除

为满足生产用水的水质要求，不仅要除去水中的悬浮杂质，还要降低水中的溶解性杂质，也就是降低水的硬度。常用的软化方法有化学软化法、离子交换法、电渗析法、反渗透法等。

(1) 化学软化法　化学法软化水质一般多采用石灰软化法或石灰、纯碱软化法。

①石灰软化法　适应于碳酸盐硬度较高，非碳酸盐硬度较低，而且对水质不要求高度软化的情况。先将石灰(CaO)调成石灰乳，再加到原水中搅拌，即可消除原水的暂时硬度。实践证明每降低 1 t 水的暂时硬度 $1°$，需加 CaO(纯度 70％)约 15 g。用石灰处理水的硬度常同水的凝聚处理同时进行。此法不能使水彻底软化。

②石灰-纯碱软化法　此法既加石灰也加纯碱，同时除去水中碳酸盐硬度和非碳酸盐硬度。

(2) 离子交换软化法　离子交换软化法是用离子交换剂(离子交换树脂)吸附水中所含的钙镁离子，使水质软化。离子交换树脂分阳离子交换树脂和阴离子交换树脂两类，前者在水中以氢离子与水中的金属离子或其他阳离子发生交换，后者在水中以 OH^- 离子与水中的阴离子发生交换。

通过阳离子交换树脂与水的交换反应，水中的钙、镁离子被吸附在树脂上，所以水中的 $Ca(OH)_2$，$Mg(HCO_3)_2$，$MgCl_2$，$CaSO_4$，$MgSO_4$ 可形成水质硬度的金属离子被除去，留在水中的阴离子如 Cl^-，HCO_3^-，SO_4^{2-} 等，又可被阴离子交换树脂所交换。见图 7-1。

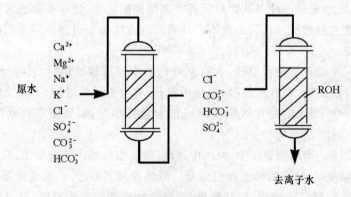

图 7-1　离子交换树脂净化水的原理
(引自软饮料工艺学，高愿军，2002)

阴、阳离子树脂交换后留在水中的 H^+ 和 OH^- 结合成水，水的硬度被解除，水的酸度和碱度也可控制。

离子交换树脂软化法在实际运用中是采用固定床进行的。固定床可分为单床、多床、复

果蔬保鲜与加工

合床和混合床等形式。加工用水一般采用多床或复合床处理,水质即可达到用水质量的要求。如果对水质硬度要求不十分严格则用单床处理即可。若对水质硬度要求很严格,则须用混合床处理。

(3)电渗析法 电渗析技术常用于海水和咸水的淡化,或用自来水制备初级纯水。它是通过具有选择透过性和良好导电性的离子交换膜,在外加直流电场,根据同性相斥、异性相吸的原理,使原水中阴阳离子分别通过阴离子交换膜和阳离子交换膜达到净化作用。

如果原水中悬浮物较多,水质污染严重或含盐量过高,则不能直接用电渗析法处理。此时应先对原水进行预处理,如混凝、过滤、软化等,再进行电渗析,方能收到良好效果。

(4)反渗透法 反渗透技术作为一种近代新型膜分离技术,其原理是以半透膜为介质,对被处理水的一侧施以压力,使水穿过半透膜,而达到除盐的目的。

半透膜只能让溶液中的溶剂单独通过,当用半透膜隔开两种不同浓度的溶液时,稀溶液中的溶剂就会透过半透膜进入浓溶液一侧,这种现象叫渗透。由于渗透的作用,膜两侧的液面最后会形成高度差,由液面的高度差产生一种压力叫渗透压。如果在浓溶液的一侧施加大于渗透压的压力时,溶剂就会由浓溶液的一侧通过半透膜进入稀溶液,这种现象称为反渗透。

通常把这种半透膜称为反渗透膜。当把盐水换成要处理的原水,并施加一定的压力,此时大多数水分子通过反渗透膜,汇集后就得到脱盐的淡水,这就是反渗透在水处理应用上的基本工作原理。见图 7-2。反渗透膜对 Ca^{2+} 和 Mg^{2+} 的去除率达 92%～99%,对 Cl^- 和 HCO^- 的去除率达 80%～95%,对 Na^+ 和 K^+ 的去除率达 75%～95%,Mn^{2+}、Al^{3+} 的去除率达 95%～99%,对细菌的去除率达 99%。

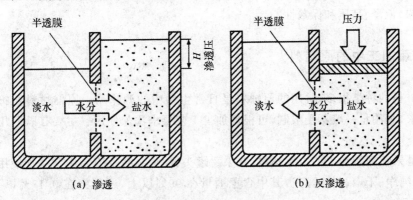

图 7-2 反渗透原理

(引自软饮料工艺学,高愿军,2002)

反渗透膜器在使用一段时间后,水中悬浮物、微生物、有机物等杂质易在膜表面结成一层薄垢,影响膜的透水性和操作压力,要对膜及时清洗。

3. 水的消毒

在水质处理过程中,绝大多数微生物由于经过混凝、过滤、软化已被除去。但是仍有部分微生物留在水中,为了确保饮食卫生,还应进行严格消毒。

(1)氯消毒 水中加氯消毒,是当前世界各国最普遍使用的饮用水消毒法。

根据水质不同,采用滤前加氯和滤后加氯的方法进行水体消毒。滤前加氯,当原水水质差,有机物多,可在原水处理前加氯,防止沉淀物中微生物繁殖,且氯的量要加得多。滤后加氯,原水经沉淀过滤后加氯,加氯量可以比滤前加氯少,且消毒效果好。常用的药物有杀菌氯气或其他有效氯的化合物,如漂白粉、氯胺、次氯酸钠、二氧化氯等药物。

我国水质标准规定,管网末端自由余氯应保持在 0.1～0.3 mg/L,小于 0.1 mg/L 时不安全,大于 0.3 mg/L 时水有明显的氯臭。

（2）臭氧消毒　臭氧(O_3)是特别强的氧化剂,极不稳定,很容易离解出活泼的、氧化性极强的新生态原子氧,原子氧可以最终导致微生物的死亡。臭氧的瞬间杀菌作用优于氯,比氯的作用快 15～30 倍。同时可以除去水臭、水色以及铁和锰等,不产生二次污染。利用高压放电产生 O_3 用于水的消毒,采用臭氧发生器生产臭氧。

（3）紫外线消毒　紫外线消毒的原理是微生物经紫外线照射后,微生物细胞内的蛋白质和核酸的结构发生裂变而引起死亡,因紫外线对水有一定的穿透能力,故能杀灭水中的微生物,使水得以消毒。

紫外线的杀菌效果对原水的水质要求较高。原水必须无色,浊度在 1.6 度以下,微生物数量很少,否则影响杀菌的效果。

目前使用的紫外线杀菌设备主要是紫外线饮水消毒器。

学习单元三　果蔬加工对其他辅料的要求

果蔬加工过程中,往往需要添加一些原辅材料和食品添加剂,用以改善和增进果蔬加工制品的风味、色泽、品质和保藏性。

▶ 一、果蔬加工中的原辅料

原辅材料的种类很多,常用的原辅料是日常生活中的调味品。原辅材料要符合食品卫生法的要求,其用量一般不受限制,可根据加工工艺要求添加使用。主要有以下几种。

1. 砂糖

砂糖是果蔬糖制加工的主要辅料,在果蔬罐头、汁液制品及腌制中常添加使用。要求砂糖要洁白、纯净、干燥、甜味醇正,其中含蔗糖量在 99% 以上,还原糖在 0.17% 以下,含水量不超过 0.07%。

2. 食盐

在果蔬腌制品和罐头制品中使用,还可用于原料的护色处理以及原料半成品保藏。果蔬腌制时对食盐的要求不太严格,但罐头制品等加工时要使用精盐。要求食盐洁净、无杂质,氯化钠含量不低于 99.3%,钙、镁离子各不超过 0.03%,含水量不超过 0.3%。

3. 食醋

主要在果蔬腌制品中使用。要求具有食醋特有的香味,酸味要柔和、不涩、无异味、澄清、无悬浮物、无沉淀、无杂质、不生白。醋酸含量在 3.5 g/100 mL 以上。

4. 酱

果蔬腌制品的酱菜需使用大量的酱。要求酱具有正常酿造酱色,醇正的酱香味,无苦味、焦煳味和酸味等不良风味。黏稠适中,无杂质。

除以上几种主要辅料外,还有一些香辛料,如花椒、茴香、桂皮、干姜、辣椒粉、芥末面等,要求必须具有本身应有的浓郁气味,无杂质、无霉变、干燥、洁净。

二、食品添加剂

食品添加剂是添加于食品中,用以改善食品外观、风味、质地和保藏性的少量无营养价值的物质。食品添加剂多数都限制其用量,使用时必须严格遵守国家食品卫生法所规定的使用范围和使用剂量。

食品添加剂的种类很多,应用于果蔬加工中的主要有以下几种。

1.防腐剂

防腐剂主要起抑制微生物、提高食品保藏性的作用。主要包括苯甲酸、苯甲酸钠、山梨酸、山梨酸钾及花楸酸等。起杀菌作用的防腐剂还有漂白粉、漂白精、亚硫酸、亚硫酸钠等。

2.抗氧化剂

氧化酸败、氧化变色等是食品败坏的重要因素,抗氧化剂的应用可以抑制氧化反应的发生。常用的抗氧化剂有丁基羟基茴香醚、L-抗坏血酸、L-抗坏血酸钠、维生素 E 等。

3.调味剂

调味剂主要是增进和改善食品风味。其中酸味剂对防腐剂和抗氧化剂起增效作用;鲜味剂有谷氨酸钠(味精),5-肌苷酸钠等;酸味剂有柠檬酸、苹果酸、乳酸、酒石酸、醋酸、磷酸等;甜味剂有糖精、甘草、甜叶菊苷等。

4.增稠剂

增稠剂可以增加食品的黏度,给食品以黏滑适宜的口感,改善和稳定食品的性质和组织结构。增稠剂主要包括琼脂、明胶、海藻酸钠、果胶等。

5.香精、香料

香精、香料可以改善和增进食品的香味。使用最多的香精、香料包括橘子香精、柠檬酸精、香蕉香精、菠萝香精等。

6.酶制剂

酶制剂常应用于制汁时的澄清过程中。通常使用的有果胶酶、淀粉酶、蛋白酶、纤维素酶等。

7.食用色素

食用色素用以改变和增进食品的外观色泽。食用天然色素有红曲色素、紫胶色素、β-胡萝卜素、姜黄、焦糖、叶绿素铜钠等;食用合成色素有苋菜红、胭脂红、柠檬黄、靛蓝、樱桃红、亮蓝等。

【自测训练】

1.果蔬加工对水质有何要求?

2.做果汁时,水质过硬应如何处理?

3.当水中细菌总数超标时应如何处理?

4.生产罐头、蜜饯类对原料成熟度有何要求?

5.果蔬的成熟度以及新鲜度的标准是什么？对加工有何影响？

【小贴士】

天然色素和人工合成色素的优劣

来源于天然植物的根、茎、叶、花、果实和动物、微生物等,可以食用的色素称为天然色素;人工合成的色素即人工合成色素。

人工合成色素色泽鲜艳,着色力强,色调多样,成本低但安全性差;天然色素色泽自然,安全性高但在使用过程中不稳定,易受各种因素(光照、温度、氧化、pH 等)的影响而发生褪色、变色,而影响其着色效果,严重制约了天然色素代替人工合成色素的进程。但可以放心,人工合成色素只要按照食品添加剂使用标准(GB 2760—2011)使用,应不会产生安全问题。

(引自百度搜索)

果蔬原料预处理

学习目标

- 会针对果蔬特性及具体条件,灵活采用不同的分级、洗涤、去皮处理;
- 会对果蔬进行半成品保藏处理;
- 熟练掌握果蔬热烫、护色的主要方法;
- 能自主学习,较好协助别人。

【任务描述】

了解果蔬分级、清洗、去皮方法,主要清洗、去皮的设备和适用范围。了解果蔬烫漂的目的、方法和烫漂效果的检验方法。了解果蔬进行硬化的目的、方法。了解果蔬加工时变色的原因,掌握果蔬护色的方法。

【知识链接】

学习单元　果蔬原料预处理

以各种新鲜果品蔬菜为原料,制成各种各样的加工制品,虽然不同的加工制品有不同的制作工艺,但在各类果蔬加工制品中对原料的选剔分级、洗涤、去皮、去心、破碎等处理方法,均有共通之处,可统称为常规处理法。另外,根据加工原料的特性不同和制品的特殊要求不同在制作工艺中通常还采用热烫处理、硬化处理、护色处理等方法。

▶ 一、挑选、分级

为了保证原料质量相同,果蔬原料进厂后首先要进行挑选,剔除霉烂及病虫害和伤口大的果实,对残、次果及损伤不严重的原料要分别加工利用。挑选主要是通过人的感官检验,在固定的工作台或传送带上进行。

(一)人工分级

在生产规模不大或机械设备较差时常用手工分级,同时可配备简单的辅助工具,如圆孔分级板、大小分级尺、重量秤等。分级板由长方形板上开不同孔径的圆孔制成,孔径的大小视不同的果蔬种类而定。通过每一圆孔的算一级,但不应往孔内硬塞下去,以免擦伤果蔬皮。另外,果蔬也不能横放或斜放,以免大小不一。除分级板外,有根据同样原理设计而成的分级筛。适用于豆类、马铃薯、洋葱及部分水果,分级效率高,比较实用。

品质分级几乎完全是由人工完成的,因为人的感官敏锐性是机器无法相比的。品质分级后对于一些形状整齐的果蔬为了使产品大小一致一般要再进行大小分级,如番茄、黄瓜等。对于一些形状不规则的果蔬则根据质量来进行分级,如马铃薯等。

(二)机械分级

使用分级机械可提高分级效率和质量,目前分级设备常用的有:

1. 滚筒式分级机

主要部件是一个圆柱形的用 1.5～2.0 mm 不锈钢板冲孔后卷成的筒状筛(图 7-3)。其上有几组不同孔径的漏孔,原料从进口至出口,后组的孔径逐渐比前组增大。每组滚筒下装有集料斗。当果蔬进入时,小于第一组孔径的原料,从第一级筒筛

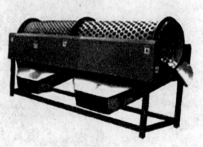

图 7-3　滚筒式分级机
(引自百度搜索)

落入料斗,为一级,余类推。整个滚筒装置一般有3°~5°的倾角,以便原料从筒内向出口处运动。滚筒分级机适用于圆球状的原料如山楂、蘑菇、杨梅及豆类等。

2.振动筛

该机是用钢或不锈钢制成的筛板,操作时,机体就沿一定方向做往复运动,出料口倾斜成一定的角度。因此,筛面上的果蔬以一定速度向前移动,并进行分级。小于第一层筛孔的原料,从第一层筛子落入第二层筛子,余类推。大于筛孔的原料,从各层的出料口挑出,为一个等级,每级筛子的出料口都可得到相应等级的原料。振动筛适用于苹果、梨、李、杏、桃、柑橘、番茄、马铃薯、荸荠、慈姑和芋、洋葱、大蒜、百合等原料。

3.摆动筛

食品工厂常用冲钻孔的薄金属板作为摆动筛。为减少筛孔被堵塞,常将筛孔做成圆锥形,孔由上向下逐渐增大,其圆锥角以70°为宜。摆动筛结构很简单,适用面较广,对果实损伤较小,适用于多种果实不同规格的分级。其不足之处是动力平衡较困难,且噪声较大。

4.带式分级机

带式分级机是一种分级效率较高且结构又较简单的分级设备,其工作原理如图7-4所示。该机的主要工作部分是一对长长的胶带,在这里称为分级带,该胶带之间的间隙,由始端至末端逐渐有规律地加大,形成"V"形,其间隙大小按原料要求规格调整。在分级带下安有多条输送带,以收集分级好的原料。

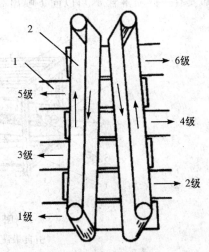

工作时,果实进入分级带2的始端,两条输送带以相同的速度带动果实往末端移动,在移动过程中,果实便按由小到大的顺序依次落到下面的输送带1中,从而完成了分级。

此外,果蔬加工中还有许多专用分级机,如蘑菇分级机、橘片专用分级机和菠萝分级机等。成熟度与色泽的分级常用目视估测法进行。苹果、梨、桃、杏、樱桃、柑橘、黄瓜、豆类等

图7-4 带式分级机
(引自果蔬加工技术,王丽琼,2012)
1.输送带 2.分级带

常先按成熟度分级,大部分按低、中、高三级进行目视分级。色泽分级常按颜色深浅进行,除目测外,也可用灯光法和电子测定仪装置进行色泽分辨选择。除了在预处理前需要分级外,大部分罐藏果蔬在装罐前也要按色泽分级。

▶ 二、清洗

(一)清洗的目的和要求

清洗是除去果蔬原料表面附着的灰尘、泥沙、大量的微生物及部分残留的化学农药,保证产品清洁卫生。

清洗用水应符合饮用水标准。清洗前应用水浸泡,必要时可用热水浸渍,但不适于成熟度高、柔软多汁的原料。原料上残留的农药,还须用化学药剂洗涤。一般常用的化学药剂有

0.5%盐酸溶液、1.5%氢氧化钠、0.1%高锰酸钾或0.1%漂白粉等。浸泡数分钟再用清水洗去化学药剂。洗时必须用流动水或使原料震动及摩擦，以提高洗涤效果。除上述常用药剂外，近几年来，还有一些脂肪酸系列的洗涤剂如单甘酸酯、磷酸盐、糖脂肪酸酯、柠檬酸钠等也用于生产。

(二)清洗方法

分为人工清洗和机械清洗。应根据生产条件、原料形状、质地、表面状态、污染程度、夹带泥土量及加工方法而定。常见的洗涤方法有水槽洗涤、滚筒式洗涤、喷淋式洗涤、压气式洗涤等。

1.振动喷洗

振动喷洗是使果品原料在振动运动中受到高压水的喷洗而将其清洗干净，振动喷洗机结构如图7-5所示。主要由振动器、筛盘、喷淋管等组成，整个机器均在一个四方机架内。筛盘3用不锈钢板制造，上面有许多小孔，以能漏水。筛盘用吊杆5悬挂在机架上，在机架顶部安有一排喷淋管4，可以向下喷出高压水流。筛盘由振动器推动进行振动。

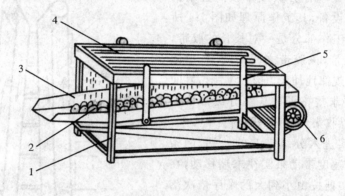

图7-5　振动喷洗机
(引自果蔬加工技术,王丽琼,2012)
1.机架　2.物料　3.筛盘　4.喷淋管　5.吊杆　6.电动机

工作时，原料由筛盘3的上端投入，在振动器的作用下，原料在筛盘上振动翻滚，并向出口处移动，与此同时，位于筛盘上方的喷淋管4中喷出高压水流，使原料得以充分洗涤，同时向筛盘的较低端出口处移动，直至排出。洗涤水与洗下的泥沙、杂质便由筛子漏下。

振动喷洗机由于有振动和喷射的双重作用，故清洗效果很好，适用于多种原料的洗涤。筛盘孔眼的大小、振动力等都易于进行调节和更换，在中小型企业比较适用。

2.鼓风式清洗

鼓风式清洗是用鼓风机把空气送进清洗槽中，使浸泡原料的水产生剧烈翻动，水的剧烈翻动对原料表面产生强烈的摩擦作用，使沾染在原料表面的泥沙污物清洗干净，同时它又不会破坏原料的完整性。因此，它很适合果品原料的清洗。

图7-6中所示为鼓风式清洗机的结构。主要由洗槽、吹气装置、输送装置等组成。洗槽1为长方形，内装清水；吹气装置包括鼓风机4、吹泡管7等，由鼓风机将气流从吹泡管中吹出；输送装置3则将原料由水槽中送出。

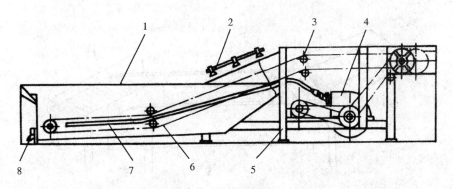

图 7-6　鼓风式清洗机

（引自果蔬加工技术，王丽琼，2012）

1.洗槽　2.喷淋管　3.输送装置　4.鼓风机
5.电动机　6.链条　7.吹泡管　8.排水口

工作时，先将洗槽 1 中盛满清水，将原料倒入槽中，开动鼓风机 4，吹泡管 7 中吹出的气流便对输送装置 3 上的原料不断地吹动翻滚，使污物在翻动中被洗净，随后，原料顺输送机道斜面上行，这时，由喷淋管 2 中喷出清水，对原料作最后的清洗。水槽中多余的水则排入下水道，由此而完成了对原料的清洗过程。

3.浸泡喷洗机

浸泡喷洗是先将原料浸泡于水中，使泥沙杂物在水的浸泡下变得松脱，然后受到高压水流的喷射，将原料表面的附着物冲掉而达到清洗的目的。

工作时，冲洗水经过过滤后循环使用；自带提升、方便联线；清洗机物料在网带输送经过水中缓慢地淋洗，出料端设有喷淋、选果。特别适合桑葚、黑莓等柔软易损坏的水果清洗。

4.转筒式洗涤

转筒式洗涤机的主要工作部分是转筒，借助转筒的旋转，使原料不断地翻转，筒壁成栅栏状，转筒下部浸没在水中，原料随转筒的转动并与栅栏板条相摩擦，从而达到清洗的目的。该机由于原料所受摩擦力较大，故只适用于质地坚硬和表面不怕受机械损伤的果品原料。

5.毛刷式喷洗机

毛刷式喷洗机是借助毛刷的刷洗作用和高压水流的喷射作用来洗涤原料的，主要用于表面较为坚硬、耐刷洗的果品原料，如苹果、李、金橘、橄榄、土豆等。

毛刷式喷洗主要由水槽、毛刷、喷水管、传送带等组成（图 7-7）。水槽 6 为长方形结构，以盛洗涤水。传送带 4 位于水槽下部，以传送原料。在水槽的两侧安有 2 根喷水管 2，可喷出高压水协助洗涤。

工作时，将原料放入进料斗中，原料因重力滑落入水槽，由传送带带动前行，前行中，遇到多根毛刷，毛刷由电动机带动旋转，对原料进行多次刷洗，而位于两侧的喷水管又适时地喷出高压水流，从而完成了洗涤过程，随后，洗净的原料被传送带带出喷洗机。

对于制汁原料洗涤方法可以采用手工洗涤、机械洗涤。不同原料果品依其形状、性质及工厂设备条件加以选择使用。应注意洗涤时间不宜过长，并最好采用流水冲洗。

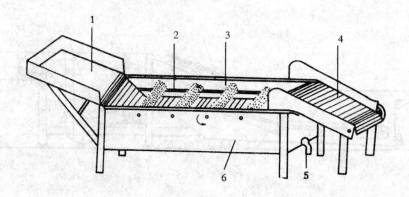

图 7-7　毛刷式喷洗机

（引自果蔬加工技术，王丽琼，2012）

1.进料斗　2.喷水管子　3.毛刷　4.传送带　5.排水口　6.水槽

三、去皮

除叶菜类外，大部分果蔬的外皮都较粗糙、坚硬，对加工制品有一定的不良影响。因此，许多果蔬加工时都要进行去皮处理，以提高制品品质。只有加工某些果脯、蜜饯、果汁和果酒时，因为要打浆或压榨或其他原因才不用去皮。加工腌渍蔬菜也无须去皮。

果蔬去皮时，只要求去掉不可食用或影响产品质量的部分，不可过度，否则会增加原料消耗和生产成本。果蔬去皮的方法有以下几种。

1.手工去皮

手工去皮是应用特别的刀、刨等人工工具削皮，应用较广。见图7-8。

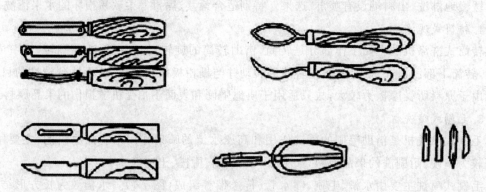

图 7-8　手工去皮工具

（引自果蔬加工技术，王丽琼，2012）

其优点是去皮干净、损失较少，并可有修理的作用，去心、去核、切分等也可以同时进行。在果蔬原料较不一致的条件下能显出其优点。但手工去皮费工、费时、生产效率低、大量生产时困难较多，一般作为其他去皮方法的辅助方法。

2.机械去皮

采用专门的机械进行，常用的机械去皮机主要有旋皮机、擦皮机和特种去皮机三类。

（1）旋皮机　旋皮机是在特定的机械刀架下将果蔬皮旋去，适合于苹果、梨、柿、菠萝等大型果品。见图7-9。

（2）擦皮机　擦皮机是利用内表面有金刚砂、表面粗糙的转筒或滚轴，借摩擦力的作用擦去表皮。适用于马铃薯、胡萝卜、荸荠、芋头等原料的去皮，效率较高，但去皮后表皮不光滑。

图7-9　水果旋皮机
（引自百度搜索）

料桶是内表面粗糙的圆柱形不锈钢桶。旋转圆盘表面呈波纹状，波纹角为20°～30°，采用金刚砂黏结表面。旋转圆盘波纹状表面除有擦皮功能外，主要用来抛起物料。当物料从加料斗落到圆盘波纹状表面时，因离心作用被抛向四周，与桶壁粗糙表面摩擦，从而达到去皮的目的。擦去的皮被喷水嘴喷出的水从排污口冲走，去过皮的物料，利用本身的离心力，从打开的舱门自动排出。

为了保证机器的正常工作，擦皮机在工作时，既要能将物料抛起，使物料在桶内呈翻滚状态，又要保证物料被抛至桶壁，物料表面被均匀擦皮，因而旋转圆盘必须保持较高的转速，料桶内物料不能过多，一般物料填充系数为0.5～0.65。见图7-10。

3. 碱液去皮

碱液去皮是果蔬原料中应用最广泛的去皮方法。将果蔬原料在一定浓度和温度的强碱溶液中处理一定的时间，果蔬表皮内的中胶层受碱液的腐蚀而溶解，使果皮分离。绝大部分果蔬如桃、李、苹果、胡萝卜等可以用碱液去皮。

图7-10　擦皮机
（引自百度搜索）

下面介绍一种较为典型的碱液去皮机，如图7-11所示。主要包括碱处理、去皮装置和输送装置等三部分。实物如图7-12所示。

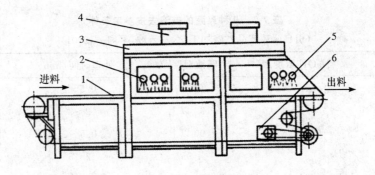

图7-11　碱液去皮机
（引自果蔬加工技术，王丽琼，2012）

1.输送带　2.碱液喷头　3.机体　4.排气孔　5.清水喷头　6.传动系统

图 7-12　碱液去皮机实物图

（引自百度搜索）

工作时，先启动电动机，使输送带 1 运转，然后使原料由上料装置倾倒在输送带上，并随输送带的运动进入机体中，机体内有碱处理段、腐蚀段和去皮段。原料在碱处理段受到热稀碱液的喷淋运行 5～10 s 后，使原料整体处于热碱液浸润中，由输送带至腐蚀段，此时，热碱液停止喷淋，原料表皮在热碱液的浸润下被腐蚀，表层迅速熟化，表皮和肉质部分即开始分离，在这一区段运行 15～20 s 后，原料由输送带进入去皮段，在这里，安装在机体顶部的喷头中喷出高压冷水，受高压水流的冲击作用，原料表皮迅速从肉质部分脱离，并和水流一起穿过输送带网孔排出机外，完成了去皮操作的原料则由输送带送入下一道工序。

经碱液处理后的果蔬必须立即在冷水中浸泡、漂洗，同时搓擦、淘洗除去果皮渣和黏附余碱，漂洗必须充分，直至果块表面无滑腻感，口感无碱味为止。否则会使罐头制品的 pH偏高，导致杀菌不足，口感不良。为加速降低 pH，可用 0.1%～0.2%盐酸或 0.25%～0.5%的柠檬酸水溶液浸泡中和，同时可防止变色和抑制酶的活动。

常用的碱液为氢氧化钠或氢氧化钾溶液，因氢氧化钾较贵，也可用碳酸氢钠等碱性稍弱的碱。

几种果蔬的碱液去皮参考条件见表 7-2。碱液浓度高、温度高，处理时间长会腐蚀果肉。一般要求只去掉果皮而不能伤及果肉，对每一批原料都应该作预备试验，以确定处理浓度、温度和时间。

表 7-2　几种果蔬的碱液去皮参考条件

（引自园艺产品贮藏加工学，罗云波，蔡同一，2001）

果蔬种类	NaOH 浓度/%	碱液温度/℃	处理时间/min	备注
桃	1.5～3	90～95	0.5～2	浸碱或淋碱
李	5～8	90 以上	2～3	浸碱
杏	3～6	90 以上	0.5～2	浸碱或淋碱
猕猴桃	5	95	2～5	浸碱
苹果	20～30	90～95	0.5～1.5	浸碱
梨	0.3～0.75	30～70	3～10	浸碱
甘薯	8～10	90 以上	3～4	浸碱

果蔬种类	NaOH 浓度/%	碱液温度/℃	处理时间/min	备注
番茄	15～20	85～95	0.3～0.5	浸碱
胡萝卜	3～6	90 以上	4～10	浸碱
马铃薯	2～3	90～100	3～4	浸碱

碱液去皮的特点是均匀而迅速,耗损率低,省工省时,适应性广,几乎所有的果蔬都可应用此法去皮,但碱液腐蚀性强,使用时必须注意安全。

4.热力去皮

果蔬在高温下处理较短时间,使之表皮迅速升温而松软,果皮膨胀破裂,果皮与果肉间的原果胶发生水解失去胶黏性,果皮与果肉组织分离而脱落。适用于成熟度高的桃、杏、枇杷、番茄等薄皮果实的去皮。

热力去皮有蒸汽去皮和热水去皮。热水去皮时,少量的可用锅加热。大量生产时,采用带有传送装置的蒸汽加热沸水槽进行。果蔬经短时间的热处理后,用手工剥皮或高压冲洗。如番茄即可在 95～98℃ 的热水中 10～30 s,取出冷水浸泡或喷淋,然后手工剥皮;桃可在 100℃ 的蒸汽中处理 8～10 min,淋水后用毛刷辊或橡皮辊冲洗;枇杷经 95℃ 以上的热水烫 2～5 min 即可剥皮。

蒸汽去皮时一般采用近 100℃ 蒸汽,可以在短时间内使外皮松软,以便分离。具体的热烫时间,可根据原料种类和成熟度而定。

热力去皮原料损失少,色泽好,风味好。但只用于皮易剥落的原料,要求充分成熟,成熟度低的原料不适用。

5.酶法去皮

柑橘的囊衣,在果胶酶的作用下,使果胶水解,脱去囊衣。如将橘瓣放在 1.5% 的 703 果胶酶溶液中,在 35～40℃、pH 1.5～2.0 的条件下处理 3～8 min,可达到去囊衣的目的。

酶法去皮条件温和,产品质量好。其关键是要掌握酶的浓度及酶的最佳作用条件如温度、时间、pH 等。

6.冷冻去皮

将果蔬与冷冻装置的冷冻表面接触片刻,其外皮冻结于冷冻装置上,当果蔬离开时,外皮即被剥离。冷冻装置温度在 −28～−23℃,这种方法可用于桃、杏、番茄等的去皮。去皮损失 5%～8%,质量好,但费用高。

7.真空去皮

将成熟的果蔬先行加热,使其升温后果皮与果肉易分离,接着进入有一定真空度的真空室内,适当处理,使果皮下的液体迅速"沸腾",皮与肉分离,然后破除真空,冲洗或搅动去皮。适用于成熟的桃、番茄。

▶ 四、去核、去梗

对于核果类的原料一般要去核,对于仁果类或其他种类的果品或蔬菜要去心。常用的工具有挖核器和捅核器。挖核器用于挖除苹果、梨、桃、杏、李等果实的果核或果心,捅核器用于去除枣、山楂等果实的核。生产时应根据果实的特点和大小选择适宜的去核去心工具。

目前水果去核机种类较多，按去核机结构特点和工作部件的不同，大体分成：切半式去核机、捅杆式去核机、对辊式打浆去核机、刮板式打浆去核机等。

很多果品，如苹果、梨、李、杏、葡萄、梅子等都是带柄（梗）的，在生产之前需要将之除去。

▶ 五、切分、修整

体积较大的果蔬原料在罐藏、干制、果脯蜜饯及蔬菜腌制加工时，需要适当地切分，以保持一定的形状。

切分的形状和方法根据原料的形状、性质和加工品的要求而定。桃、杏、李常对半切；苹果、梨常切成两瓣、三瓣或四瓣；许多果蔬切成片状、条状、块状等多种形式。常用切分设备有果品切片机，果品切片机可供已去皮、切端（内无硬核）的菠萝等圆柱状的原料切片之用。

图7-13中所示为果品切片机结构，它主要由切片机构、输送机构、控制机构和驱动机构组成。切片机构是主要机构，它包括刀头箱3和送料螺旋4。送料螺旋分左右两根，水平安放，其中心与原料的运动轴线相同，它可以夹持物料和推送物料。刀头箱内安有切刀，切刀轴与送料螺旋轴线平行。驱动机构分两部分，一路驱动切刀和送料螺旋旋转，另一路驱动传送带运动。控制机构包括控制器A、B及电控部分，可以控制电动机的启动和停止。

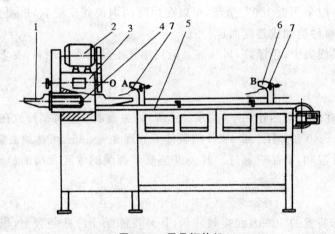

图7-13　果品切片机
（引自果蔬加工技术，王丽琼，2012）
1.出料口　2.电动机　3.刀头箱　4.送料螺旋　5.输送带　6.控制器　7.摆杆

工作时，输送带把事先加工成圆柱状的原料送进送料螺旋，在两根送料螺旋的夹持下轴向前移。与此同时，切刀也高速旋转，其转速与送料螺旋相同。送料螺旋每旋转1周，物料便前进一个螺距，而旋转的切刀便切下一片与螺距相同厚度的圆片，它们整齐地排列在出料套筒中而被送出机外。

罐藏或果脯加工时为了保持良好的形状，在装罐前需对果块进行修整，除去果蔬碱液未去净的皮或残留于芽眼或梗洼中的皮，除去部分黑色斑点和其他病变组织。

果蔬保鲜与加工

⬥ 六、破碎、取汁

制作果酱、果泥等的原料需要适当破碎，以便煮制。制作果蔬汁、果酒时原料也需要破碎，以便于压榨或打浆。使用破碎机或打浆机，果实破碎粒度要适当，不同种类的原料，不同的压榨方法，破碎粒度是不同的，一般要求果浆的粒度在 3～9 mm 之间，但应注意果皮和种子不能被磨碎。破碎时，可加入适量的维生素 C 等抗氧化剂，以改善果蔬汁的色泽和营养价值。制作果酱时果肉的破碎也可用绞肉机进行。果泥可用胶体磨或磨碎机。

对于果胶含量丰富的核果类和浆果类水果，在榨汁前添加一定量的果胶酶可有效分解果肉组织中的果胶物质，使果汁黏度降低，容易榨汁、过滤，提高出汁率。李、葡萄、苹果等水果破碎后采用预热处理，可以软化果肉，水解果胶物质，降低汁液黏度，提高出汁率。

常用榨汁机有杠杆式压榨机、螺旋式压榨机、液压式压榨机、带式压榨机、切半锥汁机、柑橘榨汁机、离心分离式榨汁机、控制式压榨机、布朗 400 型榨汁机等。带式压榨机是国际常用的榨汁设备。用压榨方法难以取汁的果蔬如山楂、梅、酸枣等采用浸提工艺取汁。

⬥ 七、硬化处理

对一些质地柔软的果蔬，在罐制或蜜饯加工前，需进行硬化处理，防止制品过度软化和提高耐煮性。常用的硬化剂有石灰、氯化钙、亚硫酸氢钙或明矾等稀溶液。所使用的盐类含有的钙和铝离子能与果胶性物质形成不溶性的盐类，使组织硬化耐煮。明矾还有触媒作用，使某些需要染色的制品容易着色与增加亮度。亚硫酸氢钙同时有护色、保脆与防腐作用。对于易变色的苹果、梨等制作果脯蜜饯，常用 0.1% 的 $CaCl_2$ 与 0.2%～0.3% 的 $NaHSO_3$ 混合液浸泡 30～60 min，起着护色兼硬化的双重作用。

硬化剂的选择、用量和处理时间必须适当，用量过度会生成过多的果胶酸钙盐，或引起部分纤维素钙化，从而降低原料对糖的吸入量，并且使产品粗糙，品质低劣。一般加工蜜饯时石灰的用量是 0.5%～1%，罐头中氯化钙的用量是 0.05%。

经硬化处理的原料，在罐装和糖煮前应用清水充分漂洗，除去多余的硬化剂。

⬥ 八、烫漂

烫漂也称热烫、预煮，是将经过适当处理的新鲜原料在温度较高的热水或蒸汽中进行加热处理的过程。其主要作用是：

（1）破坏酶活性，防止酶促褐变和营养损失。果蔬受热后氧化酶类被钝化，停止本身的生化活动，防止品质的进一步劣变，这在速冻和干制品中尤为重要。

（2）排除果蔬组织内的空气，稳定和改进制品色泽。排除果蔬组织内的空气，有利于防止制品酶褐变；有利于提高干制品的外观品质；有利于糖制品的渗糖；有利于罐头保持合适的真空度，减少马口铁内壁的腐蚀及避免罐头杀菌时发生跳盖或爆裂现象；对含叶绿素的原料，色泽更鲜绿；不含叶绿素的则呈半透明状态，色泽更鲜亮。

（3）软化组织，增加细胞膜透性。烫漂使果蔬细胞原生质变性，增加细胞膜透性，有利于水分蒸发,可缩短干燥时间,热烫过的干制品复水性也好。对于糖制原料,糖分易渗入,不易干缩。经过烫漂的原料质地变得柔韧,有利于装罐等操作。

(4)排除某些果蔬原料的不良气味。烫漂可适当排除原料中的苦味、涩味、辣味及其他不良气味,还可以除去部分黏性物质,提高产品品质。

(5)降低原料中的污染物和微生物数量。烫漂可杀死原料表面附着的部分微生物及虫卵等,减少原料的污染,提高制品卫生质量。

烫漂处理常用的方法:

(1)热水烫漂 热水烫漂可以在夹层锅内进行,也可以在专门的连续化机械如链带式连续预煮机和螺旋式连续预煮机内进行。在不低于 90℃ 的温度下热烫 2～5 min,某些原料如制作罐头的葡萄和制作脱水蔬菜的菠菜及小葱只能在 70℃ 左右的温度下热烫几分钟。有些绿色蔬菜为了保绿,在烫漂液中加入小苏打、氢氧化钙等,有时也用亚硫酸盐。制作罐头的某些果蔬也可以采用 2% 的盐水或 1%～2% 的柠檬酸液进行烫漂,有护色作用。

热水烫漂的优点是物料受热均匀,升温速度快,方法简便。缺点是部分维生素及可溶性固形物损失较多,一般损失 10%～30%。如果烫漂水重复使用,可减少可溶性物质的流失。

(2)蒸汽烫漂 将原料放入蒸锅或蒸汽箱中,用蒸汽喷射数分钟后立即关闭蒸汽并取出冷却。采用蒸汽热烫,可避免营养物质的大量损失,但必须有较好的设备,否则加热不均,热烫质量差。

烫漂后的原料,应立即冷却,防止热处理的余热对产品造成不良影响,并保持原料的脆嫩,一般采用冷水冷却或冷风冷却。

烫漂标准:原料一般烫至半生不熟,组织较透明,失去新鲜硬度,但又不像煮熟后的那样柔软,即达到热烫目的。烫漂程度通常以原料中过氧化物酶全部失活为标准。过氧化物酶的活性,可用 0.1% 的愈创木酚酒精溶液或 0.3% 联苯胺溶液与 0.3% 的双氧水检查,将热烫到一定程度的原料样品横切,滴上几滴愈创木酚或联苯胺溶液,再滴上几滴 0.3% 的双氧水几分钟内不变色,表明过氧化物酶已破坏;若变色则表明过氧化物酶仍有活性,烫漂程度不够。用愈创木酚时变成褐色,用联苯胺时变成蓝色。

▶ 九、半成品保存

果蔬原料成熟期采收集中,为了延长加工期限,除了进行原料的鲜贮外,还可以将原料加工处理成半成品进行保存。半成品保存一般是将处理的原料用食盐腌制、SO_2 处理及大罐无菌保藏等办法保存起来。

1.盐腌处理

某些果脯、蜜饯、凉果,如广东的凉果、江苏和福建的青梅蜜饯、广西的应子及蔬菜的腌制品,需要用高浓度的食盐将原料腌渍成盐坯进行半成品保存,然后进行脱盐、配料等后续工艺加工制成成品。

食盐可以使半成品得以长期保存,是因为食盐的高渗透压和降低水分活性的作用,抑制大多数微生物的繁殖,也迫使新鲜果蔬的生命活动停止,避免了果蔬的自身溃败。

食盐腌制有干腌和湿腌两种方法。

(1)干腌 适合于成熟度高,含水量大,容易渗透的原料的腌制。一般用盐量为原料的

14%～15%,腌制时,应分批拌盐,搅拌均匀,分层入池,铺平压紧,下层用盐较少由下而上逐层加多,表面用盐覆盖隔绝空气,便能保存不坏。亦可盐腌一段时间后,取出晒干做成干坯保存。

(2)湿腌　适合于成熟度低,水分含量少,不易渗透的原料的腌制。一般配制10%～13%的食盐溶液将果蔬淹没,便能保存。但食盐溶液腌制时一些耐盐性细菌活动造成败坏,可采取将原料全部浸于溶液中,加以密封,降低pH,降低温度等措施防止。

盐腌的半成品再加工成成品时要经过脱盐处理,尽可能地将盐分脱去,但不可能完全脱除,一方面会影响到制品的风味,因而盐腌的半成品只适合于某些制品的加工;另一方面果蔬中的可溶性固形物大量流失,大大降低了产品的营养价值。

2.硫处理

新鲜果蔬用 SO_2 或亚硫酸盐类处理,可以保持原料不腐烂败坏,是亚硫酸在起作用。亚硫酸可以减少溶液中或植物组织中氧的含量,杀死好气性微生物;未解离的亚硫酸还能抑制氧化酶的活性,可以防止果蔬中维生素 C 的损失。

亚硫酸盐类在一定的条件下可解离出 SO_2 ,所以也具有保藏作用。生产上常以 SO_2 的浓度来表示亚硫酸及其盐类的含量。

SO_2 还能与许多有色化合物结合变成无色的衍生物,使红色果蔬褪色,色泽变淡,经脱硫后色泽复显。 SO_2 对花青素作用明显。 SO_2 能杀灭害虫,防止制品生虫,延长保藏期。

硫处理常用的方法有浸硫法和熏硫法两种。浸硫法是用一定浓度的亚硫酸盐溶液浸泡原料一定时间。亚硫酸(盐)的浓度以有效 SO_2 计,一般要求为果实及溶液总重的 0.1%～0.2%。熏硫法是将原料放在密闭的室内或塑料帐内,燃烧硫黄生成 SO_2 气体,或者由钢瓶直接将 SO_2 通入室内。熏硫室或帐内 SO_2 浓度宜保持在 1.5%～2%,可按每立方米空间燃烧硫黄 200 g 或者每吨原料用硫黄 2～3 kg 计。熏硫程度以果肉色泽变淡,核窝内有水滴,并带有浓厚的 SO_2 气味,果肉内含有 SO_2 达 0.1%左右为宜。熏硫结束,将门打开,待空气中的 SO_2 散尽后,才能入内工作。

亚硫酸在酸性环境条件下作用明显,一般应在 pH 3.5 以下,对于一些酸度偏小的原料处理时,应辅助加一些柠檬酸,以提高作用效果。亚硫酸盐类溶液易于分解失效,最好是现用现配。经硫处理的原料应在密闭容器中保藏。

一些水果经硫处理后会使果肉变软,为防止这种现象,可在亚硫酸中加入部分石灰,这对一些质地柔软的水果如草莓、樱桃等适用。

硫处理时应避免接触金属离子,会显著促进已被还原色素的氧化变色。

亚硫酸和 SO_2 对人体有毒。国际上规定为每人每日允许摄入量为 0～0.7 mg/kg 体重。因此硫处理的半成品不能直接食用,必须经过脱硫处理再加工制成成品。

经硫处理的原料,只适宜干制,糖制,制成果汁、果酒或片状罐头,而不宜制整形罐头。因为残留过量的亚硫酸盐会释放出 SO_2 腐蚀马口铁,生成黑色的硫化铁或生成硫化氢。

3.大罐无菌保藏

大罐无菌保藏是将经过巴氏杀菌的浆状果蔬半成品在无菌条件下装入已灭菌的密闭大金属罐内,保持一定的气体内压,以防止产品内的微生物发酵变质的一种保藏方法。常用于保藏再加工用的各种果蔬汁和番茄酱。这种保藏方法是一种先进的贮存工艺,虽然设备一次性投资较高,但经济、卫生,对绝大多数的果蔬加工企业的周年生产具有重要意义。

◢ 十、工序间的护色

果蔬原料去皮和切分后,放置于空气中,很快变成褐色,不仅影响制品外观品质,还破坏产品风味和营养价值。因而在加工中有必要进行护色处理,以保证成品质量。

(一)变色原因

果蔬原料及其制品发生褐变的原因主要有非酶褐变和酶促褐变。

1. 非酶褐变

没有酶参与而引起的颜色变化统称为非酶褐变。非酶褐变主要包括羰氨反应(美拉德反应)褐变、焦糖化褐变、抗坏血酸褐变和金属引起的褐变。羰氨反应褐变是糖类化合物中的羰基与氨基化合物中的氨基发生反应引起的颜色变化;焦糖化褐变是糖类加热到其熔点以上时由于焦糖化作用生成黑褐色的物质引起的;抗坏血酸褐变是抗坏血酸自动氧化生成的醛类物质聚合为褐色物质引起的;锡、铁、铝、铜等金属能促进褐变,并能与单宁类物质发生反应引起变色。

在满足糖煮、烘烤等加工工艺的条件下,尽量降低加热温度、缩短加热时间及烘烤时间、减少制品的糖含量,可有效抑制羰氨反应引起的褐变和焦糖化褐变。避免原料与铁、铜等接触,使用不锈钢用具和设备,防止金属离子引起的褐变。

2. 酶促褐变

在多酚氧化酶的作用下,果蔬中酚类物质被氧化呈现褐色的现象,称为酶促褐变。在果蔬加工过程中,工序间的变色主要是由酶促褐变引起的。必须有酚类物质、酶和氧气同时存在此反应才能进行,所以排除三者中任一条件,都可阻止此反应的发生,生产上常用隔绝氧气、钝化或抑制酶活性的方法来抑制酶促褐变的发生。

(二)常用的护色方法

1. 热烫护色

将去皮切分的原料,迅速用沸水或蒸汽热烫 3~5 min,从而抑制酶的活性,即可防止酶褐变,热烫后取出迅速冷却。热处理的最大缺点是可溶性物质的损失,一般损失 10%~30%,蒸汽处理损失较小。

2. 有机酸溶液护色

酸性溶液既可抑制多酚氧化酶活性,又由于氧气在酸溶液中的溶解度较小具有抗氧化作用,抑制酶褐变,同时也能抑制美拉德反应。生产上多采用浓度为 0.5%~1%柠檬酸溶液浸泡,也可用抗坏血酸溶液浸泡,或用柠檬酸和抗坏血酸混合溶液浸泡,兼有提高制品营养价值的作用。

3. 食盐溶液护色

食盐对氧化酶的活性有抑制和破坏作用,食盐溶于水后,能减少水中的溶解氧。一般采用 1%~2%的食盐溶液即可,苹果、梨、桃及食用菌均可用此法,但要注意洗净食盐,特别是水果原料。

为了增进护色效果,还可以在其中加入 0.1%柠檬酸液。食盐溶液护色常在制作水果罐头和果脯中使用。另外,在制作果脯蜜饯时为了提高耐煮性,可以用氯化钙溶液浸泡,既有护色作用,又能增进果肉硬度。

4. 亚硫酸溶液护色

SO₂ 与有机过氧化物中的氧易化合,使其不能生成过氧化氢,则过氧化物酶失去氧化作用。SO₂ 又能与单宁物质中的酮基结合,单宁物质不能被氧化。溶液中 SO₂ 含量为 0.0001% 时,能降低褐变率为 20%,0.001% 时完全不变色。但 SO₂ 被解除后,单宁物质的反应又恢复。此法对各种加工原料工序间的护色都适用,但罐头加工时,SO₂ 处理后,要进行脱硫处理,否则易造成罐头内壁产生硫化斑。

5. 控制 O₂ 的供给

创造缺氧环境,如抽真空、抽气充氮、使用石氧剂等。抽真空护色是将原料周围及果肉中的空气排除,渗入糖水或无机盐水,抑制氧化酶活性,防止酶褐变。某些果蔬如苹果、番茄等内部组织较疏松,含空气较多,对罐藏或制作果脯等不利,常用此方法护色。根据实验,不易变色果蔬,可用 2% 的食盐溶液作抽空母液;易变色的果蔬(如长把梨),可用 2% 食盐、0.2% 柠檬酸、0.02%~0.06% 偏重亚硫酸钠混合溶液作抽空母液;一般果品可用糖水作抽空母液。在 87~93 kPa 的真空度下抽空 5~10 min,护色后果蔬组织色泽更加鲜艳。

6. 加碱保绿法

在热烫时水中加 0.5% 的小苏打或加工前用稀石灰水浸泡能减少去镁叶绿素的形成,从而有效的保持果蔬原料的绿色。

7. 人工染色

人工染色是一种辅助性护色措施。常用的色素有红曲色素、焦糖色素、胡萝卜素、姜黄、柠檬黄、靛蓝等。染色时按果蔬产品的天然颜色与传统习惯相结合而进行。在使用色素时应注意安全性,严格按照国家规定执行,控制使用量,以尽可能不添加任何色素为原则。

【自测训练】

1. 果蔬清洗的方法有哪些?去皮的方法有哪些?
2. 烫漂处理的原理和作用是什么?
3. 果蔬加工工序间为何要进行护色处理?常用的护色处理方法有哪些?
4. 果蔬进行硬化的目的是什么?如何进行?
5. 果蔬加工的许多原料为什么要制作为半成品?常用的半成品保存方法有哪些?

【小贴士】

如何让切出的藕片保持白色?

一般在家做菜,莲藕用刀切后放一会就变成褐色,颜色不好看,影响食欲。如何才能使切出的藕片保持白色呢?有以下三个方法可让切出的藕片不变色。

1. 用水浸泡:将切好的莲藕放在水里,与空气隔绝,藕片就不会被氧化变成褐色。

2. 用稀醋水浸泡:将切好的莲藕浸泡在稀白醋水中 5 min 后捞起控干,可使其保持玉白水嫩不变色。

3. 用盐水浸泡:将切好的莲藕放到盐水中浸泡 2 min 左右,再用清水冲洗一遍,就会洁白不变色。

(引自百度搜索)

模块八
果蔬罐头加工技术

任务　果蔬罐头加工

任务

果蔬罐头加工

学习目标

- 知道罐头的加工原理,了解当地果蔬罐头加工状况;
- 能利用当地资源和实验实训条件,根据果蔬原料特性设计主要果蔬罐头的加工工艺流程;
- 会准备加工罐头所需的试剂、材料和相关设备;
- 会对果蔬罐头原料进行选择及预处理、装罐、排气、密封、杀菌、冷却处理;
- 能针对罐头加工中出现的微生物污染、胀罐、固形物软烂及汁液混浊等质量问题采取措施;
- 有一定自主学习的能力,具有较强的团队合作能力和交流表达能力。

【任务描述】

以当地典型果蔬为原料加工罐头。主要技术指标要求:水果罐头要求色泽一致,糖水透明,允许有少量不引起混浊的果肉碎片,果肉酸甜适宜,无异味;果片完整,软硬适中,切削良好,无伤疤和病虫斑点;果肉重不低于净重的55%,糖水浓度按折光计为14%～18%;蔬菜罐头盐水在1%～2%,蔬菜不低于净重的55%,表面有光泽,色泽一致;外观完整,汤汁较清晰,不允许有外来杂质;具有本品种特有的风味,咸淡适口,无异味。

【知识链接】

学习单元一　果蔬罐头加工方法

罐头加工技术是由尼克拉·阿培尔在18世纪发明的,后来很快传到欧洲各国。罐头生产在19世纪才传入我国。罐藏的优点有:①罐头食品可以在常温下保存1～2年;②食用方便,无须另外加工处理;③已经过杀菌处理,无致病菌和腐败菌存在,安全卫生;④可以起到调节市场,保证制品周年供应的作用;⑤罐头食品更是航海、勘探、军需、登山、井下作业及长途旅行者的方便食品。

果蔬罐制是将果蔬原料经预处理后,装入密封容器内,再进行排气、密封、杀菌,最后制成别具风味、能长期保存的食品。

果蔬罐制品按包装容器分为玻璃瓶罐制品、铁盒罐制品、软包装罐制品、铝合金罐制品以及其他(如塑料瓶装罐头)。罐藏对果蔬原料的基本要求是具有良好的营养价值、感官品质,新鲜,无病虫害、完整无外伤,收获期长、收获量稳定,可食部分比例高,加工适应性强,并有一定的耐藏性。

➤ 一、工艺流程

原料选择→分级→洗涤→去皮、切分、去核、去心及整理→预煮、漂洗→装罐→排气→密封→杀菌→冷却→保温或商业无菌检查→贴标→包装

➤ 二、工艺要点

(一)原料选择

水果罐藏原料要求新鲜,成熟适度,形状整齐,大小适当,果肉组织致密,可食部分大,糖酸比例恰当,单宁含量少;蔬菜罐藏原料要求色泽鲜明,成熟度一致,肉质丰富,质地柔嫩细致,纤维组织少,无不良气味,能耐高温处理。

罐藏用果蔬原料均要求有特定的成熟度,这种成熟度即称罐藏成熟度或工艺成熟度。不同的果蔬种类品种要求有不同的罐藏成熟度。如果选择不当,不但会影响加工品的质量,而且会给加工处理带来困难,使产品质量下降。如青刀豆、甜玉米、黄秋葵等要求幼嫩、纤维

果蔬保鲜与加工

少;番茄、马铃薯等则要求充分成熟。

罐藏用果蔬菜原料越新鲜,加工品的质量越好。因此,从采收到加工,间隔时间愈短越好,一般不要超过 24 h。有些蔬菜如甜玉米、豌豆、蘑菇、石刁柏等应在 2~6 h 内加工。

(二)原料前处理

包括挑选、分级、洗涤、去皮、切分、去核(心)、抽空以及热烫。

1. 果蔬原料的挑选、分级

果蔬原料在投产前须先进行选择,剔除不合格的和虫害、腐烂、霉变的原料,再按原料的大小、色泽和成熟度进行分级。

2. 果蔬原料洗涤

目的是除去其表面附着的尘土、泥沙、部分微生物及可能残留的农药等。洗涤果蔬可采用漂洗法,一般在水槽或水池中用流动水漂洗或用喷洗,也可用滚筒式洗涤机清洗。对于杨梅、草莓等浆果类原料应小批淘洗或在水槽中通入压缩空气翻洗,防止机械损伤及在水中浸泡过久而影响色泽和风味。有时为了较好地去除附在果蔬表面的农药或有害化学药品,常在清洗用水内加入少量的洗涤剂,常用的有 0.1% 的高锰酸钾溶液;0.06% 的漂白粉溶液;0.1%~0.5% 的盐酸溶液;1.5% 的洗洁剂和 0.5%~1.5% 的磷酸三钠混合液。清洗用水必须清洁,符合饮用水标准。

3. 去皮、切分、去核(心)及整理

果蔬的种类繁多,其表皮状况不同,有的表皮粗厚、坚硬,不能食用;有的具有不良风味或在加工中容易引起不良后果,这样的果蔬必须去除表皮。

手工去皮常用于石刁柏、莴苣、整番茄、甜玉米、荸荠等产品;机械去皮常用于马铃薯、甘薯的擦皮,石刁柏的削皮,豌豆和青豆的剥皮等;热力去皮常与手工和机械去皮法连用;经碱液处理的原料,应立即投入冷水中清洗搓擦,以除去外皮和黏附的碱液。此外,也可以用 0.25%~0.5% 的柠檬酸或盐酸来中和,然后用水漂洗。

切分的目的在于使制品有一定的形状或统一规格。如胡萝卜等需切片,荸荠、蘑菇也可以切片。甘蓝常切成细条状,黄瓜可切丁。

很多果蔬在去皮、切分后需进行整理,以保持一定的外观。

4. 抽空

可排除果蔬组织内的氧气,钝化某些酶的活性,抑制酶促褐变。抽空效果主要取决于真空度、抽空的时间、温度与抽空液四个方面。一般要求真空度大于 79 kPa 以上。按照抽空操作的程序不同,抽空法可分为干抽法和湿抽法两种。

5. 热烫

热烫又称预煮、烫漂。已在模块七任务 2 中讲述过。生产上为了保持产品的色泽,使产品部分酸化,常在热烫水中加入一定浓度的柠檬酸。

热烫的温度和时间需根据原料的种类、成熟度、块形大小、工艺要求等因素而定。热烫后须迅速冷却,不需漂洗的产品,应立即装罐;需漂洗的原料,则于漂洗槽(池)内用清水漂洗,注意经常换水,防止变质。

(三)罐头容器

1. 罐头容器种类与特性

罐头容器的种类及其结构与特性见表8-1。不同容器的特性不同。罐头生产时,根据原料特点、罐头容器特性以及加工工艺选择罐头容器。

表 8-1　罐头容器种类与特性

(引自果蔬贮运与加工,赵晨霞,2002)

容器种类	材料	罐形或结构	特性
马口铁罐	镀锡(铬)薄钢板	两片罐、三片罐,罐内壁有涂料。	质轻、传热快,避光、抗机械损伤。
铝罐	铝或铝合金	两片罐,罐内壁有涂料。	质轻、传热快,避光、易成形,易变形,不适于焊接,抗大气腐蚀。成本高,寿命短。
玻璃罐	玻璃	卷封式、旋转式、螺旋式、爪式	透光、可见内容物、可重复利用、传热慢,易破损,耐腐蚀。成本低。
软包装	复合铝箔	外层:聚酯膜 中层:铝箔 内层:聚烯烃膜	质软而轻,传热快,包装、携带、食用方便,避光、阻气,密封性能好。

2. 罐头容器的要求

罐头容器是盛装食品的重要器具,对罐头食品的长期保存具有非常重要的作用,所以对罐头容器提出如下要求:对人体无害,不能与食品发生化学反应,密封性能好,抗腐蚀,便于工业化生产,耐冲压,携带和食用方便。

3. 空罐的准备

不同的产品应按合适的罐型、涂料类型选择不同的空罐。一般来说大多数蔬菜为低酸性的果蔬产品,可以采用未用涂料的铁罐(又称素铁罐)。但番茄制品、糖醋、酸辣菜等则应采用抗酸涂料罐。花椰菜、甜玉米、蘑菇等应采用抗硫涂料铁,以防产生硫化斑。

4. 空罐的清洗和消毒

对于第一次使用的玻璃罐,先用温水浸泡,再用转动的毛刷逐个刷洗其内外壁,或用高压水冲洗其内外壁,然后在万分之一的氯水中浸泡消毒,最后用清水洗涤数次,倒置沥干水后,存放在卫生清洁的环境中备用。清洗后的玻璃瓶或铁罐也可用热水或蒸汽消毒后备用。一般用 95～100℃的水或蒸汽消毒处理 10～15 min。铁罐通常先用温水浸泡后,再用清水冲洗,最后用温水或蒸汽消毒。

对于回收的旧玻璃瓶,通常瓶壁上粘有油脂和贴商标的胶水,应该用 40～50℃的 2%～3%的 NaOH 溶液浸泡 5～10 min,然后在热水中刷洗瓶的内外壁或用高压热水冲洗,最后用清水冲洗数次,倒置并沥干水后备用。旧瓶的洗涤也可用复合洗涤液,例如无水碳酸钠与磷酸氢钠配成的洗涤液,氢氧化钠、磷酸三钠以及水玻璃配成的洗涤液。

罐盖使用前也应清洗,再用 95～100℃的水或水蒸气消毒处理 3～5 min,沥干水分后备用,也可将洗净的盖用 75%的酒精消毒。

5. 空罐的检查

将清洗消毒的罐头容器与盖检查后方可装罐。一般来讲,铁罐要求罐型符合标准,缝线与焊缝均匀完整,罐壁无锈斑和脱锡现象,内壁涂料均匀且无漏斑,罐口与罐盖边缘无缺陷或变形。

(四)装罐

注液的目的是为了填充罐内除果蔬以外所留下的空隙,增进罐头风味、排除空气,并加强热的传递效率提高杀菌效果。要求注液清亮、透明、无杂质、无悬浮物。注液用水要求符合饮用水的卫生标准。在果蔬罐头灌注液中还需要加入适当的柠檬酸。

1.罐注液的配制

果蔬罐藏时除了液态(如菜汁)和黏稠态(如番茄酱等)食品外,一都要向罐内加注液汁,称为罐液,主要为糖溶液、食盐溶液或者经调配的调味液。果蔬罐头多数要灌注盐水,少数果蔬罐头要灌注糖液。

(1)盐液配制 所用食盐应选用精盐,食盐中氯化钠含量在98%以上。配制时常用直接法按要求称取食盐,加水煮沸过滤即可。一般果蔬罐头盐水浓度为1%～4%。

配制盐液的水应为纯净的饮用水,配制时煮沸,过滤后备用。有时,为了操作方便,防止生产中因盐水和酸液外溅而使用盐片,盐片可依罐头的具体用量专门制作,内含酸类、钙盐、EDTA钠盐、维生素C以及谷氨酸钠和香辛料等。盐片使用方便,可用专门的加片机加入每一罐中或手工加入。

(2)调味液配制 调味液的种类很多,配制的方法主要有两种,一种是香辛料经过熬煮制成香料水,然后香料水再与其他调味料按比例制成调味液;另一种是将各种调味料、香辛料(可用布袋包裹,配成后连袋除去)一起一次配成调味液。

(3)糖液配制 一般成品开罐后糖浓度为14%～18%。每种水果罐头装罐糖液浓度,可根据装罐前水果本身的可溶性固形物含量、每罐装入果肉重量及每罐实际注入的糖液重量,按下式计算:

$$Y = \frac{W_3 Z - W_1 X}{W_2}$$

式中:W_1—每罐装入果肉重量(g);W_2—每罐加入糖液重(g);W_3—每罐净重(g);X—装罐前果肉可溶性固形物含量(%);Z—要求开罐时的糖液浓度(%);Y—需配制的糖水浓度(%)。

一般注液糖浓度为22%～45%。配制糖液的蔗糖,要求纯度在99%以上,色泽洁白、清洁干燥、不含杂质和有色物质。配制糖液用水也要求清洁无杂质,符合饮用水质量标准。糖液配制方法有直接法和稀释法两种。直接法就是根据装罐所需要的糖液浓度,直接按比例称取砂糖和水,置于溶糖锅中加热搅拌溶解并煮沸5～10 min,以驱除砂糖中残留的二氧化硫并杀灭部分微生物,然后过滤、调整浓度。

2.装罐

原料应根据产品的质量要求按不同大小、成熟度、形态分开装罐,装罐时要求重量一致,符合规定的重量,一般要求每罐固形物含量为45%～65%。各种果蔬原料在装罐时应考虑其本身的缩减,通常按装罐要求多装10%左右;另外,装罐后要把罐头倒过来沥水10 s左右,以沥净罐内水分,保证开罐时符合产品规格要求。质地上应做到大小、色泽、形状一致,不混入杂质。

装罐时应留有适当的顶隙。所谓顶隙即食品表面至罐盖之间的距离。顶隙过大则内容物常不足,且由于有时加热排气温度不足、空气残留多会造成氧化;顶隙过小内容物含量过多,杀菌时食物膨胀而使压力增大,造成假胖罐。一般应控制顶隙 4～8 mm。装罐时还应注意防止半成品积压,特别是在高温季节,注意保持罐口的清洁。

装罐可采用人工方法或机械方法进行。

(五)排气

排气即利用外力排除罐头产品内部空气的操作。它可以使罐头产品有适当的真空度,利于产品的保藏和保质,防止氧化;防止罐头在杀菌时由于内部膨胀过度而使密封的卷边破坏;防止罐头内好气性微生物的生长繁殖;减轻罐头内壁的氧化腐蚀;真空度的形成还有利于罐头产品进行打检和在货架上确保质量。

我国常用的排气方法有热力排气法和真空抽气密封法。

1. 热力排气法

利用空气、水蒸气和食品受热膨胀将罐内空气排除法。目前常用热装罐密封排气法和加热排气法。

热装罐密封排气法就是将物料加热到一定的温度(一般在 75℃ 以上)后立即装罐密封的方法。采用这种方法一定要趁热装罐,迅速密封。

加热排气法是利用蒸汽排气箱或水浴排气装置,排气箱中的温度一般需要 100℃ 左右,将假封(将罐盖轻轻盖上,以防止排气时水蒸气凝结后滴入罐内,以及排气后封口时带入冷空气。)后的罐头放入排气箱,经过 10～15 min 加热排气,使罐内中心温度加热到 90℃ 左右完成排气,取出后迅速封盖。因热使罐头中内容物膨胀,把原料中存留或溶解的气体排出来,在封罐之前把顶隙中的空气尽量排除。

2. 真空抽气法

采用真空封罐机进行。因排气时间短,所以,主要是排除顶隙内的空气,而果蔬组织及注液内的空气不易排除,故对果蔬原料和罐液要事先进行抽空脱气处理。采用真空排气法,罐头的真空度主要取决于真空封罐机的真空度和罐内食品温度。

罐内真空度一般要达到 25～30 kPa。顶隙大的真空度高;否则,真空度反而低。另外,原料的酸度、开罐时的气温、海拔高度等均在一定程度上影响真空度。真空度太高,则易使罐头内汤汁外溢,造成不卫生和装罐量不足,因而应掌握在汤汁不外溢时的最高真空度。

(六)密封

密封是保证真空度的前提,它也防止了罐头食品杀菌之后被外界微生物再次污染。罐头密封应在排气后立即进行,不应造成积压,以免失去真空度。密封需借助于封罐机。金属罐封口的结构为二重卷边,其结构和密封过程等可参见《罐头工业手册》;玻璃罐有卷封式和旋开式两种。可根据制品要求而定。复合塑料薄膜袋采用热熔合方式密封。

(七)杀菌

罐头杀菌的主要目的在于杀灭绝大多数对罐内食品起腐败作用和产毒致病的微生物,使罐头食品在保质期内具有良好品质和食用安全性,达到商业无菌。其次是改进食品的风味。

生产上常采用加热杀菌。其条件依产品种类、卫生条件而定,一般采用杀菌公式表示。杀菌公式为:

$$(T_1 - T_2 - T_3)/t$$

式中:t —杀菌锅的杀菌温度(℃);T_1—升温至杀菌温度所需时间(min);T_2—保持杀菌温度不变的时间(min);T_3—从杀菌温度降至常温的时间(min)。

如某种罐头的杀菌式为(10′—40′—15′)/115℃,即该罐头的杀菌温度为115℃,从密封后罐头温度升至115℃需10 min,升温后应在115℃保持40 min,然后在15 min内降至常温。

1. 杀菌方法

依杀菌加热的程度分,果蔬罐头的杀菌方法有下述三种:

(1)巴氏杀菌法 一般采用65～95℃,用于不耐高温杀菌而含酸较多的产品,如一部分水果罐头、糖醋菜、番茄汁、发酵蔬菜汁等。

(2)常压杀菌法 所谓常压杀菌即将罐头放入常压的热沸水中进行杀菌,凡产品pH<4.5的蔬菜罐头制品均可用此法进行杀菌。常见的如去皮整番茄罐头、番茄酱、酸黄瓜罐头。一些含盐较高的产品如榨菜、雪菜等也可用此法。

(3)加压杀菌法 将罐头放在加压杀菌器内,在密闭条件下增加杀菌器的压力,由于锅内的蒸汽压力升高,水的沸点也升高,从而维持较高的杀菌温度。大部分蔬菜罐头,由于含酸量较低,杀菌需较高的温度,一般需115～121℃。特别是那些富含淀粉、蛋白质及脂肪类的蔬菜,如豆类、甜玉米及蘑菇等,必须在高温下较长时间处理才能达到目的。

2. 杀菌设备

罐头杀菌设备根据其密闭性可以分成开口式和密闭式两种,常压杀菌使用前者,加压则使用后者。按照杀菌器的生产连续性又可分为间歇式和连续式。目前我国大部分工厂使用的为间歇式杀菌器,这种设备效率低,产品质量差。

3. 杀菌操作

(1)常压杀菌 在小型的立式开口锅或水槽内进行。开始时注入水,加热至沸后放入罐头,这时水温下降。加大蒸汽,当升温至所要求的杀菌温度时,开始计算保温时间。达到杀菌时间后,进行冷却。常压杀菌也采用连续设备,在进、出罐运动中杀菌。

(2)高压杀菌 高压杀菌的一般操作要点如下:

①将装筐或装篮的罐头放入杀菌锅内,然后关闭盖或门,关紧。

②关闭进水阀和排水阀,打开排气阀及进气阀。

③打开蒸汽进口阀,并将蒸汽管上的控制阀及旁通阀全部打开,使高压蒸汽迅速进入杀菌锅内,驱走锅内的空气,即杀菌锅排气。

④充分排气后,将溢水阀及排气阀关闭。

⑤温度开始上升,至预定杀菌温度后,关闭旁通阀,以保持杀菌温度不发生变化至杀菌有效时间。期间检查各调节控制设备的正常情况,检查压力与温度的变化。

4. 影响杀菌效果的因素

(1)产品在杀菌前的污染状况 污染程度越高,同一温度下,杀菌所需的时间越长。

(2)细菌的种类和状态 细菌的种类不同,耐热性相差很大,细菌在芽孢状态下比营养体状态下要耐热,细菌的数量很多时,杀菌就变得困难。

(3)蔬菜的成分 果蔬中的酸含量对微生物的生长和抗热性影响很大,常以pH 4.5为界,高于pH 4.5的称低酸性食品,需进行高温高压杀菌,低于pH 4.5的称酸性或高酸性产品,可以采用常压杀菌或巴氏杀菌。

另外,产品中的糖、盐、蛋白质、脂肪含量或洋葱、桂皮等植物中含有的植物杀菌素,对罐头的杀菌效果也有一定的影响。

(4)罐头食品杀菌时的传热状况　总的来说传热好,杀菌容易。对流比传导和辐射的传热速度快,所以加汤汁的产品杀菌较容易,而固体食品则较难,甜玉米糊等稠厚的产品也难杀菌;另外小型罐的杀菌效果比大型罐好;马口铁罐好于玻璃瓶制品;扁形罐头好于高罐;罐头在杀菌锅内运动的好于静止的。

5.杀菌操作时的注意事项

(1)罐头装筐或装篮时应保证每个罐头所有的表面都能经常和蒸汽接触,即注意蒸汽的流通。

(2)升温期间,必须注意排气的充足,控制升温时间。

(3)严格控制保温时间和温度,此时要求杀菌锅的温度波动不大于±0.5℃。

(4)注意排除冷凝水,防止它的积累降低杀菌效果。

(5)尽可能保持杀菌罐头有较高的初温,因此不要堆积密封之后的罐头。

(6)杀菌结束后,杀菌锅内的压力不宜过快下降,以免罐头内外压力差急增,造成密封部位漏气或永久膨胀。对于大型罐和玻璃瓶要注意反压,需加压缩空气或高压水后,关闭蒸汽阀门,使锅内温度下降。

(八)冷却

罐头杀菌完毕,应迅速冷却,防止继续高温使产品色泽、风味发生不良变化,质地软烂。冷却用水必须清洁卫生。

常压杀菌后的产品直接放入冷水中冷却,待罐头温度下降。高压杀菌的产品待压力消除后即可取出,在冷水中降温至 38~40℃取出,利用罐内的余热使罐外附着的水分蒸发。如果冷却过度,则附着的水分不易蒸发,特别是罐缝的水分难以逸出,导致铁皮锈蚀,影响外观,降低罐头保藏寿命。玻璃罐由于导热能力较差,杀菌后不能直接置于冷水中,否则会发生爆裂,应进行分段冷却,每次的水温不宜相差 20℃以上。

某些加压杀菌的罐头,由于杀菌时罐内食品因高温而膨胀,罐内压力显著增加。如果杀菌完毕迅速降至常压,就会因为内压过大而造成罐头变形或破裂,玻璃瓶会"跳盖"。因此,这类罐头要采用反压冷却,即冷却时加外压,使杀菌锅内的压力稍大于罐内压力。加压可以利用压缩空气、高压水或蒸汽。

(九)罐头的检验

为了保证罐头在货架上不发生因杀菌不足引起的败坏,传统的罐头工业常在冷却之后采用保温处理。具体操作是将杀菌冷却后的罐头放入保温室内,中性或低酸性罐头在 37℃下最少保温一周,酸性罐头在 25℃下保温 7~10 d,然后挑选出胀罐,再装箱出厂。但这种方法会使罐头质地和色泽变差,风味不良。同时有许多耐热菌也不一定在此条件下发生增殖而导致产品败坏。因而,这一方法并非万无一失。

目前推荐采用所谓的"商业无菌检验法",此法首先基于全面质量管理,其方法要点如下:

(1)审查生产操作记录如空罐检验记录、杀菌记录、冷却水的余氯量等。

(2)按照每杀菌锅抽两罐或千分之一的比例进行抽样。

(3)称重。

(4)保温。低酸性食品在(36±1)℃下保温 10 d,酸性食品在(30±1)℃下保温 10 d。预定销往 40℃以上热带地区的低酸性食品在(55±1)℃下保温 10 d。

(5)开罐检查。开罐后进行。

①感官检验 变质或败坏的罐头,在内容物的组织形态、色泽、风味上都与正常的不同,通过感官检验可初步确定罐头的好坏。感官检验的内容包括组织与形态、色泽风味等。各种指标须符合规定标准。

②物理检验 包括容器外观、重量和容器内壁的检验。罐头首先观察外观的商标及罐盖码印是否符合规定,底盖有无膨胀现象,再观察接缝及卷边是否正常,封罐是否严密等。再用卡尺测量罐径与罐高是否符合规定。用真空计测定真空度,一般应达 26 kPa 以上。进行重量检验,包括净重(除去空罐后的内容物重量)和固形物重(除去空罐和罐注液后的重量)。

③化学检验 包括气体成分、pH、可溶性固形物、糖水浓度、总糖量、可滴定酸含量、食品添加剂和重金属含量(铅、锡、铜、锌、汞等)等检验项目。

④微生物检验 对五种常见的可使人发生食物中毒的致病菌,必须进行检验。它们是:血性链球菌、致病性葡萄球菌、肉毒梭状芽孢杆菌、沙门氏菌和志贺氏菌。

6.结果判定

(1)通过保温发现胖听或泄漏的为非商业无菌。

(2)通过保温后正常罐开罐后的检验结果可参照表 8-2 进行。

表 8-2 正常罐保温后的结果判定

(引自果蔬贮藏与加工,王丽琼,2008)

pH 值	感官检查	镜检	培养	结果
−	−	\	\	商业无菌
+	+	\	\	非商业无菌
+	+	+	+	非商业无菌
+	−	+	−	商业无菌
−	+	+	+	非商业无菌
−	+	+	−	商业无菌
−	−	−	−	商业无菌
+	−	−	\	商业无菌

注:−代表正常,+代表不正常,\代表未检。

(十)贴标签、贮藏

经过保温或商业无菌检查后,未发现胀罐或其他腐败现象,即检验合格,贴标签。标签要求贴得紧实、端正、无皱折。

合格的产品贴标、装箱后,贮藏于专用仓库内。作为堆放罐头的仓库,要求环境清洁,通风良好,光线明亮,地面应铺有地板或水泥,并安装有可以调节仓库温度和湿度的装置。

要求罐头的贮藏温度一般为 0~10℃,相对湿度为 70%~75%。

学习单元二　果蔬罐头加工时容易出现的问题及预防措施

▶ 一、罐头胀罐及预防措施

罐头底或盖不像正常情况下呈平坦状或向内凹,而出现外凸的现象称为胀罐,也称胖听。根据底或盖外凸的程度,又可分为隐胀、轻胀和硬胀三种情况。根据胀罐产生的原因又可分为三类,即物理性胀罐、化学性胀罐和细菌性胀罐。

1. 物理性胀罐

(1)产生原因　罐制品内容物装得太满,顶隙过小;加压杀菌后,降压过快,冷却过速;排气不足或贮藏温度过高等。

(2)预防措施　严格控制装罐量;装罐时顶隙控制在 6~8 mm,提高排气时罐内中心温度,排气要充分,封罐后能形成较高的真空度;加压杀菌后反压冷却速度不能过快;控制罐制品适宜的贮藏温度。

2. 化学性胀罐(氢胀罐)

(1)产生原因　高酸性食品中的有机酸与罐藏容器(马口铁罐)内壁起化学反应,产生氢气,导致内压增大而引起胀罐。

(2)预防措施　空罐宜采用涂层完好的抗酸全涂料钢板制罐,以提高罐对酸的抗腐蚀性能;防止空罐内壁受机械损伤,以防出现露铁现象。

3. 细菌性胀罐

(1)产生原因　杀菌不彻底或密封不严使细菌重新侵入而分解内容物,产生气体,使罐内压力增大而造成胀罐。

(2)预防措施　罐藏原料充分清洗或消毒,严格注意加工过程中的卫生管理,防止原料及半成品的污染;在保证罐制品质量的前提下,对原料进行热处理,以杀灭产毒致病的微生物;在预煮水或糖液中加入适量的有机酸,降低罐制品的 pH,提高杀菌效果;严格封罐质量,防止密封不严;严格杀菌环节,保证杀菌质量。

▶ 二、玻璃罐头杀菌冷却中的跳盖现象、破损率高及预防措施

1. 产生原因

罐头排气不足;罐头内真空度不够;杀菌时降温、降压速度快;罐头内容物装得太多,顶隙太小;玻璃罐本身的质量差,尤其是耐温性差。

2. 预防措施

罐头排气要充分,保证罐内的真空度;杀菌冷却时,降温降压速度不要太快,进行常压冷却时,禁止冷水直接喷淋到罐体上;罐头内容物装得不能太多,保证留有一定的空隙;定做玻璃罐时,必须保证玻璃罐具有一定的耐温性;利用回收的玻璃罐时,装罐前必须认真检查罐头容器,剔除所有不合格的玻璃罐。

三、果蔬罐头加工中的变色及预防措施

1.产生原因

果蔬中固有化学成分引起的变色。如:果蔬中的单宁、色素、含氮物质、抗坏血酸氧化引起的变色;加工罐头时,原料处理不当引起;罐头成品贮藏温度不当。

2.预防措施

控制原料的品种和成熟度,采用热烫进行护色时,必须保证热烫处理的温度与时间;采用抽空处理进行护色时,应彻底排净原料中的氧气,同时在抽空液中加入防止褐变的护色剂,可有效地提高护色效果;果蔬原料进行前处理时,严禁与铁器接触。

绿色蔬菜罐头罐注液的 pH 调至中性偏碱并选用不透光的包装容器。

四、果蔬罐头固形物软烂、汁液混浊及预防措施

1.产生原因

果蔬原料成熟度过高;原料进行热处理或杀菌的温度高,时间长;运销中的急剧震荡、内容物的冻溶、微生物对罐内食品的分解。

2.预防措施

选择成熟度适宜的原料,尤其是不能选择成熟度过高而质地较软的原料;热处理要适度,特别是烫漂和杀菌处理,要求既起到烫漂和杀菌的目的,又不能使罐内果蔬软烂;原料在热烫处理期间,可配合硬化处理;避免成品罐头在贮运与销售过程中的急剧震荡、冻溶交替以及微生物的污染等。

【自测训练】

1.商业无菌和医学上的杀菌有何区别?

2.影响罐头杀菌效果的主要因素有哪些?

3.常用的罐藏容器有哪些?各类容器的特点如何?

4.果蔬罐头装罐时有何要求?如何配制糖液?果蔬罐头排气时有何要求?

5.如何预防果蔬罐头加工中的变色?如何预防果蔬罐头杀菌冷却中的跳盖现象?

6.你认为本次任务中你们组存在的问题是什么?应该如何解决?

【小贴士】

如何自制橘子罐头?

橘子颜色鲜艳,口味甘酸、性温,入肺、胃经;具有开胃理气,止渴润肺的功效。吃不完的新鲜橘子,可以做成罐头,存放的时间就长了。

橘子清洗剥开皮后,橘瓣一片一片分开,要小心不要剥破,可以先去除橘瓣上显而易见的白色"经络",然后用开水热烫橘瓣 3～5 min,后趁热放入 25％的冰糖液中煮沸10～15 min,冷却后密封放入用开水消毒过的玻璃瓶,加盖密藏。多放几天就可以吃了。这样一瓶口味酸甜又润肺的橘子罐头就做好了。

(引自百度搜索)

【加工案例】

二维码 8-1　糖水梨罐头制作

二维码 8-2　玉米笋罐头制作

模块九
果蔬汁加工技术

任务 果蔬汁的加工

任务

果蔬汁的加工

学习目标

- 能说出果蔬汁的种类及特点,能根据果蔬原料特性和学校实验实训条件,设计果汁的加工工艺流程;
- 会自己准备加工所需的试剂、材料;
- 会对果汁进行原料选择、预处理、榨汁、澄清、过滤、均质、脱气、杀菌操作;
- 能针对果汁加工中出现的变色、混浊等质量问题提前采取措施;
- 能自主学习,较好协助别人。

【任务描述】

要求以当地典型果蔬为原料加工汁制品。主要技术指标要求:糖度为 11％～12％,酸度 0.4％左右。具有该品种应有的色泽、香气和滋味,无异味。澄清汁不含悬浮物质,澄清透明。混浊汁可含少量悬浮物质。理化指标和微生物指标均符合国家标准。

【知识链接】

学习单元一　果蔬汁加工方法

果蔬汁是指直接从新鲜水果、蔬菜取得的未添加任何外来物质的汁液。以果蔬汁为基料,加水、糖、酸或香料调配而成的液体饮品称为果蔬汁饮料。

果蔬汁含有近似于新鲜果蔬的风味和营养价值,风味佳美,易被人体吸收,有的还有食疗效果,素有"液体水果蔬菜"之称。它色泽艳丽、甜酸适度、清鲜爽口、可直接饮用,也可制成各种饮料,还可作其他食品的原料,现已成为风靡世界的营养饮料。

▶ 一、果蔬汁种类、特点

目前,世界各国果蔬汁分类方法并不相同,其中欧洲各国大体相同,但与美国、日本等国的分类方法相差很大。我国果汁饮料的分类有许多方法,有的按加工方法分类,有的按原果汁的含量分类,有的按果品、蔬菜的种类分类。

(一)按工艺不同分类

(1)澄清汁　果汁清澄透明不含果肉颗粒和果胶物质,稳定性较好。是由鲜果压榨取汁后,经过滤、静置或加澄清剂澄清后而得。

(2)混浊汁　果汁保留有果肉颗粒及果胶物质,其风味、色泽、营养价值均优于澄清果汁,它是由鲜果压榨取汁后,经均质、脱气等工艺而制得。

(3)浓缩汁　果汁是一种高糖、高酸的果汁,它将榨取的果蔬原汁,经浓缩以除去果蔬汁中部分水而得;其浓缩倍数常为 1～6 倍,可溶性固形物为 40％～60％。

(二)按成分分类

(1)原汁　未经稀释、发酵、浓缩的果菜汁,是由果蔬肉直接榨出的汁。含 100％原果蔬汁,可分澄清原汁和混合原汁两种。

(2)鲜汁　原汁或浓缩汁经过稀释,用砂糖、柠檬酸等调整,其含原汁的量在 40％以上。

(3)果蔬汁饮料　原汁含量为 10％～39％。

(4)浓缩汁　原汁按重量计浓缩 1～6 倍。

(5)果蔬汁糖浆　原汁稀释后或肉浆直接加入砂糖和柠檬酸,调整其含糖量为 40％～65％,含柠檬酸量 0.9％～2.5％,经加热溶解、过滤而成。其中含原汁(重量计)应不低于 30％。

(6)果蔬浆　将果蔬肉打浆、磨细加入适量糖水、柠檬酸进行调整,经脱气、装罐、杀菌而成。原浆含量在 $40\%\sim45\%$ 以上,糖度为 13%。

(7)复合果蔬汁 以水果和蔬菜为原料榨取的汁液为果蔬汁。复合果蔬汁是由两种或两种以上的果蔬汁复配而成。

(8)发酵果蔬汁饮料 果蔬汁经乳酸发酵后制成的汁液中加入水、食盐、糖液等调制而成的制品。

(9)其他 如食用菌饮料、藻类饮料、蕨类饮料等。

果蔬汁制品保存了新鲜原料所含的糖分、氨基酸、维生素、矿物质等。它属于生理碱性食品。从 20 世纪 60 年代开始,第三世界各国的果蔬汁饮料的产量迅速增加。在这一段时期里,现代果蔬汁浓缩工艺能够把浓缩制品的体积缩小到初始果蔬原汁体积的 1/7,这样可以大大节约运输费用和半成品的贮存费用。

▶ 二、工艺流程

原料选择→洗涤→破碎(打浆)→(预煮)→榨汁(浸提)粗滤→原果汁→

澄清、过滤→调配→杀菌→装瓶→澄清果蔬汁

均质、脱气→调配→杀菌→装瓶→混浊果蔬汁

浓缩→调配→装罐→杀菌→浓缩果蔬汁

▶ 三、工艺要点

(一)原料的选择

1. 制汁果蔬的质量要求

选择含汁液丰富、糖酸比适度,具有良好风味和香气,色泽稳定的品种,要求原料新鲜,成熟度高。剔除过生、过熟以及虫、病、烂果和蔬菜。

(1)果蔬的新鲜度 加工用的原料越新鲜完整,成品的品质就越好。采摘存放时间太长的果蔬由于水分蒸发损失,新鲜度降低,酸度降低,糖分升高,维生素损失较大。

(2)果蔬的品质 选用汁液丰富、提取果蔬汁容易,糖分含量高,香味浓郁的果蔬是保证出汁率和风味的另一重要因素。

(3)果蔬的成熟度 果蔬汁加工要求成熟度在九成左右,酸低糖高,榨汁容易。

2. 制汁果蔬的种类特性

适宜加工果汁的水果从种类上大体可以分为仁果类、核果类、柑橘类和软果类四类。

仁果类水果主要是苹果和梨;核果类水果以桃和杏为代表,也包括李和樱桃;柑橘类又可分为甜橙和酸橙两类,甜橙的主要品种有温州蜜柑、脐橙、血橙和低酸甜橙,温州蜜柑是最主要的加工品种;软果类又有浆果(悬钩子属的黑莓、树莓、桑葚等),茶藨子属(醋栗、蓝莓),猕猴桃属和草莓属四类。

部分蔬菜适合制汁的如番茄、胡萝卜、芹菜、菠菜等。

3. 品种选择

(1)果实出汁(浆)率高。出汁(浆)率一般是指从水果原料中压榨(或打浆)出的汁液(或原浆)的质量与原料质量的比值。果汁加工的目的就是要获得果汁,出汁率低不仅会使成本

升高,而且会给加工过程造成困难。

(2)糖酸比适宜。糖酸比是水果中的还原糖(或总糖含量)与其总酸含量的比值。水果的糖酸比越高,则这种水果越甜;反之,则越酸。仁果类水果糖酸比在(10~15)∶1较为适合制汁。苹果汁加工中糖酸比在13∶1左右,榨出的汁甜酸适口。浆果类水果原料的含酸量往往可以大一些。

不同人群对水果糖酸比有不同的味觉感受。据研究,对大多数人而言,所谓酸甜适度的水果,其糖酸比在8~20之间。

(3)香气浓郁。每种水果都有其各自的典型香气。如苹果、杏的香气主要来自酯类和酸类,葡萄主要为萜品醇,柑橘主要为萜类。只有用于加工果汁的原料具有该品种典型香气时,才能加工出香气诱人的果汁产品来。

(4)果皮果肉颜色。水果在成熟时会表现出特有的色泽,良好的色泽能提高果汁产品的吸引力,所以应选用具有本品种典型色泽,着色度好,在加工中色素含量稳定的原料来加工制汁。

(5)营养丰富且在加工过程中保存率高。

(6)可溶性固形物含量较高。可溶性固形物的含量过低,说明果汁中溶质较少,营养成分含量较少;同时这也会给加工带来困难,如加大机械负荷与能量消耗等。

不同的品种加工成相同类型果汁后的表现是不同的。有些适于制澄清汁,有些适于制混浊汁,还有的只适合制果浆。应根据产品要求来选择加工品种。

(7)质地适宜。水果的质地大致上与果肉的薄壁细胞大小、间隙大小、水分含量以及果皮厚薄等有关。随着成熟,肉质果实一般趋于软化,同时果皮保护作用加强。果品质地关系到果汁出汁率,质地太硬取汁困难,能量损失大;太软榨汁框架不易形成,也不利于出汁。

(二)原料洗涤

采用流动水或喷水对果蔬原料进行充分漂洗,以免杂质进入汁中。对于农药残留量较多的果实,可将果实放在1%氢氧化钠和0.1%~0.2%洗涤剂混合液中,浸泡10 min,使用盐酸溶液也有同样效果,但盐酸溶液对洗涤剂有损失作用,所以多采用氢氧化钠溶液。洗涤液的温度控制在40℃以下。应充分洗去果实表面的洗涤液。清洗可用人工清洗也可以机械清洗。

果实原料的洗涤方法,可根据原料的性质、形状和设备条件加以选择。

(三)破碎或打浆

破碎粒度要适当,粒度过大,出汁率低,榨汁不完全;如果粒度过小,压榨时外层汁液很快榨出,形成厚层,会阻碍内层果汁榨出,降低汁液滤出速度。通过压榨取汁的果蔬,例如苹果、梨、菠萝、芒果、番石榴以及某些蔬菜,其破碎粒度以3~5 mm为宜;草莓和葡萄以2~3 mm为宜;樱桃为5 mm。

果蔬汁加工使用的破碎设备要根据果实的特性和破碎的要求进行选择。如对于葡萄、草莓等浆果可选用桨叶型破碎机,使破碎与粗滤一起完成;对于肉厚且致密的苹果、梨、桃等,可选用锤碎机、辊式破碎机;生产带果肉果蔬汁时可选择磨碎机等,桃和杏等水果,可以用磨碎机将果实磨成浆状,并将果核、果皮除掉。对于山楂汁,按工艺要求,宜压不宜碎,可以选用挤压式破碎机,将果实压裂而不使果肉分离成细粒时最合适;葡萄等浆果也可选用挤压式破碎机,通过调节辊距大小,使果实破裂而不损伤种子。果实在破碎时常喷入适量的氯化钠及维生素C配成的抗氧化剂,防止或减少氧化作用的发生,以保持果蔬汁的色泽和营养。破碎时还要注意避免压破种子,否则种子含糖苷物质进入汁液,给制品带来苦味。

许多种类的蔬菜如番茄可采用打浆机加工成碎末状再行取汁,打浆机是由带筛眼的圆筒体及打浆器构成,原料进入打浆机内,由于打浆器的浆或刷子的旋转,使果肉浆从筛眼中渗出,而种子、皮、核从出渣口中出去,筛眼的大小可根据产品要求调节。

有一些原料在破碎后须进行预煮,使果肉软化,果胶物质降解,以降低黏度,便于后续榨汁工序,如桃、杏、山楂等。

(四)榨汁或浸提

榨汁的方法依果实的结构、果汁存在的部位、组织性质以及成品的品质要求而异。对于大多数水果来说,一般通过破碎就可榨取果汁,但对于柑橘类果实和石榴来说,其表皮很厚,榨汁时外皮中的不良风味和色泽的可溶性物质会一起进入到果汁中,影响产品的风味,应先去除后再进行榨汁。

榨汁机主要有螺旋榨汁机、带式榨汁机等,一般原料经破碎后即可用榨汁机进行压榨,对于汁液含量少的原料,须采用浸提法取汁,即将原料用水浸泡,使原料中的可溶性营养成分以及色素等溶解于水中,然后滤出浸提液即可,如山楂、枣等。

果实的出汁率取决于果实的质地、品种、成熟度、新鲜度、加工季节、榨汁方法和榨汁效能等。一般情况下,浆果类出汁率最高,柑橘类和仁果类略低。榨汁的工艺过程尽可能短,要防止和减轻果汁色、香、味的损失,要最大限度地防止空气的混入。

(五)粗滤

粗滤或称筛滤。粗滤可除去果(菜)汁中的粗大果肉颗粒及其他一些悬浮物质。对于混浊果汁要求保存果粒以获得色泽、风味和香气,除去分散在果汁中的粗大颗粒或悬浮颗粒。对于透明果汁,粗滤后还需精滤。

粗滤一般采用筛滤机,所以也称筛滤,滤孔大小为 2 mm 左右。生产上粗滤常安排在榨汁的同时进行,也可在榨汁后独立操作。如果榨汁机设有固定分离筛或离心分离装置时,榨汁与粗滤可在同一台机械上完成。单独进行粗滤的设备为筛滤机,如水平筛、回转筛、圆筒筛、振动筛等,此类粗滤设备的滤孔大小为 0.5 mm 左右。此外,框板式压滤机也可以用于粗滤。

(六)精滤

这是生产澄清汁必经的一道工序。粗滤后的汁液还含有大量的微细果肉、果皮、色粒、胶体物质等,精滤的目的就是要除去这些物质,它通过澄清和过滤两个步骤完成。澄清的方法有自然澄清法、明胶单宁澄清法、加酶澄清法、加热凝聚澄清法、冷冻澄清法;常用的过滤设备有袋滤器、纤维过滤器、板框压滤机、离心分离机,滤材有帆布、不锈钢丝布、纤维、硅藻土等。

(七)脱气

脱气是生产混浊汁必经的一道工序,其目的是为了减少汁液中所含的空气。这些气体的存在,特别是大量的氧气,不仅会使果蔬汁中的维生素C受到破坏,而且与果蔬汁中的各种成分反应,使香气和色泽发生变化,还会引起马口铁罐内壁腐蚀;附于悬浮微粒上的气体,会导致微粒上浮而影响制品的外观;气体的存在还会造成装罐和杀菌时产生气泡,从而影响杀菌效果。生产中常采用的去氧法有真空法、氮气交换法、酶法脱气法和抗氧化剂法等。

(1)真空脱气法 采用真空脱气机,脱气时将果汁引入真空锅内,然后被喷射成雾状或液膜,使果汁中的气体迅速逸出。真空脱气处理方法一般会有2%～5%的水分和少量挥发性香味损失。但对品质影响不大。果蔬加工一般常采用真空脱气罐进行脱气,真空度为90.7～93.3 Pa。

(2)热脱气法 将果汁温度升至50～70℃(常温脱气法的汁温为20～25℃)采用真空脱气。

(3)酶法脱气 采用酶制剂脱气法,常用β-D-吡喃葡萄糖需氧脱氢酶以葡萄糖和氧为底物转化成葡萄糖酸,从而达到脱气目的。其反应简式如下:

$$葡萄糖 + O_2 \xrightarrow[\text{需氧脱氢酶}]{\beta\text{-}D\text{-吡喃葡萄糖}} 葡萄糖酸$$

(八)均质

均质是混浊汁必经的另一道工序,其作用是使果蔬汁中的悬浮微粒进一步破碎,减小粒度,保持均匀的混浊状态,增强混浊汁的稳定性。均质设备有高压式、回转式和超声波式等。高压均质设备主要有高压均质机,根据实验,混浊果蔬汁饮料的均质压力一般为18～20 MPa,果肉型果蔬汁饮料宜采用30～40 MPa的均质压力。果蔬汁在均质前,必须先进行过滤除去其中的大颗粒果肉、纤维和沙粒,以防止均质阀间隙堵塞。高压均质机磨碎力大,均质时空气不会混入物料,操作结束后宜清洗。但物料在高压下通过狭小的间隙容易引起均质阀的磨损,因而应注意保持正常的工作状态。另外,也可以考虑采用超声波均质机和胶体磨进行均质。

(九)果蔬汁的成分调整与混合

为使果蔬汁符合一定规格要求和改进风味,需要适当调整。调整范围主要为糖酸比例的调整,香味物质、色素物质的添加以及几种果蔬汁和果汁的混合。调整糖酸比及其他成分,可在特殊工序如均质、浓缩、干燥、充气以前进行,澄清果蔬汁常在澄清过滤后调整,有时也可在特殊工序中间进行调整。

1.糖、酸及其他成分调整

汁液的糖酸比例是决定其口感和风味的主要因素。不浓缩汁适宜的糖分和酸分的比例在(13～15):1范围内,适宜大多数人的口味。一般果蔬汁中含糖量在8%～14%,含酸量为0.1%～0.50%。调整时一般使用砂糖和柠檬酸。

除进行糖酸调整外,还需要据产品种类和特点进行色泽、风味、黏稠度、稳定性和营养价值的调整。所使用的食用色素的总量按规定不得超过万分之五;各种香精总和应小于万分之五;其他如防腐剂、稳定剂等按定量加入。

2.果蔬汁的混合

许多果蔬如番茄、胡萝卜、芹菜等,虽然能单独制得果蔬汁,但与其他种类的果实配合风味会更好。不同种类的果蔬汁、菜汁按适当比例混合,可以取长补短,制成品质良好的混合果蔬汁。

（十）浓缩

制作浓缩汁,则需要有脱水浓缩的工序。浓缩前原果蔬汁应经过滤、脱气、杀菌和冷却等工序,防止浓缩过程中受微生物及酶的影响。常常浓缩至原体积的 $1/3 \sim 1/6$。常用的浓缩方法有真空、低温、冷冻和反渗透浓缩。

(1)真空浓缩　在减压下,$45 \sim 50℃$使果汁中的水分迅速蒸发。设备有片式、刮板式薄膜蒸发器,离心式薄膜蒸发器。果蔬汁呈薄膜流动,热交换系数较高。

(2)低温浓缩　在 $9 \sim 23℃$的蒸发器中进行。

上述两种方法使用前,如先将果蔬汁中易挥发的芳香物质通过蒸馏法回收。回收所得芳香物质用于强化产品香味,是一项改进浓缩果汁质量的有效方法。

(3)冷冻浓缩　先将果汁缓慢冷却,当达到与果汁浓度相应的冰点温度时,果汁中的水分形成许多比较粗大的晶柱,再用离心机除去晶柱,即可获得浓缩果汁。此法优点是避免了热及真空的作用。其缺点是浓缩后果汁强度高,离心机分离时会有部分果汁黏附在晶柱上造成损失。另外,费用高,机械能耗大。

(4)反渗透浓缩　将可溶性固形物浓度高的果蔬汁用 $100 \sim 150 \text{ kg/cm}^2$ 的压力加压,迫使其水分通过特制的半透膜流向可溶性固形物浓度低或者等于零的一方。半透膜由醋酸纤维素或芳香聚酰胺纤维素制成。须具有较大的渗透性和选择性,耐高压,不易发生变形与裂纹。

浓缩是生产浓缩汁的关键工序。浓缩果汁体积小,可溶性物质含量达到 $65\% \sim 68\%$。浓缩方法主要有真空浓缩法、冷冻浓缩法、反渗透浓缩法以及超滤浓缩法。

（十一）杀菌

果蔬汁热敏性较强。为了保持制品的色、香、味,采用高温瞬时杀菌法,即采用$(93 \pm 2)℃$保持 $15 \sim 30 \text{ s}$ 杀菌,特殊情况下可采用 $120℃$ 以上温度保持 $3 \sim 10 \text{ s}$ 杀菌。实验证明,对于同一杀菌效果而言,高温瞬时杀菌法得到了普遍应用。果蔬汁杀菌后须迅速冷却,避免余温对制品的不良影响。

学习单元二　果蔬汁加工时容易出现的问题及预防措施

▶ 一、果蔬汁的败坏及预防措施

果蔬汁败坏常表现为表面长霉、发酵,同时产生二氧化碳、醇或因产生醋酸而败坏。

1.败坏原因

引起果蔬汁败坏的原因主要是微生物活动所致。

主要是细菌、酵母菌、霉菌等。酵母能引起胀罐,甚至会使容器破裂;霉菌主要侵染新鲜果蔬原料,造成果实腐烂,污染的原料混入后易引起加工产品的霉味。它们在果蔬汁中破坏果胶引起果蔬汁混浊,分解原有的有机酸,产生新的异味酸类,使果蔬汁变味。

2.预防措施

采用新鲜、健全、无霉烂、无病虫害的原料取汁;注意原料取汁打浆前的洗涤消毒工作,尽量减少原料外表微生物数量；防止半成品积压，尽量缩短原料预处理时间；严格车间、设备、管道、容器、工具的清洁卫生，并严格加工工艺规程；在保证果蔬汁饮料质量的前提下，杀菌必须充分，适当降低果蔬汁的 pH，有利于提高杀菌效果等。

二、果蔬汁的变味及预防措施

1. 变味原因

果蔬汁饮料加工的方法不当以及贮藏期间环境条件不适宜；原料不新鲜；加工时过度的热处理；调配不当；加工和贮藏过程中的各种氧化和褐变反应；微生物活动所产生的不良物质也会使果蔬汁变味。

2. 预防措施

(1) 选择新鲜良好的原料，合理加热，合理调配，同时生产过程中尽量避免与金属接触，凡与果蔬汁接触的用具和设备，最好采用不锈钢材料，避免使用铜铁用具及设备。

(2) 柑橘类果汁比较容易变味，特别是浓度高的柑橘汁变味更重。柑橘果皮和种子中含有柚皮苷和柠檬苦素等苦味物质，榨汁时稍有不当就可能进入果汁中，同时果汁中的橘皮油等脂类物质发生氧化和降解会产生萜味。

因此，对于柑橘类果汁可以采取以下措施防止变味：

① 选择优质原料。加工柑橘类果汁应选择苦味物质含量少的品种为原料，并要求果实充分成熟。

② 改进取汁方法。压榨取汁时应尽量减少苦物质的融入，防止种子压碎。最好采用柑橘专用挤压锥汁设备取汁以代替切半锥汁。此外，还应注意缩短悬浮果浆与果汁接触的时间。

③ 酶法脱苦。采用柚皮苷酶和柠碱前体脱氢酶处理，以水解苦味物质，可有效减轻苦味。

④ 吸附或隐蔽脱苦。采用聚乙烯吡咯烷酮、尼龙-66 等吸附剂可有效吸附苦味物质；添加蔗糖、β-环状糊精、新地奥明和二氢查耳酮等物质，可提高苦味物质的苦味阈值，起到隐蔽苦味的作用。

⑤ 将柑橘汁于 4℃ 条件下贮藏，风味变化较缓慢；在柑橘汁中加少量经过除萜处理的橘皮油，以突出柑橘汁特有的风味。

三、果蔬汁的色泽变化及预防措施

果蔬汁色泽的变化比较明显，包括色素物质引起的变色和褐变引起的变色两种变化。

1. 色素物质引起的变色

(1) 变色原因　主要由于果蔬中的叶绿素、类胡萝卜素、花青素等色素在加工中极不稳定造成。

(2) 预防措施　加工、运输、贮藏、销售时尽量低温、避光、隔氧、避免与金属接触。叶绿素只有在常温下的弱碱中稳定；此外，若用铜离子取代卟啉环中的镁离子，使叶绿素变成叶绿素铜钠，可形成稳定的绿色。

绿色酸性蔬菜汁可用如下步骤获得。

①清洗后的绿色蔬菜在稀碱液中浸泡 30 min,使游离出的叶绿素皂化水解为叶酸盐等产物,绿色更为鲜亮。

②用稀 NaOH 溶液烫漂,沸水中 2 min,使叶绿素酶钝化,同时中和细胞中释放出来的有机酸。

③用极稀的硫酸铜(如 0.02%,pH=8.0)浸泡 8 h,然后用流动水漂洗 30 min,最后使叶绿酸钠转变成叶绿酸铜钠。

2.褐变引起的变色

(1)变色原因　主要是非酶褐变和酶促褐变引起。

(2)预防措施　果蔬汁加工中应尽量降低受热程度,控制 pH 在 3.2 或以下,避免与非不锈钢的器具接触,延缓果蔬汁的非酶褐变。防酶促褐变采用低温、低 pH 贮藏外,还可添加适量的抗坏血酸及苹果酸等抑制酶促褐变,减少果蔬汁色泽变化。

四、果蔬汁饮料的混浊与沉淀及预防措施

澄清果蔬汁要求汁液清亮透明,混浊果蔬汁要求有均匀的混浊度,但果蔬汁生产后在贮藏销售期间,常达不到要求,易出现异常,例如,苹果和葡萄等澄清汁常出现混浊和沉淀,柑橘、番茄和胡萝卜等混浊汁,常发生沉淀和分层现象。

1.混浊与沉淀原因

(1)加工过程中杀菌不彻底或杀菌后微生物再污染。微生物活动会产生多种代谢产物,因而导致混浊沉淀。

(2)澄清汁果蔬汁中的悬浮颗粒以及易沉淀的物质未充分去除,在杀菌后贮藏期间会继续沉淀;混浊果蔬汁中所含的果肉颗粒太大或大小不均匀,在重力的作用下沉淀,果蔬汁中的气体附着在果肉颗粒上时,使颗粒的浮力增大,混浊果蔬汁也会分层。

(3)加工用水未达到软饮料用水标准,带来沉淀和混浊的物质。

(4)金属离子与果蔬汁中的有关物质发生反应产生沉淀。

(5)调配时糖和其他物质质量差,可能会有导致混浊沉淀的杂质。

(6)香精水溶性低或用量不合适,从果蔬汁分离出来引起沉淀等。

2.预防措施

要根据具体情况进行预防和处理。在加工过程严格澄清和杀菌质量,是减轻澄清果蔬汁混浊和沉淀的重要保障。在榨汁前后对果蔬原料或果蔬汁进行加热处理,破坏果胶酶的活性,严格均质、脱气和杀菌操作,是防止混浊果蔬汁沉淀和分层的主要措施。

另外,针对混浊果蔬汁添加合适的稳定剂增加汁液的黏度也是一个有效的措施。果胶、黄原胶、脂肪酸甘油酯、CMC 等都可作为食用胶加入。

生产中通常使用混合稳定剂,稳定剂混合使用的稳定效果比单独使用好。如果汁液中钙离子含量丰富,则不能选用海藻酸钠、羧甲基纤维素(CMC)作稳定剂,因为钙离子可以使此类稳定剂从汁液中沉淀出来。

五、罐内壁腐蚀

果汁一般为酸性食品,它对马口铁有腐蚀作用。可提高罐内真空度,采用软罐包装。

1. 做果汁对原料有什么要求？

2. 果蔬汁热敏性较强，一般常用什么方法杀菌？

3. 混浊汁为何要均质？均质的压力一般是多少？混浊汁为何要进行脱气？如何进行脱气？

4. 如何预防果蔬汁变色？如何预防柑橘类果汁变味？如何预防混浊果蔬汁混浊与沉淀？

5. 果汁糖度、酸度要求调整到多少比较合适？如何调整？

6. 你认为本次任务中你们组存在的问题是什么？应该如何解决？

【小贴士】

如何在家自制芒果酸酸乳果汁

近几年，由于新鲜果汁味道甜美、食用方便，可根据自己的口味搭配不同食材深受市场的喜欢，很多家庭专门买榨汁机或理料机在家制作。现推荐一款家庭自制果汁——芒果酸酸乳果汁。

材料：

芒果：1～2个，其果肉多汁，鲜美可口，营养价值极高，可溶性固形物 14％～24.8％，维生素 A 含量高达 3.8％，食用芒果具有益胃、解渴、利尿的功用；

苹果：1个，它是美容佳品，既能减肥，又可使皮肤润滑柔嫩；

酸奶：50～100 g，其含钙高，适合对乳糖消化不良的人群。

蜂蜜或糖、饮用水、柠檬汁少许。

制作： 苹果、芒果清洗，去皮去核，果肉切成小块，放入料理机，加酸奶及少许饮用水打浆均匀，用蜂蜜、柠檬汁、糖调味即制成营养丰富，口味醇美的芒果酸酸乳果汁。

（引自百度搜索）

【加工案例】

二维码 9-1 柑橘汁制作

二维码 9-2 带肉果菜汁制作

模块十

果蔬糖制品加工技术

任务 1　果脯加工

任务 2　果酱加工

任务 **1**

果脯加工

学习目标

- 能说出果蔬糖制品的种类及特点，能根据果蔬原料特性和学校实验实训条件，设计果脯的加工工艺流程；
- 会自己准备加工所需的试剂、材料；
- 会对果脯进行原料选择、预处理、扩色、糖煮、烘烤操作；
- 能针对果脯加工中出现的"返砂"与"流汤"等现象提前采取措施，避免产品出现结晶、煮烂、皱缩、褐变、霉变等质量问题；
- 能自主学习，与他人较好协作完成任务。

【任务描述】

以当地典型果蔬为原料加工果脯制品。主要技术指标要求：果脯、蜜饯都有其相对固定的色泽并鲜明、均匀；外形完整，大小均匀，表面不流汤、没有返砂、结晶、煮烂、皱缩、褐变、霉变等现象；组织柔嫩、柔韧，没有松软、沙感、干缩等不良口感；滋味和气味上有合适的香气和固有的风味，甜、咸、酸味协调，无异味。

【知识链接】

学习单元一　果蔬糖制品的类别及特点

果蔬糖制品加工技术是以果蔬为主要原料，利用高浓度糖的保藏作用制成一类果蔬产品的加工技术。早在西周人们就利用蜂蜜熬煮果品蔬菜制成各种加工品，并冠以"蜜"字，称为蜜饯。"蜜饯者，糖渍果物也，本作蜜煎，俗因其为食物也，改用饯字，浑蜜煎条。"这是1915年出版的《辞源》上对蜜饯的释义。周朝的《礼记·内则》中载有："枣、栗、饴蜜以甘之"，这是制作果脯蜜脯最早的文字记载。甘蔗糖的发明和应用，大大促进和推动了糖制品加工的迅速发展。

果蔬糖制品的加工对原料的要求一般不高，可充分利用果蔬的皮、肉、汁、渣或残果、次果、落果，甚至一些不宜生食的果实如橄榄、梅子等，以及一些野生果实如刺梨、毛桃、野山楂等，是果蔬产品综合利用的重要途径之一，可产生良好的经济和社会效益。

在1913年的巴拿马万国博览会上，我国生产的果脯蜜饯曾荣获金质奖章，博得了很高的评价。20世纪80年代后，果脯蜜饯工业发展异常迅速，形成了一些具有较大规模和生产能力的工厂，生产能力大幅提高，使果脯蜜饯工业进入了繁荣昌盛的时期。

▶ 果蔬糖制品的分类及特点

我国果蔬糖制品按加工方法和产品形态，可分为蜜饯和果酱两大类。

(一)蜜饯类

1. 按产地分

可分为京式蜜饯、苏式蜜饯、广式蜜饯、闽式蜜饯、川式五大体系。五大体系在本地区的工艺、产品品种及外观和色香味等方面各有自己的独特风格。

(1)京式蜜饯　京式蜜饯主要以果脯类为代表，又称北京果脯，或称"北蜜"、"北脯"，它起源于北京地区，封建时代曾为贡品。

果脯是选用新鲜果蔬，经糖渍、糖煮后，再经晒干或烘干而成。其产品特点是：成品表面干燥，呈半透明状，含糖量高，柔软而有韧性，口味浓甜，有原果风味。其中以苹果脯、梨脯、桃脯、杏脯、金丝蜜枣、山楂糕和果丹皮等最为著名。

(2)广式蜜饯　广式蜜饯起源于广州、汕头、潮州一带，主要是以甘草调香的凉果制品和糖衣类产品为主。已有1 000多年的生产历史，初以凉果为主，后逐渐发展出糖衣类产品。

凉果类产品，表面半干燥或干燥，味多酸甜或酸咸甜适口，入口余味悠长。其代表产品有九制陈皮、话李、话梅、甘草杨桃等；糖衣蜜饯，质地纯洁，表面结有一层白色糖霜，好像浇了一层糖，又称"浇糖蜜饯"。其产品表面干燥，有糖霜，入口甜糯，原果风味浓，产品花色多，风味独特。其代表产品有冬瓜糖、糖橘饼、糖藕片，糖荸荠等。

(3)闽式蜜饯　起源于福建的厦门、福州、泉州、漳州一带。这里盛产橄榄，多以此为主要原料制成蜜饯，故闽式蜜饯是以橄榄制品为代表的蜜饯产品。

闽式蜜饯，表面干燥或半干燥，含糖量低，微有光泽感，肉质细腻而致密，添加香味突出，爽口而有回味。其代表品种有大福果、化核嘉应子、十香果、玫瑰杨梅、青津果、丁香榄、化皮榄等。

(4)苏式蜜饯　苏式蜜饯起源于江苏苏州，包括产于苏州、上海、无锡等地的蜜饯。主要以糖渍和返砂类产品为主。苏式蜜饯，选料讲究、制作精细、形态别致、色泽鲜艳；配料品种多，以酸甜、咸甜口味为主，富有回味。

糖渍类产品，表面微有糖液，色鲜肉脆，清甜爽口，原果风味浓郁，色、香、味、形俱佳，其代表产品主要有梅系列产品，以及糖佛手、蜜金柑、无花果等；返砂类产品，表面干燥，微有糖霜，色泽清新，形状别致，入口酥松，其味甜润，代表产品有枣系列产品，以及苏橘饼、金丝金橘和苏式话梅、苏式陈皮、糖杨梅、梅樱桃等。

(5)川式蜜饯　以四川内江地区为主产区，始于明朝，有名传中外的橘红蜜饯、川瓜糖、蜜辣椒、蜜苦瓜、蜜佛手等。

2. 按加工工艺分

(1)干态蜜饯　糖制后经干燥处理，传统上又分为果脯和返砂蜜饯两类产品。果脯产品表面干燥，不粘手，呈半透明状。色泽鲜艳，含糖高，柔软而有韧性，甜酸可口，有原果风味。代表品种有苹果脯、梨脯、桃脯、杏脯等。

返砂蜜饯产品表面干燥，有糖霜或糖衣，入口甜糯松软，原果风味浓。代表品种有橘饼、蜜枣、冬瓜条等。

目前，果脯蜜饯向低糖方向发展，这两类产品没有严格区分，有的产品既可称果脯，又可称蜜饯。

(2)湿态蜜饯　糖制后不经干燥，产品表面有糖液，果形完整、饱满，质地脆或细软，味美，呈半透明。如糖渍板栗、蜜饯樱桃、蜜金橘等。

(3)凉果　凉果是用糖制过或晒干的果蔬为原料，经清洗、脱盐、干燥，浸渍调味料，再干燥而成。因以甘草为甜味剂，所以称为甘草制品。这类产品表面干燥或半干燥，皱缩，集酸、甜、咸味于一体，且有回味。代表品种有话梅、九制陈皮、橄榄制品等。

(二)果酱类

果酱类产品是先把原料打浆或制汁，再与糖配合，经煮制而成的凝胶冻状制品。由于原料细胞组织完全被破坏，因此其糖分渗入与蜜饯不同，不是糖分的扩散过程，而是原料及糖液中水分的蒸发浓缩过程。

按原料初处理的粗细不同(即基料不同)可分果酱、果泥、果糕、果冻及果丹皮等。

(1)果酱　基料呈稠状，也可以带有果肉碎片(块)的果酱，成品不成形，如番茄酱、草莓酱等。

(2)果泥　基料呈糊状，即果实必须在加热软化后要打浆过滤，使酱体细腻，如苹果酱、山楂酱等。

（3）果糕　将果泥加糖和增稠剂后加热浓缩而制成的凝胶制品。

（4）果冻　将果汁和食糖加热浓缩而制成的透明凝胶制品。

（5）果丹皮　将果泥加糖浓缩后,刮片烘干制成的柔软薄片。如山楂片是将富含酸分及果胶的一类山楂制成果泥,刮片烘干后制成的干燥的果片。

学习单元二　果脯加工方法

▶ 一、果脯蜜饯类加工工艺

蜜饯类是在不改变果蔬原有组织状态下进行加工,利用食糖的性质完成原料组织中水分与糖分的交换。蜜饯生产中常用食糖的种类有白砂糖、饴糖、淀粉糖浆、果葡糖浆及蜂蜜。煮制方法包括常压煮制和真空煮制。一般要求糖分渗入组织越多、形态越饱满,制品质量越好。

1.干态蜜饯工艺流程

原料选择→清洗→原料预处理→糖制→干燥→整形(上糖衣)→包装→干态蜜饯(糖衣蜜饯)

2.湿态蜜饯工艺流程

原料选择→清洗→原料预处理→糖制→装罐→密封→杀菌→湿态蜜饯

▶ 二、工艺要点

1.原料选择、分级

果蔬原料应选择大小和成熟度一致的新鲜原料,剔除霉烂变质、生虫的次果。在采用级外果、落果、劣质果、野生果等时,必须在保证质量的前提下加以选择。

2.洗涤

原料表面的污物及残留的农药必须清洗干净。洗涤方式有人工洗涤和机械洗涤,常用的机械洗涤有喷淋冲洗式、滚筒式和毛刷刷洗式等。

3.原料预处理

（1）去皮、去核、切分、划线等处理　如模块七任务2所述。有些原料不用去皮、切分,但需擦皮、划线、打孔或雕刻处理,一方面以便糖分更好渗透,其二使产品更美观。

（2）护色、硬化处理　为防止褐变和糖制过程中被煮烂,糖制前需对原料进行护色、硬化处理。

护色处理是用亚硫酸盐溶液(使用浓度为 $0.1\% \sim 0.15\%$)浸泡处理或用硫黄(使用量为原料的 $0.1\% \sim 0.2\%$)进行浸渍或熏蒸处理,防止褐变,使果块糖制后色泽明亮。并有防腐、增加细胞透性以及利于溶糖等作用。

硬化处理是为了提高原料的硬度,其操作是将原料放在石灰、氯化钙、明矾等硬化剂(使用浓度为 0.1%～0.5%)溶液中浸渍适当时间,使果块适度变硬,糖煮时不易煮烂。

如果采用浸硫护色处理,通常可与硬化处理同时进行,即配护色、硬化混合溶液同时浸渍处理。溶液用量一般与原料等量,浸泡时上压重物,防止原料上浮。果块硬化护色处理后,需经漂洗,除去多余硬化剂和硫化物。

(3)预煮(热烫) 已在模块七任务 2 中讲述过。蜜饯加工热烫的目的还能使糖制时糖分易渗透。

预煮时把水煮沸,用水量为原料的 1.5～2 倍,投入原料,预煮时间一般为 5～8 min,以原料达半透明并开始下沉为度。热烫后马上用冷水冷却,防止热烫过度。无不良风味的部分原料可结合糖煮直接用 30%～40% 糖液预煮,省去单独预煮工序。

4. 糖制

糖制是蜜饯加工的主要操作,大致分为糖渍、糖煮和两者相结合三种方法。也可利用真空糖煮或糖渍,这样可加速渗糖速度和提高制品质量。

(1)糖渍(蜜制)方法

①分次加糖,不行加热,逐步提高糖浓度。

②在糖渍过程中取出糖液,经加热浓缩回加于原料中,利用温差加速渗糖。

③在糖渍过程中结合日晒提高糖浓度(凉果类)。

④真空糖渍,抽真空降低原料内部压力,加速渗糖。

糖渍由于不加热或加热时间短,能较好地保持原料原有质地、形态及风味,缺点是制作时间长,初期容易发酵变质,凉果的制作多用此法,加工过程主要有果坯脱盐,加料蜜制和曝晒或烘制等。

(2)糖煮方法 糖煮前多有糖渍的过程。在煮制过程中,组织脱水吸糖,糖液水分蒸发浓缩,糖液增浓,沸点提高。由于原料不同,糖煮要求也不同,可分一次煮制,多次煮制,快速煮制和真空煮制等。

①一次煮制 一次煮成法是把预处理好的果蔬原料置于糖液中一次性地煮制成功,是糖制加工的最基本方法。适宜组织结构疏松,含水量较低的原料。将原料与 30%～40% 糖液混合,一次煮制成功,快速省工。但因加热时间长,原料易被煮烂,糖分不易达到内部,失水过多而干缩。生产上不常采用,一般把原料糖渍到一定程度后才煮制。

②多次煮制 分 2～5 次进行煮制,第一次煮制时糖液浓度为 30% 左右,煮至原料转软为度,放冷 8～24 h。以后糖煮时每次增加糖浓度,如此重复直至糖浓度达到要求为止。

操作时,将处理好的原料,放入浓度为 30% 左右的沸糖液中。这时,组织内外的浓度相差不大,可使透糖较为容易。在煮沸 3～5 min 后,原料开始软化,即将原料和糖液一起转入容器中,浸渍 12～20 h,使糖分渗入组织内。随后进行第二次糖煮,这时糖液浓度提高至40% 左右,煮沸后放入原料再煮 5～10 min,然后浸渍 12～20 h,使原料中的含糖量逐步提高。根据原料情况可反复进行多次。最后一次可将糖液浓度提高到 50% 左右,煮沸后倒入原料,再沸时分几次加入浓糖浆或蔗糖,直到糖液浓度达到 60% 左右,原料透明时为止,然后将原料捞出,煮制即告完成。

不耐煮的原料,可单独煮沸糖液再行浸渍。这样冷热交替,有利于糖分渗透,组织不至干缩。缺点是时间长,不能连续生产。

③变温煮制 变温煮制是利用温差特殊的环境,使原料组织受到冷热交替的变化,果蔬

组织内部的水蒸气分压时大时小,变化比较大,这种压力差的存在和变化,促使糖分更快地渗入组织中,加快了内外糖液浓度的平衡速度,大大缩短了糖煮时间,在 1～2 h 内即可完成糖煮操作。

操作时,先把果蔬原料置于 30% 浓度的糖液中煮沸 5～8 min,然后立即捞出放入温度为 15～20℃ 的 40% 浓度的冷糖液中,这时的温差达 80℃ 以上,果蔬组织中的水蒸气分压因突然受冷而降低,使得组织收缩,糖液也就被迫透入组织内部,加速了组织内外浓度平衡的进程。经 5～8 min 后,原料温度降低,随即又移入到煮沸的 40% 浓度的糖液中,原料又即刻升温到 100℃ 以上,维持 5～8 min。原料再次受热,汁液气化,组织膨胀。接着又移入浓度约 55%、温度为 20℃ 以下的冷糖液中,经 5～8 min 后,再移入到煮沸的 60%～65% 浓度的糖液中,持续 20 min 左右,即可达到糖煮的最后浓度,完成糖煮过程。

④真空煮制　利用一定的真空条件,一方面促进糖分向原料内部渗透;另一方面由于沸点下降,从而使原料在较低温度下只用加热较短时间即可达到要求的糖浓度。因此,产品能较好地保持果蔬原有的色、香、味、质地、营养成分。但需要减压设备,投资大,操作麻烦,适合有一定经济实力的厂家采用。

真空糖煮法一般所用的真空度是 80～87 kPa,温度约为 60℃。真空糖煮法需要在真空设备中进行,常用的设备有真空收缩锅或真空罐。

基本操作程序是:将经过预处理的原料放入糖煮容器中,加入 30%～40% 浓度的糖液(如果蔬组织较疏松,糖液浓度可提高至 50%～60%),然后将容器密封,通入蒸汽加热,至 60℃ 后即开始抽真空减压,使糖液沸腾(若有搅拌器可及时开动),沸腾约 5 min 后,可改变真空度,使果蔬组织内的蒸汽分压也反复随之改变,从而一边使组织内外浓度加速平衡,一边促使糖液蒸发,以便迅速透糖。当糖液蒸发到所需浓度(60%～65%)时,即可解除真空,完成了真空糖煮过程。全部时间为 1 h 左右。

掌握糖制时糖液的浓度、温度和时间是蜜饯加工的三个重要因素。蜜饯品种虽多,但其生产工艺基本相同,只有少数产品、部分工序、造型处理上有些差异。

5.装筛干燥

糖制达到所要求的含糖量后,捞起沥去糖液,可用热水淋洗,以洗去表面糖液、减低黏性和利于干燥。干燥时温度控制在 60～65℃,期间还要进行换筛、翻转、回湿等控制。烘房内的温度不宜过高,以防糖分结块或焦化。

6.整理包装

干态蜜饯成品含水量一般为 18%～20%。达到干燥要求后,进行回软、包装。干燥过程中果块往往由于收缩而变形,甚至破裂,干燥后需要压平。如蜜枣、橘饼等。包装以防潮防霉为主,可采取果干的包装法,用 PE(聚乙烯)袋或 PA/PE(尼龙/聚乙烯)复合袋作 50 g、100 g、250 g 等零售包装。再用纸箱外包装。

学习单元三　果脯加工时容易出现的问题及预防措施

在果脯蜜饯加工过程中,由于操作方法的失误或原料处理不当,往往会出现一些问题,造成产品质量低劣,成本增加,影响经济效益。为尽量减少或避免这方面损失,对加工中出现的一些问题,可相应地采取一些预防或补救措施。

一、返砂产品不返砂的原因及预防措施

返砂蜜饯,其质量应是产品表面干爽。有结晶糖霜析出,不黏不燥。但是,由于原料处理不当或糖煮时没有拿捏好正确的时间,因而使转化糖急剧增高,致使产品发黏,糖霜析不出。

1. 产品不返砂的主要原因

原料处理时,没有添加硬化剂;原料本身的果酸或果胶较多;糖渍时,半成品有发酵现象,糖液发黏;糖煮时间太短,糖液的浓度不足。

2. 预防措施

处理原料时,应适当添加一定数量的硬化剂;延长烫漂时间,尽量除去果胶、果酸;在糖煮时掌握好时间,防止蔗糖过度转化,尽量采用新糖液;调整糖液的 pH 应在 7～7.5 之间,对含果酸较丰富的果实,在原料前处理时,应添加适量的碱性物质,进行中和;密切注意糖渍的半成品,防止发酵。

二、果脯的"返砂"与"流汤"的原因及预防措施

1. "返砂"或"流汤"原因

主要是转化糖占总糖的比例问题。

如果在糖煮过程中转化糖含量不足,就会造成产品表面出现结晶糖霜。这种现象,称为"返砂"。实践证明,果脯中的总糖含量为 68%～70%,含水量为 17%～19%,转化糖占总糖的 30% 以下时,容易出现不同程度的"返砂";果脯如果返砂,则质地变硬而且粗糙,表面失去光泽,容易破损,品质降低。相反,如果果脯中的转化糖含量过高,特别是在高温高湿季节,又容易产生"流汤"现象,使产品表面发黏,容易变质。转化糖占总糖的 50% 时,在良好的条件下产品不易"返砂";当转化糖达到占总糖的 70% 以上时,产品易发生"流汤"。

2. 预防措施

掌握好蔗糖与转化糖比例,即严格掌握糖煮的时间及糖液的 pH(糖液的 pH 应保持在 2.5～3.0 之间),促进蔗糖转化,可加柠檬酸或酸的果汁调节。

三、果脯煮烂与干缩现象的原因及预防措施

1. 煮烂与干缩产生原因

煮烂原因主要是品种选择不当,果蔬的成熟度过高,糖煮温度过高或时间过长,划纹太深(如金丝蜜枣)等;干缩原因主要是果蔬成熟度过低;糖渍或糖煮时糖浓度差过大;糖渍或糖煮时间太短,糖液浓度不够,致使产品吸糖不饱满等。

2. 预防措施

选择成熟度适中的原料;组织较柔软的原料应糖渍;为防止产品干缩,应分批加糖,使糖浓度逐步提高,并适当延长糖渍时间,吸糖饱满后再进行糖煮。糖煮时间要适当。

四、果脯变色的原因及预防措施

在加工中,由于操作不当,就可能产生褐变现象或色泽发暗的情况。

1. 变色原因

主要是原料发生酶促褐变和非酶褐变或原料本身色素物质受破坏褪色。糖煮时间越长、温度越高和转化糖越多,越容易加速变色,干燥时的条件及操作方法不当等也会加速变色。

2. 预防措施

原料去皮切分后及时护色处理(硫处理、热烫等),减少与氧气接触;缩短糖煮时间和尽量避免多次重复使用糖煮液;改善干燥的条件,干燥温度不能过高,一般控制在55~65℃;抽真空或充氮气包装;避光、低温(12~15℃)贮存等。

五、果脯发酵、长霉的原因及预防措施

1. 产生原因

主要是产品含糖量太低和含水量过大。在贮藏中通风不良,卫生条件差,微生物污染造成。

2. 预防措施

控制成品含糖量和含水量;加强加工和贮藏中的卫生管理;适当添加防腐剂。

【自测训练】

1. 果蔬糖制品是怎样进行分类的?蜜饯类按产地可分为哪几大体系?

2. 果酱类制品又可分为哪几种?

3. 果脯的"返砂"与"流汤"的原因及预防措施是什么?

4. 为防止褐变和糖制过程中被煮烂,糖制前如何对原料进行护色、硬化处理?

5. 在加工中,如何预防果脯褐变或色泽发暗?

6. 真空煮制、多次煮制、一次煮制这三种煮制方法各有何特点?

7. 你认为本次实验中你们组存在的问题是什么?应该如何解决?

【小贴士】

如何在家自制山楂蜜饯

山楂性味酸、甘,微温,归脾、胃、肝经,消食化积,活血散瘀,有扩张冠状动脉、舒张血管、降脂降压强心的作用。把它做成蜜饯,口感酸甜,深得大多数人的喜爱。

可自制取核器,将不锈钢管一端磨锋利,手工连续插入山楂果实中,山楂籽粒即由管状取核器另一端连续取出。将山楂去除果柄,放入

(引自百度搜索)

95℃的热水中烫 3～4 min,捞出沥干,加糖腌 1～2 h,再放入 40％的糖液中煮 10 min 左右,泡 12～24 h,捞出沥干,再把糖液调到 60％左右煮 10 min 左右,泡 12～24 h,捞出沥干,用低火在烤箱中烤 15 min 左右,这样渗糖均匀没有任何添加剂的酸酸甜甜的山楂蜜饯就做好了。

【加工案例】

二维码 10-1　京式苹果脯制作

二维码 10-2　枣脯制作

二维码 10-3　菠萝脯制作

任务 2

果酱加工

学习目标

• 知道果酱加工的基本原理和工艺流程,能利用当地资源和实训条件,设计当地典型果酱加工工艺流程和操作要点。

• 会准备果酱加工制作所需的试剂、材料和相关设备。

• 能够正确分析果酱加工中常出现的分层、返砂、变色、发霉变质等质量问题产生的原因,并采取措施解决。

• 有一定自主学习的能力,具有较强的团队合作能力和交流表达能力。

【任务描述】

以当地某种典型果品为原料加工果酱。主要技术指标要求:可溶性固形物(以 20℃折光计)60％～65％。色泽应符合所选果品品种应有的色泽;酸甜适中,口味纯正,无异味。具有所选果品品种应有的风味;组织状态均匀,无明显分层、析水,无结晶;无可见杂质,微生物指标符合国家标准。

【知识链接】

学习单元一 果酱加工方法

果酱的英文名称为 Jam,其本身就是挤压、压碎的意思,是法文 Jaime(甜点)的衍生词汇。因此,简单说来,果酱制品就是将果实原料经过磨碎或挤压后,加入甜味剂、酸度调节剂等混合后,经加热浓缩熬制成凝胶物质,再通过排气、密封、杀菌工序制成味道细腻、酸甜可口、能长期保存的食品。

▶ 一、果酱加工机理

在果酱加工过程中,利用果实中亲水性的果胶物质,在一定条件下与糖和酸结合,在此过程中,糖起脱水剂的作用,酸可中和果胶粒表面负电荷。高度水合的果胶束因脱水和电性中和而凝聚并相互交错,无定向地组成连接松弛的三维网状结构,形成无数空隙,最终形成一种类似海绵的"果胶－糖－有机酸"凝胶体。

凝胶的强度与糖含量、酸含量以及果胶物质的形态和含量有关。一般来说,三者成分比例可参考如下:果胶含量 0.6％～1.5％、糖含量 65％～70％。

▶ 二、工艺流程

原料选择→洗净→
切分、破碎→预煮→加糖浓缩→装罐→密封→杀菌→冷却→果酱
打浆→过滤→加糖浓缩→装罐→密封→杀菌→冷却→果泥
榨汁→过滤→加糖浓缩→入盘冷却成型→果冻
打浆→过滤→加糖浓缩→入盘冷却成型→果糕
打浆→加糖浓缩→刮片→烘烤→揭皮→整形→包装→果丹皮

▶ 三、工艺要点

(一)果酱、果泥

1.原料选择

要求原料具有良好的色、香、味,成熟度适中,含果胶及含酸丰富。一般成熟度过高的原

料,果胶及酸含量降低;成熟度过低,则色泽风味差,且打浆困难。

原料含果胶及含酸量均为1%左右,不足时需添加和调整。含酸量主要是通过补加柠檬酸来调节,果胶可用琼脂、海藻酸钠等增稠剂取代,也可通过加入另一种富含果胶的果实来弥补。

2.原料处理

剔除霉烂、成熟度过低等不合格原料,清洗干净,有的原料需要去皮、切分、去核、预煮和破碎等处理,再进行加糖煮制。

果泥要求质地细腻,在预煮后进行打浆、筛滤,或预煮前适当切分,在预煮后捣成泥状再打浆,有些原料还需经胶体磨处理。

以果汁加糖、酸制造果冻产品,其取汁方法与果蔬汁生产相同,但多数产品宜先行预煮软化,使果胶和酸充分溶出。汁液丰富的果蔬,预煮时不必加水,肉质紧密的果蔬需加原料重1～3倍水预煮。

3.加热软化

处理好的果块根据需要加水或加稀糖液加热软化,也有一小部分果实可不经软化而直接浓缩(如草莓)。加热软化时升温要快,沸水投料,每批的投料量不宜过多,加热时间根据原料的种类及成熟度控制,防止过长时间的加热影响风味和色泽。

4.配料

(1)配方　糖的用量与果浆(汁)的比例为1∶1,主要使用砂糖(允许使用占总糖量20%的淀粉糖浆)。低糖果浆与糖的比例约为1∶0.5。低糖果浆由于糖浓度降低,需要添加一定量的增稠剂,常用的增稠剂是琼脂。

成品总酸量:0.5%～1%(不足可加柠檬酸)。

成品果胶量:0.4%～0.9%(不足可加果胶或琼脂等)。

果肉(汁)40%～50%,砂糖45%～60%,成品含酸量0.5%～1%,果胶0.4%～0.9%。

(2)配料准备　所用配料如糖、柠檬酸、果胶或琼脂等,均应事先配制成浓溶液备用。砂糖应加热溶解过滤,配成70%～75%的浓糖浆;柠檬酸应用冷水溶解过滤,配成50%溶液;果胶粉或琼脂等按粉量加2～6倍砂糖,充分拌匀,再以10～15倍的温水在搅拌下加热溶解过滤。

5.加热浓缩

将处理好的果酱投入浓缩锅中加热10～20 min,这样可蒸发一部分水分,然后分批加入浓糖液,继续浓缩到接近终点时,按次加入果胶液或琼脂液、淀粉糖浆、最后加柠檬酸液,在搅拌下浓缩至可溶性固形物含量达到65%即可。浓缩方法和设备有常压浓缩和减压浓缩。注意加热时要不断搅拌,防止焦底和溅出。

(1)常压浓缩　常压浓缩的主设备是带搅拌器的夹层锅。工作时通过调节蒸汽压力控制加热湿度。为缩短浓缩时间,保持制品良好的色、香、味和胶凝强度,每锅下料量以控制出成品50～60 kg为宜,浓缩时间以30～60 min为好。时间过长,影响果酱的色、香、味和胶凝强度;时间太短,会因转化糖不足而在贮藏期发生蔗糖结晶现象。

浓缩过程要注意不断搅拌,出现大量气泡时,可洒少量冷水,防止汁液外溢损失。

常压浓缩的主要缺点是温度高,水分蒸发慢,芳香物质和维生素C损失严重。制品色泽差,欲制优质果酱,宜选用减压浓缩法。

（2）真空浓缩　真空浓缩又称减压浓缩。分单效、双效浓缩装置。单效浓缩装置是一个带搅拌器的夹层锅，配有真空装置。工作时先抽真空，当锅内真空度大于 0.05 MPa 时，开启进料阀，使物料被吸入锅中，达到容量要求后，开启蒸汽阀和搅拌器进行浓缩。浓缩时锅内真空度为 0.085～0.095 MPa，温度为 50～60℃。浓缩过程若泡沫上升剧烈，可开启空气阀，破坏真空抑制泡沫上升，待正常后再关闭。浓缩过程应保持物料超过加热面，防止煮焦。当浓缩接近终点时，关闭真空泵，开启空气阀，在搅拌下使果酱加热升温至 90～95℃，然后迅速关闭空气阀出锅。

番茄酱宜用双效真空浓缩锅，该机是由蒸汽喷射泵使整个设备装置造成真空，将物料吸入锅内，由循环泵进行循环，加热器进行加热，然后由蒸发室蒸发，浓缩泵出料。整个设备由仪表控制，生产连续化、机械化、自动化，生产效率高，产品质优，番茄酱浓度可高达 22%～28%。

（3）浓缩终点的判断　主要靠取样用折光计测定可溶性固形物浓度，达 65° Brix 左右时即为终点；或凭经验控制，用匙取酱少许，倾泻时果酱难以滴下，粘着匙底，甚至挂匙边（称挂片），或滴入水中难溶解即为终点；常压浓缩可用温度计测定酱体温度，达 104～105℃ 时，即为终点。

6. 装罐密封

装罐前容器先清洗消毒。果酱类大多用玻璃瓶或防酸涂料铁皮罐为包装容器，也可用塑料盒小包装；果丹皮、果糕等干态制品采用玻璃纸包装。酱类制品属于热灌装产品，出锅后，应及时快速装罐密封，密封时的酱体温度不低于 80℃，封罐后应立即杀菌冷却。

7. 杀菌、冷却

果酱在加热浓缩过程中，微生物大多数被杀死，加上果酱高糖高酸对微生物也有很强的抑制作用。在工艺卫生条件好的生产厂家，可在封罐后倒置数分钟，利用酱体余热进行罐盖消毒。但为了安全，在封罐后还进行杀菌处理，在 90～100℃ 下杀菌 5～15 min，依罐型大小而定。杀菌后马上冷却至 38℃ 左右，玻璃瓶罐头要分段冷却，每段温差不要超过 20℃，以防炸瓶。然后用布擦去罐外水分和污物，送入仓库保存。

（二）果冻

（1）原料处理　原料进行洗涤、去皮、切分、去心等处理。

（2）加热软化　目的是便于打浆和取汁。依原料种类加水或不加水，多汁的果蔬可不加水。肉质致密的果实如山楂、苹果等则需要加果实重量 1～3 倍的水。软化时间为 20～60 min，以煮后便于打浆或取汁为原则。

（3）打浆、取汁　果酱可进行粗打浆，果浆中可含有部分果肉。取汁的果肉打浆不要过细，过细反而影响取汁。取汁可用压榨机榨汁或浸提汁。

（4）加糖浓缩　在添加配料前，需对所制得的果浆和果汁进行 pH 和果胶含量测定，形成果冻凝胶的适宜 pH 为 3～3.5，果胶含量为 0.5%～1.0%。如含量不足，可适当加入果胶或柠檬酸进行调整。一般果浆与糖的比例是 1:(0.6～0.8)。浓缩可溶性固形物含量达 65% 以上，沸点温度达 103～105℃。

（5）冷却成型　将达到终点的黏稠浆液倒入容器中冷却成果冻。

学习单元二　果酱加工时容易出现的问题及预防措施

果酱在实际生产过程中,会出现成品色泽发暗、糖结晶、变质、低糖果酱脱水等不良现象。如何避免这些不良现象的发生对产品质量而言尤为重要。

◆ 一、果酱变色原因及预防措施

1. 果酱变色的原因

有单宁和花色素的氧化,金属离子引起的变色;糖和酸及含氮物质的作用引起的变色,糖的焦化等。

大多数果品中均含有单宁类物质,单宁易与金属离子如 Fe^{3+} 生成黑色物质,这种黑色物质在果胶的吸附、悬浮分散下,严重影响成品的色泽。另外,果酱在制作过程中,打浆机、胶体磨、均质机等操作工序是 Fe^{3+} 的主要来源,同时操作过程中会导入大量的空气,加速 Fe^{3+} 引起的变色反应,从而氧化破坏色素和其他营养物质。

再一个原因是发生了非酶褐变,即不需要经过酶的催化而产生的一类褐变,主要是指美拉德反应、抗坏血酸氧化、脱镁叶绿素褐变等,是果品在制造及贮藏中发生的主要褐变反应。

2. 预防措施

(1)选择成熟度适中的加工原料。避免选未成熟或成熟度不够的原料。因这类原料果品中常含有微量的叶绿素,叶绿素遇酸变成去镁叶绿素,从而使果酱色泽变褐。

(2)尽量缩短加热时间,浓缩中不断搅拌,防止焦化。浓缩结束后迅速装罐、密封、杀菌和冷却,贮藏温度不宜过高,以 20℃左右为宜。

(3)控制酶促褐变。加工操作迅速,碱液去皮后务必洗净残碱,迅速预煮,破坏酶的活性;一般可以加入适宜的褐变抑制剂来有效防止酶促褐变,保持酱体色泽自然。如在生产过程中加入 0.008% 维生素 C 和 0.005% 的焦亚硫酸钠复合褐变抑制剂,其产品常温下放置1 个月,色泽依然如故。

(4)非酶褐变的防止。加工过程中防止与铜、铁等金属接触;尽可能选择非铁质加工机械(器具),可以选择高强度、高硬度、耐腐蚀的聚四氟材料,硬质铝合金材料,另外就是加入EDTA、六偏磷酸钠、植酸等作为络合掩蔽剂,但加入量应尽可能少,因为络合剂可广泛络合多种金属离子,会影响食品的矿质营养。

◆ 二、果酱出现糖结晶原因及预防措施

1. 果酱产品出现糖结晶原因

糖结晶是在果酱放置过程中产生的质量问题,它会使产品丧失商品价值,是生产中关键技术问题。主要是含糖量过高,酱体中的糖过饱和。也可能是由于果酱中转化糖含量过低造成。

果蔬保鲜与加工

2.预防措施

(1)生产中要严格控制含糖量不超过 63％,并使其中转化糖不低于 30％。也可用淀粉糖浆代替部分砂糖,一般为总加糖的 20％。

(2)控制好糖酸比例:可对风味平淡的原料调配含酸高的果品(如山楂)或适量提高柠檬酸的添加量。

(3)及时判断熬制终点,严格按配方比例下料。

三、低糖果酱脱水原因及预防措施

1.产生原因

低糖果酱凝胶状态不够稳定,酱体常易析出水分,严重影响商品价值。主要有果块软化不充分、浓缩时间短或果胶含量低未形成良好的凝胶。影响凝胶强度的因素有:果胶相对分子质量、果胶甲酯化程度、pH 以及温度等。高甲氧基果胶凝胶形成的条件为:糖 65％～70％,pH 2.8～3.3,果胶 0.6％～1％。

2.预防措施

(1)低糖果酱需借助多价金属离子与果胶分子链中的羧基形成桥联才可成为凝胶。除了添加卡拉胶、琼脂、黄原胶等作为增稠剂外,还必须添加低甲氧基果胶(LMP),利用 LMP 上的羧基与多价金属离子 Ca^{2+}、Mg^{2+} 的桥联作用实现凝胶。

(2)要注意防止凝胶速度过快和凝胶不均,否则也易造成果酱脱水,因为局部凝胶形成速度过快,易造成酱体持水力下降。具体操作方法是先在酱体中加入二价金属离子,如 Ca^{2+}、Mg^{2+}、Zn^{2+} 等,然后调节 pH 至 3.0～5.0,最后加入复合增稠剂。在加入二价金属离子时应选择难溶性的钙盐,利用其在酸性环境下缓慢释放 Ca^{2+} 的特性,可使形成的凝胶均匀。

四、果酱产品发霉变质原因及预防措施

1.产生原因

主要有原料霉烂严重,加工、贮藏中卫生条件差,装罐时瓶口污染,封口温度低、不严密,杀菌不足等。

2.预防措施

严格分选原料,剔除霉烂原料,原料库房要严格消毒,通风良好防止长霉;原料要彻底清洗,必要时进行消毒处理;车间、工器具、人员要加强卫生管理;装罐中严防瓶口污染,瓶子、盖子要严格消毒,果酱装罐后密封温度要大于80℃并封口严密,杀菌必须彻底。合理选用杀菌、冷却的方式。

五、在加工过程中如何尽量减少维生素 C 的损失

维生素 C 作为果品最重要的营养成分之一,其含量的多少是衡量加工工艺是否恰当的一项重要指标。在果酱加工过程中加入天然抗氧化剂茶多酚(TP)、植酸(PA)、银杏叶提取

物(GBE)等,可有效控制草莓制酱过程中维生素 C 的损失。添加 TP、PA、GBE 的比例为 6∶1∶1。

【自测训练】

1. 果酱加工的机理是什么?

2. 果酱加工过程中,预煮的目的是什么?

3. 如何控制果酱的浓缩终点?有哪几种方法?

4. 为防止低糖果酱脱水,应采取什么方法?

5. 什么是非酶褐变?果酱加工过程中怎样防止非酶褐变的发生?

6. 你认为本次实验中你们组存在的问题是什么?应该如何解决?

【小贴士】

如何在家自制鲜果果冻

材料:草莓 100 g、菠萝 100 g、猕猴桃 100 g、果冻粉 30 g、水 250 g、糖 5 g、柠檬汁少许。

做法:

1. 水果洗净,去皮,切成小丁。

2. 果冻粉、水、糖、柠檬汁一同放入锅中,搅拌均匀,小火加热至沸腾,搅拌至果冻粉完全溶解关火。

3. 待果冻液放凉至室温但还能流动时放入小块果粒,再倒入模具,放入冰箱冷藏 2 h 凝固即可食用。

(引自百度搜索)

【加工案例】

二维码 10-4 草莓酱制作方法

二维码 10-5 苹果酱制作方法

果蔬保鲜与加工

模块十一

果蔬腌制品加工技术

任务 1　泡酸菜加工

任务 2　咸菜加工

任务 3　酱菜加工

任务 4　糖醋菜加工

　　果蔬腌制是利用食盐以及其他物质添加到果蔬组织内,抑制腐败菌的生长,有选择地控制有益微生物活动和发酵,从而防止蔬菜变质的一种保藏方法。腌制过程中,食盐、各种添加物料、有益微生物发酵的产物、蛋白质的分解以及蔬菜本身的生物化学作用,使得其产品具有了特殊的色、香、味。

　　果蔬腌制是我国最普遍、最传统的蔬菜加工方法。其方法简单易行,成本低廉,产品风味多种多样,易于保存。腌制品可分为发酵性腌制品和非发酵性腌制品两大类。发酵性腌制品利用低浓度的盐分,经乳酸发酵产生乳酸,与加入的盐及调味料等一起达到防腐的目的,代表产品有泡菜和酸菜;非发酵性腌制品腌制过程中不发酵,盐分浓度高,按生产工艺可以分为咸菜、酱菜、糖醋菜等。

任务 **1**

泡酸菜加工

学习目标

- 了解泡酸菜加工的基本原理,能设计泡酸菜的加工工艺流程和操作要点;
- 能根据泡酸菜加工要求准备材料和相关工具;
- 在教师指导下,能在规定时间内写成泡酸菜的加工;
- 能对泡酸菜加工中出现的质量问题采取措施;
- 能对产品质量进行合理评价,能自主学习,较好协助别人。

【任务描述】

以大白菜为原料加工酸菜。主要技术指标要求：食盐含量≤3％，产品色泽为黄绿色或乳白色，具有乳酸发酵所产生的特有香味、无不良气味。酸咸适口，质脆。

【知识链接】

学习单元一　泡酸菜加工方法

泡酸菜加工的基本原理是利用食盐的高渗透压抑制有害菌，并在缺氧的条件下促使乳酸菌发酵的结果。乳酸菌是一种较耐盐的厌氧微生物，普遍附着在蔬菜上面。乳酸菌分解蔬菜中的单糖、二糖并产生大量乳酸，使 pH 下降，发酵产生的二氧化碳使容器处于厌氧状态，从而阻止食品受其他微生物的侵染和腐败变质，起到延长食品保存期的作用。泡酸菜由于其加工方法简单，成本低，口味清脆爽口、酸咸适口，能增进食欲而深受人们的欢迎。此外，泡菜还具有预防动脉硬化、抑制癌细胞生长、降脂美容等方面的保健和医疗作用。

▶ 一、工艺流程

原料选择→原料预处理→入坛泡制→发酵→成品

▶ 二、工艺要点

（一）原料选择

凡是组织致密、质地嫩脆、肉质肥厚而不易软化、并含一定糖分的新鲜蔬菜均可作泡菜原料，要求选剔出病虫害、腐烂蔬菜。

（二）原料预处理

在泡制前应该对蔬菜原料进行整理、洗涤、晾晒、切分等预处理，以保证质量和卫生。

（1）整理　剔除原料的粗皮、粗筋、老叶、根须和表面上的黑斑、烂疤以及病虫危害、腐烂等不可食用的部分。如莴笋应削去粗皮；四季豆摘除老筋；大蒜剥除外皮；萝卜削去叶丛和根须等。

（2）洗涤　用清水洗净原料表面的泥沙和污物。洗涤时可根据各种蔬菜被污染的程度及表面状态，采用机械洗涤或手工洗涤的方法。

（3）晾晒　原料洗涤后还要进行晾晒。对于一般的原料来讲，通过晾晒可以晾干表面的明水，在腌渍时，可以避免盐水浓度的降低；而对一些含水量较高的原料，通过晾晒脱除部分水分，使菜体萎蔫、柔软，既可降低食盐的用量，又有利于装坛。

（4）切分　一般对原料不进行切分，但对个体较大的原料可按产品规格要求，适当地切分为条、片、段和块等形状。如萝卜、莴笋切分成条和片；甘蓝和大白菜切分成块；四季豆切分为段等。通过切分既有利于盐分和调味料的渗透，保证产品品质、风味和外观的一致性，又便于装坛。

(三) 泡菜盐水的配制

井水和泉水是含矿物质较多的硬水,用以配制泡菜盐水,效果最好,因其可以保持泡菜成品的脆性。硬度较大的自来水亦可使用。食盐宜选用品质良好,含苦味物质如硫酸镁、硫酸钠及氯化镁等极少,而氯化钠含量至少在95%以上者为佳。常用的食盐有海盐、岩盐、井盐。最宜制作泡菜的是井盐,其次为岩盐。

配制比例:以水为准,加入食盐6%～8%,为了增进色、香、味,还可以加入2.5%的黄酒,0.5%的白酒,1%的米酒,3%的白糖或红糖,3%～5%的鲜红辣椒,直接与盐水混合均匀,香料如花椒、八角、甘草、草果、橙皮、胡椒,按盐水量的0.05%～0.1%加入,或按喜好加入,香料可磨成粉状,用白布包裹或做成布袋放入,为了增加盐水的硬度还可加入0.5% $CaCl_2$。

(四) 入坛泡制

经预处理的原料即可入坛泡制,其方法有两种:泡制量少时可直接泡制。工业化生产则先盐腌后泡制,利用10%食盐先将原料盐渍几小时或几天,按原料质地而定。盐腌可以去掉一些原料中的异味,除去过多水分,可以减少泡菜坛内食盐浓度的降低,防止腐败菌的滋生。但盐腌可导致原料中的可溶性固形物损失,原料养分也有损失,尤其盐腌时间越长,养分损失越大。

入坛时先将原料装入坛内一半,要装得紧实,放入香料袋,再装入原料,离坛口6～8 cm,用竹片将原料卡住,加入盐水淹没原料,切忌原料露出液面,否则原料因接触空气而氧化变质。盐水注入离坛口3～5 cm。1～2 d后原料因水分的渗出而下沉,可再补加原料,让其发酵。如果是老盐水,可直接加入原料,补加食盐,调味料或香料。

(五) 发酵泡制中的管理

蔬菜原料进入坛后,即进入乳酸发酵过程,在其过程中,要注意水槽要保持水满并注意清洁,经常清洗更换。为安全起见可在水槽中加入15%～20%的食盐水。切忌油脂类物质混入坛内,否则易使泡菜水腐败发臭。蔬菜经过初期、中期、末期三个发酵阶段后完成了乳酸发酵的全过程。泡菜最适食用期在中期。

(六) 成品

泡菜的成熟期受蔬菜的种类、盐水的浓度和种类及发酵温度等因素的影响而有变化。夏季气温较高,用新盐水泡制的一般叶菜类3～5 d即成熟;根茎菜类7～10 d成熟;大蒜、薤头则要半月以上才能成熟。冬季则需延长1倍的时间。如果使用老盐水泡制时,成熟期可以大大缩短。泡菜保存时,应该一个坛子里装一种菜,不可混装;近年来,兴起泡菜小包装,方法是取出沥干,进行真空包装;或者以少量菜卤包装(但需抽空)。

学习单元二 泡酸菜加工时容易出现的问题及预防措施

▶ 一、"长膜生花"的原因及预防措施

1."长膜生花"的原因
出现"长膜生花"主要是由于产膜酵母活动引起的,"起旋生霉"则主要是由于好氧霉菌

如青霉、黑霉、曲霉、根霉引起。

2.预防措施

当霉花生长较多时,可把坛口倾斜,徐徐灌入新盐水,使霉花逐渐溢出;如果霉花较少,则可用干净的小网打捞;同时加入适量的食盐(大蒜、洋葱、红皮萝卜、紫苏之类的蔬菜)或者白酒、鲜姜。关键要隔绝空气,创造缺氧环境。

二、失脆的原因及预防措施

1.失脆的原因

蔬菜腌制过程中,由于机械损伤、微生物分泌的果胶酶作用以及盐渍时失水等,会使盐渍品脆性降低,而 Ca^{2+} 与果胶酶作用生成的果胶酸钙盐可使细胞相互黏结,保持蔬菜的脆性。因而在腌制蔬菜时要进行保脆。

2.预防措施

保持蔬菜质地脆嫩的方法:一是在腌制液中直接加入保脆剂(如氯化钙、碳酸钙、硫酸钙、明矾等)或把蔬菜浸泡在溶有保脆剂液的卤中,进行短期浸泡。其中,以氯化钙最为常用,其用量一般为蔬菜质量的 0.05%~0.1%。此种方法,日本禁止使用。二是在腌制过程中,把好卫生关,控制有害微生物的生存和活动。取食时切忌将油脂带入缸内,以防止腐败微生物分解脂肪使泡菜腐臭。三是高盐腌制,达到保持原有脆性的目的。最后要注意选择成熟度适中、脆嫩而无病虫害的蔬菜原料。

三、腌制中亚硝酸盐的产生原因与预防措施

在泡酸菜发酵过程中会生成一定量的亚硝酸盐,当人体摄入亚硝酸盐后,亚硝酸盐能和胃中的含氮化合物结合成具有致癌性的亚硝胺,对人体健康产生危害。因此,泡菜中亚硝酸盐的含量逐渐引起人们的重视。

(一)亚硝酸盐产生的原因

在对蔬菜进行腌制时,细菌产生的硝酸酶,是泡菜中硝酸盐被还原为亚硝酸盐的决定性因素。自然界能产生硝酸还原酶的细菌很多,有 100 多种,可使 NO^- 厌氧地还原到 NO_2^- 的阶段而终止,使 NO_2^- 蓄积起来。

目前制作泡酸菜,主要是利用菜株自然带入的乳酸菌进行发酵,菜株上附有乳酸菌,必然也有一些有害菌共存。在腌制的初期,酸性环境尚未形成,一些有害的菌类未被抑制,将会出现硝酸还原过程产生亚硝酸盐。在腌制中期或后期,一些能够耐酸、耐盐、厌氧的杆菌、球菌、酵母、霉菌等仍有一定的活动能力。

因此,即使是正常的腌制,亚硝酸盐的产生也是不可避免的。如条件掌握得好,亚硝酸盐含量就少;当条件控制不当,如非厌氧环境、杂菌污染等,则有大量的亚硝酸盐生成。

(二)泡菜发酵过程中亚硝酸盐含量的变化及影响因素

泡菜发酵过程中,亚硝酸盐含量呈现先上升后下降的趋势。发酵过程中亚硝酸盐含量最高点我们简称"亚硝峰"。

泡菜发酵过程中亚硝酸盐的含量受多种因素的影响,如食盐浓度、发酵温度、酸度、含糖量、泡菜原料等。

1.食盐浓度

亚硝酸盐的含量高低及亚硝峰出现时间的早晚与食盐的浓度有关。一般来说,食盐浓度低,亚硝酸盐生成快,亚硝峰出现早;反之,食盐浓度高,亚硝酸盐生成慢,亚硝峰出现晚。

食盐对亚硝酸盐含量的影响主要是通过其对细菌活动的影响而起作用的。低浓度的食盐溶液不能抑制大肠杆菌、酵母菌等硝酸还原菌的生长,从而使硝酸还原过程加快,亚硝酸盐生成较多;反之,高浓度的食盐溶液,可以不同程度地抑制那些对盐的耐受能力较差的有害微生物,使硝酸还原过程变慢,从而推迟了亚硝峰的出现。

2.发酵温度

蔬菜腌制时的温度对亚硝酸盐的生成量及生成期有着明显的影响。发酵温度高,亚硝峰出现早,峰值低;温度低,亚硝峰出现晚,峰值高。

出现上述现象的原因,是由于在较高的温度下,有益菌种——乳酸菌繁殖较快,使得乳酸发酵能够顺利进行,迅速升高的酸度,抑制了硝酸还原菌的生长繁殖,从而减少了硝酸盐的还原,同时已生成的亚硝酸盐被旺盛发酵所形成的酸性环境分解一部分,故发酵温度高时"亚硝峰"峰值小;而发酵温度低时,乳酸菌的繁殖较慢,形成的抑制杂菌生长的物质含量很低,因此具有硝酸还原能力的细菌的繁殖速度较快,从而使大量的硝酸盐转化为亚硝酸盐,故在发酵温度低时"亚硝峰"峰值大。

3.酸度

较高的酸度能够抑制有害微生物的生长繁殖,阻止硝酸还原降低了亚硝酸盐的含量以外,酸度对于亚硝酸盐的分解作用也是一个重要原因。亚硝酸盐与酸作用,产生游离的亚硝酸;亚硝酸不稳定,进一步分解为 NO。

4.含糖量

含糖量高的蔬菜,在发酵过程中产生的亚硝酸盐含量低;反之,含糖量少,亚硝酸盐含量高。这是由于泡菜的发酵作用与含糖量成正比关系,含糖量高的蔬菜,发酵过程中乳酸能够迅速产生,从而较快地抑制硝酸还原菌的生长,因而亚硝酸盐生成量少。而含糖量低的蔬菜由于乳酸产生得较慢,硝酸还原酶的生长不能得到及时抑制,因此亚硝酸盐的生成量多。因此在生产泡菜时,欲降低泡菜的亚硝酸盐含量,在腌制过程中除注意保持厌气环境,掌握食盐浓度,防止杂菌污染等环节外,适量加点糖。

(三)降低泡菜中亚硝酸盐含量的措施

1.注意原料的选择和处理

由于幼嫩蔬菜中硝酸盐的含量较高,不新鲜或腐烂的蔬菜也含有较多的亚硝酸盐,因此用于制作泡菜的蔬菜,一般应选用成熟而新鲜的菜株,且准备腌制的蔬菜不应久放,更不能堆积,以免造成亚硝酸盐含量的上升。

2.注意腌制用具、容器、环境卫生

由于具有硝酸盐还原酶的细菌是泡菜中大量产生亚硝酸盐的一个决定因素,因此用于制作酱腌菜的容器、水质等用具和原料不清洁时,会有大量有害微生物的生长,从而导致硝酸盐还原活动加强,亚硝酸盐含量上升。家庭制作泡菜时,为了防止用具、容器上的有害微生物污染泡菜,将腌制用具清洗干净后可再用开水烫洗灭菌;工业腌制用的缸、池,应彻底清

洗消毒,并保持良好的环境卫生,防止污染。

3.保持腌制过程中的厌气条件

若腌制过程中密封性不好也会导致亚硝酸盐含量的上升,这是由于一方面泡菜暴露在空气中,增加了被污染的机会;另一方面,霉菌、酵母菌等具有硝酸盐还原酶的有害菌都属于好气性菌,而且抗酸能力强,足以耐受乳酸发酵所形成的酸度,因此会导致亚硝酸盐含量的上升。所以,在进行腌渍时,如能尽可能与空气隔绝,保持厌氧状态,不但有利于乳酸发酵,抑制好气性有害微生物的繁殖,防止泡菜败坏,而且还可以降低亚硝酸含量。

4.人工接种

人工接种乳酸菌发酵可以有效地降低亚硝峰,主要是由于接入乳酸菌后,乳酸菌迅速成为发酵体系中的优势菌群,加快了发酵进程,使环境 pH 迅速降低,有效地抑制了发酵初期不耐酸杂菌的生长,同时酸的产生加速了亚硝酸盐的降解。

5.添加阻断剂

在腌渍蔬菜过程中添加姜汁、蒜汁、维生素 C 也能有效地阻断亚硝酸盐的产生。

酸度越高时,亚硝酸盐含量越低,因此在发酵的过程中适当添加一定量的有机酸可降低发酵过程中亚硝酸盐的含量,同时还可以缩短发酵时间,提高产品的品质。由于泡菜发酵过程中的产酸速率与产酸量与含糖量成正比关系,因此加糖也可以降低亚硝酸盐的含量。

▶ 四、褐变产生的原因及预防措施

褐变是食品比较普遍的一种变色现象,尤其是蔬菜原料进行运输贮藏加工或受到机械损伤后,容易使原来的色泽变暗或变成褐色,这种现象称之为褐变。

(一)褐变产生的原因

根据是否由酶催化分为酶促褐变和非酶促褐变。

(1)酶促褐变　酶促褐变是由于蔬菜中的酚类和单宁物质在氧化酶的作用下被空气中的氧气氧化,先生成醌类物质,再由醌类经过一系列变化后生成一种褐色的产物——黑色素。

(2)非酶促褐变　非酶促褐变不需要酶催化,在蔬菜制品中发生的非酶促褐变主要是由于产品中的还原糖与氨基酸和蛋白质发生的美拉德反应,生成黑色素。

(二)预防措施

白色蔬菜与浅色蔬菜原料在腌制过程中应该防止褐变,主要有以下方法。

(1)原料选择。应选择含单宁物质、色素、还原糖少的品种。

(2)抑制或破坏氧化酶系统。主要用热、冷处理。生物酶是一种具有催化作用的蛋白质,在一定温度下即可使蛋白质凝固而使酶失去活性,多酚氧化酶也不例外,因此,采用沸水烫漂或蒸汽等热处理可抑制或破坏氧化酶的活性,从而有效抑制褐变。

冷处理是利用非热力杀菌方式,如辐射、超高压灭菌技术来杀死其中几乎所有的细菌、霉菌和酵母菌,在常温下达到抑制和破坏多酚氧化酶的目的而防止褐变的发生。

(3)控制 pH。因糖类物质在碱性环境下分解快,糖脘型褐变相比较容易发生,所以浸渍液 pH 应控制在 3.5～4.5 之间,抑制褐变速度。

（4）褐变抑制剂处理。即用护色剂处理，目前多数是由柠檬酸、醋酸、植酸等有机酸和维生素 C、脱氢醋酸钠、亚硫酸钠、EDTA 等成分组成。以上各单个护色剂的使用量不得超出 GB 2706—2007 规定的范围。可在盐渍或预泡渍或热处理蔬菜时，加入适量的褐变抑制剂护色。

（5）减少游离水、隔绝氧气、避免日光照射、真空包装都可以抑制褐变。

【自测训练】

1. 用水封闭坛口起什么作用？不封闭有什么结果？
2. 为什么泡菜坛内有时会长出一层白膜？这层白膜是怎样形成的？
3. 应选择什么样的原料进行加工？
4. 如何保证产品在加工中不出现失脆、亚硝酸盐过高等现象？

【小贴士】

韩国泡菜

韩国国内泡菜市场容量巨大，年销售额大约为 20 亿美元，出口创汇达 10 亿美元。韩国人为了把泡菜打入国际市场，在国际性体育赛事中推广韩国泡菜，在许多国家举行泡菜论坛、举办泡菜节，正式向国际食品标准委员会提交了泡菜规格方案，并被国际食品标准委员会采纳为泡菜国际食品规格，具备了"国际食品"的尊贵身份。

（引自百度搜索）

为扩大影响，韩国开发出了符合欧美人口味的泡菜品种，研究出"发酵控制技术"，使泡菜的保质期达到 6 个月，解决了保鲜问题。在腌制菜从传统方法生产向工业化生产的过程中，韩国开发出了适用于现代化生产的大规模流水线生产设备。

【加工案例】

二维码 11-1　家庭自制韩国泡菜

模块十一　果蔬腌制品加工技术

任务 **2**

咸菜加工

学习目标

• 了解咸菜加工的基本原理,当地咸菜加工状况;

• 能根据咸菜加工要求准备材料和相关工具;

• 在教师指导下,能在规定时间内完成咸菜的加工;

• 能针对咸菜加工中出现的质量问题采取措施;

• 能对产品质量进行合理评价,能自主学习,较好协助别人。

【任务描述】

以当地常见蔬菜为原料进行酱菜加工。主要技术指标要求:原料新鲜,不感染杂菌,成品风味鲜香,质地软脆,咸淡适度。水分 70%~75%,食盐 10%~12%,总酸度 8% 以下。

【知识链接】

学习单元一　咸菜加工方法

利用较高浓度的食盐溶液进行腌制保存,并通过腌制改变风味,由于味咸,故称为咸菜。代表品种有咸萝卜、咸雪里蕻、咸大头菜等。

腌制中,由于高浓度的食盐产生的渗透压远远大于微生物细胞的渗透压,使得微生物发生质壁分离而受到活动抑制,甚至出现生理干燥而死亡;食盐溶于水中会电离成 Na^+ 和 Cl^-,每个离子和周围的自由水分子结合成水合离子,食盐浓度越大,自由水的含量会越来越少,降低了微生物利用自由水的程度,使微生物的繁殖受到限制;同时,高浓度的食盐水溶液中氧的溶解度会降低,抑制了好气性微生物的活动,降低了微生物的破坏作用,通过高浓度的渗透作用可排出食材组织中的氧气,从而抑制氧化作用。菜体腌制时发生了发酵作用,如乳酸发酵、酒精发酵、醋酸发酵等,这不但能抵制有害微生物的活动,同时使制品形成特有风味。

▶ 一、工艺流程

原料选择→清洗→切条→晾晒、盐渍→装坛→检验→成品

▶ 二、工艺要点

(1)原料选择　选择肉质致密,形状适中,含水量低,含糖量较高的蔬菜原料。要求成熟适度,新鲜、无空心、无病虫害。有一些蔬菜含水量多,怕挤怕压,像熟透的番茄就不宜腌制。有一些蔬菜含有大量纤维质,如韭菜,一经腌制榨出水分,只剩下粗纤维,无多少营养,吃起来又无味。所以品种必须对路,不是任何蔬菜都适合腌制咸菜。

(2)清洗　目的是除去蔬菜表面附着的尘土、泥沙、残留农药等。

(3)切条　将洗净的原料按一定规格切分。

(4)晾晒、盐渍　把切分好的原料晾晒 3~5 d,使原料呈半干状态(含水量一般控制在 60%~70%)。加盐进行盐渍,根据蔬菜原料的不同,腌晒 1~3 次,加盐量也根据蔬菜原料和腌制道数不同而异。

(5)装坛　经晾晒和一定道数盐渍的菜条,可加入适量辣椒或香辛料,充分拌匀后装入坛内压实。坛口最后铺一层约 1.5 cm 厚的食盐,再进行密封封口。

三、质量标准

(1)感官质量　色泽鲜明,风味鲜香,质地软脆,咸淡适度。
(2)理化指标　水分 70%～75%,食盐 10%～12%,总酸度 8%以下。

学习单元二　咸菜加工时容易出现的问题及预防措施

一、失脆的原因及预防措施

1.失脆的原因

咸菜加工过程中也容易出现失脆现象,其原因与上述泡菜加工中提到的类似,主要还是由于果蔬组织中细胞膨压的变化和细胞壁原果胶水解引起。

2.预防措施

一是加工的原料不要选择过熟的和受到机械损伤的果蔬;二是在腌制过程中,如遇到加工旺季,大量原料不能及时进行渍制时,需要将果蔬放于阴凉处,以免呼吸放热造成微生物大量繁殖而引起腐烂变质。三是使用保脆剂,保脆时可以和护色(护绿)结合进行。

二、变味的原因及预防措施

1.变味的原因

变味主要是指咸菜本身该有的香味和味道消失,而一些原来没有的气味和滋味出现,失去了该产品应有的味。

其原因主要在于:腌制的过程中菜体接触大量的氧气,有害的好气性微生物大量繁殖,乳酸发酵受到抑制,导致不能产生正常的风味物质;其次,咸菜生产过程中的风味物质产生需要一定的时间,有的短一些,有的则要相当长的时间,如果遇到低温的情况,就需要很长的时间,假如生产周期过短,也就不能形成产品应该有的风味。

2.预防措施

腌制时,菜体尽量浸没在渍液中,减少菜体接触氧气。其次必须保证合理的生产周期。辅料添加的比例和数量要适当。食盐的量不宜过低或过高,过高易使咸菜口味变差,且不利于健康,过低则不能抑制微生物的活动。

三、变质的原因及预防措施

(一)变质的原因

(1)清洁度差　菜体、加工设备、工具的清洁度差,是引起变质的主要原因。
(2)光照和温度不适宜　加工或贮藏期间,如果经常受阳光的照射,会造成营养成分分解,引起变色、变味和维生素 C 的氧化破坏。温度过高会促进各种生物化学变化、水分蒸发、增加挥发性风味物质的消失,造成制品变质、变味和重量、体积的改变。高温还有利于微生物的繁殖,致使发酵过快或造成腐败。过度的低温如形成冰冻的温度,也可使制品的质地发生变化。

(3)化学因素　各种化学反应如氧化、还原、分解、化合等可以使咸菜发生不同程度的败坏。如与铁质容器接触引起菜体变黑,酶促反应引起的菜体变色等。

(4)有害微生物活动　咸菜变质的主要原因。在加工或保存中,如发生霉菌、腐败细菌、有害酵母菌的活动、丁酸发酵等,就会降低制品的品质,乃至失去食用价值。

(二)预防措施

(1)减少有害微生物污染源。原料应无病虫害侵害,使用的水质必须符合国家饮用水卫生标准。使用的容器、工具和器械,使用前应充分清洗干净和消毒。同时通过控制环境因素,抑制有害微生物的活动。

(2)准确掌握食盐的用量。一般 1％浓度的食盐溶液可产生 6.1 个大气压的渗透压力,而微生物细胞液的渗透压一般为 3.5～16.7 个大气压。当食盐溶液的渗透压大于微生物细胞液的渗透压时,细胞的水分外流,从而使细胞脱水,导致细胞质壁分离,抑制了微生物的活动,起到了防腐作用。另外,食盐溶液中的一些离子,如钠离子、钾离子、钙离子、镁离子等在浓度较高时对微生物发生生理毒害作用。通常 6％的食盐溶液能抑制大肠杆菌和肉毒杆菌,10％的浓度能抑制腐败菌,13％的浓度能抑制乳酸菌,20％的浓度能抑制霉菌,25％的浓度能抑制酵母菌。所以,蔬菜腌制时的用盐量需根据其目的和腌制时间的不同而不同,一般盐液浓度应在 10％～25％之间,这样,既能抑制微生物的活动,又能抑制蔬菜的呼吸作用。如盐液浓度过高,腌渍品食用时会有"苦咸"之感,不但影响了渍制品的质量,还浪费了食盐。

(3)利用香辛料。香辛料与调味品的加入,一方面可以改进腌制蔬菜风味,另一方面也不同程度地抑制微生物的活动,如芥子油、大蒜油等具有极强的抑菌作用。此外,香辛料还有改善腌制品色泽的作用。

(4)利用防腐剂。食品防腐剂能抑制微生物的活动,防止腐败变质,从而延长保质期。我国规定的食品防腐剂有 32 种,在使用时要严格控制其用量,并注意这种方法只能用为一种辅助措施。

(5)灭菌处理。微生物由蛋白质组成,在 50～60℃的温度下即可使其产生变性而失去生理活性。所以加热灭菌是抑制腐败微生物生长的有效方法。因考虑到加热灭菌对制品风味和脆度的影响,一般采用超高温瞬时杀菌法。

【自测训练】

1. 咸菜腌制时怎样选择原料?

2. 咸菜腌制中如何确定食盐的用量?

3. 如何保证产品加工过程中不出现霉烂、亚硝酸盐过高的现象?

4. 说明咸菜加工工艺流程及操作要点。

5. 你认为本次实验中你们组存在的问题是什么? 应该如何解决?

【小贴士】

中国名优特腌制品

涪陵榨菜、扬州酱菜、四川泡菜、北京八宝酱菜、贵州独酸菜、济南蘑菇、云南大头菜、镇江糖醋大蒜头、赣榆贡瓜、常州萝卜干。

（引自百度搜索）

【加工案例】

二维码 11-2　家庭自制咸萝卜干

任务 3

酱菜加工

学习目标

• 了解酱菜加工的基本原理,当地酱菜加工状况;

• 能根据酱菜加工要求准备材料和相关工具;

• 在教师指导下,能在规定时间内制作出 2～3 种
  酱菜;

• 能针对酱菜加工中出现的败坏现象采取措施;

• 能对产品质量进行合理评价,能在团队合作中提高
  协作与交流表达能力。

【任务描述】

以当地常见蔬菜为原料进行酱菜加工。主要技术指标要求:加工品要求具有该产品应有的色泽、光泽;造型整齐、一致;无菜屑、杂质及异物,无霉花浮膜;具有本身菜香、酱香;具有本品种特有的风味,咸甜适口,无氨、硫化氢、焦糖、焦烟气、哈喇气及其他异味。

【知识链接】

学习单元一 酱菜加工方法

酱菜是先将新鲜蔬菜经过腌制后,成为半成品,然后用清水漂洗去一部分盐,再用食盐、香料、酱料、酱油等进行酱制,使其发生一系列的生物化学变化而制成的鲜嫩、咸淡(或甜酸)适口且耐保存的加工品,统称为酱菜。如酱黄瓜、北京八宝酱菜等。其原理主要是利用了食盐的高渗透、微生物的发酵及蛋白质的分解等一系列生物化学作用,抑制有害微生物的活动,增加产品的色香味,增强保藏性。

▶ 一、工艺流程

原料选择→原料处理→腌制→脱盐→脱水→酱渍→成品

▶ 二、工艺要点

(一)原料选择

原料经充分洗净后去除黑筋、黑斑、腐败斑,一般来说,质地嫩脆、组织紧密、肉质肥厚、富含一定糖分的果蔬原料较好。

(二)原料预处理

根据原料的种类和大小形态对原料进行切分,可切成片状、条状、颗粒状等。部分形态较小者如大蒜头、草食蚕等可不进行切分。

(三)腌制

利用食盐进行腌制,其目的在于借助高浓度的食盐抑制微生物的生长,脱出菜内的一部分水分,同时,对于一些有苦味或辣味的菜类,盐腌后再用清水浸泡,可以去除部分苦味和辣味。

(1)干腌法 适合含水量较大的蔬菜腌制,如萝卜、雪里蕻等。用占原料鲜质量的15%~20%的干盐,层料层盐,3~5 d"倒缸"一次。

(2)湿淹法 适合于含水量较少的蔬菜,如大头菜、苤蓝、大蒜头。利用15%~20%的食盐溶液浸泡原料。

盐腌的期限和程度,因蔬菜的种类不同而有长有短,但一般腌制须达到食盐全部溶化,渗出大量菜汁;菜坯表面柔熟透亮,内部质地脆,切开后内外颜色一致。这一阶段一般需要20~30 d。

(四)脱盐

腌制后的咸菜坯,其含盐量较高,多在20％以上。这样高的含盐量阻碍了酱汁的吸收,还带来了苦味,因此在酱制前必须脱去菜体内过多的盐分。

脱盐的方法根据咸菜坯品种的不同及含盐量的多少而定。一般是先将咸菜坯放入清水中浸泡1～3 d,加水量与咸菜坯的比例为1:1,水要没过咸菜坯。每天换水1～3次。浸泡过的咸菜坯仍要保持一定的盐分,以防咸菜坯腐烂,一般含盐量在2％～2.5％即为合适。

(五)脱水

将浸泡脱盐的菜坯采用沥干或压榨的方法使水分脱出,以便酱制。脱水到咸坯的含水量为50％～60％即可。

(六)酱渍

将盐腌并经过脱盐脱水的菜坯放入酱汁或酱油中进行浸渍的过程。目的是使酱料中的香味物质扩散到菜坯中。

酱渍方法:将菜坯放入酱缸中进行酱渍,体积较小或易折断的蔬菜,可装入布袋或丝袋内,扎紧袋口后再放入酱缸内酱制。

酱可选择甜酱、豆酱(咸酱)或酱油。酱的用量一般为酱:菜＝1:1,酱的数量要以能将咸菜坯全部浸没在酱汁、料液中为度。酱制期间,白天每隔2～3 h须搅拌一次("打耙"),均匀酱渍,提高酱制效率。

酱制完成后,要求菜的表皮和内部全部变成酱黄色,其中本来颜色较深重的菜酱色较深,本来颜色较浅的或白色的酱色较浅,菜的表里口味完全像酱一样鲜美。

学习单元二　酱菜加工时容易出现的问题及预防措施

在酱菜加工过程中,虽然食盐、乳酸等具有防腐作用,但在环境条件的影响下,会产生各种变化,使酱渍菜成品逐渐变质或变坏。成品外观出现变色、发黏、变质、变味、长霉、软化等。从而使酱渍品出现变劣现象。

▶ 一、酱菜变黑的原因及预防措施

除一些品种的特殊要求外,蔬菜酱渍品如果不要求产品色泽太深的腌菜变成了黑褐色,势必影响产品的感官质量及商品价值。

1.变黑的原因

(1)腌制时食盐的分布不均匀,含盐多的部位正常发酵菌的活动受到抑制,而含盐少的部位有害菌又迅速繁殖。

(2)腌菜暴露于酱汁的液面之上,致使产品氧化严重和受到有害菌的侵染。

(3)腌制时使用了铁质器具,由于铁和原料中的单宁物质作用而使产品变黑。

(4)由于有些原料中的氧化酶活性较高且原料中含有较多的易氧化物质,在长期腌制中使产品色泽变深。

2.预防措施

腌制时食盐均匀地撒布于菜体,确保腌菜低于酱汁的液面,不使用铁制器具,原料应选新鲜脆嫩、成熟度适宜、无损伤且无病虫害的蔬菜。

▶ 二、酱菜变红的原因及预防措施

1.酱菜变红的原因

当腌渍时蔬菜未被盐水淹没并与空气接触时,红酵母菌的繁殖,就会使腌菜的表面变成桃红色或深红色。

2.预防措施

腌渍时确保菜体用盐水淹没。

▶ 三、酱菜质地变软的原因及预防措施

1.酱菜质地变软的原因

酱菜质地变软,主要是蔬菜中不溶性的果胶被分解为可溶性果胶造成的,其形成原因主要有以下几点:

(1)腌制时用盐量太少,乳酸形成快而多,过高的酸性环境使酱菜易于软化。

(2)腌制初期温度过高,使蔬菜组织破坏而变软。

(3)腌制器具不洁,兼以高温,有害微生物的活动使酱菜变软。

(4)酱菜表面有酵母菌和其他有害菌的繁殖,导致酱菜变软。

2.预防措施

(1)腌制前要认真将原料进行清洗,以减少原料的带菌量。

(2)使用的容器、器具必须清洁卫生,同时要搞好环境卫生,尽量减少腌制前的微生物含量。

(3)腌制用水必须清洁卫生,腌制用水必须符合国家生活饮用水的卫生标准,使用不洁之水,会使腌制环境中的微生物数量大大增加,使得酱制品极易劣变;而使用含硝酸盐较多的水,则会使酱制品的硝酸盐、亚硝酸盐含量过高,严重影响产品的卫生质量。

(4)用盐量需达到要求,但又不宜过高,以免影响产品应有的风味。

▶ 四、酱菜其他劣变现象的原因及预防措施

1.其他劣变现象及原因

如酱菜变黏是由于植物乳杆菌、某些霉菌、酵母菌等产生一些黏性物质而形成的。另外在腌制时出现长膜、生霉、腐烂、变味等现象也都与微生物的活动有关,导致这些败坏的原因与腌制前原料的新鲜度、清洁度差以及腌制器具不洁,腌制时用盐量不当以及酱渍期间的管理不当等因素有关。

2.预防措施

(1)控制腌制前原辅料的微生物污染。

果蔬保鲜与加工

（2）注意腌制用盐的质量。不纯的食盐不仅会影响酱制品的品质,使制品发苦,组织硬化或产生斑点,而且还可能因含有对人体健康有害的化学物质,如钡、氟、砷、铅、锌等而降低产品的卫生安全性,因此腌制环节所用盐必须是符合国家食用盐卫生标准的食用盐,最好用精制食盐。

（3）对容器的要求。供制作酱菜的容器应符合下列要求:便于封闭以隔离空气,便于洗涤、杀菌消毒,对制品无不良影响并无毒无害。

（4）加强工艺管理,严格控制生产的小环境。由于在腌制过程中会有各种微生物的存在,在整个过程中要严格控制腌制小环境,促进有益的乳酸菌的活动,抑制有害菌的活动。而有害菌中的酵母和霉菌则属好气的微生物,腐败菌中的大肠杆菌、丁酸菌等的耐盐耐酸性能均较差。对酵母和霉菌主要利用绝氧措施加以控制,对于耐高温又耐酸、不耐盐的腐败菌(如大肠杆菌、丁酸菌)则利用较高的酸度以及控制较低的腌制温度或提高盐液浓度来加以控制。

【自测训练】

1.果蔬腌制过程中主要有哪几种微生物的发酵,各有什么特点?

2.果蔬腌制时加入食盐的目的是什么?

3.简述果蔬腌制品的主要种类和特点。

4.以当地有特色的果蔬腌制品为例,用箭头简示工艺流程,说明操作要点。

5.你认为本次实验中你们出现的问题是什么? 应该如何解决?

6.到当地酱菜加工厂进行实训。

【小贴士】

如何鉴别市售酱腌菜的质量

（1）应在正规的大型市场或超市中购买酱腌菜,这些经销企业对产品质量把关较好,售后服务也比较有保障。

（2）选购散装酱腌菜时,产品的色、香、味应正常,无杂质,无其他不良气味,没有霉斑白膜。尽量购买带包装的酱腌菜,可避免产品在流通过程中受到污染。

（3）酱腌菜的包装不应有胀袋现象,汤汁清晰不混浊,固形物无腐败现象。

（引自百度搜索）

（4）查看产品的有效期,最好食用近期生产的产品。

【加工案例】

二维码 11-3　家庭自制酱黄瓜

任务 4

糖醋菜加工

学习目标

- 了解糖醋菜加工的基本原理，当地糖醋菜加工状况；
- 能根据实验实训条件，设计糖醋菜加工工艺流程和操作要点；
- 会自己准备糖醋菜加工所需的材料和相关工具；
- 能针对糖醋菜加工中出现的质量问题采取措施。

【任务描述】

以当地常见果蔬为原料进行糖醋菜加工。主要技术指标要求：含糖 30％～40％，含酸 2％左右。一般为色泽正常，具有本品种固有的香气、无异味，甜、脆；含盐量≤4％；无农药残留及致病菌检出。

【知识链接】

学习单元一　糖醋菜加工方法

▶ 一、工艺流程

原料选择整理→盐腌→沥干→糖醋卤浸渍→杀菌包装→成品

▶ 二、工艺要点

1. 原料选择整理

适用糖醋渍加工的原料有葱头、蒜头、黄瓜、嫩姜、莴笋、萝卜、藕、芥菜、蒜薹等。原料要清洗干净，按需要去皮或去根、去核等，再按食用习惯切分。

辅料主要有食醋或冰醋酸等、糖、香料（如桂皮、八角、丁香、胡椒）、调味料（如干红辣椒、生姜、蒜头）。

2. 盐腌

原料用 8％左右食盐腌制几天，至原料呈半透明为止。如果以半成品保存原料，则需补加食盐至 15％～20％，并注意隔绝空气，防止原料露空，这样可大量处理新鲜原料。

3. 沥干

将腌好的蔬菜捞出，沥干水分，根据蔬菜的种类选择晾晒时间的长短。

4. 糖醋卤浸渍

糖醋液配制：糖醋液与制品品质密切相关，要求甜酸适中，一般要求含糖 30％～40％，选用白砂糖，可用甜味剂代替部分白砂糖；含酸 2％左右，可用醋酸或与柠檬酸混合使用。为增加风味，可适当加一些调味品，如加入 0.5％白酒、0.3％的辣椒、0.05％～0.1％的香料或香精。香料要先用水熬煮过滤后备用。砂糖加热溶解过滤后煮沸，依次加入其他配料，待温度降至 80℃时，加入醋酸、白酒和香精，另加入 0.1％的氯化钙保脆。

糖醋渍：按 6 份脱盐沥干后的菜坯与 4 份糖醋香液的比例装罐或装缸，密封保存进行糖醋浸渍，25～30 d 便可后熟取食。

6. 杀菌包装

包装容器可用玻璃瓶、塑料瓶或复合薄膜袋，进行热装罐包装或抽真空包装。杀菌一般选用高温灭菌的方法：在 70～80℃热水中杀菌 10 min。杀菌后都要迅速冷却，否则制品容易软化。

7.质量标准

加工后的成品应具有本品种固有的香气、无异味，甜、脆；色泽正常；含盐量≤4％；无农药残留及致病菌检出。

学习单元二　糖醋菜加工时容易出现的问题及预防措施

糖醋菜在加工的过程中容易出现的问题主要有：产生"霉花浮膜"；颜色不正、发乌；产生不良气味；失脆等。

▶ 一、"霉花浮膜"产生的原因及预防措施

1."霉花浮膜"产生的原因

主要的原因是有害微生物的生长繁殖。如大肠杆菌、丁酸菌、霉菌、有害酵母菌，条件适宜时，它们便大量繁殖，造成"霉花浮膜"。酒花酵母菌会使菜体表面形成乳白色的膜，而菜体上长出白色、绿色和黑色等各种颜色的霉（俗称"长毛"）则是由于霉菌大量繁殖引起。

2.预防措施

(1)应选择适宜糖醋渍的蔬菜品种，原料要新鲜，不带腐烂斑、霉斑。

(2)食盐用量是否合适，除了是否能抑制有害微生物繁殖主要因素外，也是能否腌成各种口味咸菜的关键。

(3)所有原料和器具应清洁卫生。

(4)保持厌氧环境，抑制有害微生物的生长繁殖，防止腐败菌的侵害，达到较长时间保存的目的。

(5)不轻易打捞及搅动。如发现菜卤表面生霉，不要轻易打捞，更不要搅动，以免下沉导致菜体完全腐败。

▶ 二、颜色不正、发乌的原因及预防措施

1.糖醋菜颜色不正、发乌的原因

(1)日光照射引起成品中物质分解，造成变色。

(2)腌菜长时间暴露在空气中与氧接触发生氧化变色、褐变。

(3)贮藏的温度过高，导致各种化学反应变化加快，引起菜体发乌。

2.预防措施

(1)放置场所应阴凉通风，不得阳光暴晒，温度高不超过 25℃，低温不低于－5℃。

(2)腌制时，菜体要压紧、压实，使菜卤高出菜面，造成一种厌氧环境。

三、不良气味产生的原因及预防措施

1. 不良气味产生的原因

(1)腐败细菌的作用。由于腐败菌分解原料中的蛋白质及其他含氮物质,生成吲哚、甲基吲哚、硫化氢和胺等,产生恶臭味。如大肠杆菌既可进行异型乳酸发酵,又可分解蛋白质生成吲哚,产生臭气,使制品败坏。

(2)温度过高引起蛋白质分解生成硫化氢等物质,同时挥发性风味物质大量损失。

(3)食盐用量不当,过低造成不良气味产生,过高则咸味太重。

2. 预防措施

(1)控制环境因素,抑制有害微生物的活动。

(2)通过人工添加有机酸,降低 pH,抑制微生物的生长繁殖活动。

(3)添加香辛料,利用香辛料来抑制有害微生物,增加有利风味。

四、失脆的原因及措施

失脆的原因及预防措施与泡酸菜加工任务相同。

【自测训练】

1. 糖醋菜有什么特点? 其产品中的糖和醋含量一般是多少?

2. 糖醋菜加工中对食醋有什么样的质量要求?

3. 糖醋卤如何配制?

4. 生产中出现腌不透的原因是什么? 如何解决?

5. 说明糖醋菜加工工艺流程及操作要点。

6. 你认为本次实验中你们组存在的问题是什么? 应该如何解决?

7. 到当地糖醋菜加工厂进行实训。

【小贴士】

中国的四大名醋

1. 山西老陈醋

老陈醋产于清徐县,至今有几千年的醋历史文化。老陈醋色泽为红棕色、琥珀色或红褐色,有光泽,味道以"绵、酸、甜、香"为主,为我国四大名醋之首,素有"天下第一醋"的盛誉。至今已有 3 000 多年的历史,以色、香、醇、浓、酸五大特征著称于世。

2. 镇江香醋

其特点在于有一种独特的香气。镇江香醋属于黑醋/乌醋,以"酸而不涩,香而微甜,色浓味鲜,愈存愈醇"等特色居四大名醋之一。

3. 保宁醋

是四川阆中的传统名产,四大名醋中,保宁醋是唯一的药醋,保宁醋色泽棕红、酸味柔和、酸香浓郁,素有"离开保宁醋,川菜无客顾"之说。

4. 永春老醋

选用优质糯米、红曲、芝麻、白糖为原料,其酿造技术独特。醋色棕黑,强酸不涩,酸而微甘,醇香爽口,回味生津,且久藏不腐。永春老醋不需外加食盐和防腐剂,含有多种氨基酸等营养成分以及多种对人体有益的发酵微生物。

【加工案例】

二维码 11-4　家庭自制糖醋蒜

模块十二

果蔬速冻品加工技术

任务　果蔬速冻

任务

果蔬速冻

学习目标

- 理解果蔬速冻制品加工的基本原理,掌握果蔬速冻的方法;
- 了解原料对果蔬速冻品品质的影响;
- 熟悉工艺操作要点及成品质量要求;
- 学会果蔬速冻方案设计与实施;
- 发现加工过程中的问题,并提出解决的方法。

【任务描述】

以当地果蔬材料进行加工实训。产品主要技术指标要求：含糖量符合标准，无异物、无病虫，具有本品种应有的色香味。菌落总数不超过 3 000 个/g，致病菌不得检出，霉菌计数不大于 150 个/g。

【知识链接】

学习单元一　果蔬速冻原理

速冻是一种快速冻结的低温保鲜法。所谓果蔬速冻，就是将经过处理的果蔬原料，采用快速冷冻的方法，在 30 min 或更少的时间内将果蔬及其加工品，于－35℃下速冻，使果蔬体快速通过冰晶体最高形成阶段（0～5℃）而冻结，然后在－20～－18℃的低温下保存待用。食品速冻是近几年来快速兴起的一种新兴食品保存法，也是保护食品色、香、味、形及营养保健功能的有效方法，特别是在延长果蔬贮藏保鲜时间、减少损耗方面有着独特的作用。

速冻与冷藏的要求条件是不同的。在温度方面，冷冻要求达到－18℃或更低的温度，而冷藏的温度要求在 0℃左右。当食品处于冷冻状态时，微生物不会进行生长发育活动；而冷藏仅对某些微生物有一定的抑制作用。将速冻包装好的蔬菜迅速放入－20～－18℃冷库中进行冷冻贮藏，保质期可达 1 年甚至几年，而冷藏保鲜的食品只能贮藏几天，最多几周时间。

▶ 一、低温对微生物的影响

防止微生物繁殖的临界温度是－12℃。冷冻食品的冻藏温度一般要求低于－12℃，通常都采用－18℃或更低温度。

▶ 二、低温对酶的影响

防止微生物繁殖的临界温度（－12℃）还不足以有效地抑制酶的活性及各种生物化学反应，要达到这些要求，还要低于－18℃。果蔬经过冻结后解冻，在解冻过程中酶的活性要恢复，甚至比新鲜产品还高。为了将冻结和解冻过程中引起的食品不良变化降到最低限度，经常对蔬菜原料进行预煮等处理以破坏酶的活性。

▶ 三、冷冻的过程

1.冷冻时水的物理特性

水的冻结包括两个过程：降温与结晶。当温度降至冰点，排除了潜热时，游离水由液态变为固态，形成冰晶，即结冰；结合水则要脱离其结合物质，经过一个脱水过程后，才能结成冰晶。

水结成冰后，冰的体积比水增大约 9%，冰在温度每下降 1℃ 时，其体积会收缩 0.005%～0.01%，二者相比，膨胀比收缩大，因此，含水量多的果蔬制品在冻结后体积会有所膨大。

冻结时，表面的水先结冰，然后冰层逐渐向内伸展。当内部水分因冻结而膨胀时，会受到已冻结的冰层阻碍而产生内压，这就是所谓的"冻结膨胀压"；如果外层冰体受不了过大的内压时，就会破裂。冻品厚度过大，冻结过快，往往会形成龟裂现象。

2.冰晶的形成

冰晶开始出现的温度即是冻结点（冰点），结冰包括晶核的形成和冰晶体的增长两个过程。晶核的形成是极少一部分的水分子有规则地结合在一起，即结晶的核心，晶核是在过冷情况下出现的。冰晶体的增长是其周围的水有次序地结合到晶核上，形成较大的冰晶体。

3.冻结速度对产品质量的影响

果蔬内的水分不是纯净水，而是含有有机物及无机物的混合溶液。这些物质包含盐类、糖类、酸类以及更复杂的有机分子，如蛋白质、微量气体等。因此，蔬菜要降到 0℃ 以下才产生冰晶。当液体温度降到冻结点时，液相与结晶处于平衡状态，要使液体变为结晶体，就必须打破这种平衡状态，也就是说液相的温度必须降低到稍低于冰结点的温度。当液体处于过冷状态时，由于某种刺激作用而产生结晶中心，在稳定的结晶中心形成后，如继续散失热量，冰的晶体将不断增大，结晶时相变而放出的热量使水或水溶液的温度由过冷温度上升至冻结点温度，液态变为固态，被称为结冰。结冰包括 2 个过程，即晶核的形成和晶核的增大。

晶核形成是极少的一部分水分子以一定规律有序地结合成颗粒型的微粒。晶体形成的大小与晶核数目的多少及冻结速度有关。

在速冻条件下，晶核在果蔬细胞内外广泛形成，形成的晶核数目多，且呈针状结晶体，分布均匀。这种分布接近天然食品中液体水的分布状态，不会损伤细胞组织，解冻后容易恢复原来的状况，较好地保持了蔬菜原有的品质。而缓慢冻结时则形成较大的冰晶体，且分布不均匀，刺伤组织细胞造成机械损伤，破坏产品质量。蔬菜解冻后再冷冻，冰晶数量会减少，冰晶增大会损伤细胞组织，解冻后汁液外流，质地腐败，风味消失，会影响产品的品质。所以在速冻贮藏过程中，要避免温度的波动，否则，即使是速冻产品也会失去速冻的优越性。

优良速冻食品应具备以下五个要素：

(1)冻结要在 −30～−18℃ 的温度下进行，并在 30 min 内完成冻结。

(2)冻结后的食品中心温度要达到 −18℃ 以下。

(3)速冻食品内水分形成无数针状小冰晶，其直径应小于 100 μm。

(4)冰晶体分布与原料中液体水的分布接近，不损伤细胞组织。

(5)当食品解冻时，冰晶体融化的水分能迅速被细胞吸收而不产生汁液流失。

▶ 四、速冻对果蔬的影响

(一)对果蔬组织结构的影响

冻结对蔬菜组织结构有不利影响，如造成组织破坏，引起软化、流汁等，该影响的直接原因被认为是由于冰晶体的膨大而造成的机械损伤，细胞间隙的结冰引起细胞脱水、死亡，失去新鲜特性的控制能力。目前的解释主要集中在机械性损伤、细胞的溃解和气体膨胀三个方面。

1. 机械性损伤

在冻结过程中,细胞间隙中的游离水一般含可溶性物质较少,其冻结点高,所以首先形成冰晶,而细胞内的原生质体仍然保持过冷状态,细胞内过冷的水分比细胞外的冰晶体具有较高的蒸汽压和自由能,因而促使细胞内的水分向细胞间隙移动,不断结合到细胞间隙的冰晶核上面去,此时在这样的条件下,细胞间隙所形成的冰晶体会越来越大,产生机械性挤压,使原来相互结合的细胞引起分离,解冻后不能恢复原来的状态,不能吸收冰晶融解所产生的水分而流出汁液,组织变软。

2. 细胞的溃解

植物组织的细胞内有大的液泡,水分含量高,易冻结成大的冰晶体,产生较大的"冻结膨胀压",而植物组织的细胞具有的细胞壁比动物细胞膜厚而又缺乏弹性,因而易被大冰晶体刺破或胀破,细胞即受到破裂损伤,解冻后组织就会软化流水,说明冷冻处理增加了细胞膜或细胞壁对水分和离子的渗透性。

在慢冻的情况下,冰晶体主要在细胞间隙中形成,胞内水分不断外流,原生质体中无机盐浓度不断上升,使蛋白质变性或不可逆地凝固,造成细胞死亡,组织解体,质地软化。

3. 气体膨胀

细胞中溶解了液体中的微量气体,在液体结冰时发生游离而体积增加数百倍,这样会损害细胞和组织,引起质地的改变。

蔬菜的组织结构脆弱,细胞壁较薄,含水量高,当冻结进行缓慢时,就会造成严重的组织结构的改变。故应快速冻结,以形成数量较多体积小的冰晶体,而且让水分在细胞内原位冻结,使冰晶体分布均匀,才能避免组织受到损伤。如速冻的番茄其薄壁组织在显微镜下观察,细胞内外和胞壁中存在的冰晶体都是非常小,细胞间隙没有扩大,原生质紧贴着细胞壁阻止水分外移,这种微小的冰晶体对组织结构的影响很小。在较快的解冻中观察到对原生质的损害也极微,质地保存较完整,细胞膜有时未损伤。保持细胞膜的结构完整是非常重要的,可以防止流汁和组织软化。

冷冻蔬菜的质地和外观与新鲜的蔬菜比较,还是有差异的。组织的溃解、软化、流汁等的程度因蔬菜的种类、成熟度、加工技术及冷冻方法等的不同而异。

(二)果蔬在冻结过程中的化学变化

1. 蛋白质变性

果蔬的冻结是一个脱水的过程,该过程往往是不可逆的,尤其是慢速冻结,冰晶主要在细胞间隙形成,细胞内水分外移,原生质因过多失水,分子受压凝集,会破坏其结构,而且原生质中各种物质因失水而浓度提高,蛋白质会因盐析而变性。

2. 维生素变化

果蔬冻结时一般要经过热烫杀酶处理,热烫后维生素要损失一部分。果蔬中维生素 C 的损失主要在热烫和随后的冷却过程中,而速冻蔬菜在烹调过程中的维生素损失较少。因此,在烹调时营养价值能与新鲜蔬菜相近,一般认为与果蔬罐头相比较,速冻果蔬贮藏一年后的维生素 C 的含量与果蔬罐头相似,而维生素 B_1、维生素 B_2 的含量比果蔬罐头高。

3. 变色变味

果蔬在冻藏中有时因漏氨造成变色,如胡萝卜由红变蓝;洋葱、卷心菜等白色蔬菜由白变黄。凡在常温下易发生的变色现象,在长期的冻藏中也会缓慢地发生。大部分变色主要与酶有关。果蔬在热烫不足时在冻藏中会变色;相反若烫漂过度,绿色蔬菜变成黄褐色。在烫漂溶液中加入碳酸钠等对保持绿色由一定效果。但研究表明会降低热钝化酶效果而需延长热烫时间。

果蔬的香味是由本身所含的各种不同芳香物质所决定的。当温度过高时芳香物质挥发、分解很快,故一般气味浓的蔬菜在速冻前不经过烫漂处理,以保证原有的风味。

果蔬在冻藏时由于酶的作用会产生一些生化变化,使其风味发生变化。如毛豆、甜玉米在冻结时即使在−18℃下,在2~4周内由于脂肪在酶的作用下氧化产生异味。

学习单元二　果蔬速冻工艺

▶ 一、工艺流程

1.烫漂速冻工艺流程

原料→预处理→烫漂→冷却、沥水→速冻→包装→成品→冷藏

2.浸泡速冻工艺流程

原料→预处理→浸泡、漂洗→(沥水)、预冷→速冻→包装→成品→冷藏

两个工艺流程基本相同,果蔬浸泡速冻工艺与烫漂工艺区别就在于代替烫漂工序的是浸泡工序,其他工序完全相同。

▶ 二、速冻工艺要点

(一)原料选择

只有优质的原料才能加工出高质量的速冻产品。由于原料种类不同,其组织结构和化学成分各不相同,在冻结过程中其变化也各不一样,有的种类对冷冻适应性较强,有的则较差。因此,冻结后其产品的质量也有所不同,如青刀豆、青豆等豆类冷冻后品质和新鲜时几乎无差别;而芹菜等则差些。即使是同一品种也因栽培、气候、成熟度等条件不同对冷冻的适应性也不同。因此,选择培育适宜于速冻加工的果蔬品种,是提高冷冻产品质量的首要条件。

速冻的果蔬原料必须选择品种优良、成熟度适宜、鲜嫩、大小长短均匀的以供加工。不得使用腐烂、病虫、斑疤等不合格的原料。应在适宜的成熟度采收,过生或过熟都不能获得高质量的产品。果蔬经冷冻后不能提高原有的色、香、味,因此供速冻的原料应在其风味充分与鲜食的成熟度适宜时进行采收。

(二)预处理

进厂后的原料,应及时进行处理,处理室温度以控制在15℃以下为宜。处理措施包括挑选、分级、清洗、切分、护色等。

1. 挑选、分级

挑选即对原料逐个挑选,除去带伤、有病虫害、畸形及不熟或过熟的原料,并按大小、长短分级。除去皮、蒂、核、心、筋、老叶及黄叶等不可食用部分。

2. 清洗

清洗是果蔬速冻加工中的重要工序。因为原料表面一般都黏附有泥沙、污物、灰尘等,特别是根菜和叶菜的根部往往带有较多泥土。而速冻果蔬在食用时不再洗涤,解冻后直接烹饪或食用,所以必须洗得十分干净。洗涤可用机械洗涤如回转式洗涤机和喷淋清洗机,也可人工清洗。

3. 驱虫保脆

一些蔬菜如花菜、小白菜、青刀豆等洗涤后用 2% 的盐水浸泡 20～30 min,以达到驱虫的目的。驱虫后在清水中漂洗一次以除去蔬菜表面的盐分和跑出的昆虫,进一步达到清洗的目的。对一些速冻后脆性明显减弱的果蔬,可以将原料在 0.5%～1% 的碳酸钙或氯化钙溶液中浸泡 10～20 min,以增加其硬度和脆度。

4. 去皮、切分

有些果蔬需除去皮、蒂、核、心、筋、老叶及黄叶等不可食用部分,然后按要求切分成条、段、块、片或丁状。

(三)烫漂与浸泡

烫漂能钝化酶的活性,使产品的颜色、质地、风味及营养成分稳定;杀灭微生物;软化组织;有利于包装。一般用热水或蒸汽进行热烫,然后迅速用冷水冷却,水温越低,冷却效果越好。一般水温在 5～10℃。烫漂的温度、时间应根据品种、原料的老嫩、大小等确定。

浸泡:将蔬菜浸于保脆剂(多用氯化钙)的溶液中,可以保持菜体的脆性。水果通常不进行烫漂处理,为了破坏水果的酶活性,防止氧化变质,水果在整理切分后需要保持在糖液或维生素 C 溶液中。这可以减轻结晶对水果内部组织的破坏作用,防止芳香成分挥发。糖的浓度一般在 30%～50%,因水果各类而异,一般用量配比为 2 份水果加 1 份糖液,加入超量糖会造成果肉收缩。某些品种的蔬菜,可加入 2% 的食盐水包装速冻,以钝化氧化酶活性,使蔬菜外观色泽美观。为了增强护色效果,还常在糖液中加入 0.1%～0.5% 的维生素 C、0.1%～0.5% 柠檬酸或维生素 C 和柠檬酸混合使用效果更好,此外,还可以在果蔬去皮后投入 50 mg/kg 的 SO_2 溶液或 2%～3% 的亚硫酸氢钠溶液浸泡 2～5 min,也可以有效抑制褐变。

浸泡可在清洗后进行,也可在切分后进行。浸泡时间因果蔬大小和成熟度而异,一般需要 15～20 min。浸泡后需用水冲洗一次,以去掉附着在果蔬表面的氯化钙。水果添加糖液(维生素 C、柠檬酸),蔬菜添加食盐水,应添加适量后包装速冻。

(四)沥水

不论是烫漂还是不烫漂,速冻前果蔬都要进行沥水以甩干表面水分,防止表面水分过多而冻结时结块。沥水可采用振动筛、离心机进行。

(五)速冻方法

沥干水分后的果蔬,要整齐地摆放在速冻盘内,或以单体进行快速冻结。要求果蔬在冻结过程中,要在很短时间内(不超过 20 min)迅速通过最大冰晶形成带(−5～−1℃),冻品的中心温度应在-18℃以下,才能保证质量。一般速冻温度在-35～-30℃,风速保持在3～5 m/s。速冻的方法和设备很多,如隧道式鼓风冷冻机(其冷风温度在-34～-18℃,风速每小时30～100 m)、单型螺旋速冻机、流化床制冷设备以及间歇式接触式冷冻箱、全自动平板冷冻箱等。

果蔬速冻的方法和设备,随着技术的进步发展很快,主要体现在自动化和工作效率大幅度提高。速冻的方法较多,但按使用的冷却介质与食品接触的状况可分为两大类,即间接接触冷冻法和直接接触冷冻法。

1. 间接接触冻结法

有静止空气冻结、气流冻结和流化床冻结三种方法。

(1)静止空气冻结　是将原料放入低温(-35～-25℃)库房中,利用空气自然对流冷却、冻结。其冻结速度慢,水分蒸发多,但设备简单,费用低。小型冷库、冰箱即为此类。

(2)气流冻结　是利用低温空气在鼓风机推动下形成一定速度的气流对食品冻结。气流的方向可以与食品方向同向、逆向或垂直方向。常用的设备有带式连续速冻装置、螺旋带式连续冻结装置、隧道式对接装置等。

(3)流化床冻结　又有悬浮式冻结之称,其是使用高速的冷风从上而下吹送,将物料吹起成悬浮状态,在此状态下,物料能与冷空气全面接触,冻结速度极快。这种方法适用于小型单体食品的速冻,如蘑菇、豌豆等。

2. 直接接触冻结法

(1)浸渍冻结　是将原料直接浸渍于低温冷却介质中,使食品快速冻结。食品直接与冷却介质接触,冻结速度快。常用的冷却介质有氯化钠、氯化钙、甘油-冰水、丙二醇。23%氯化钠溶液可得到-21.1℃的冻结温度;67%的甘油可得到-46.7℃的低温。主要适用于包装食品。

(2)喷淋式冻结　是将冷却介质直接喷淋于食品上,达到冻结的目的。常用的冷却介质有液态氨、液态二氧化碳、二氧化氮等。喷淋式冻结速度极快,而且冻结范围广、冻结品质高、干耗少、冻结过程无氧化现象发生。但因冻结速度过快,有时会有龟裂现象发生。

(六)包装

速冻制品的包装,可以有效控制速冻制品在贮藏中因升华现象而引起的表面失水干燥;防止制品长期接触空气氧化变色;防止污染、便于运输、销售;保持产品的卫生。

包装可在速冻前包装或冻后包装,一般多采用先速冻后包装的形式。包装材料有纸、玻璃纸、聚乙烯薄膜、铝箔及其他塑料薄膜。包装形式有袋、托盘、盒、杯等。

方式主要有普通包装、充气包装和真空包装。

(1)充气包装　首先对包装进行抽气,再充入CO_2或N_2等气体的包装方式。这些气体能防止食品特别是肉类脂肪的氧化和微生物的繁殖,充气量一般在0.5%以内。

(2)真空包装　抽去包装袋内气体,立刻封口的包装方式。袋内气体减少不利于微生物繁殖,有益于产品质量保存并延长速冻食品保藏期。

包装时,包装间应保持在低温状态,同时要求在最短时间内完成包装,重新入库。

(七)冻藏

速冻果蔬的贮藏是必不可少的步骤,一般速冻后的成品应立即装箱入库贮藏。要保证优质的速冻果蔬在贮藏中不发生劣变，库温要求控制在（-20±2）℃，这是国际上公认的最经济的冻藏温度。冻藏中要防止产生大的温度变动，否则会引起冰晶重排、结霜、表面风干、褐变、变味、组织损伤等品质劣变；还应确保商品的密封，如发现破袋应立即换袋，以免商品的脱水和氧化。同时，根据不同品种速冻果蔬的耐藏性确定最长贮藏时间，保证产品优质销售。

速冻产品贮藏质量好坏，主要取决于两个条件：一是低温；二是保持低温的相对稳定。

（八）运销

在流通上，要应用能制冷及保温的运输设施，在-18～-15℃条件下进行运输，销售时也应有低温货架和货柜。整个商品供应程序也是采用冷链流通系统。零售市场的货柜保持低温，一般仍要求在-18～-15℃。

▶ 三、解冻与使用

速冻果蔬的解冻与速冻是两个传热方向相反的过程，而且二者的速度也有差异，对于非流体食品的解冻比冷冻要缓慢。而且解冻的温度变化有利于微生物活动和理化变化的加强，正好与冻结相反。食品速冻和冻藏并不能杀死所有微生物，它只是抑制了幸存微生物的活动。

食品解冻之后，由于其组织结构已有一定程度的损坏，因而内容物渗出，温度升高，使微生物得以活动和生理生化变化增强。因此，速冻食品应在食用之前解冻，而不宜过早解冻，且解冻之后应立即食用，不宜在室温下长时间放置。否则由于"流汁"等现象的发生而导致微生物生长繁殖，造成食品败坏。冷冻水果解冻越快，对色泽和风味的影响越小。

冷冻食品的解冻常由专门设备来完成，按供热方式可分为两种：一种是外面的介质如空气、水等经食品表面向内部传递热量；另一种是从内部向外传热，如高频和微波。按热交换形式不同又分为空气解冻法、水或盐水解冻法、冰水混合解冻法、加热金属板解冻法、低频电流解冻法、高频和微波解冻法及多种方式的组合解冻等。

其中空气解冻法也有三种情况：0～4℃空气中缓慢解冻；15～20℃空气中迅速解冻和25～40℃空气-蒸汽混合介质中快速解冻。微波和高频电流解冻是大部分食品理想的解冻方法，此法升温迅速，且从内部向外传热，解冻迅速而又均匀，但用此法解冻的产品必须组织成分均匀一致，才能取得良好的效果。如果食品内部组织成分复杂，吸收射频能力不一致，就会引起局部的损害。

速冻果品一般解冻后不需要经过热处理就可直接食用，如有些冷冻的浆果类。而用于果糕、果冻、果酱或蜜饯生产的果蔬，经冷冻处理后，还需经过一定的热处理，解冻后其果胶含量和质量并没有很大损失，仍能保持产品的品质和食用价值。

解冻过程应注意以下几个问题：

（1）速冻果蔬的解冻是食用（使用）前的一个步骤，速冻蔬菜的解冻常与烹调结合在一起，而果品则不然，因为它要求完全解冻方可食用，而且不能加热，不可放置时间过长。

（2）速冻水果一般希望缓慢解冻，这样，细胞内浓度高而最后结冰的溶液先开始解冻，即在渗透压作用下，果实组织吸收水分恢复为原状，使产品质地和松脆度得以维持。但解冻不能过慢，否则会使微生物滋生，有时还会发生氧化反应，造成水果败坏。一般小包装400～500 g水果在室温中解冻2～4 h，在10℃以下的冰箱中解冻4～8 h。

▶ 四、产品质量标准

具有本品特有的色泽、无明显变色现象;具有本品种应有的风味,无异味;形态完整,无冰霜、风干。细菌总数不超过 1.0×10^5 个/g,大肠菌群、大肠杆菌、葡萄球菌、沙门氏菌均为阴性。

学习单元三　果蔬速冻生产中常见的质量问题及预防措施

当速冻条件不当时、冻藏中温度波动较大、时间较长,也会引起产品品质下降。

▶ 一、重结晶产生的原因及预防措施

(1)产品重结晶的原因　在冻藏过程中,由于冻藏温度的波动,引起速冻产品反复解冻和再冻结,造成组织细胞内的冰晶体体积增大,从而破坏速冻产品的组织结构,产生更严重的机械损伤。重结晶的程度直接取决于单位时间内冻藏温度的波动幅度和次数,波动幅度越大,次数越多,重结晶的程度就越深。

(2)预防措施　采用深温冻结方式,提高产品的冻结率,减少残留液相水分,控制冻藏温度,避免温度的变动,尤其是避免−18℃以上的温度变动。

▶ 二、干耗产生的原因及预防措施

(1)干耗的原因　果蔬在速冻过程中,随着热量被带走的同时,部分水分也会被带走,通常鼓风式冻结比接触式冻结干耗大;在冻藏过程中也会发生干耗,这主要是速冻品表面的冰晶直接升华所致。贮藏时间越长,干耗越重。

(2)预防措施　对速冻产品采用严密包装;保持冻藏库温与冻品品温的一致性;有时也可以通过上冰衣来降低或避免干耗对产品品质的影响。

▶ 三、变色产生的原因及预防措施

(1)产品变色原因　因为酶的活性在低温下不能完全被抑制,所以,在常温下发生的变色,在长期冻藏中同样发生,只是速度减慢而已。

(2)预防措施　在冻结前,应对原料进行护色处理,如热烫,烫漂温度一般为 90～100℃,品温要达到 70℃以上,烫漂时间一般为 1～5 min。另外采用硫处理、降低 pH、添加抗氧化剂(维生素 C 等)也能有效对原料进行护色。

▶ 四、流汁产生的原因及预防措施

(1)产品流汁原因　由于缓慢冻结容易造成果蔬组织细胞的机械损伤,解冻后,融化的水

不能重新被细胞完全吸收,从而造成大量汁液的流失,组织软烂,口感、风味、品质严重下降。

(2)预防措施 提高冻结速度可以减少流汁现象的发生。

◆ 五、龟裂产生的原因及预防措施

(1)产品龟裂原因 由于水变冰的过程体积增大约 9%,造成含水量多的果蔬冻结时体积膨胀,产生冻结膨胀压,当冻结膨胀过大时,容易造成制品龟裂。龟裂的产生往往是冻结不均匀、速度过快造成的。

(2)预防措施 注意控制冻结的速度。

【自测训练】

1.果蔬速冻制品加工方案的确定应从哪几个方面考虑?

2.果蔬速冻时有哪些变化?

3.优质速冻果蔬产品的速冻条件包括哪些?

4.速冻草莓能进行热烫处理吗? 为什么?

5.你认为本次实验中你们组存在的问题是什么? 应该如何解决?

【小贴士】

速冻食品还有营养吗?

说到速冻食品,人们总有不够新鲜、没营养的顾虑。其实,从营养角度来说,"速冻"能最大限度地保持天然食品原有的新鲜程度、色泽、风味及营养成分。这是因为,家用冰箱冰冻食物至少要几个小时,而真正的速冻食品是在 15～30 min 内达到冰冻效果,这样的"快冻"过程,使食品的分子结构基本维持不变,不会像"慢冻"一样造成营养素流失。

但带馅类和油炸类的速冻食品脂肪含量过高;一些贡丸、鱼丸虽没新鲜鱼肉鲜美,但吃起来却特别鲜,这是因为速冻食品中都加入了不少味精和高鲜调味料。

(引自百度搜索)

【加工案例】

二维码 12-1 速冻草莓的生产

模块十三

果蔬干制品加工技术

任务　果蔬干制

任务

果蔬干制

学习目标

- 知道果蔬干制品加工的基本原理,了解当地果蔬干制品加工的状况;
- 能利用当地资源和实验实训条件,设计当地主要果蔬干制品加工工艺流程和操作要点;
- 会准备加工干制果蔬所需的试剂、材料和相关设备;
- 能针对果蔬干制加工中出现的褐变、表面硬化和干缩等质量问题采取相应措施;
- 能对自己和同学在任务中的表现进行科学评价,达到一定自主学习的能力,具有较强的团队合作能力和交流表达能力。

【任务描述】

以当地典型果蔬为原料及实际条件设计干制方案。经过去皮、切分、护色、干制等工艺，使果蔬干制达到以下要求：外观整齐、均匀、无碎屑；对于片状干制品要求片形完整，片厚基本均匀，干片稍有卷曲或皱缩，但不能严重弯曲；对于块状干制品要求大小均匀，形状规则。干制后应与原有果蔬色泽一致或相近。干制后应具有原果蔬的气味和滋味，无异味。脱水果干的含水量为15%～20%，脱水蔬菜含水量约为6%。

【知识链接】

果蔬干制在我国历史悠久，红枣、木耳、葡萄干、黄花菜、柿饼、干辣椒等是我国常见的果蔬干制品。果蔬干制工艺较易掌握，且制品体积小、重量轻，便于运输，可以调节果蔬供应淡旺季，对勘测、旅游、航海、军需等也具有重要意义。在古代，人们利用日晒或阴干进行自然干制。如今，新的干制技术正在替代传统的干制方法，热风干制技术普及率约有90%，红外干制、微波干制、真空冷冻干制等技术在生产中也逐渐有所应用。

学习单元一　果蔬干制方法

果蔬干制就是在自然条件或人工调控条件下使果蔬内部的水分向外界蒸发，使之达到特定的含水率，最终加工成初级商品的过程。果蔬干制降低了果蔬的水分含量，提高了可溶性固形物浓度，使微生物难以生存，同时抑制了酶活性，使制品能长期保存，从而大大延长了保藏期限。

◆ 一、干制的原理

（一）果蔬中的水分

水是果蔬中的主要成分，一般含量在70%～95%。果蔬中的水分以游离水和结合水的形式存在。

游离水是以游离状态存在于果蔬组织、细胞和细胞间隙中容易结冰的水分，占果蔬水分总量的70%～75%。结合水是指果蔬组织中的化学物质与水通过氢键相结合的水分，包括胶体结合水和化学结合水。结合水占比较少。和游离水相比，结合水稳定、难以蒸发，不能作为溶剂，也不易被微生物所利用。在果蔬干制时部分胶体结合水也会被去除。

微生物和酶促反应是干制品腐败变质、变色的最主要因素。果蔬的水分活度与微生物的活动和酶的活性息息相关。当果蔬中水分含量降低时，水分活度也相应降低，含水量降到20%左右（大部分果蔬完全干燥时），水分活度低于0.65，此时微生物不能繁殖，大多数微生物不能生存，酶的活性也随之降低（但酶一般需要含水量降到1%以下才会完全失活）。此外，低水分活度也能大大降低非酶褐变的发生。

(二)果蔬的干制过程

果蔬在干制过程中,水分的蒸发主要依赖两种作用,即水分外扩散作用和内扩散作用。干燥开始时由于果蔬水分大部分为游离水,水分从原料表面蒸发得快,称水分外扩散;当水分蒸发至50%~60%后,果蔬干燥速度则受原料内部水分转移速度控制,这时原料内部水分的转移,称为水分内部扩散。由于外扩散的结果,使原料表面和内部水分之间的水蒸气产生分压差,水分由内部向表面移动,以求原料各部分平衡。此时,干制开始去除的水分主要是胶体结合水。因此,干制后期蒸发速度就明显变得缓慢。果蔬干制过程的水分散失过程见图 13-1。

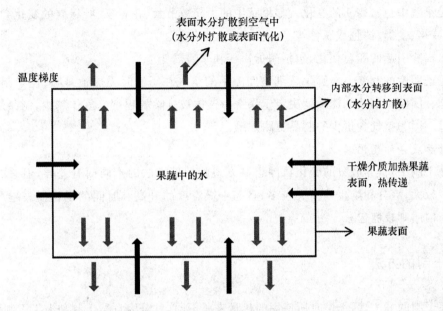

图 13-1　果蔬干制时水分散失情况

(引自果蔬产地贮藏与干制,刘清,2013)

(三)果蔬在干制过程中变化

1. 体积缩小、重量减轻

果蔬干制后最明显的变化就是体积和重量明显减小。果蔬干制后的体积为原料的20%~35%,重量为原料的20%~30%。表 13-1 列出了几种果蔬原料与干制品的体积比。在不影响品质的前提下,体积和重量的变化更有利于包装和贮运。

表 13-1　几种果蔬的干燥率(原料与干制品的体积比)

(引自果品蔬菜加工工艺学,叶兴乾,2002)

水果	干燥率	蔬菜	干燥率
苹果	(6~8):1	马铃薯	(5~7):1
梨	(4~8):1	洋葱	(12~16):1
桃	(3.5~7):1	辣椒	(3~6):1
杏	(4~7.5):1	菠菜	(16~20):1

水果	干燥率	蔬菜	干燥率
香蕉	(7～12):1	胡萝卜	(10～16):1
柿子	(3.5～4.5):1	菜豆	(8～12):1
枣	(3～4):1	黄花菜	(5～8):1

2.色泽的变化

果蔬在干制过程中(或干制品在贮藏中)色泽的变化包括三种情况:

一是果蔬中色素物质的变化。如果蔬中的类胡萝卜素、花青素、叶绿素的变化会导致制品变黄、变褐、变黑、褪色或脱色等。

二是褐变引起的颜色变化,包括酶促褐变和非酶褐变。

三是透明度的改变。新鲜果蔬细胞间隙中的空气在干制时受热被排除,使干制品呈半透明状态。因而干制品的透明度决定于果蔬中气体被排除的程度。气体越少,制品越透明,质量越高。因为空气含量少的制品更耐贮藏。

3.营养成分的变化

果蔬干制中,营养成分的变化虽因干制方式和处理方法的不同而有差异,但总的来说,水分减少较大,糖分和维生素损失较多,且随干燥温度的升高和时间的延长损失越严重,矿物质和蛋白质则较稳定。

二、干制的方法

果蔬干制的方法,因干燥时所使用的热量来源不同,可分为自然干制和人工干制两类。

(一)自然干制

利用自然条件如太阳辐射热或热风等使果蔬干燥,称自然干制。其中,原料直接受太阳晒干的,称晒干或日光干燥,如黄花菜、萝卜干的晒制;原料在通风良好的场所利用自然风力吹干的,称阴干或晾干,如新疆葡萄干的生产。自然干制所需设备主要有晒场和晒干用具,如晒盘、席箔、运输工具等,此外还有工作室、熏硫室、包装室和贮藏室等。晒场一般选择向阳、交通方便的地方,但不能靠近多灰尘的大道,并远离畜禽饲养场、垃圾场和养蜂场等,以保持清洁卫生,避免污染和蜂害。

自然干制的方法比较简单,一般是将原料直接放置在晒场暴晒,或者放在筛帘、晒盘内进行晒制。晒盘可采用木制或竹制,制成性状一致、大小相同的晒盘,大规模生产时可方便后续的熏硫、翻盘、叠置等操作。晒盘的大小以经济实用为原则,一般长 90～100 cm,高 3～4 cm 即可满足果蔬干制的要求。

自然干制投资少、管理粗放、生产费用低,可在产地就地干燥,但是自然干燥缓慢、干燥时间长,且易受灰尘、杂质、昆虫等污染和鸟类、啮齿动物等侵袭,干制品的卫生安全性常受到影响。

（二）人工干制

人工干制是人工控制干燥条件下的干燥方法。该方法可大大缩短干燥时间，获得较高质量产品的同时不受季节性限制。与自然干制相比，人工干制设备及安装费用较高，操作技术比较复杂，因而成本也较高。但是，人工干制具有自然干制不可比拟的优越性，是果蔬干制发展的方向。人工干制根据干燥方式的不同分为热风干制和辐射干制两大类。

1. 热风干制

热风干制在生产上最常见，常用的设备有烘灶、烘房和人工干制机等。

（1）烘灶　烘灶是最简单的人工干制设备。可在地面砌灶，也可在地下掘坑。干制果蔬时，在灶火中火坑底生火，上方架木、铺席箔，原料摊在席箔上进行干燥处理。通过火力的大小来控制干制所需的温度。广东、福建烘制荔枝干，山东干制乌枣都采用此法。这种干制方法简单、成本低，但产能低、干燥速度慢、工人劳动强度大。

（2）烘房　烘房一般是长方形土木结构的比较简易的建筑物。主要由烘房主体、加热升温设备、通风排湿装置和原料装载设备等组成。适应于各种果蔬的产后干制，具有结构简单，操作方便、投资少、可在田间地头建造等特点，无电力地区也可应用。烘房较烘灶的产能大大地提高，干燥速度较快，设备也较为简单。我国北方红枣、辣椒及黄花菜等大多以此法进行干制。

（3）人工干制机　人工干制机主要是采用热空气对流式干燥设备对果蔬原料进行干制，干制过程中可以根据需要控制干燥空气的温度、湿度和空气流速，满足不同干制产品对干制条件的要求。常见的设备有隧道式干燥机、厢式干燥机和带式干燥机。

①隧道式干燥机　隧道式干燥机是人工干制设备中应用最广泛的一种干燥设备（图13-2）。适用于各种大小及形状的固态物料的干燥。这种干燥机的干燥部分为狭长隧道形，其干燥过程是：先将待干的原料铺在料盘中，再置于运输设备如料车、传送带、烘架等上，沿隧道间隔地或连续地通过时，与流动着的热空气接触，进行湿热交换，最终实现原料的干燥。

隧道式干燥的干燥间一般长12～18 m，宽1.8～2.0 m，一般可分为单隧道式、双隧道式及多层隧道式等几种。隧道干燥设备容积较大。运输设备在内部能停留较长时间，处理量大，但是干燥时间较长。隧道式干燥采用的干燥介质多为热空气，隧道内也可以进行中间加热或废气循环，气流速度一般为2～3 m/s。在单隧道式干燥间的侧面或隧道式干燥间的中央设有加热间，其一端或两端装设有加热器和吸风机，吹动热空气进入干燥间，使原料水分受热蒸发。湿空气一部分自排气孔排出，一部分回流到加热间使其余热得以利用。根据原料运输设备及干燥介质的运动方向的异同，可将隧道式干燥机分为逆流式、顺流式和混合流式三种形式。

②厢式干燥机　厢式干燥机是一种间歇式对流干燥机，整体呈密封的箱体结构，又称为烘箱，适合小批量果蔬的干燥（图13-3）。可以单机操作，也可以将多台单机组合成多室式烘箱。厢式干燥机主要由箱体、料盘、保温层、加热器和风机等组成。箱体采用轻金属材料制成，内壁为耐腐的不锈钢，中间为用耐火、耐潮的石棉等材料填充的绝热保温层。

厢式干燥机的废气可循环使用，适量补充新鲜空气可以使热风在干燥物料时维持足够的除湿能力。根据热空气流动与物料间的关系分为平流厢式和穿流厢式干燥机，另有真空接触式厢式干燥机与平流厢式干燥机相仿，区别在于后者是一种在真空密封条件下进行操作的干燥机。

图 13-2　隧道式干燥机

（引自百度搜索东莞市新舟设备有限公司）

图 13-3　厢式干燥机

（引自百度搜索上海欧迈科学仪器有限公司）

③带式干燥机　带式干燥机是一种将物料置于输送带上，在随带运动通过隧道结构过程中与热风接触，来实现干燥的设备（图 13-4）。一般由若干独立的单元段组成，每个单元段包括循环风机、加热装置、单独或公用的新鲜空气抽入系统和尾气排出系统，干燥介质的温度、湿度和循环量等操作参数可以独立控制，使物料干燥过程达到最优化。常见的有单极带式干燥机和多级带式干燥机。

图 13-4　带式干燥机

（引自百度搜索上海欧迈科学仪器有限公司）

2. 辐射干制

包括远红外干制、微波干制、真空冷冻干制等，是新型的干制方法，干制效果好但成本高，目前仍在研究中或只应用于经济价值较高的果蔬种类。

（1）真空冷冻干制　该技术集真空技术、冷冻技术和干燥技术为一体，利用升华原理，在真空状态下使物料中预先冻结成冰晶态的水分不经过液态，直接固态升华为水蒸气，使物料得到干制。真空冷冻干制技术可以最大限度地保持食品原有的色香味、营养物质及生物活性，可以迅速完全恢复原来的外观，而且食用简单方便、重量轻、易于运输。但由于成本高，目前我国只有少量应用，真空冷冻干制机见图 13-5。

（2）远红外干制　远红外干制是一种新型经济的干燥技术。辐射元件发出的远红外线，被加热物料吸收后直接转变为热能，使物料水分得以蒸发。利用远红外干制时，物料内部的水分梯度与温度梯度相一致，因此远红外干制具有干制速度快、干制品质好等特点，且耗电少、设备尺寸小，成本较低。目前，

图 13-5　真空冷冻干制机

（引自百度搜索全氏食品机械上海有限公司）

果蔬保鲜与加工

该技术基本处于实验阶段,要大面积生产推广应用,还要对设备、工艺等方面做进一步研究。

(3)微波干制　微波是指波长在0.001～1 m,频率范围为300～300 000 MHz的电磁波。我国允许使用915 MHz和2 450 MHz两个频率。微波干制属于内热干燥,电磁波深入到物料内部,使湿物料本身发热,物料内的水分得以蒸发,物料被干燥。微波干制具有反应灵敏、加热速度快,加热均匀和干制时间短等优势。另外,由于微波对水分有选择加热效应,物料可以在较低温度下进行快速干燥,这对于提高干制品品质,减少营养成分损失具有重大意义。微波干制机见图13-6。

图 13-6　微波干制机
(引自百度搜索梁山宇航设备商贸有限公司)

▶ 三、干制的工艺

果蔬干制需要选择微生物污染量低且质量高的原料,经过热处理或化学处理破坏酶活性,降低微生物污染量,避免各种原料组织结构和化学成分的不良变化,防止干制品品质下降。

(一)原料的选择

选择适合干制的原料,能保证干制品质量、提高出品率和降低生产成本。干制原料的基本要求是:干物质含量高、可食部分比例大、组织致密、粗纤维少、新鲜完整、成熟度适宜、色泽好、风味佳。

1.原料的种类

不同种类的水果所含营养成分、干物质含量尤其是可溶性固形物含量有较大差异。原料中所含营养成分和干物质含量高,干制品的品质就高。因此,选择适宜的干制果蔬品种对获得高品质的干制品至关重要。适宜干制的果蔬原料及品种见表13-2。

表13-2　适宜干制的果蔬原料及品种
(引自果蔬干制与鲜切加工,张丽华,2016;部分引自百度搜索)

种类	原料要求	适宜干制品种
苹果	果型中等,肉质致密,皮薄,单宁含量少,干物质含量高,充分成熟	金冠、金帅、红星、小国光、大国光等
梨	肉质柔软细致,石细胞少,含糖量高,香气浓,果心小	巴梨、茌梨、塔山鸭梨等
柿子	果型大呈圆形,无沟纹,肉质紧密,含糖量高,种子小或无核品种,充分成熟,色变红但肉坚实而不软时采收	河南荥阳水柿、山东菏泽镜面柿、陕西牛心柿、尖柿等
枣	果型大(优良小枣品种也可),皮薄,肉质肥厚致密,含糖量高,核小	山东乐陵金丝小枣、山西稷县板枣、河南新郑灰枣、浙江义乌大枣、四川糖枣和鸡心枣、长红枣等

种类	原料要求	适宜干制品种
杏	果型大,颜色深浓,含糖量高,水分少,纤维少,充分成熟,有香气	河南荥阳大梅、河北关老爷脸、铁叭哒、新疆克孜尔苦曼提等
桃	果型大的离核种,含糖量高,纤维少,肉质细密而少汁液,果肉金黄色具有香气的为最好,以果实皮部稍变软时采收的为宜	甘肃宁县黄甘桃、砂子早生、京玉、大九保等
葡萄	皮薄,肉质柔软,含糖量在20%以上,无核,充分成熟	无核白、秋马奶子等
甘蓝	结球大,紧密,皱叶,心部小,干物质含量不低于9%,糖分不少于4.5%	黄绿色大、小平头种为好,白色种次之,尖头种不适宜
番茄	果型以较大为好,果皮红色,果肉色深,肉质厚,种腔小,种子少,可溶性固形物3%~4%	粉红甜肉
青豌豆	豆荚大,去荚容易,豆粒重量不低于豆荚重的45%,成熟一致,豆粒深绿色,糖分不低于4.3%,淀粉含量不超8%	阿拉斯加、灯塔等
萝卜	个大,干物质含量不低于5%,糖分高,皮肉洁白,组织致密,粗纤维少,辣味淡	北京露八分、浙江干曝萝卜、湖南白萝卜等
马铃薯	块茎大,圆形或椭圆形,无疮痂和其他疣状物,表皮薄,芽眼浅而少,干物质含量不低于21%,淀粉含量不超过18%	白玫瑰、青山、卵圆形等
洋葱	中等或大型鳞茎,结构紧密,颈部细小,皮色为一致的白色、黄色或红色,青皮少或无,辛辣味强,干物质不低于14%,无心腐病及机械伤	黄皮、白球等
胡萝卜	中等大小,钝头,表面光滑,须根少,皮肉均呈橙红色,无机械伤,无病虫害及冻僵情况,心髓部不明显,成熟充分且未木质化,干物质含量不低于11%,可溶性固形物不低于4%,废弃部分不超过15%	大将军、无敌、长橙、上海本地红、南京红等
黄花	花蕾黄色或橙黄色,长10 cm左右,花蕾充分长成但未开放时采收	河南荆州花、茶子花、江苏大乌嘴、小乌嘴、陕西大荔黄花等
竹笋	肉质柔软肥厚,色泽洁白,无显著苦味和涩味,地上部分长17 cm左右采收	除天目竹笋外一般均可干制
辣椒	果皮厚,种子少,水分少,色鲜红或黄	二金条、西充大椒、朝天椒等

2.原料的成熟度

大多数用作干制的果蔬原料,一般应在充分成熟时采收。但是,对于某些果蔬则不宜在完全成熟时干制。比如杏,如果成熟度过高,容易引起质地变坏,反而不利于干制,所以应在完全成熟前采收。

3.原料的质地

选择干制的果蔬品种应具有柔韧的质地,对于粗纤维特别多、口感粗韧的原料不宜选作干制的原料,比如石细胞较多的酥木梨不宜用作干制的原料。

4.原料的新鲜度

果蔬原料越新鲜,干制品的品质就越高,所以,原料采收后应尽快进行干制加工,尤其对于蔬菜类原料。如蘑菇类和叶菜类,采后呼吸强度大,容易发生蒸腾失水,一般应当天采收,当天就进行干制处理,否则加工出的干制品品质欠佳。

(二)原料预处理

果蔬在干制前,为使干制品获得更好的品质,往往需要进行相应的预处理。常见的预处理工序包括整理分级、清洗、去皮去核、切分、护色等。

1.清洗

清洗工作可由人工完成或配备各种清洗机械来进行,可根据原料多少、劳动力情况进行选择。水果通常是整个地浸泡在冷水中以去除表面的尘土和残留农药。蔬菜也需要整棵清洗,为了去除蔬菜根部附着比较牢固的泥土,通常需要采用高压喷淋或旋转式清洗机进行清洗。

2.去皮、去核和切分

除叶菜类外,大部分果蔬外皮都比较粗糙、坚硬,不可食用,有的表皮还具有不良风味,因此干制前常需去除表皮。去皮可根据果蔬特点和实际情况采用多种方法,如手工去皮、机械去皮、化学去皮或热力去皮等。

去皮后,对于体型较大的果蔬原料还需切分成大小一致的果蔬块,便于后续加工。原料的切分与否,切块的厚薄、大小都影响干制的速度。原料切块越薄、比表面积越大,则其干制速度就越快。切分时要求块形整齐一致,切分的程度应根据原料大小和产品质量要求而定。根茎类蔬菜切分为丁、条或丝;甘蓝切为丝;马铃薯切成片,或进行切丁等其他处理,以利于制粉;葡萄、樱桃、草莓则直接进行全果干制;苹果、桃等要先进行去核,然后对开、四开或切条后进行干燥;菠萝可切成圆片、扇片等。切分可人工操作,也可采用专门的切片机械。所用刀具刀刃越锋利,对果蔬组织结构损伤就越小,所得到的终产品品质就越高。

3.浸泡

有些果蔬在干制前需要对原料进行浸泡处理。分为碱液浸泡和酸液浸泡。碱液浸泡主要用于一些整果干制的果蔬,如李子、葡萄等。浸泡的目的主要是为去除果皮上附有的蜡质,以利于干燥过程中水分的排除,加快干制速度,缩短干制时间。通常条件是采用93.3～100℃,0.5%或更低浓度的碳酸钠或其他碱的水溶液进行浸泡。浸泡液浓度、浸泡温度、浸泡液所用碱的种类、浸泡时间需要根据原料的特性确定。

酸液浸泡是在硫处理前采用酸液浸泡,酸浸泡的目的是为了稳定制品的色泽,防止硫处理时褪色的发生。比如,采用1%的抗坏血酸和0.25%的苹果酸用于桃的干制,以延缓酶促褐变的发生。另外也有关于采用酸液代替硫处理的研究,目的也是为了得到颜色鲜艳的制品。当然,这样的制品需要在低温下保藏,以防止贮藏中褐变的发生。

4.硫处理

应用二氧化硫、亚硫酸及其盐类处理是果蔬干制前重要的护色措施,还有保护维生素C的作用。主要采用熏硫法和浸硫法。

熏硫法是将果蔬原料放置在密闭室内,用一定浓度的二氧化硫熏蒸一段时间。二氧化硫可以通过硫黄燃烧或直接购买二氧化硫气体来获得。气体浓度宜保持在1.5%～2%。切分的水果和葡萄在干制前需进行熏二氧化硫处理。二氧化硫被水果吸收后,可以保持色泽,防止腐败和营养物质流失。一些水果最佳的浓度为(mg/kg)：杏，3 000；桃和油桃，2 500；梨，2 000；苹果，1 500；葡萄干，1 000。大多数蔬菜干制前不进行硫处理，但甘蓝、马铃薯和胡萝卜在干制前通常要进行硫处理。二氧化硫用量最高的为甘蓝，一般为 700～1 500 mg/kg；马铃薯和胡萝卜为 200～500 mg/kg。

浸硫法是用一定浓度的亚硫酸或亚硫酸盐溶液浸渍果蔬原料或直接加入到果蔬半成品内，加入量一般为果实及溶液总量的 0.1%～0.2%。苹果可以采用浸硫处理。需要注意的是亚硫酸溶液容易分解失效，需要现配现用。

需要注意的是，二氧化硫和亚硫酸对人体有毒。因此，硫处理的半成品不能直接食用，必须经过脱硫处理，再行加工。脱硫的方法有加热、搅动、充气或抽空等。

5. 漂烫

漂烫也是果蔬干制预处理的传统工序。已在模块七任务 2 中讲述过。

(三)干制过程中的管理

1. 原料装载量

烘房单位面积料盘上原料装载量越多，则厚度越大，不利于热风流通，原料水分不易蒸发。反之，料盘上原料过少，又会引起热空气短路，导致效率下降。

2. 温度管理

果蔬干燥时是把预热的空气作为干燥介质。在一定湿度条件下空气温度越高干制速度越快，但温度应适宜。干制时，尤其是干制初期温度过高，水分含量高的果蔬表皮容易破裂；果蔬中糖分和其他有机物容易分解、焦化或变质；高温、低湿易造成果蔬原料表面结壳，影响水分散发。因此，在干制过程中，要控制空气的温度稍低于果蔬变质的温度，尤其对富含糖分和芳香物质的原料，应特别注意。一般水果烘干时，55～60℃维持 5～8 h，再以 65～70℃维持 4～6 h，最后以 50℃至干燥结束；多数蔬菜持续在 55～60℃下烘干即可。

3. 通风排湿

果蔬在干燥过程中还需要通风排湿。在一定条件下，相对湿度越小，热空气吸收水蒸气的能力就越强，果蔬干制速度就越快。所以采取升高温度同时降低相对湿度是提高果蔬干制速度最有效的方法。目前降低相对湿度主要靠空气流通。在一定温、湿度条件下，空气流动速度越大，果蔬表面水分蒸发也越快；反之，则越慢。但空气流速不宜过大，否则系统能耗过大、干制成本高，同时易使物料从干制盘、干制机散落或吹走。

4. 倒换烘盘及翻动原料

一般烘干室上部和靠近主火道及炉膛部位的温度往往比其他部位高，因而原料干燥较其他部位快。为了获得干燥程度一致的产品，应在干制过程中及时倒换烘盘位置，并注意翻动烘盘内的原料。

5. 掌握干制时间

何时结束干制，取决于原料的干燥速度。一般烘至成品达到其标准含水量或略低于其标准含水量即可停止。

(四)干制品的包装

1. 包装前处理

干制品在包装前通常要进行一系列的处理，如回软、分级、压块及防虫处理等，以提高干制品的质量,防止虫害,延长贮藏期,便于包装。

(1)回软 由于刚干制出来的制品水分含量并不一致,若干燥后立即包装,则表面部分易从空气中吸收水汽使总含水量增加,会导致成品败坏,所以必须进行回软处理。在产品干燥后,剔除过湿、过大、过小、结块及细屑,待冷却后,立即将干制品在密闭的室内或容器内短期堆放,使干制品外部及干制品之间的水分进行扩散和重新分布,最后趋于一致,达到平衡,这个过程称为回软。回软期间,箱中过干的成品从尚未干透的制品中吸收水分,于是所有干制品的含水量便达到一致。一般蔬菜类需要 1～3 d 回软,果品类需要 2～5 d。

(2)分级 分级的目的是使成品的质量合乎规格标准。分级工作可在固定的木质分级台上或在附有传送带的分级台上进行,软烂的、破损的、霉变的制品均须剔除。

(3)压块 蔬菜干制后,质量大大减轻,但体积膨松、容积大、不利于包装和贮运,且间隙内空气多,产品易被氧化变质。所以,蔬菜干制品在包装前常需压块。

2.包装

经过必要的处理后,果蔬干制品应尽快包装。包装应达到以下要求:①选择适宜的包装材料,并且严格密封。这样能有效地防止干制品吸湿回潮,以免结块和长霉,且能有效防止外界空气、灰尘、昆虫、微生物及气味的入侵。②不透光。③包装材料应符合食品卫生要求。④包装费用应合理。

生产中常用的包装材料有纸盒、纸筒、金属罐、木箱、纸箱及软包装复合材料。近年来,聚乙烯、聚丙烯等薄膜袋已广泛用于果蔬干制品的包装,这些材料密闭性好,透氧性差,又轻便美观,但降解性差,易造成环境污染。

除了直接将一定量的干制品放入容器外,现在也常用真空包装和充气包装。后两种方法是在真空包装机和充气包装机上完成,可以防止维生素被氧化,增强制品的保藏性。

(五)干制品的贮藏

合理包装干制品受贮藏环境的影响较小,但良好的贮藏环境能保证干制品的安全贮藏并延长保质期。

1.贮藏温度

温度越低,越有利于保质期延长。以 0～2℃最好。一般不宜超过 10～14℃。

2.贮藏湿度

空气越干燥越好,相对湿度最好在 65% 以下。高湿会使干制品长霉,还会提高酶的活性。

3.光和氧

光线和氧气会促使干制品变色并失去香味。因此应避光低氧贮藏或避光缺氧贮藏。

4.制品的含水量

水分高的干制品易长霉。在不影响成品品质的前提下,产品含水量越低,保藏效果越好。一般蔬菜干制品的含水量要求在 6% 以下,当含水量超过 8% 时,则保藏期大大缩短;少数蔬菜如甜瓜、马铃薯的干制品,含水量可稍高。大多数果品,因组织较厚韧,可溶性固形物含量较高,所以干制后的含水量可较高,一般含 15%～20%,少数如红枣等可高达 25%。但水分过低的干制品易破碎、吸湿。

(六)干制品的复水

脱水蔬菜在食用前一般都应当进行复水(重新吸回水分),复水以后,再烹调食用。复水就是将干制品浸在水里,经过相当时间,使其尽可能地恢复到干制前的状态。脱水菜的复水方法是:将干制品浸泡在 12～16 倍质量的冷水里,经半小时后,再迅速煮沸并保持沸腾5～7 min。

四、果蔬干制品的质量评价

果蔬干制品的质量标准主要有感官指标、理化指标和微生物指标。

1. 感官指标

外观:要求整齐、均匀、无碎屑。对于片状干制品要求片形完整,片厚基本均匀,干片稍有卷曲或皱缩,但不能严重弯曲;对于块状干制品要求大小均匀,形状规则。

色泽:干制后应与原有果蔬色泽一致或相近。

风味:干制后应具有原果蔬的气味和滋味,无异味。

2. 理化指标

复原性和复水性:片、块及颗粒状的蔬菜类干制品一般都在复水后才食用。干制品的复原性是干制品重新吸收水分后在质量、大小和形状、质地、颜色、风味、成分、结构以及其他可见因素等各个方面恢复原来新鲜状态的程度。复水性是新鲜原料干制后能重新吸回水分的程度。复水能力的高低是脱水食品重要的品质指标,采用不同的干燥方法对最终干制品的复水性和复原性有显著的影响,干燥温度高、高温下预煮时间长都会降低干制品的复水能力。

质构性:干制过程中,果蔬产品的体积和质量减小,果蔬的质构也发生了显著的影响。芹菜和番茄在冻干后失去了原本的刚性结构,这是由冻结和脱水时质构被破坏、压力降低所引起的。在根茎类蔬菜干燥前或干燥后,可用氯化钠、碳酸钠等盐类软化组织,可以改善干制后的质构性。

化学指标:主要是指各种营养成分和含水量指标。脱水果干的含水量一般为 15％～20％,脱水蔬菜含水量一般约为 6％。

3. 微生物指标

一般果蔬干制品无具体的微生物指标,产品要求不得检出致病菌。

果蔬干制品一般要求保质期在半年以上。

学习单元二　果蔬干制时容易出现的问题及预防措施

一、褐变

果蔬在干制过程或干制品在贮藏中,常出现颜色变黄、变褐甚至变黑的现象,一般称为褐变。褐变是果蔬干制时不可回复的变化,产品品质的一种严重缺陷。严重的褐变不仅影响制品的色泽,还会影响风味、复水能力和抗坏血酸含量等。根据产生的原因,褐变分为酶促褐变和非酶促褐变。

1.酶促褐变

酶促褐变是指在氧化酶和过氧化物酶的作用下,果蔬中的单宁氧化呈现褐色。如苹果、香蕉去皮切分后的变化。要防止褐变,应从果蔬中单宁含量、氧化酶、过氧化物酶的活性及氧气的供应等方面考虑。控制其中之一,由单宁引起的氧化变色即可受到抑制,获得良好的保色效果。单宁的含量因果蔬的种类、品种及成熟度不同而异。一般未成熟的果实单宁含量远多于同品种的成熟果实。因此,在果品干制时,应选择含单宁少而成熟的原料。氧化酶在71～73.5℃,过氧化物酶在90～100℃的温度下,5 min即可遭到破坏。因此,干制之前,采用沸水或蒸汽进行漂烫,或进行硫处理,都可因破坏酶的活性而抑制褐变。

此外,果蔬中还含有蛋白质,组成蛋白质的氨基酸,尤其是酪氨酸在酪氨酸酶的催化下会产生黑色素,使产品变黑,如马铃薯变黑。漂烫和硫处理也同样可以破坏酪氨酸酶的活性。

2.非酶促褐变

不属于酶的作用所引起的褐变,均属于非酶促褐变。非酶促褐变的原因之一是,果蔬中氨基酸游离基和糖的醛基作用生成复杂的络合物。这种变色快慢程度取决于氨基酸的含量与种类、糖的种类以及温度条件。硫处理对非酶促褐变有抑制作用,因为二氧化硫与不饱和糖能反应,避免生成黑色物质。另据实验,温度上升10℃,非酶促褐变增加5～7倍,因此,低温贮藏干制品也是控制非酶促褐变的有效方法。

干制前对原料进行漂烫处理或硫处理可大大降低酶促褐变的发生率。褐变受温度、时间、水分含量的影响。温度越高,褐变越快,当温度超过临界值,就会发生焦化现象;高温时间若较短可以无明显变化,但持续高温则会产生明显褐变;水分含量在15%～20%时的褐变速度常常达到最大。防止果蔬褐变需从果蔬干制时温度、时间等方面给予必要的控制。

▶ 二、表面硬化

果蔬表面收缩封闭内部仍湿软的现象称为表面硬化。表面硬化后,果蔬表层的透气性变差,干燥速度急剧下降,干燥过程延长;其表面水分蒸发后物料温度也会大大升高。这将严重影响果蔬干制品外观。

出现这种现象的原因一般是物料表面温度过高,干燥过于强烈,内部水分未能及时转移到物料表面而使表面迅速形成一层硬壳。这种现象常出现在一些含高浓度糖和可溶性固形物的果蔬中,而在另一些果蔬中并不常见。

表面硬化初期若降低物料表面温度使物料缓慢干燥,一般就能延缓表面硬化。想要在干制过程减少表面硬化现象,主要是通过降低干燥温度和提高相对湿度或减小风速等措施来进行。

▶ 三、干缩

水分被去除体积缩小时组织部分或全部失去弹性的现象称为干缩。非均匀干缩会导致果蔬干制品奇形怪状。干缩的程度与果蔬的种类、干燥方法及条件等因素有关。含水量越多,组织越脆嫩,干缩程度越大;冷冻干燥制品几乎不发生干缩,热风干燥时,温度越高、速度越慢干缩越严重。减少干缩现象,防止非均匀干缩,需要为原料选择合适的干燥方法和条件。

【自测训练】

1. 影响果蔬干制的因素都有哪些?
2. 常见的干制方法都有哪些?
3. 冬天生产的干枣,用密封袋包装后,放到夏天发现霉变了,是什么原因?
4. 果蔬干制过程中产生褐变的原因有哪些? 如何防止?
5. 果蔬表面硬化是怎么形成的? 如何防止?

【小贴士】

家庭自制美味芒果干

1. 取一只芒果洗净后,削去外皮;
2. 用刀把芒果竖着切约 0.3 cm 的片状;
3. 取一只小锅,将 100 g 的清水和 30 g 的糖倒入,开中火煮至砂糖完全溶化;
4. 把切好的芒果片放入步骤 4 中煮好的糖液里;晾凉后放冰箱冷藏 3 h;
5. 将芒果片取出一片一片地摆放在晾架上,放置在阴凉通风处;
6. 期间最好每隔 3～4 h 翻一次面,如果天气较潮湿,可用风扇吹;
7. 晾至大约 24 h 后,芒果片变得有韧性就可以食用了。

【加工案例】

二维码 13-1 葡萄干制作　　　　二维码 13-2 桃干制作　　　　二维码 13-3 黄花菜制作

模块十四

鲜切果蔬的加工技术

任务　鲜切果蔬的加工

任务

鲜切果蔬的加工

学习目标

- 知道果蔬鲜切加工的基本原理,了解当地果蔬鲜切加工的现状;

- 能利用当地资源和实验实训条件,设计当地主要果蔬鲜切加工工艺流程和操作要点;

- 会准备加工鲜切果蔬所需的试剂、材料和相关设备;

- 能针对果蔬鲜切加工中出现的褐变、质地软化等质量问题采取相应措施;

- 能对自己和同学在任务中的表现进行科学评价,达到一定自主学习的能力,具有较强的团队合作能力和交流表达能力。

【任务描述】

以当地典型果蔬为原料经过去皮、切分、护色、包装等工艺,制作鲜切果蔬产品。要求鲜切果蔬产品质量达到国家标准规定的货架期。货架期内不褐变或褐变程度很小,不腐烂变质。

【知识链接】

学习单元一　鲜切果蔬加工方法

鲜切果蔬起源于 20 世纪 50 年代的美国,从 20 世纪 90 年代起,作为一种新兴食品工业产品,日益受到欧美、日本等发达国家消费者的青睐。在我国,随着人们生活水平的提高、生活节奏的加快,消费者选购水果蔬菜时越来越注重新鲜、营养、自然、方便等特性。鲜切果蔬由于符合上述要求,不仅成为我国果蔬加工业中增长最快的零售食品之一,还广泛应用于快餐业、宾馆酒店、单位食堂、冰淇淋(果肉雪糕)、果肉酸奶等的加工中。

▶ 一、鲜切果蔬的概念及特点

鲜切果蔬是指经过初微加工,可供给消费者立即食用或使用的果蔬产品,又称最少加工果蔬、半加工果蔬、轻度加工果蔬等。鲜切果蔬的加工处理过程包括分选、去杂、清洗、修整(去柄、削皮、去籽、去核)、切分(切段、削片、刨丝、分块和剁碎)、保鲜和包装等。

鲜切果蔬属于净菜范畴,但比普通净菜具有更高的科技含量,它是集蔬菜和水果保鲜、加工技术于一体的综合性技术工程。鲜切果蔬营养、方便且可利用度高,消费者购买后,可直接食用或烹饪,不需做进一步处理。但相对于完整的新鲜果蔬而言,鲜切果蔬的切割处理,使其更易发生生理衰老、营养损失、组织变色、质地软化、微生物侵染等问题。鲜切果蔬与新鲜果蔬及其他加工品相比,具有如下特点:

1. 营养价值高,可食率 100%

鲜切果蔬只是对果蔬原料进行简单的清洗、去皮、切分等工序,是所有果蔬加工品中对营养成分破坏程度最小的一种加工方式。因此,鲜切果蔬具有和鲜果几乎相当的营养价值。它既保持了果蔬原有的新鲜状态,又方便了消费者的食用和加工。

2. 品质劣变快,货架期短

新鲜果蔬经过整理、清洗、去皮和切分等处理后,组织产生机械伤,会导致切口褐变,组织软化衰老,快速腐败。切分一方面破坏了果蔬组织细胞的完整性,直接导致营养物质流出损失,尤其是水溶性和易氧化的成分;另一方面,使呼吸速率加快,物质消耗增多,营养损失加快。组织结构损伤还使果蔬原有的保护系统被破坏,微生物易侵染和繁殖。所以鲜切果蔬不宜长期贮藏,需结合杀菌、气调贮藏、冷链流通等技术联合进行加工贮藏运销,且需尽快销售。

20 世纪 90 年代以后,美国、日本及欧洲的鲜切果蔬市场迅速增大。近几年,美国出现了鲜切果蔬商联合体、鲜切果蔬销售商联合体(零售连锁店)和鲜切果蔬供应商联合体等机构和公司,鲜切果蔬加工、贮藏保鲜和流通销售日趋成熟。荷兰鲜切果蔬的品种多达近百种,市场零售额迅速超过生鲜果蔬销售额的 10%。目前,发达国家的鲜切果蔬生产已形成了完备的"五化体系",即技术规范化、产品标准化、设备专业化、市场网络化和管理现代化,完全可以通过成熟的保鲜技术、科学管理和流通冷藏链,达到保持鲜切果蔬的新鲜、安全,并送达消费者餐桌的目的。

在我国,各地开展鲜切果蔬研究的科研院所有数十家,研究成果中也有获得了具有自主知识产权的鲜切果蔬生产技术,并制定了相关标准;也建立了一些具有国际先进水平、专业化从事鲜切果蔬的生产企业,并投入运行;鲜切果蔬产品有了一定的质量评价标准,商业运营中,具有冷链设施的商店尤其是连锁店、食品超市有了鲜切果蔬产品的销售。

我国鲜切果蔬的种类逐渐增多,常见的果蔬原料种类从最先发展的马铃薯、胡萝卜、生菜、苹果、菠萝、猕猴桃等,发展到甘蓝、韭菜、芹菜、洋葱、莲藕、南瓜、花椰菜、青椒、红椒、梨、桃、草莓、芒果、哈密瓜、甜瓜、木瓜等。这表明消费市场对鲜切果蔬的接受度和喜爱度都有所增加,是极好的行业发展的信号,有待于进一步开发新的鲜切产品。

由于鲜切果蔬货架期短(一般 4～7 d),必须就近迅速销售,所以适宜在北京、上海、广州、深圳等人口密集的大型城市发展。

三、鲜切果蔬护色保鲜方法

鲜切果蔬与未切分果蔬相比,更容易产生一系列不利于贮藏的生理生化变化。这是因为果蔬经过去皮、切分等处理后,组织结构受到伤害,原有的保护系统被破坏,果蔬汁液外溢,微生物容易侵染和繁殖。同时,果蔬体内的酶与底物的区域化分隔被破坏,酶与底物直接接触,发生各种生理生化反应,导致产品的外观受到严重破坏;还有组织本身受伤后呼吸强度提高,乙烯生成量增加,产生次生代谢产物,加快了鲜切果蔬组织的衰老与腐败。因此,在加工和贮藏过程中要减少或抑制微生物的生长和繁殖,抑制鲜切果蔬组织自身的新陈代谢,延缓衰老,控制一些不良的生理生化反应,以延长鲜切果蔬的货架期。

目前,应用于鲜切果蔬的保鲜方法主要有物理保鲜法、化学保鲜法以及生物保鲜法。

(一)物理保鲜

1.热处理

对于与其他食品一起消费的即食型鲜切果蔬和部分调料,应采用热处理的方法加以杀菌。这一类产品与冷冻调理食品类似,主要的对象菌是李斯特菌、大肠杆菌 O-157、沙门氏杆菌和肉毒杆菌。

2.脱水处理

大部分腐败菌的最适生长的水分活度为 0.9,酵母为 0.88,霉菌为 0.8。大多数鲜切果蔬的水分活度在 0.95 或以上。切分洗净后的果蔬应立即进行脱水、沥干工序,降低表面水分活度,否则比不洗的更易变坏或老化。通常可采用离心脱水机除去水分。已有研究用渗透脱水作为辅助手段来降低水分活度值,达到加强保藏的作用,但此法常会改变产品的风味。

3.低温冷链技术

有研究表明,鲜切果蔬褐变的主要因素是酚类物质的氧化,特别是多酚氧化酶导致的酶促褐变。低温能降低多酚氧化酶(PPO)及其他酶活性,可减缓褐变进程;降低切割果蔬的呼吸强度及各种生理反应速度,延缓衰老;抑制微生物的生长和繁殖,减少营养物质的消耗,防止腐败。为了保持果蔬的优良品质,从采收到消费的整个过程需要维持一定的低温,即新鲜果蔬采收后在流通、贮藏、运输、销售一系列过程中实行低温贮藏,以防止新鲜度和品质下降。这种连贯体系的低温冷藏技术称为低温冷链技术。低温有利于保鲜,但大部分切割果蔬在10℃以下会发生不同程度的冷害。因此,鲜切果蔬在低温下贮藏应控制在适当的温度范围内。国内外大多数学者认为,鲜切果蔬较适合在0~5℃条件下贮藏。

4.冷杀菌技术

冷杀菌技术包括超声波杀菌、臭氧杀菌、辐射杀菌、超高压杀菌和气调保鲜技术等。

(1)超声波杀菌 超声波多用于鲜切蔬菜的清洗,该技术利用低频高能量的超声波空化效应在液体中产生瞬间高温高压,造成温度和压力变化,使液体中的某些细菌致死、病毒失活,甚至破坏体积较小的微生物细胞壁,从而延长果蔬的保鲜期。超声波消毒速度较快,对人无害,对物品无损害,但消毒不彻底。因此,常考虑将其与其他冷杀菌技术联合使用,如超声波-磁化联合杀菌、超声波－激光联合杀菌、超声波－紫外线联合杀菌等。如用超声波气泡清洗鲜切西洋芹10 min后再用浓度为0.4％的$CaCl_2$溶液处理,微生物菌类可除掉80％,呼吸作用明显受到抑制,PPO活性一直处于较低水平,且对维生素C无明显的破坏作用,感官品质良好。不过超声波的机械作用会对鲜切果蔬的细胞组织产生一定的破坏,因此,对不同种类的鲜切果蔬需要进行超声波功率量化的实验研究。

(2)臭氧杀菌 臭氧对各类微生物都有强烈的杀菌作用,而且能使乙烯氧化分解,缓解果蔬后熟及衰老,调节果蔬的生理代谢,降低果蔬的呼吸作用和代谢分解,延长贮藏保鲜期。但臭氧使用浓度过高会引起果蔬表面质膜损害,使其透性增大、细胞内物质外渗,品质下降,甚至加速果蔬的衰老和腐败等。此外,臭氧杀菌效果还受温度和湿度的影响。

(3)辐射杀菌 辐射杀菌是利用射线照射果蔬,引起微生物发生物理化学反应,使微生物的新陈代谢、生长发育受到抑制或破坏,致使微生物被杀灭,果蔬的贮藏期得以延长的一种技术。在鲜切莴苣、芹菜、胡萝卜和柿子椒等应用上已经得到FAD认可的辐射剂量最大为1 kGy。据研究,用$^{60}Co-γ$射线辐照处理鲜切西洋芹,得到辐照剂量为1 kGy时,可有效控制微生物繁殖,使细菌数降低2个数量级,明显抑制了酶活力,减少褐变和降低呼吸作用与失水率,提高了可溶性固形物含量,保持了鲜切西洋芹的商品品质。

(4)超高压杀菌 超高压杀菌技术又称高静压技术,是在常温或较低温条件下对鲜切果蔬进行100 MPa以上的高压处理,达到杀菌、灭酶和改善食品功能特性的技术。而食品能较好地保持原有的质地、营养、色泽和风味。所以说超高压杀菌技术是一个纯物理过程,具有瞬间压缩、作用均匀、操作安全、温度升高值小、耗能低、污染少、利于环保且使果蔬成分得到很好保持等优点。据研究,鲜切果蔬600 MPa压力处理10 min后,可抑制与褐变相关酶的活性,抑制微生物生长,在4℃条件下贮藏9 d后,仍然具有较好的硬度和较高的维生素C含量。

(二)化学保鲜

化学保鲜是指采用涂膜处理、保鲜剂处理以及天然产物提取保鲜技术等方法对于水果蔬菜进行护色保鲜处理。

1.涂膜处理

用于鲜切果蔬的涂膜包装材料主要有多聚糖、蛋白质及纤维素衍生物。壳聚糖是研究较多的涂膜材料之一,能抑制水分散失,延缓失水和萎蔫;降低呼吸强度,延缓衰老;抑制多酚氧化酶和过氧化物酶的活性;抑制微生物生长繁殖;另外,海藻酸钠、卡拉胶等也有利于鲜切果蔬的保鲜。经过研究对延长货架期明显有效的抗褐变剂载体膜有海藻酸钠和结冷胶复合膜、壳聚糖/纳米二氧化钛复合膜、壳聚糖和维生素 C 复合膜、卡拉胶和羧甲基纤维素(CMC)复合膜、海藻酸钠和柠檬草精油可食膜、微胶囊化的反式肉桂醛海藻酸钠膜等。

2.保鲜剂处理

目前,在实际生产中,鲜切果蔬主要应用化学保鲜剂进行防腐保鲜处理,但为了保障食品的安全性,使用化学保鲜剂的浓度必须符合 FAD 规定的标准。

抑制酶促褐变可用亚硫酸盐、柠檬酸、抗坏血酸、异构抗坏血酸钠、4-己基间苯二酚、钙盐等。据研究,使用异抗坏血酸和柠檬酸处理鲜切苹果、菠萝、芒果,均可显著抑制变色;浓度为 20 mmol/L 抗坏血酸钙在一定程度上能够抑制鲜切牛蒡的褐变,延缓衰老,保持其品质;以莴笋为试材,采用异维生素 C、柠檬酸对鲜切莴笋处理后,异维生素 C(1%)+柠檬酸(0.5%)的复配处理对鲜切莴笋贮藏期间的褐变有良好的抑制作用,保持了较低的 PPO 活性,对其糖酸含量等无不良影响,若维生素 C、柠檬酸与 EDTA(0.1%)进行复合处理,还可以有效地抑制丙二醛含量升高,减少细胞膜损伤。

抑制微生物的生长繁殖可用丙酸和丙酸盐、山梨酸及盐、苯甲酸及盐、对羟基苯甲酸、亚硫酸盐、环氧乙烷和环氧丙烷、二乙酸钠、脱氢醋酸、硝酸钠、甲酸乙酯等,另外,乳酸菌素、游霉素、四环素、枯草菌素也具有良好的抗菌能力。

防止鲜切果蔬营养成分(如维生素 C,多酚类)损失可用抗氧化剂,如 $C_{12} \sim C_{18}$ 的中等长链脂肪酸脂(BHA、BHT、TBHQ),柠檬酸,醋酸和其他的有机酸,抗坏血酸及盐、异抗坏血酸钠、EDTA 等。

一般在生产中,可在清洗和漂洗水中加入上述保鲜剂。需要注意的是,使用氯处理后的原料,必须进行漂洗,减少氯浓度至饮用水标准,否则会导致产品劣变及萎蔫,且有残留氯的臭气。

3.天然产物提取物保鲜技术

目前,鲜切果蔬贮藏保鲜最有效的手段是冷藏结合化学杀菌剂处理,但由于人们对食品安全的重视,迫切需要加大研究无公害天然防腐保鲜剂产品及技术的力度,以取代化学杀菌剂。天然产物提取物如柠檬草精油、肉桂精油是鲜切果蔬的有效抑菌剂,可显著地提高鲜切果蔬的货架寿命与安全性。

(三)生物保鲜

传统的果蔬保鲜技术已不能满足人们的现实需要,因此,深入研究安全无污染的生物保鲜技术已迫在眉睫。生物保鲜物质具有可食性、天然性、安全性、可降解性等特点,是一种理想的环保型保鲜产品。生物保鲜技术通过有益微生物的代谢产物抑制有害微生物,从而延长鲜切果蔬的贮藏期。

▶ 四、工艺流程

鲜切果蔬的加工工艺流程与市场流通途径有关。对于当天加工、隔日食用的鲜切果蔬,可以采取相对简单的净化处理,以节省投资,降低加工成本。如果产品的货架期较长如 3~5 d,则需要进行适当的消毒和清洗,并应采取合适的薄膜包装。而零售的鲜切果蔬货架期一般要求达到 5~7 d 或更长的时间,因而需要进行更为复杂的处理,包括消毒、氯液或者酸液清洗、透气保鲜膜包装以及使用不同的方法组合的保鲜方法等。

根据用途不同,鲜切果蔬分为即食型、即用型和即煮型。即食型鲜切果蔬主要用于制作色拉和汉堡包;即用型用于加工冷冻水饺及其他食品的配料;即煮型用于烹饪。

不同类型的鲜切果蔬产品预处理工艺有所不同,但加工工艺流程一般为:

原料的选择→清洗→去皮、切分→漂洗→护色保鲜→包装→冷藏和冷链运销

▶ 五、技术要点

(一)原料的选择

鲜切果蔬的原料一般须为无公害栽培的果蔬产品,但目前并没有明确的限制和规定。

1.选择适宜的果蔬种类

几乎所有果蔬都适宜进行鲜切果蔬的生产,但不是所有品种都适合鲜切加工,只有选择色香味浓郁,易于清洗和去皮的优良品种才能生产出优质的鲜切产品。如苹果中金冠、帝国、元帅等品种适宜鲜切。多汁的胡萝卜、芜菁、甘蓝等品种不合适用来生产货架期长的搅碎产品。不适合的马铃薯品种则易出现褐变及较差的风味。

2.原料的采收

原料应在适宜的成熟期采收,采收时,应达到该产品鲜食应有的色、香、味和组织结构特征。原料个体必须新鲜、饱满、健壮、无异味、无腐烂、成熟度适中、大小均匀,禁止使用腐烂、病虫害、伤痕的不合格原料。原料采收前,应掌握正确的灌溉时间和灌溉量。有些果蔬采收前喷洒一定浓度的钙盐有利于果蔬组织硬度和弹性的改善,并可减轻生理病害;有些果蔬喷洒一定浓度的乙烯利可改善果皮色泽,促进成熟;喷洒一定浓度的赤霉素则可推迟成熟过程,延长货架期。采收时应避开雨天、高温及露水未干时;用于鲜切果蔬的原料一般采用手工采收,以避免机械伤和污染。采后进行田间处理后,立即送至加工点进行加工。

3.原料的贮藏

由于果蔬原料的成熟期较短、采收期集中,鲜切果蔬原料一时加工不完就需要进行相应的贮藏,以便延长加工时间并保证原料的全年供应。因此,鲜切果蔬的加工厂配备原料冷库非常有利于原料预冷后的短期贮藏。比如,国外制作生菜沙拉的原料,工厂收后即置于 7℃以下的符合卫生要求的贮藏室中进行短期贮藏,以延长生菜的加工时间。

4.原料的分级

原料的分级包括对原料大小、重量和品质的分级。原料按大小分级的目的是便于随后的工艺处理能够生产出均匀一致的加工品,提高商品质量。

豌豆和其他豆类在田间去荚,甜菜和胡萝卜切叶等。分级也可在加工厂进行。蔬菜分级可以根据重量、长度等来人工分级,水果主要运用筛分法,根据果实大小,选用孔径不等的分级筛、分级盘、分级带以及分级辊等机具进行。分级的同时,还应剔除不符合要求的原料,并进行修整,除去部分不可食用的部分。

(二)清洗

1.果蔬原料清洗的目的

洗去果蔬表面附着的灰尘、泥沙和大量的微生物以及部分残留的化学农药,保证产品的

清洁卫生。鲜切果蔬的清洗用水,应符合国家饮用水标准。在清洗水中可加入适当的清洗剂如偏硅酸钠。如病菌已进入表皮,则应以加压水来增加水的冲击力。水中加入 $0.05\% \sim 0.1\%$ 的盐酸有助于消除农药残留,加入氯剂如次氯酸钠可以防止微生物增殖,但注意采用流动式氯水消毒,产品的游离态余氯应低于 $0.2\,mg/L$。果蔬清洗时,也可以加入臭氧、过氧化氢、二氧化氯等作为消毒剂来清洗果蔬原料。

2.果蔬的清洗方法

可分为手工清洗和机械清洗。手工清洗劳动强度大,效率低,但对于一些易损伤的果品如杨梅、草莓、樱桃等,手工清洗最适宜。目前,适宜于清洗果蔬的机械种类较多,有适合于质地坚硬如胡萝卜、甘薯、黄桃等果蔬品种的滚筒式清洗机,也有适合于清洗番茄、柑橘等原料的喷淋式清洗机。因此,生产中应根据生产条件、果蔬形状、质地、表面状态、污染程度和加工方法等来选用适宜的清洗设备。

(三)去皮、切分

1.去皮

鲜切果蔬的加工需要去皮。果蔬去皮的方法有很多,工业化生产多采用机械去皮、化学去皮、高压去皮或酶解去皮等,但原则上不管采用哪种去皮方法,都要尽可能地减少去皮对果蔬组织细胞的破坏程度。对鲜切果蔬产品来说,最好使用锋利的刀具进行手工去皮。另外手工去皮后的产品感观品质比机械去皮更好,更能充分利用原料减少浪费。

2.切分

由于鲜切果蔬为标准的洁净产品,切分是重要的工作。切分的大小对产品的品质有较大的影响。一般来说,切分得越小,就有越多的细胞被破坏,裸露在空气中的表面积就越大,与氧气接触的机会就越多,微生物繁殖就更快,失水更多,生理活动也更加旺盛,非常不利于保存。根据产品的不同,可切成丁、块、片、条、丝、半片等各种形式。切分要求刀具特别锋利,钝刀片会增大切割部位细胞的伤害程度。另外,切割时用的垫子、刀片要用 1% 的次氯酸溶液消毒,切割机械应安装牢固,否则设备的震荡会损害果蔬切片的表面。

(四)漂洗

去皮、切分后的漂洗主要是除去切割部位上的细胞汁液,可减少微生物污染和防止酶促褐变的发生。漂洗效果可由浸渍或充气而加强。漂洗机械应单独设计,一般有浸泡式、搅动式、喷洗式、摩擦式、浮留式及各种方式的组合式等。漂洗用水需符合饮用水标准并且最好低于 $5\,℃$。一般在漂洗水中会加入一些护色保鲜剂如亚硫酸盐、抗坏血酸、柠檬酸、山梨酸钾、苯甲酸钠、半胱氨酸、氯化钙、氯化锌、乳酸钙等以减少微生物数量并阻止酶反应,延长货架期和改善产品的品质。

经过漂洗的果蔬原料应充分沥干表面水分,否则更容易发生腐败。工业中通常采用离心脱水机进行沥水,也可用干棉布或吹风排除产品表面的水分。

(五)包装

包装可以有效防止微生物二次污染和减少产品失水,并获得良好的气调效果,方便产品的贮运和销售。选择合理的包装材料和包装方法,更是直接阻止微生物和化学污染物侵染的物理屏障。

(1)应用于鲜切果蔬包装上最广泛的是气调包装(MAP)。MAP 使鲜切果蔬处于适宜的低氧、高二氧化碳气体环境中，能降低果蔬呼吸强度，抑制乙烯产生，抑制酶活性，减轻生理紊乱，延缓衰老，延长货架期；同时也能抑制好氧性微生物生长，防止腐败变质。

当二氧化碳含量过高或氧气含量过低时，则会使产品出现无氧呼吸，产生不利的代谢反应与生理紊乱，最终产生异味，尤其在温度控制不当时更易产生异味及其他不利变化。因此 MAP 必须结合冷藏才能达到较好的保鲜效果。有研究显示，10℃下结合 MAP 技术，水果最佳货架期最长可达 4 周。

（2）采用 MAP 包装的鲜切果蔬，应选择气体渗透性好的薄膜。薄膜要求对 O_2 和 CO_2 具有不同的选择透性，对 CO_2 的渗透能力要大于对氧气的渗透能力，以便当包装内 CO_2 浓度过高时可以及时透出，包装袋内 O_2 浓度低于无氧呼吸消失点时可以从外界环境及时补充。同时，薄膜的透湿性不能过高，依鲜切果蔬自身的特点而定。另外，薄膜还应有一定的强度，且耐低温、热封性和透明度好。满足上述要求的薄膜材料主要有聚乙烯（PE）、聚丙烯（PP）、乙烯－醋酸乙烯共聚物（EVA）、丁基橡胶（ⅡR）。选好适当的塑料薄膜后，最好在无菌条件下包装。

（3）在鲜切果蔬包装中，可还加入除氧剂（如抗坏血酸、儿茶酚、谷胱甘肽和不饱和脂肪酸等）、除湿剂（如二氧化硅、天然黏土、氧化钙、氯化钙和改性淀粉等）、乙烯吸收剂（如高锰酸钾、活性炭和沸石等）、二氧化碳释放剂（如利用偏酸性的水和碳酸氢钠反应生成二氧化碳）等，来满足市场的不同需要。

（六）冷藏、冷链运输和销售

鲜切果蔬包装后，应立即放入冷库中贮存，以延长产品的货架期。贮存时，包装小袋要摆放成平板状，不宜叠放过高，否则产品中心温度不易冷却。配送时，应使用冷藏车。注意冷藏车的车门不要频繁开闭，以免引起温度波动，不利于产品品质的保持，可采用易回收的隔热容器和蓄冷剂（如冰）来解决车门频繁开闭造成的温度波动。零售时，为保持产品品质，应配备冷藏柜。

鲜切果蔬的流通过程是一个品质和数量下降的过程，因此建立完美的配送体系是成败的关键，应注意以下几点：尽量减少中转次数；贮藏和运输中提供连续的温度、湿度控制，满足贮藏条件；立即将产品从卡车送入冷库中；掌握优质进来优质出去的原则，存货应在一周以内；单箱堆积高度不超过 5 箱。

学习单元二　鲜切果蔬加工时容易出现的问题及预防措施

▶ **一、褐变**

对于去皮、切分后的果蔬产品，主要的质量问题就是褐变。褐变可引起果蔬产品色泽、风味等感官性状下降，还会造成营养损失，甚至影响产品的安全性。消费者往往以产品的外观尤其是色泽的好坏作为品质优劣的标准。因此，发生褐变的鲜切产品不仅影响到产品的销售，而且也会降低人们在食用时的愉悦感。

(一)褐变原因

鲜切果蔬表面的褐变主要源于多酚氧化酶途径的酶促褐变。

(二)褐变控制措施

(1)可通过 MAP 来改变包装内的气体成分防止褐变延长货架期。

(2)可通过抑制多酚氧化酶酶促褐变的发生来护色防褐变。

传统上,一般使用亚硫酸盐来抑制褐变。但是近年来发现亚硫酸盐的使用会对人体造成一些不良影响,特别是它对哮喘患者具有副作用。美国政府在净菜中不允许添加亚硫酸盐。因此,寻找亚硫酸盐的替代品成为控制鲜切果蔬褐变的研究热点。研究表明,安息香酸及其衍生物类、半胱氨酸、间苯二酚、4-己基间苯二酚、EDTA、柠檬酸、抗坏血酸、抗坏血酸衍生物、异抗坏血酸等很可能成为亚硫酸盐的替代品;钙盐(如氯化钴和乳酸钙)对于减缓褐变也非常有效,并且能保存硬度。

这些化学物质抑制褐变的作用机制各不相同,它们在鲜切果蔬生产上的应用效果与果蔬种类、环境条件等诸多因素有关。化学物质可单一使用也可通过筛选形成多元复合褐变抑制剂使用,多元复合使用不仅可以增强抑制褐变的效果,而且能够降低每一种物质使用的剂量,减少化学物质的残留量,提高产品的安全性。研究表明,鲜切梨片用 0.5 mg/L 抗坏血酸、柠檬酸、氯化钙、焦磷酸二钠保鲜液处理 1 min,在 0~5℃条件下贮存 7 d 而不褐变。对于鲜切苹果片而言,采用 0.01%~0.05% 的 4-己基间苯二酚和 0.2%~0.5% 抗坏血酸处理,可有效控制其褐变的发生。4-己基间苯二酚是苹果、马铃薯、卷心莴苣和梨切片的良好酶促褐变抑制剂,可与多酚氧化酶反应而使其失去活性。

几种果蔬防褐变护色剂配方见表14-1。

表 14-1　几种果蔬护色剂配方

(引自百度搜索)

果蔬种类	推荐护色配方
莲藕	0.3% L-CYS+0.15% EDTA-2Na+0.2% CA
山药	0.1% EDTA-2Na+0.2% CA+0.15% D-EA
荸荠	0.2% PA+0.1% L-CYS+0.25% Zn(AC)$_2$
莴苣	0.2% GSH+0.15% D-EA+0.15% EDTA-2Na
马铃薯	0.2% CA+0.3% PA+0.2% D-EA

注:CA:柠檬酸;EDTA-2Na:乙二胺四乙酸二钠;PA:植酸;D-EA:异抗坏血酸钠;L-CYS:L-半胱氨酸;GSH:谷胱甘肽。

▶ 二、质地软化

鲜切果蔬贮藏一段时间后,会出现质地软化,口感绵软的现象。主要表现为硬度下降、质地变软、极易腐烂,严重影响鲜切产品的风味,同时也缩减其货架期。

避免质地软化应在贮藏前采取硬化处理。生产上常采用钙离子溶液来浸泡鲜切果蔬片或果蔬块。切割后漂洗也对防止果实软化非常有效。此外,采用可食性涂膜、低温贮藏、MAP 等处理可使酶活性、呼吸速率等得到有效控制,也可延缓或抑制鲜切果蔬软化的发生。

【自测训练】

1.鲜切果蔬与生鲜果蔬产品及其他类型加工品有何区别?

2.生产上都有哪些方法可以延长鲜切果蔬的货架期?

3.鲜切果蔬生产中都应用了哪些新技术?

4.参观并调查当地鲜切果蔬生产和消费现状。试分析当地鲜切果蔬产品的发展潜力。

5.你认为本次任务中你们组存在的问题是什么? 应该如何解决?

【小贴士】

快速切菠萝法

1.用刀先切去菠萝带叶子的一端,再切去另一端。顺着中轴方向,从中间对开菠萝。

2.继续沿中轴方向,将每块继续切分成均匀的两块,形成四块。

3.继续沿中轴方向,将每块继续切分成均匀的两块,形成八块。

4.用水果刀在每块菠萝上横向均匀划几刀,不要切透。

5.用水果刀顺着菠萝皮,将皮从一端削下来。

6.取一盆清水,菠萝肉放进去,放少许盐,浸泡 15～30 min 捞出即可食用。

(引自百度搜索)

【加工案例】

二维码 14-1　鲜切莲藕制作　　　二维码 14-2　鲜切蘑菇制作　　　二维码 14-3　鲜切菠萝制作

参 考 文 献

[1] 王丽琼. 果蔬贮藏与加工. 北京:中国农业大学出版社,2008.

[2] 刘新社. 果蔬贮藏与加工技术. 北京:中国轻工业出版社,2014.

[3] 包骞. 远洋船舶蔬果保鲜. 北京:国防工业出版社,2009.

[4] 赵晨霞,王辉. 果蔬贮藏加工实验实训教程. 2版. 北京:科学出版社,2014.

[5] 王淑贞. 果品保鲜贮藏与优质加工新技术. 北京:中国农业出版社,2009.

[6] 张子德. 果蔬贮运学. 北京:中国轻工业出版社,2002.

[7] 李效静,张瑞宇,陈秀伟. 果品蔬菜贮藏运销学. 重庆:重庆出版社,1990.

[8] 周山涛. 果蔬贮运学. 北京:化学工业出版社,1998.

[9] 罗云波,蔡同一. 园艺产品贮藏与加工学(贮藏篇). 北京:中国农业大学出版社,2001.

[10] 张平真. 蔬菜贮运保鲜及加工. 北京:中国农业出版社,2002.

[11] 王向阳. 食品贮藏与保鲜. 杭州:浙江科学技术出版社,2002.

[12] 刘升,冯双庆. 果蔬预冷贮藏保鲜技术. 北京:科学技术文献出版社,2001.

[13] 何梦辉. 新编食用菌病虫害防治技术. 延吉:延边人民出版社,2002.

[14] 姚占芳,马向东,李小六. 食用菌贮藏保鲜新技术. 郑州:中原农民出版社,2002.

[15] 胡青霞. 果品蔬菜储运技术. 郑州:中原农民出版社,2006.

[16] 陈月英. 果蔬贮藏技术. 北京:化学工业出版社,2008.

[17] 祝战斌. 果蔬贮藏与加工技术. 北京:科学出版社,2010.

[18] 赵晨霞. 果蔬贮藏加工技术. 北京:科学出版社,2004.

[19] 刘新社,易诚. 果蔬贮藏加工技术. 北京:化学工业出版社,2009.

[20] 张有林,苏东华. 果品贮藏保鲜技术. 北京:中国轻工业出版社,2000.

[21] 余善鸣,白杰,等. 果蔬保鲜与冷冻干燥技术. 哈尔滨:黑龙江科学技术出版社,1999.

[22] 赵晨霞. 园艺产品贮藏与加工. 北京:中国农业出版社,2012.

[23] 刘兴华. 食品安全保藏学. 北京:中国轻工业出版社,2008.

[24] 王颉,张子德. 果品蔬菜贮藏加工原理与技术. 北京:化学工业出版社,2009.

[25] 杨州. 草莓保鲜技术研究进展. 保鲜与加工,2017,17(2):133-138.

[26] 杨文雄,张政,冯双庆. 草莓贮藏保鲜技术. 中国食品添加剂,2007,3:175-181.

[27] 刘鹏,姚思敏薇,陈诗晴. 草莓贮藏保鲜技术研究进展. 安徽农业科学,2016,44(5):
    119-121.

[28] 袁军伟,赵胜建,魏建梅. 葡萄采后生理及贮藏保鲜技术研究进展. 河北农业科学,

2009,13(4):80-83.

[29] 荣瑞芬,李大鹏,王文倩. 核桃坚果综合贮藏保鲜技术. 林副产品,2015,4:45-46.

[30] 王中林. 核桃气调贮藏保鲜技术. 科学种养,2016,10:58-59.

[31] 黄凯,袁德保,宋国胜. 核桃贮藏技术及采后生理研究现状. 食品研究与开发,2009,30(2):128-131.

[32] 曹森,王瑞,赵成飞. 青皮核桃采后生理及贮藏保鲜技术研究进展. 保鲜与加工,2017,17(1):117-121.

[33] 崔宽波,李忠新,杨莉玲. 鲜核桃贮藏保鲜技术研究进展. 食品研究与开发,2016,37(5):194-196.

[34] 屈宜宝,梁作栋. 桃的贮藏保鲜技术. 中国果菜,2016,36(8):10-11.

[35] 和岳,王明力. 桃果实贮藏保鲜技术的发展现状. 贵州农业科学,2011,39(11):181-183.

[36] 赵晓梅,张谦. 杏贮藏保鲜技术研究进展. 新疆农业科学,2008,45(1):38-40.

[37] 兰鑫哲,姜爱丽,胡文忠. 甜樱桃采后生理及贮藏保鲜技术进展. 食品工业科技,2012,32(11):535-538.

[38] 刘济军,朱涛. 板栗保鲜贮藏方法. 特种经济动植物,2010,8:48.

[39] 谢林,石雪晖,罗赛男. 板栗贮藏保鲜研究综述. 山西果树,2005,3(5):32-34.

[40] 赵晨霞. 果蔬贮藏与加工. 北京:高等教育出版社,2005.

[41] 赵晨霞. 果类产品加工. 北京:中国农业出版社,2007.

[42] 张欣. 果蔬制品安全生产与品质控制. 北京:化学工业出版社,2005.

[43] 高海生. 蔬菜酱腌干制实用技术. 北京:金盾出版社,2009.

[44] 中国就业培训技术指导中心编写. 酱腌菜制作工. 北京:中国劳动社会保障出版社,2007.

[45] 胡文忠. 鲜切果蔬科学与技术. 北京:化学工业出版社,2009.

[46] 夏延斌. 食品加工中的安全控制. 北京:中国轻工业出版社,2009.

[47] 刘晓杰,南浩太. 食品机械与设备. 北京:中国轻工业出版社,2007.

[48] 张振彦. 白桃速冻技术. 河北林业,2000,5:16.

[49] 袁江兰,康旭,陈锦屏. 不同预处理方法对山楂干制过程中维生素 C 稳定性的影响. 食品工业科技,2002,10:16-19.

[50] 秦文. 园艺产品贮藏加工学. 北京:科学出版社,2012.

[51] 马松柏. 果汁分离技术与装备. 北京:中国农业科学技术出版社,2015.

[52] 罗云波,蒲彪. 园艺产品贮藏加工学(加工篇). 2 版. 北京:中国农业大学出版社,2011.

[53] 狄建兵,李泽珍. 北方果蔬贮运加工技术及应用. 北京:中国农业科学技术出版社,2014.

[54] 于新,黄雪莲,胡林子. 果脯蜜饯加工技术. 北京:化学工业出版社,2013.

[55] 高鸿军. 国外果蔬保鲜包装新技术. 农业科技与装备,2010,1(187):62-66.

[56] 王丽琼. 果蔬加工技术. 北京:中国轻工业出版社,2012.

[57] 李祥. 特色酱腌菜加工工艺与技术. 北京:化学工业出版社,2009.

[58] 赵丽芹. 园艺产品贮藏加工学. 北京:中国轻工业出版社,2009.

[59] 赵晨霞. 园艺产品贮藏与加工. 北京:中国农业出版社,2005.

[60] 刘会珍,刘桂芹. 果蔬贮藏与加工技术. 北京:中国农业科学技术出版社,2015.

[61] 刘新社,杜保伟. 果蔬贮藏与加工技术. 北京:中国轻工业出版社,2014.

[62] 赵晨霞,王辉. 果蔬贮藏加工实验实训教程. 北京:科学出版社,2010.

[63] 华景清. 园艺产品贮藏与加工. 苏州:苏州大学出版社,2009.

[64] 冯志哲,沈月新. 食品冷藏学. 北京:中国轻工业出版社,2001.

[65] 谭兴合. 酱腌泡菜加工技术. 长沙:湖南科学技术出版社,2014.

[66] 刘清. 果蔬产地贮藏与干制. 北京:中国农业科学技术出版社,2013.

[67] 张丽华. 果蔬干制与鲜切加工. 郑州:中原农民出版社,2016.

[68] 安瑜. 果蔬干燥新技术及存在的问题. 食品工程,2013(2):09-11.

[69] 叶兴乾. 果品蔬菜加工工艺学. 北京:中国农业出版社,2002.

[70] Aaron L. Brody(美), Hong Zhuang(美),Jung H. Han(美). 鲜切果蔬气调保鲜包装技术. 北京:化学工业出版社,2016.

[71] 王丽琼. 果蔬贮运与加工质量监控. 北京:中国农业大学出版社,2010.

[72] 李继兰,卞倩倩,葛玉泉,等. 鲜切果蔬加工保鲜技术及工艺研究. 中国果菜,2013(12):41-43.

参 考 文 献